油气储运自动化

第二版

吴明 邓淑贤 编著

化学工业出版社

·北京·

油气储运系统是连接油气生产、加工、分配、销售诸环节的纽带，主要包括油气集输、长距离管道输送、储存与装卸等，在保障国家能源供应、维护能源安全中具有重要意义。本书主要介绍了油气产品的计量及储运系统自动控制方案和发展趋势，包括自动控制系统的基本概念、被控对象的特性分析、测量仪表、控制仪表、执行仪表、自动控制系统、油气储运常见的控制方案、油气田及管道自动化、油气长输管道 SCADA 系统及数字化管道发展趋势、管道在线泄漏检测等内容。全书力求概念清晰，贴近工程应用背景，相关案例均来源于实际工程应用，有助于提高读者兴趣。

本书可供广大从事油气和其他介质管道输送及其自动化的工程技术人员使用和参考，也可作为高校相关专业的教材或教学参考书。

图书在版编目（CIP）数据

油气储运自动化/吴明，邓淑贤编著．—2 版．—北京：化学工业出版社，2013．7（2018．9重印）
ISBN 978-7-122-17400-0

Ⅰ．①油…　Ⅱ．①吴…②邓…　Ⅲ．①石油与天然气储运-自动化系统　Ⅳ．①TEB

中国版本图书馆 CIP 数据核字（2013）第 104778 号

责任编辑：朱　彤　　　　　　　　　文字编辑：冯国庆
责任校对：边　涛　　　　　　　　　装帧设计：关　飞

出版发行：化学工业出版社（北京市东城区青年湖南街 13 号　邮政编码 100011）
印　　装：北京虎彩文化传播有限公司
787mm×1092mm　1/16　印张 22　字数 557 千字　2018 年 9 月北京第 2 版第 2 次印刷

购书咨询：010-64518888　　　　　　售后服务：010-64518899
网　　址：http://www.cip.com.cn
凡购买本书，如有缺损质量问题，本社销售中心负责调换。

定　　价：59.00 元

第二版前言

油气储运系统是连接油气生产、加工、分配、销售诸环节的纽带，主要包括油气集输、长距离管道输送、储存与装卸等。该系统在保障国家能源供应、维护能源安全中具有重要意义。为了保证安全生产，提高经济效益，达到节能、降耗、改善环境和增加效益的目的，必须实现油气储运系统自动化。

《油气储运自动化》第一版自 2005 年 10 月出版以来，受到广大读者的关注和欢迎，还被列入辽宁省首批"十二五"规划教材深感欣慰，在此表示深深谢意。本书在第一版的基础上，不仅根据测量仪表系统和自动控制系统的发展及实际应用的需要，对已有的内容进行补充，而且着眼于油气储运自动化的过程，在体系结构方面也进行重建，使本书结构更加明确、富有层次。此外，在每章后面增加了习题与思考题，对相应内容进行练习，加深对内容的理解和掌握。

在本书第二版编写过程中，编著者继续坚持突出系统概念，注重理论分析与实例解剖，强调技术和系统的模块化与模型化等原则；同时，在内容叙述上，力求由浅入深、循序渐进，达到概念清楚、文字叙述确切等编写目的。总之，编著者希望能满足相关领域工程技术人员的实际工作需要，也能更好地满足油气储运及相关专业本科生和研究生的学习需要。

本书共 10 章，主要讲述自动控制系统的基本概念、被控对象的特性分析、测量仪表、控制仪表、执行仪表、自动控制系统、油气储运常见的系统控制方案、油气田及管道自动化、油气长输管道 SCADA 系统及数字化管道发展趋势、管道在线泄漏检测等内容，并力图反映油气储运技术最新成就和发展趋势。

本书由吴明、邓淑贤编著。周诗崟、王卫强参加部分章节编写。主要分工如下：第 1 章～第 5 章由吴明、邓淑贤、王卫强编著；第 6 章～第 10 章由吴明、邓淑贤、周诗崟编著。在第二版修订过程中，还得到化学工业出版社的热情支持和帮助，在此表示感谢！

由于编著者水平有限，时间仓促，书中疏漏之处在所难免，诚恳希望同行和读者批评指正。

编著者
2013 年 4 月

第一版前言

　　油气储运系统是连接油气生产、加工、分配、销售诸环节的纽带，它主要包括油气集输、长距离管道输送、储存与装卸等，在保障国家能源供应、维护能源安全中具有重要意义。为了保证安全生产，提高经济效益，达到节能、降耗、改善环境和增加效益的目的，必须实现油气储运系统自动化。

　　本书是作者在多年从事储运仪表与自动化实际工作并结合近年来研究成果的基础上撰写而成，集中反映国内外在油气储运自动化方面的先进技术和先进经验。本书在内容叙述上，力求做到由浅入深、循序渐进，强调概念清楚、文字叙述确切。

　　全书共13章，主要讲述测量仪表基本知识、压力测量、流量测量、温度测量、液位测量、含水分析及密度测量、静电的测量方法和测量仪器、油气田及管道自动化、执行器、自动调节系统介绍、油气长输管道SCADA系统及数字化管道发展趋势、泵房自动化、管道在线泄漏检测等内容，并力图反映技术的新成就和发展趋势。

　　本书由吴明、孙万富和周诗崇编著。其中，第1章和第6~第11章由吴明编著；第2~第5章由孙万富编著；第12、第13章由周诗崇编著。

　　由于编者水平有限，时间仓促，不足之处在所难免，诚恳希望同行和读者批评指正。

编　者
2005 年 10 月

目　录

第1章

自动控制系统的基本概念

1.1 油气储运自动化的基本内容

利用各种仪表和设备代替人的一些复杂性、重复性的劳动，按照人们所预定的要求，自动地进行生产和操作，这种管理生产的办法，称为工业生产自动化。

自动化技术具有实时监控、智能控制和集中管理等特点，在现代化工业生产中的应用越来越广泛。同其他工业生产一样，在石油和天然气开采及储运工艺过程中，也可以广泛地采用自动化技术。油气储运过程一般包括油气处理净化、储存、加热和输送等环节。比如，在采输工艺管线和各类站库上装有各种自动化仪表，对原油及天然气的压力、温度、流量、液位等参数进行自动测量和控制。也可采用"三遥"装置：对远距离泵站的单井的油气压力和温度进行遥测；对井口电动球阀进行遥控；对其阀位状态进行遥讯。

按照功能不同，油气储运自动化系统可分为若干类型，一般包括自动检测、开环控制、逻辑控制、自动切断、自动控制、火灾消防等方面的内容。下面对其中的6种主要类型分别予以介绍，在实际应用中它们常常组合使用。

(1) 自动检测系统 自动检测系统主要用于对生产过程运行参数（如压力、温度、液位、流量等）和工艺设备状态参数（如阀的开关、泵的启停，环境中可燃气体的浓度等）进行检测，并集中在值班室或中控室显示。显示有两种方式：一种是选择式，即根据需要显示某一参数；另一种是轮询式，即按规定的时间间隔自动轮流显示各种参数。检测的数据还可以储存和打印出来。当超过高、低限时还可通过声光屏幕报警，大港水电厂供电网监测自动化用的就是这种系统。

(2) 开环控制系统 开环控制系统主要用于由人工在值班室或中控室通过开关和控制器对阀门的开关及开度与电机的启停和转速进行操作控制。之所以称为开环控制系统，是强调这种控制没有自动形成信息的检测、分析判断、反馈控制的闭合环路。目前油田上大量机泵变频调速采用的就是这种开环控制系统。开环控制系统经常和自动检测系统结合起来使用，分析判断工作由人工完成。

(3) 逻辑控制系统 逻辑控制系统主要用于根据仪表传感器检测的数据，利用事先编好的逻辑控制程序对阀门的开关及电机的启停进行控制。这是一种闭环控制，整个过程是自动进行的。大庆供水公司杏二水源过滤罐自动化系统用的就是这种系统。

(4) 自动切断系统 自动切断系统是一种专门用于生产安全保护的系统，它通过仪表传感器不断检测到与安全生产有关的运行参数（如压力、温度、液位、流量）和设备的状态参数（如机泵的负载、振动、轴位移、电机绕组的温升、电流和电压），利用事先编好的故障和事故诊断程序分析生产系统的安全状况，当系统处于危险状况时，它发出警报提醒值班操作人员采取措施；当系统即将发生事故时，利用事先编好的紧急停车程序使各台设备有序地停止运行，或将有事故的部分设备隔离。由于它是用于生产安全保护的，所以对它采用的自动化设备的可靠性的要求比一般用于生产过程控制的要高，尽管它的功能也可通过一般的生产过程控制系统来实现，但是对于生产安全保护有较高要求的地方，它是单独设置并独立于生产过程控制系统之外的。在大庆天然气公司杏九站的自动化系统中就设有这种系统。

（5）自动控制系统　自动控制系统主要用于根据仪表传感器检测的数据，利用事先编好的控制程序对阀门的开度及电机的转速进行控制，使被控制量保持在预定值上。这也是一种闭环控制，是为保证产品质量而大量使用的一种控制系统，它能使生产过程中的各种工艺参数（如压力、温度、液位、流量）保持在规定值附近。大庆天然气公司杏九站原油稳定系统和轻油回收自动化系统中就大量采用了这种系统。

（6）火灾消防系统　火灾消防系统是一种专门用于扑灭火灾的系统，它根据测温、测烟等设备检测到数据，当分析判断火灾发生时，立即通过泵、管道、喷嘴进行喷淋和喷泡沫等。喷淋是用于降低已燃的设备和相邻未燃烧设备的温度；喷泡沫则是用于扑灭已燃设备的火。它是单独设置、自成系统的，一般油田及管道油库的罐区都设有这种系统。

由以上所述可以看出，自动检测系统只能完成"了解"生产过程进行情况的任务；开环控制系统和逻辑控制系统只能按照预先规定好的步骤进行某种周期性操纵；自动切断系统只能在工艺条件进入某种极限状态时，采取安全措施，以避免生产事故的发生；火灾消防系统只能在火灾发生后进行灭火，起到保护作用；只有自动控制系统才能自动地排除各种干扰因素对工艺参数的影响，使它们始终保持在预先规定的数值上，保证生产维持在正常或最佳的工艺操作状态。因此，自动控制系统是油气储运自动化的核心部分，也是需要了解和学习的重点。

1.2　实现油气储运自动化的意义

自动化技术的进步极大地推动了工业生产的飞速发展，随着生产过程的大型化、复杂化，各种类型的自动控制系统已经成为现代工业生产实现安全、高效、优质、低耗的基本条件和重要保证。

目前来看，一些油厂已经建设或者正在应用自动化技术，并在此基础上逐渐建成了一系列的自动化控制体系。就该自动化技术控制体系而言，它主要包括原油的分水器自动控制、污水处理自动控制以及加热系统自动控制等重要内容，而且还有效地利用了现代计算机网络技术的优势。该系统通过对数据信息进行自动化的采集，从而建成一个信息发布系统，并在此基础上逐渐实现相关数据报表的自动化生成，以及生产成本的管理与办公系统网络化控制。

实践证明，自动化是提高社会生产力的有力工具之一，实现油气储运自动化的意义如下。

（1）优化油气储运参数，进一步提高储运效率　据调查显示，油气储运基本上都是采用管线输送的方式，然而在实际储运过程中经常存在能量损失，即散热损失与摩擦阻力损失。

基于此，实践中必须从这两方面为其提供所需的能量，即加热站上提供所需的热能，泵站上提供所需的压力能。在油气管输管理过程中，一定要正确的处理两者的供求关系，原因在于两者的能量损失在很大程度上是互相影响的。从实践来看，散热损失在整个系统能量损失中起着决定性的作用，而摩擦阻力损失的大小主要取决于油气的黏度，其黏度大小又取决于实际储运过程中的温度控制。由此可见，提高加热站出站温度，可以使油气在较高温度下进行储运。这种做法虽然可以有效地降低原油的黏度，减小摩擦阻力损失，但是需要注意的是其散热损失将会增大。因此，在油气管输过程中，存在着能耗最小及其储运方式选择的问题。

　　基于以上分析，认为可采用自动化技术和计算机信息技术，不断地优化油气储运参数，并进一步提高油气储运的效率。运用计算机技术和自动化控制技术，对管线进行实时监控，同时可以采集首端和末端压力、流量、温度以及黏度等各项参数，利用双向微波将其数据信息传送到首、末站的控制室之中；并在此基础上编写和优化参数程序。计算机系统以及自动化技术根据所收集到的参数可以对输油参数进一步优化，调节加热炉的温度，同时控制其流量。

　　(2) 提高油气储运设备运行效率　对于油气储运等泵类设备来说，其运行效率的高低在很大程度上决定着生产单位电能耗损指标，因此通过技术的引进来提高运行效率对生产单位的发展至关重要。实践中可以对大型油气外输泵的运行效率进行自动化监控和管理来提高其运行效率，其监控原理主要表现为：通过能耗计量仪表来测算电机的实际耗电量，通过泵的进出口压力及流量来确定泵的输出功率，现场测量仪表可将相关的参数传至中央处理机，经过计算后得出泵的实时泵效。工作人员可通过对这一实时泵效的变化情况进行研究，从而找出能够引起泵效变化的原因。

　　在油气储运过程中加强自动化技术的运用，可以有效地避免泵口过滤器的摩阻损失，增加出口阀组节流，同时还能提高原油温度、黏度及电机运行效率。这种自动控制技术的应用，比没有实施自动监控之前的运行效率大约提高了五个百分点，其中单台 220kW 的外输泵每年可节约将近两千万千瓦·时的能量。作为燃料的主要消耗设备，加热炉的控制也非常重要。传统生产过程中所使用的加热炉都是炼油厂自己研发的高效三回程水套炉，再配上燃烧器，其运行效率并不高。通过自动化改造以后，改变了原有的加热炉所必需的人工控制火力的运行方式，同时还增加了一些安全检测联锁保护系统以及能耗参数的测量。通过自动控制系统将所采集到的全部数据实施累积计算，从而可以分析出该系统的实时能耗量。在自动化控制系统中，可以设定一个出口介质的加热温度，再根据实际油温的变化情况来改变系统中的燃烧器大小火，并对其进行有效的切换；通过对供风系统进行有效的调整，可以提高燃烧器设备的燃烧效率，从而实现提高水套炉运行效率的目的。

1.3　**自动控制系统的组成及方块图**

　　自动化系统由自动检测系统、逻辑控制系统、自动切断系统、自动控制系统、火灾消防系统等组成。自动控制系统在石油、天然气开采和储运中应用最多，也是最主要的系统。

1.3.1　**自动控制系统的组成**

　　工业生产过程中，对各个工艺过程的工艺参数（比如压力、温度、流量、物位等）有一定的控制要求，这些工艺参数对产品的数量和质量起着决定性的作用。例如，精馏塔在运行中会受到各种干扰因素的影响，使得工艺参数经常经常偏离所希望的数值，为了保证生产安全、优质地平稳运行，必须对生产过程实施有效的控制。尽管人工操作也能控制生产，但由于受到生理上的限制，人工控制满足不了大型、现代化生产的需要。因此，在人工控制的基础上发展起来的自动控制系统，可以借助于一整套自动化装置，自动地克服各种干扰因素对工艺生产过程的影响，使生产能够正常运行。

如图 1-1(a) 所示是工业生产中常见的锅炉汽包示意，在锅炉正常运行中，汽包水位是一个重要的参数，它的高低直接影响着蒸汽的品质及锅炉的安全。水位过低，当负荷很大时，汽化速率很快，汽包内的液体将全部汽化，导致锅炉烧干甚至会引起爆炸；水位过高会影响汽包的汽、水分离，产生蒸汽带液现象，降低了蒸汽的质量和产量，严重时会损坏后续设备。因此，对汽包水位应严加控制。

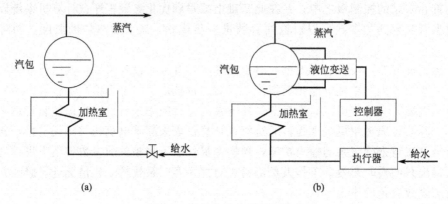

图 1-1　锅炉汽包水位控制示意

如果一切条件（包括蒸汽量、给水流量等）都近乎恒定不变，只要将进水阀门置于某一适当开度，则汽包水位能保持在一定高度。但实际生产过程中这些条件都是变化的，例如蒸汽流量的变化，进水阀前的压力变化等。此时若不进行控制，则水位将偏离规定高度。因此为保持汽包水位恒定，操作人员应根据水位高度的变化情况，改变进水阀的开度，控制进水量。

首先分析一下人工操作控制汽包水位，为了保持水位为定值，人工操作控制主要有三方面。

眼——观察汽包水位的高低，随时掌握水位的变化情况，并通过神经系统告诉大脑。

脑——大脑根据眼睛看到的水位高度，加以思考后与规定值相比较，得出偏差，然后根据操作经验发出命令。

手——根据大脑发出的命令，改变阀门的开度，以改变进水量，从而使水位回到规定值。

眼、脑、手三个器官完成测量、求偏差、操纵阀门纠正偏差的全过程，由于人工控制受到人的生理上的限制，因此在控制精度和速度上都满足不了大型现代化生产的需要。为了提高控制精度和减轻劳动强度，用一套自动化装置代替上述人工操作，人工控制就变成了自动控制，锅炉和自动化装置一起构成了一个自动控制系统，如图 1-1(b) 所示。

图 1-1(b) 中的液位变送器、控制器和执行器分别用来代替人的眼、脑和手的功能。自动化装置的三个部分如下。

(1) 测量元件与变送器　作用是测量汽包水位信号，并将其转换为一种特定的、统一的输出信号（气压信号或电压、电流信号等）。

（2）控制器　作用是接受变送器送来的信号，与工艺上的设定信号相比较得出偏差，并按某种运算规律算出结果，然后将此结果以气压信号或电信号的方式发送出去。

（3）执行器　通常指控制阀，它能自动地根据控制器送来的信号值改变阀门的开启度。从而使进入锅炉的水量发生变化，达到控制锅炉汽包水位的目的。

上述汽包水位的人工控制和自动控制的工作原理是相似的，因此这套自动化装置能代替人的眼睛、大脑和手完成自动控制锅炉汽包水位高低的任务。

在自动控制系统中，除了必须具有的自动化装置外，还必须具有控制装置所控制的生产设备即被控对象。在自动控制系统中，将需要控制其工艺参数的生产设备或机器叫做被控对象，简称对象。锅炉汽包水位控制系统中的锅炉就是被控对象。化工生产中的各种塔器、换热器、反应器、泵和压缩机以及各种容器、储槽都是常见的被控对象。

1.3.2　自动控制系统的方块图

在研究自动控制系统时，为了便于对系统进行分析研究，一般都用方块图来表示控制系统的组成。图 1-1 的水位自动控制系统可以用如图 1-2 所示的方块图来表示。

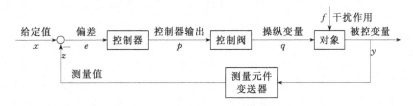

图 1-2　锅炉汽包水位控制系统方框图

方框图中每个环节表示组成系统的一个部分，称为"环节"。系统中的每一个环节用一个方框来表示，四个方框分别表示对象（锅炉汽包）、测量变送装置、控制器和控制阀。两个方块之间用一条带有箭头的线条表示其信号的相互关系，箭头指向方块表示为这个环节的输入，箭头离开方块表示为这个环节的输出。每个方框都分别标出各自的输入、输出变量，线旁的字母表示相互间的作用信号。如被控对象环节，给水流量变化会引起汽包水位的变化，因此给水流量（操纵变量）作为输入信号作用于被控对象，而汽包水位（被控变量）则作为被控对象的输出信号；引起被控变量（汽包水位）偏离设定值的因素还包括蒸汽负荷的变化和给水管压力的变化等扰动量，它们也作为输入信号作用于被控对象。

汽包水位信号（被控变量）y 是测量元件及变送器的输入信号，而变送器的输出信号 z 进入比较机构，与工艺上希望保持的被控变量数值，即设定值 x 进行比较，得出偏差信号 $e(e=x-z)$，并送往控制器。比较机构实际上只是控制器的一个组成部分，不是一个独立的仪表，在图中把它单独画出来（一般方块图中是以〇表示），为的是能更清楚地说明其比较作用。控制器根据偏差信号的大小，按一定的规律运算后，发出信号 p 送至控制阀，使控制阀的开度发生变化，从而改变进水流量以克服干扰对被控变量（水位）的影响。用来实现控制作用的物料一般称为操纵介质或操纵剂，如上述中流过控制阀的流体就是操纵介质。

根据自动控制系统的方块图，介绍自动控制系统中常用的几个术语。

（1）被控对象　需要实现控制的设备、机械或生产过程称为被控对象，简称对象，如图 1-1 中所示的锅炉。

（2）被控变量　对象内要求保持一定数值（或按某一规律变化）的物理量称为被控变

量，如图 1-1 中所示的汽包水位。被控变量也是对象的输出变量。

(3) 操纵变量 受执行器控制，用以使被控变量保持一定数值的物理量称为控制变量或操纵变量，如图 1-1 中所示的进水流量。操纵变量是对象的输入变量。

(4) 干扰（扰动）作用 除操纵变量以外，作用于对象并引起被控变量变化的一切因素称为干扰，如图 1-1 中所示的蒸汽流量的变化。

(5) 设（给）定值 工艺规定被控变量所要保持的数值，如图 1-1 中所示的汽包水位的高度。

(6) 偏差 偏差本应是设定值与被控变量的实际值之差，但能获取的信息是被控变量的测量值而非实际值，因此，在控制系统中通常把设定值与测量值之差定义为偏差，$e=x-z$。偏差是控制器的输入信号。

用同一种形式的方块图可以代表不同的控制系统。例如如图 1-3 所示的换热器温度控制系统，当进料流量或温度变化等因素引起出口物料温度变化时，可以将该温度变化测量后送至温度控制器 TC。温度控制器 TC 的输出控制蒸汽控制阀，以改变加热蒸汽量来维持出口物料的温度不变。这个控制系统同样可以用如图 1-2 所示的方块图来表示。这时被控对象是换热器，被控变量 y 是出口物料的温度。干扰作用可能是进料流量的变化、进料温度的变化、加热蒸汽压力的变化、换热器内部传热系数的变化或环境温度的变化等。而控制阀的输出信号即操纵变量 q 是加热蒸汽量的变化，在这里，加热蒸汽是操纵介质或操纵剂。

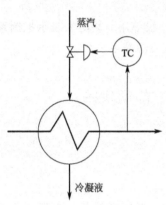

图 1-3 换热器温度控制系统

对于任何一个简单的自动控制系统，只要按照上面的原则去作它们的方块图时，就会发现，不论它们在表面上有多大差别，它的各个组成部分在信号传递关系上都形成一个闭合的环路。其中任何一个信号，只要沿着箭头方向前进，通过若干个环节后，最终又会回到原来的起点。所以，自动控制系统是一个闭环系统。

再看图 1-2，系统的输出变量是被控变量，但是它经过测量元件和变送器后，又返回到系统的输入端，与给定值进行比较。这种把系统（或环节）的输出信号直接或经过一些环节重新返回到输入端的做法叫做反馈。从图 1-2 中还可以看到，在反馈信号 z 旁有一个负号"-"，而在给定值 x 旁有一个正号"+"（正号可以省略）。这里正和负的意思是在比较时，以 x 作为正值，以 z 作为负值，也就是到控制器的偏差信号 $e(e=x-z)$。因为图 1-2 中的反馈信号 z 取负值，所以叫负反馈，负反馈的信号能够使原来的信号减弱。在自动控制系统中都采用负反馈。因为当被控变量 y 受到干扰的影响而升高时，只有负反馈才能使反馈信号 z 升高，经过比较，输送到控制器去的偏差信号 e 将降低，此时控制器将发出信号而使控制阀的开度发生变化，变化的方向为负，从而使被控变量下降回到给定值，这样就达到了控制的目的。

综上所述，自动控制系统是具有被控变量负反馈的闭环系统，这也是它与自动检测、自动操纵等开环系统最本质的区别。自动控制系统由于是具有负反馈的闭环系统，它可以随时了解被控对象的情况，有针对性地根据被控变量的变化情况而改变控制作用的大小和方向，从而使系统的工作状态始终等于或接近于所希望的状态，这是闭环系统的优点。

1.4　自动控制系统的分类

自动控制系统的分类方法有很多种，每一种方法只反映出自动控系统在某一方面的特点。比如，按照被控变量的名称来分类，有压力控制系统、温度控制系统、流量控制系统及液位控制系统等。按照被控变量的数量来分类，有单变量控制系统和多变量控制系统。按照控制器具有的控制规律来分类，有比例控制系统、比例积分控制系统及比例积分微分控制系统等。在分析自动控系统的特性时，经常将控制系统按照被控变量的给定值的不同情况来分类，这样可以分成以下三类。

（1）定值控制系统　"定值"是恒定给定值的简称。工艺生产中，若要求控制系统的作用是使被控制的工艺参数保持在一个生产指标上不变，或者说要求被控变量的给定值不变，就需要采用定值控制系统。图 1-1 所讨论的锅炉汽包水位控制就是一个定值控制系统。在工业生产过程中，大多数工艺参数（温度、压力、流量、液位、成分等）都要求保持恒定。因此，定值控制系统是工业生产过程中应用最多的一种控制系统。后面所讨论的内容，如果没有特别说明，都属于定值控制系统。

（2）随动控制系统（自动跟踪系统）　随动控制系统是被控变量的给定值随时间不断变化的控制系统，且这种变化不是预先规定的，而是未知的时间函数。该系统的目的就是使所控制的工艺参数准确而快速地跟随给定值的变化而变化。例如，在锅炉的燃烧控制系统中，为了保证燃料充分燃烧，要求空气量与燃料量保持一定比例。由此可以采用燃料量与空气量的比值控制系统（空气量跟随燃料量变化），由于燃料量的负荷是随机变化的，那么空气量的给定值也是随机变化的，所以该系统是一个随动控制系统。

（3）程序控制系统（顺序控制系统）　程序控制系统是被控变量的给定值按预定的时间程序变化的控制系统。这类系统在间歇生产过程中应用比较普遍。例如，合成纤维锦纶的生产中，熟化缸的温度控制和冶金工业中金属热处理的温度控制，其给定值都是按预定的升温、恒温和降温等程序而变化的。

1.5　自动控制系统的过渡过程和性能指标

1.5.1　控制系统的静态与动态

自动控制系统在运行中有两种状态：一种是系统的被控变量不随时间而变化的平衡状态，称为静态；另一种是系统的被控变量随时间而变化的不平衡状态，称为动态。

当一个自动控制系统的输入（给定和干扰）和输出均恒定不变时，整个系统就处于一种相对稳定的平衡状态，系统的各个组成环节如变送器、控制器、控制阀都不改变其原先的状态，它们的输出信号也都处于相对静止状态，这种状态就是上述的静态或定态。例如在前述锅炉汽包水位控制系统中，当给水量与蒸汽量相等时，水位保持不变，此时称系统达到了平衡，亦即处于静态。值得注意的是这里的静态与习惯上所讲的静止是不同的。这里所说的静态并非指系统内没有物料与能量流动，而是指各个参数的变化率为零，即参数保持不变。因此自动控制系统在静态时，生产仍在进行，物料和能量仍然有进有出，只是平稳进行，没有改变。

　　假若一个系统原来处于静态，由于受到干扰，系统平衡受到破坏，被控变量（即输出）发生变化，自动控制装置就会动作，产生一定的控制作用来克服干扰的影响，力图使系统恢复平衡。从干扰发生开始，经过控制，直到再建立平衡，在这段时间中整个系统的各个环节和变量都处于变化的过程中，这种状态称为动态。

　　在生产自动化过程中，了解系统的静态是必要的，系统的静态特性是控制品质的重要环节；对象的静态特性是扰动分析、确定控制方案的基础；检测装置的静态特性反映了它的精度；控制装置和执行器的静态特性对控制品质有显著的影响。但是了解系统的动态更为重要，因为在生产过程中，干扰是客观存在的，是不可避免的，需要通过自动化装置不断地施加控制作用去对抗或抵消干扰作用的影响，从而使被控变量保持在工艺生产所要求控制的技术指标上。所以，一个自动控制系统在正常工作时，总是处于一波未平、一波又起、波动不止、往复不息的动态过程中。因此控制系统的分析重点要放在系统和环节的动态特性上，这样才能设计出良好的控制系统，以满足生产提出的各种要求。

1.5.2　控制系统的过渡过程

　　一个生产过程经常会受到各种扰动的影响，致使被控变量偏离设定值，原来的稳定状态遭到破坏。当自动控系统的输入发生变化后，被控变量（即输出）随时间不断变化，这个过程称为过渡过程，也就是系统从一个平衡状态过渡到另一个平衡状态的过程。

　　控制系统在过渡过程中，被控变量是随时间变化的。被控变量随时间的变化规律首先取决于作用于系统的干扰形式。在生产中，出现的干扰是没有固定形式的，且多半属于随机性质。为了便于了解控制系统的动态特性，通常是在系统的输入端施加一些特殊的试验输入信号，然后研究系统对该输入信号的响应。最常采用的试验信号是阶跃输入信号，其作用方式如图 1-4 所示。

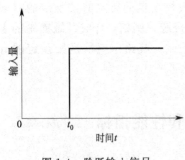

图 1-4　阶跃输入信号

　　实践表明，阶跃扰动作用对控制系统的被控变量影响最大。在生产过程中，阶跃扰动最为多见。例如，负荷的改变、阀门开度的突然变化、电路的突然接通或断开等。另外，设定值的变化通常也是以阶跃形式出现的。

　　由于阶跃输入信号是以突然阶跃式的形式施加于系统之上，而且作用时间长，它对被控变量影响是最大的。如果一个控制系统能够有效地克服这种类型的干扰，那么对于其他比较缓和的干扰就有更强的抑制力。

　　对于一个定值控制系统来说，当系统受到阶跃干扰作用时，系统的过渡过程有如图 1-5 所示的几种基本形式。

　　（1）非周期衰减过程　其特点是被控变量在给定值的某一侧缓慢变化，没有来回波动，最后稳定在某一数值上。

　　（2）衰减振荡过程　其特点是被控变量在给定值附近上下波动，但幅度逐渐减小，经过几个振荡周期后，逐渐收敛到某一数值。

　　以上两种过渡过程都是衰减的，属于稳定过程，即经过一段时间的调节后，系统总能克服外界干扰，使被控变量最终回到给定值上。对于非周期的衰减过程，由于这种过程变化缓慢，被控变量在控制过程中长时间地偏离给定值，而不能很快恢复至平衡状态，所以一般不采用。相比之下，衰减振荡过程能够较快地对外界的干扰做出反应，使系统恢复的时间较

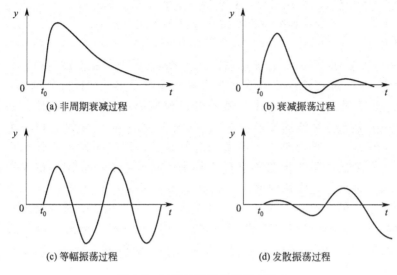

图 1-5　过渡过程的几种基本形式

短。因此，在多数情况下，都希望控制系统在阶跃输入作用下，能够保持如图 1-5(b) 所示的动态响应过程。

(3) 等幅振荡过程　其特点是系统受到阶跃扰动作用后，被控变量将作振幅恒定的振荡而不能稳定下来。因此，在生产上除了用于控制精度不高的位式控制外，一般不予采用。

(4) 发散振荡过程　其特点是系统受到阶跃扰动时，非但不能使被控变量回到设定值，反而会使其越来越偏离设定值，以致被控变量超过工艺允许范围，严重时会引起事故。此类过渡过程在过程控制时是不允许出现的，应竭力避免。

1.5.3　控制系统的性能指标

一个控制系统在受到外来干扰作用或设定值发生变化后，应平稳、迅速、准确地回到（或趋近）设定值上。因此，从稳定性、快速性和准确性三个方面提出各种单项控制指标和综合性控制指标。这些控制指标仅适用于衰减振荡过程。如果控制系统设计合理，控制器参数选择得当，使这些指标符合一定要求，就能使控制质量满足控制要求。

假定自动控制系统在阶跃输入作用下，被控变量的变化曲线如图 1-6 所示。这是属于衰减振荡的过渡过程。图 1-6 上横坐标 t 为时间，纵坐标 y 为被控变量离开给定值的变化量。

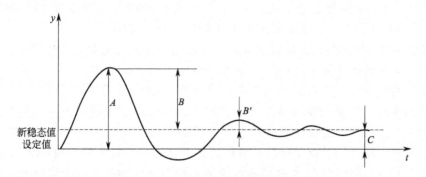

图 1-6　被控变量的变化曲线

假定在时间 $t=0$ 之前，系统稳定，且被控变量等于给定值，即 $y=0$；在 $t=0$ 的瞬间，外加阶跃干扰作用，系统的被控变量开始按衰减振荡的规律变化，经过相当长时间后，y 逐渐稳定在 C 值。

对于图 1-6，通常用以下几个特征参数作为衡量控制系统的主要性能指标。

(1) 最大偏差 A（或超调量 B） 最大偏差和超调量是描述被控变量偏离给定值程度的物理量。最大偏差是指在过渡过程中，被控变量偏离给定值的最大数值。在衰减振荡过程中，最大偏差就是第一个波的峰值，在图 1-6 中以 A 表示。最大偏差表示系统瞬间偏离给定值的最大程度。若偏离越大，偏离的时间越长，即表明系统离开规定的工艺参数指标就越远，这对稳定正常生产是不利的。特别是对一些有危险限制的情况，如化学反应器的化合物爆炸极限等，应特别慎重。因此最大偏差可以作为衡量系统质量的一个品质指标。一般来说，最大偏差当然是小一些为好。有时也可以用超调量来表征被控变量偏离给定值的程度。在图 1-6 中超调量以 B 表示。从图中可以看出，超调量 B 是第一个峰值 A 与新稳定值 C 之差，即 $B=A-C$。如果系统的新稳定值等于给定值，则最大偏差 A 与超调量 B 相等。

(2) 余差 C 余差是指过渡过程终了时新稳态值与设定值之差。余差的数值可正可负，它是反映控制系统控制精度的静态指标，一般希望它为零或不超过工艺设计的范围。所以，被控变量越接近给定值越好，亦即余差越小越好。但在实际生产中，不同工艺对余差的要求也是不一样的，比如一般储槽的液位控制要求不高，往往允许液位有较大的变化范围，余差就可以大一些；反之，有些化学反应器的温度控制一般要求比较高，应当尽量消除余差。所以，对余差大小的要求，必须结合具体系统进行具体分析，不能一概而论。有余差的自动控制系统称为有差系统，没有余差的自动控制系统称为无差系统。

(3) 衰减比 衰减比是衡量控制系统稳定性的一个动态指标，它反映了一个振荡过程的衰减程度。它是前后相邻两个峰值的比。在图 1-6 中衰减比是 B/B'，习惯上表示为 $n:1$。显然当 $n=1$ 为等幅振荡；$n<1$ 为发散振荡；$n>1$ 为衰减振荡。根据实际经验，为使控制系统快速达到新的平衡状态，同时保持足够的稳定性，一般衰减比在 $4:1\sim10:1$ 之间为宜。因为衰减比在 $4:1\sim10:1$ 之间时，过渡过程开始阶段的变化速度比较快，被控变量在同时受到干扰作用和控制作用的影响后，能比较快地达到一个峰值，然后马上下降，又较快地达到一个低峰值，而且第二个峰值远远低于第一个峰值。当操作人员看到这种现象后，心里就比较踏实，因为他知道被控变量再振荡数次后就会很快稳定下来，并且最终的稳态值必然在两峰值之间，绝不会出现太高或太低的现象，更不会远离给定值以致造成事故。尤其在反应比较缓慢的情况下，衰减振荡过程的这一特点尤为重要。所以，选择衰减振荡过程并规定衰减比在 $4:1\sim10:1$ 之间，完全是操作人员多年操作经验的总结。

(4) 过渡时间 过渡时间又叫控制时间，它是指控制系统受到干扰作用后，被控变量从过渡状态恢复到新的平衡状态所经历的最短时间。从理论上讲，对于具有一定衰减比的衰减振荡过渡过程来说，要完全达到新的平衡状态需要无限长的时间。实际上，由于仪表灵敏度的限制，当被控变量接近稳态值时，指示值基本上不再改变。所以，在稳态值的上下规定一个范围，当被控变量进入这一范围并不再越出时，就认为被控变量已经达到新的稳态值，或者说过渡过程已经结束。这个范围一般定为稳态值的 $\pm5\%$（严格条件下规定 $\pm2\%$）。过渡时间是衡量控制系统快速性的一个指标，过渡时间短，表示过渡过程进行得比较迅速，这时即使干扰频繁出现，系统也能适应，系统控制质量就高；反之，过渡时间太长，会出现前波未平，后波又起的现象，使被控变量长期偏离工艺规定的要求，影响生产。

(5) 振荡周期或频率　过渡过程中同向两波峰（或波谷）之间的间隔时间叫振荡周期或工作周期，它的倒数称为振荡频率。在衰减比相同的情况下，周期与过渡时间成正比，通常振荡周期短些有利于控制。因此振荡周期也可作为衡量控制快速性的指标，定值控制系统常用振荡周期来衡量控制系统的快慢。

综上所述，这些控制指标在不同的控制系统中各有其重要性，而且相互之间又有着内在的联系。因此，应根据具体情况分清主次，区别轻重，对那些对生产过程有决定性意义的主要品质指标应优先予以保证。

【例】　某发酵过程中规定，操作温度为 40℃±2℃。考虑到发酵效果，控制中温度最高不得超过 50℃。现运行的温度控制系统，在阶跃扰动作用下的过渡过程曲线如图 1-7 所示。分别求出最大偏差、余差、衰减比、振荡周期和过渡时间。

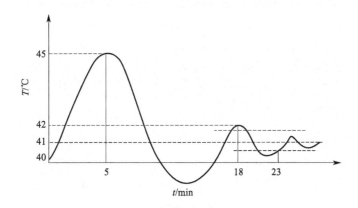

图 1-7　温度控制系统过渡过程曲线

解：最大偏差 $A=45-40=5$（℃）

余差：$C=41-40=1$（℃）

衰减比：第一个波峰值　　$B=45-41=4$（℃）

第二个波峰值　　$B'=42-41=1$（℃）　　$n=\dfrac{B}{B'}=4:1$

震荡周期：$T=18-5=13$（min）

过渡时间与规定的被控变量限制范围大小有关，假定被控变量进入额定值的±2%，就可以认为过渡过程已经结束，那么限制范围为 40×（±2%）=±0.8（℃），这时，可在新稳态值（41℃）两侧以宽度为±0.8℃画一个区域，图 1-7 中以画有横线的区域表示，只要被控变量进入这一区域且不再越出，过渡过程就可以认为已经结束。因此，从图上可以看出，过渡时间为 23min。

自动控制系统控制质量的好坏，取决于组成控制系统的各个环节，特别是过程的特性，也就是被控对象的特性。自动控制装置应按对象的特性加以适当的选择和调整，两者要很好地配合。才能达到预期的控制质量。总之，影响自动控制系统过渡过程品质的因素是很多的，在系统设计和运行过程中都应给予充分注意。只有在充分了解这些环节的作用和特性后，才能进一步研究和分析设计自动控制系统，提高系统的控制质量，这样才能有助于加快生产速度，提高产品的数量和质量。

1.6 管道及仪表流程图

　　管道及仪表流程图（PID）是自控设计的文字代号、图形符号在工艺流程图上描述生产过程控制的原理图，是控制系统设计、施工中采用的一种图示形式。该图在工艺流程图的基础上，按其流程顺序，标出相应的测量点、控制点、控制系统及自动信号与联锁保护系统等，由工艺人员和自控人员共同研究绘制。在管道及仪表流程图的绘制过程中所采用的图形符号、文字代号应按照有关的技术规定进行。下面结合原化工部《过程检测和控制系统用文字代号和图形符号》（HG 20505—92），介绍一些常用的图形符号和文字代号。

　　在绘制 PID 图时，图中采用的图例符号要按照有关的技术规定进行，可参见原化工部设计标准 HGJ—87《化工过程检测、控制系统设计符号统一规定》。

1.6.1　图形符号

　　过程检测和控制系统图形符号包括测量点、连接线（引线、信号线）和仪表圆圈等。

　　(1) 测量点　　测量点是由过程设备或管道引至检测元件或就地仪表的起点，一般与检出元件或仪表画在一起表示，如图 1-8 所示。

图 1-8　测量点

　　(2) 连接线　　通用的仪表信号线均以细实线表示。连接线表示交叉及相接时，采用如图 1-9 所示的形式。必要时也可用加箭头的方式表示信号的方向。

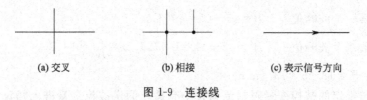

(a) 交叉　　　　　　　　(b) 相接　　　　　　　　(c) 表示信号方向

图 1-9　连接线

　　(3) 仪表（包括检测、显示、控制）的图形符号　　仪表的图形符号是直径为 12mm（或 10mm）的细实圆圈。仪表安装位置的图形符号如图 1-10 所示。

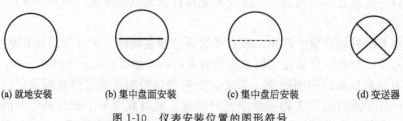

(a) 就地安装　　　　(b) 集中盘面安装　　　　(c) 集中盘后安装　　　　(d) 变送器

图 1-10　仪表安装位置的图形符号

　　执行器的图形符号是由执行机构和调节机构的图形符号组合而成。如图 1-11 所示。

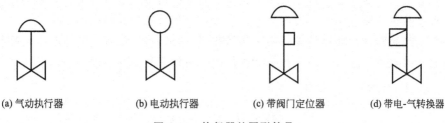

(a) 气动执行器　　　(b) 电动执行器　　　(c) 带阀门定位器　　　(d) 带电-气转换器

图 1-11　执行器的图形符号

1.6.2　文字符号

(1) 仪表功能字母代号　仪表功能标志是用几个大写英文字母的组合表示对某个变量的操作要求,如 TIC、PICA 等。其中第一位或两位字母称为首位字母,表示被测变量,余一位或多位称为后继字母,表示对该变量的操作要求,仪表信号中表示被测变量和仪表功能的字母代号见表 1-1。

表 1-1　仪表信号中表示被测变量和仪表功能的字母代号

字　母	第　一　位　字　母		后　继　字　母
	被 测 变 量	修 饰 词	功　能
A	分析		报警
C	电导率		控制(调节)
D	密度	差	
E	电压		检测元件
F	流量	比(分数)	
I	电流		指示
K	时间或时间程序		自动-手动操作器
L	物位		
M	水分或湿度		
P	压力或真空		
Q	数量或件数	积分、累积	积分、累积
R	放射性		记录或打印
S	速度或频率	安全	开关、联锁
T	温度		传送
V	黏度		阀、挡板、百叶窗
W	力		套管
Y	供选用		继动器或计算器
Z	位置		驱动、执行或未分类的终端执行机构

在自控类技术图纸中,仪表的各类功能是用其英文含义的首位字母来表达的,且同一字母在仪表位号中的表示方法具有不同的含义。

① 功能标志只表示仪表的功能,不表示仪表的结构。例如,要实现 FR(流量记录)功能,可选用流量或差压变送器及记录仪。

② 功能标志的首位字母选择应与被测变量或引发变量相对应,可以不与被处理变量相符。例如,某液位控制系统中的控制阀,其功能标志应为 LV,而不是 FV。

③ 功能标志的首位字母后面可以附加一个修饰字母,使原来的被测变量变成一个新变量。如在首位字母 P、T 后面加 D,变成 PD、TD,分别表示压差、温差。

④ 功能标志的后继字母后面可以附加一个或两个修饰字母,以对其功能进行修饰。功能标志 PAH 中,后继字母 A 后面加 H,表示压力的报警为高限报警。

(2)仪表位号 在检测、控制系统中,构成回路的每个仪表(或元件)都用仪表位号来标识。在管道及仪表流程图中,仪表位号由字母代号组合和回路编号两部分组成。字母代号的意义前面已经解释过。回路的编号由工序号和顺序号组成,一般用三位至五位阿拉伯数字表示,其第一位表示工序号,后续数字(两位或三位数字)表示仪表位号,如下例所示。

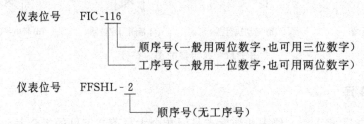

在管道及仪表流程图中,仪表位号的标注方法是:字母代号填写在仪表圆圈的上半圆中;回路编号填写在下半圆中(图1-12)。

需要注意的是:

① 仪表位号按不同的被测变量分类,同一装置、同类被测变量的仪表位号中顺序号可以连续,也可不连续,不同被测变量的仪表位号不能连续编号;

② 同一仪表回路有两个以上功能相同的仪表,在仪表位号后附加尾缀(大写字母)区别,如FT-201A、FT-201B表示该回路有两台流量变送器;

③ 不同工序的多个检测元件共用一台显示仪表时,仪表位号不表示工序号,只编顺序号,对应的检测元件位号的表示方法是在仪表编号后加数字后缀并用"-"隔开。

例:一台多点温度记录仪TR-1,其对应的检测元件位号为TE-1-1,TE-1-2。

1.6.3 管道及仪表流程图实例

如图1-13所示为某化工厂超细碳酸钙生产中碳化部分简化的工艺管道及仪表流程。

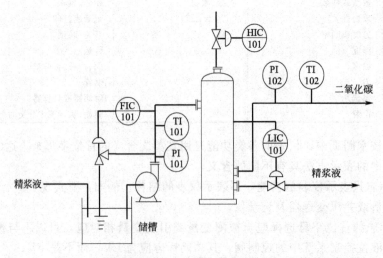

图1-13 某化工厂超细碳酸钙生产中碳化部分简化的工艺管道及仪表流程

$\overset{\text{FIC}}{\underset{101}{\bigcirc}}$ 表示第一工序第01个流量控制器(带累计指示),累计指示仪及控制器安装在控制室(集中仪表盘面安装)。

$\overset{\text{HIC}}{101}$ 表示第一工序第 01 个带指示的手动控制器，手动控制器（手操器）安装在控制室（集中仪表盘面安装）。

$\overset{\text{LIC}}{101}$ 表示第一工序第 01 个带指示的液位控制器，该控制器安装在控制室（集中仪表盘面安装）。

$\overset{\text{TI}}{101}$ 和 $\overset{\text{TI}}{102}$ 表示第一工序第 01、02 个温度指示仪，该仪表安装在现场。

$\overset{\text{PI}}{101}$ 和 $\overset{\text{PI}}{102}$ 表示第一工序第 01、02 个压力表，该仪表安装在现场。

习题与思考题

1. 油气储运自动化系统主要内容是什么？

2. 自动控制系统主要由哪些环节组成？各部分的作用是什么？

3. 简述被控对象、被控变量、操纵变量、扰动（干扰）量、设定（给定）值和偏差的含义。

4. 如图 1-14 所示为反应釜温度控制系统示意。物料经过冷却器进入反应釜，通过改变进入冷却器的冷剂量来控制釜内温度的恒定。试画出该温度控制系统的方块图，并指出该系统中的被控对象、被控变量、控变量、操纵变量及可能影响被控变量的干扰是什么？

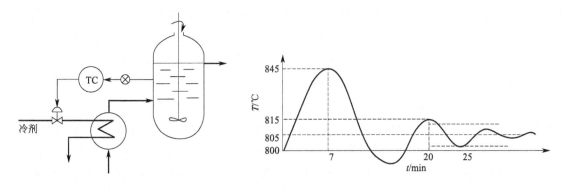

图 1-14　反应釜温度控制系统示意　　　图 1-15　化学反应器温度控制系统过渡过程曲线图

5. 什么是反馈？什么是正反馈和负反馈？负反馈在自动控制中有什么重要意义？

6. 根据给定值的形式，控制系统可以分为哪几类？

7. 什么是控制系统的静态和动态？为什么说研究控制系统的动态比研究静态更重要？

8. 什么是自动控制系统的过渡过程？它有哪几种基本形式？

9. 何谓阶跃作用？为什么经常采用阶跃作用作为系统的输入作用形式？

10. 描述自动控制系统衰减振荡过程的品质指标有哪些？各自的含义是什么？

11. 某化学反应器工艺规定操作温度为 800℃±10℃。为确保生产安全，控制中温度最高不得超过 850℃。现运行的温度控制系统，在阶跃扰动下的过渡过程曲线如图 1-15 所示。请分别求出最大偏差、余差、衰减比、过渡时间（温度进入±2%新稳态值即视为系统已经稳定来确定）和振荡周期。

12. 什么是管道及仪表流程图？

13. 如图 1-16 所示为某列管式蒸汽加热器的管道及仪表流程。试分别说明图中 、$\overset{TRC}{303}$、$\overset{FRC}{305}$ 所代表的意义。

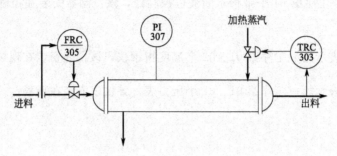

图 1-16　某列管式蒸汽加热器的管道及仪表流程

第2章

被控对象的特性分析

自动控制系统的控制品质是由组成系统的各个环节即被控对象、测量变送装置、控制器和执行器的特性所决定,其中被控对象是否易于控制,对整个控制系统运行的好坏起着重要作用。在油气储运过程中,最常见的被控对象是各类热交换器、塔器、反应器、加热炉、锅炉、储液槽、泵、压缩机等。尽管这些对象的几何形状和尺寸各异,内部所进行的物理、化学过程也不相同,但是从控制的角度来看,本质上有许多共性。只有依据被控对象特性进行控制方案的设计和控制器参数的选择,才能获得预期的控制效果,使工艺生产在最佳状态下进行。特别是在设计新型的控制方案时,例如前馈控制、解耦控制、自适应控制、计算机最优控制等,更需要考虑对象特性。

在工业生产领域中,对象动态特性的研究已受到各方面的重视,并发展成为一门新兴的学科,即所谓对象动态学。然而,到目前为止,由于这门学科的历史较短,加上对象较为复杂,而且具有线性特性的对象不多,大多为具有分布参数(参数同时是位置和时间的函数)的对象,所以尚处于研究阶段。

2.1 被控对象特性

所谓对象特性就是指对象在输入信号的作用下,输出信号即被控变量随时间变化的特性。一般将被控变量看做对象的输出量,也叫输出变量,而将干扰作用(扰动变量)和控制作用(操纵变量)看做对象的输入量,也叫输入变量。干扰作用和控制作用都是引起被控变量变化的因素,如图 2-1 所示。由对象的输入变量至输出变量的信号联系称为通道;操纵变量至被控变量的信号联系称为控制通道;扰动变量至被控变量的信号联系称为干扰通道。由于干扰作用对被控变量的影响是短暂且随机的,而控制作用对被控变量的影响却是反复不断地进行,认识和掌握控制通道的特性更为重要。

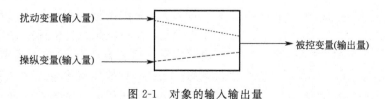

图 2-1 对象的输入输出量

2.1.1 对象的负荷

当生产过程处于稳定状态时，在单位时间内流入或流出对象的物料或能量称为对象的负荷或生产能力。例如，液体储槽的物料流量、锅炉的出汽量、精馏塔的处理量等。负荷的改变是由生产需要决定的，设备和机器只能限制负荷的极限值。当负荷在极限范围内时，设备就能正常运转。由于生产的调整而需要改变负荷时，往往会影响对象的特性。

在自动控制系统中，对象负荷变化情况（大小、快慢和次数）都可以看做是系统的扰动，它直接影响控制过程的稳定性。如果对象的负荷变化速度相当急剧，又很频繁，那么就要求自动控制系统具有较高的灵敏度，能够在被控变量偏差很小时就开始控制，以便迅速恢复平衡。所以对象的负荷稳定是有利于控制的。

2.1.2 对象的自衡

如果对象的负荷改变后，无需外加控制作用，被控变量就能自行趋近于一个新的稳定值，这种性质称作对象的自衡性。自衡液位对象及其响应曲线如图 2-2 所示。

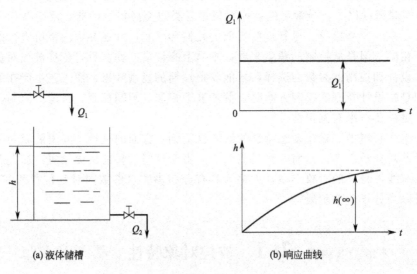

图 2-2　自衡液位对象及其响应曲线

如图 2-2(a) 所示为液体储槽，当它处于稳定状态时，流入量与流出量相等，液体保持在某一高度。如果流入量突然增加，液位开始上升。由于液位的升高，流出量将随着液体静压力的增大而增加，最后当流入量与流出量再次相等时，液位又自行稳定在一个新的高度。这就是一个常见的有自衡对象的例子，其响应曲线如图 2-2(b) 所示。

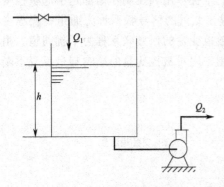

图 2-3　无自衡液位对象

若在图 2-2(a) 中的储槽出口安装一台泵，如图 2-3 所示，此时流出量由泵的转速决定而与液位高度无关。若流入量突然增加，则液位将一直上升，不能自行重新稳定，所以它是无自衡特性的对象。

由此可见，具有自衡特性的对象有利于进行控制，更易于获得满意的控制质量。除了部分化学反应器、锅炉汽包及上述用泵排液的对象外，大多数的对象都具有一定的自衡性。

2.2　对象数学模型的建立

研究对象的特性，就是用数学的方法来描述出对象输入量与输出量之间的关系。这种对象特性的数学描述就称为对象的数学模型。与对象的特性相对应，数学模型也有静态数学模型和动态数学模型之分。动态数学模型描述了对象的输出变量与输入变量之间随时间而变化的规律。可以认为，静态数学模型是动态数学模型达到平衡的一个特例。

2.2.1　机理建模

通过对对象内部运动机理的分析，根据其物理或化学变化规律，推导出描述对象输入、输出变量之间关系的数学模型。针对不同的物理过程，可采用不同的定理和定律。如电路采用欧姆定律和可希霍夫定律；机械运动采用牛顿定律；流体运动采用质量守恒和能量守恒定律；传热过程采用能量转化和能量守恒定律等。其表现形式往往是微分方程或代数方程。这种方法完全依赖于足够的先验知识，所得到的模型称为机理模型。

应用这种方法建立的数学模型的最大优点是具有非常明确的物理意义，模型的适应性强，对模型参数的调整也方便。但是，由于某些对象较为复杂，对其物理、化学变化的机理还不完全了解，而且线性的并不多，加上分布参数元件（即参数同时是位置与时间的函数）又比较多，所以对于某些对象，机理建模还是很困难的。

静态数学模型比较简单，一般可用代数方程式表示。动态数学模型的形式主要有微分方程、传递函数、差分方程及状态方程等。对于线性的集中参数对象，通常采用常系数线性微分方程式来描述。如果以 $x(t)$ 表示输入量，$y(t)$ 表示输出量，则对象特性可用下列微分方程式表示。

$$a_n y^{(n)}(t) + a_{n-1} y^{(n-1)}(t) + \cdots + a_1 y'(t) + a_0 y(t)$$
$$= b_m x^{(m)}(t) + b_{m-1} x^{(m-1)}(t) + \cdots + b_1 x'(t) + b_0 x(t) \tag{2-1}$$

式中　　$y^{(n)}(t), \ y^{(n-1)}(t), \ \cdots, \ y'(t)$——$y(t)$ 的 n 阶，$(n-1)$ 阶，$\cdots$，一阶导数；

$x^{(m)}(t), x^{(m-1)}(t), \cdots, x'(t)$——$x(t)$ 的 m 阶，$(m-1)$ 阶，$\cdots$，一阶导数；

$a_n, a_{n-1}, \cdots, a_1, a_0$ 及 $b_m, b_{m-1}, \cdots, b_1, b_0$——方程中的各项系数。

在允许的范围内，多数化工对象动态特性可以忽略输入量的导数项可表示为：

$$a_n y^{(n)}(t) + a_{n-1} y^{(n-1)}(t) + \cdots + a_1 y'(t) + a_0 y(t) = x(t)$$

一个对象如果可以用一个一阶微分方程式来描述其特性（通常称一阶对象），则可表示为：

$$a_1 y'(t) + a_0 y(t) = x(t) \tag{2-2}$$

或表示成　　　　　　　$T y'(t) + y(t) = K x(t) \tag{2-3}$

式中，$T = \dfrac{a_1}{a_0}$，$K = \dfrac{1}{a_0}$。

下面通过具体的例子来讨论机理建模的方法。

2.2.1.1　一阶对象

当对象的动态特性可以用一阶微分方程式来描述时一般称为一阶对象或单容对象。如图 2-4 所示，截面积为 A 是一个简单的液位控制对象，水经过阀门 1 不断地流入水槽，水槽内

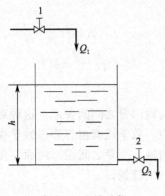

图 2-4　水槽对象
1, 2—阀门

的水又通过阀门 2 不断流出。工艺上要求水槽的液位 h 保持一定数值。在这里，水槽就是被控对象，液位 h 就是被控变量。如果阀门 2 的开度保持不变，而阀门 1 的开度变化是引起液位变化的干扰因素，那么，这里所指的对象特性，就是指当阀门 1 开度变化时，液位 h 是如何变化的。在这种情况下，液位 h 是对象的输出量，流入水槽的流量 Q_1 是对象的输入量。

在用微分方程式来描述对象特性时，往往着眼于一些量的变化，而不注重这些量的初始值。所以下面在推导方程的过程中，假定 Q_1、Q_2、h 都代表它们偏离初始平衡状态的变化值。下面推导表征 h 与 Q_1 之间关系的数学表达式，根据动态物料平衡关系有：

$$(Q_1 - Q_2) = A \frac{\mathrm{d}h}{\mathrm{d}t} \tag{2-4}$$

该式的物理意义是水槽中储存量的变化率为单位时间内液体的流入量与流出量之差。式(2-4)就是微分方程式的一种形式。由工艺设备的特性可知，Q_2 与 h 的关系是非线性的。如果考虑变化量很微小（由于在自动控制系统中，各个变量都是在它们的额定值附近做微小的波动，因此做这样的假定是允许的），可以近似认为 Q_2 与 h 成正比，与出水阀的阻力系数 R 成反比，其表达式为：

$$Q_2 = \frac{h}{R} \tag{2-5}$$

把式(2-5)代入式(2-4)中，整理后得：

$$AR \frac{\mathrm{d}h}{\mathrm{d}t} + h = RQ_1 \tag{2-6}$$

令 $T = AR$，$K = R$，得：

$$T \frac{\mathrm{d}h}{\mathrm{d}t} + h = kQ_1 \tag{2-7}$$

式(2-6)或式(2-7)就是用来描述简单水槽对象的一阶常系数微分方程，式中，T 称为时间常数，K 称为放大系数。所有的一阶对象的数学模型都有类似的结构形式，但时间常数 T 和放大系数 K 是不同的。

2.2.1.2　二阶对象

当对象的动态特性可以用二阶微分方程式来描述时，一般称为二阶对象或双容对象。如图 2-5 所示为串联水槽对象，其数学模型的建立和单容水槽对象的情况类似。

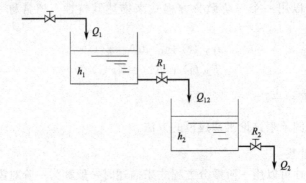

图 2-5　串联水槽对象

假定对象的输入量是 Q_1，输出量是 h_2，现在来研究对象的输入量 Q_1 变化时，输出量（被控变量）h_2 随时间变化的情况。同样假设在输入、输出量变化很小的情况下，水槽的液位与输出流量之间呈线性关系，即：

$$Q_{12} = \frac{h_1}{R_1} \tag{2-8}$$

$$Q_2 = \frac{h_2}{R_2} \tag{2-9}$$

式中　R_1，R_2——第一个和第二个水槽出水阀的阻力系数。

假定两个水槽的横截面面积均为常数，分别用 A_1 和 A_2 表示，则对于每个水槽，都具有与式(2-4) 相同的物料平衡关系式，即：

$$(Q_1 - Q_{12}) = A_1 \frac{\mathrm{d}h_1}{\mathrm{d}t} \tag{2-10}$$

$$(Q_{12} - Q_2) = A_2 \frac{\mathrm{d}h_2}{\mathrm{d}t} \tag{2-11}$$

将式(2-8) 和式(2-9) 代入式(2-10) 和式(2-11) 中，得：

$$A_1 \frac{\mathrm{d}h_1}{\mathrm{d}t} = Q_1 - \frac{h_1}{R_1} \tag{2-12}$$

$$A_2 \frac{\mathrm{d}h_2}{\mathrm{d}t} = \frac{h_1}{R_1} - \frac{h_2}{R_2} \tag{2-13}$$

将式(2-12) 与式(2-13) 相加整理得：

$$\frac{\mathrm{d}h_1}{\mathrm{d}t} = \frac{1}{A_1}\left(Q_1 - A_2\frac{\mathrm{d}h_2}{\mathrm{d}t} - \frac{h_2}{R_2}\right) \tag{2-14}$$

对式(2-13) 求导，得：

$$A_2 \frac{\mathrm{d}^2 h_2}{\mathrm{d}t^2} = \frac{1}{R_1} \times \frac{\mathrm{d}h_1}{\mathrm{d}t} - \frac{1}{R_2} \times \frac{\mathrm{d}h_2}{\mathrm{d}t} \tag{2-15}$$

将式(2-14) 代入式(2-15)，整理得：

$$A_1 R_1 A_2 R_2 \frac{\mathrm{d}^2 h_2}{\mathrm{d}t^2} + (A_1 R_1 + A_2 R_2)\frac{\mathrm{d}h_2}{\mathrm{d}t} + h_2 = R_2 Q_1 \tag{2-16}$$

令 $T_1 = A_1 R_1$，$T_2 = A_2 R_2$，$K = R_2$，代入上式中，得：

$$T_1 T_2 \frac{\mathrm{d}^2 h_2}{\mathrm{d}t^2} + (T_1 + T_2)\frac{\mathrm{d}h_2}{\mathrm{d}t} + h_2 = KQ_1 \tag{2-17}$$

式中　T_1，T_2——两个水槽的时间常数；
　　　　K——整个对象的放大系数。

这就是用来描述两个水槽串联的对象的数学表达式，它是一个二阶常系数微分方程。

对于其他类型的简单对象，也可以用这种方法来建立它的数学模型。但是，对于比较复杂的对象，用这种数学方法来研究则比较困难，所得的微分方程也比较复杂。

2.2.2　实验建模

前面讨论的机理建模方法具有较大的普遍性，然而在实际的生产中，许多对象的特性很复杂，直接通过内在机理的分析，得到描述对象特性的数学表达式相当困难，而且这些表达式（一般是高阶微分方程式或偏微分方程式）也较难求解；另外，在这些推导和估算方法中，经常要做一些假定和近似，忽略一些表面上看似次要的因素。但是在实际工作中，由于条件的变化，可能某些假定与实际不完全相符，或者原来次要的因素上升为主要的因素，因此，在实际工程应用中，常常用实验的方法来得到对象的特性，也可以对通过机理分析得到的对象特性加以验证。

实验建模的方法就是在所要研究的对象上，施加一个人为的输入信号（输入量），并对该对象的输出量进行测试和记录，得到一系列实验数据（或响应曲线），这些数据或曲线则可以用来表示对象的特性，或者对这些数据或曲线再加以必要的数据处理，使其转化为描述对象特性的数学模型。

实验建模的主要特点是把被研究的对象视为一个黑匣子，完全从外部特征上来测试和描述它的动态特性，不需要深入了解其内部机理，特别是对于一些复杂的对象，实验建模比机理建模要简单和省力。

对象特性的实验测取法有很多种，这些方法常以所加输入形式的不同来区分，现做以简单介绍。

2.2.2.1 阶跃扰动法

阶跃扰动法又称反应曲线法或飞升曲线法。当过程处于稳定状态时，在对象的输入端施加一个幅度已知的阶跃信号，测取对象的输出随时间的变化响应曲线，根据响应曲线，再经过处理，就能得到对象特性参数。

例如根据如图 2-6 所示的简单水槽对象的动态特性，表征水槽工作状况的物理量是液位 h，测取输入流量 Q_1 改变时输出 h 的反应曲线。假定在时间 t_0 之前，对象处于稳定状况，即输入流量 Q_1 等于输出流量 Q_2，液位维持 h 不变。在 t_0 时刻，突然开大进水阀，然后保持不变。Q_1 改变的幅度可以用流量仪表测得，假定为 A。这时若用液位仪表测得 h 随时间的变化规律，便是简单水槽的反应曲线，如图 2-7 所示。

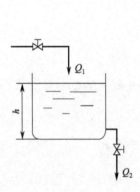

图 2-6 简单水槽对象

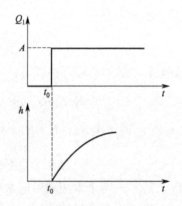

图 2-7 水槽的阶跃反应曲线

阶跃扰动法能形象、直观地描述对象的动态特性，简便易行。如果输入量是流量，只要将阀门的开度作突然的改变，便可认为施加了阶跃干扰。因此不需要增加特殊的仪器设备，测试工作量也不大。这种方法也存在一些缺陷。主要是对象在阶跃信号的作用下，从不稳定到稳定一般所需时间较长，在这样长的时间内，对象不可避免地要受到许多其他干扰因素的影响，因而测试精度受到限制。为了提高精度，就必须加大所施加的输入作用幅值，可是这样做会对正常的生产带来影响，工艺上一般是不允许的。通常取阶跃信号幅度为正常输入信号的 $5\%\sim15\%$，以不影响生产为宜。

2.2.2.2 矩形脉冲扰动法

所谓矩形脉冲扰动法，就是当对象处于稳定工况下，在时间 t_0 突然加一个阶跃干扰，

幅值为 A，在 t_1 时刻突然除去阶跃干扰，这时测得的输出量 y 随时间的变化规律。如图 2-8 所示，用矩形脉冲干扰来测取对象特性时，由于加在对象上的干扰，经过一段时间后即被除去，因此干扰的幅值可取得比较大，以提高实验精度，对象的输出量又不至于长时间地偏离给定值，因而对正常生产影响较小。目前，这种方法也是测取对象动态特性的常用方法之一。

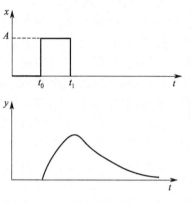

用矩形脉冲扰动来测取对象特性时，由于加在对象上的干扰，经过一段时间后即被除去，因此干扰的幅值可取得比较大，以提高实验精度，对象的输出量又不至于长时间地偏离给定值，因而对正常生产影响较小。目前，这种方法也是测取对象动态特性的常用方法之一。

2.2.2.3　周期扰动法

期扰动法是在对象的输入端施加一系列频率不同的周

图 2-8　矩形脉冲特性曲线

期性信号（一般以矩形脉冲波和正弦波居多）来测取对象的动态特性，如图 2-9 和图 2-10 所示分别为矩形脉冲波信号与正弦信号。

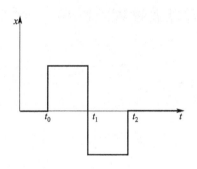

图 2-9　矩形脉冲波信号

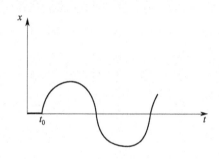

图 2-10　正弦信号

上述各种方法都有一个共同的特点，就是要在对象身上人为地外加干扰作用（或称测试信号），这在一般的生产中是允许的，因为一般加的干扰量比较小，时间短，只要自动化人员与工艺人员密切配合，互相协作，根据现场的实际情况，合理地选择以上几种方法中的一种，可以得到对象的动态特性，从而为正确设计自动化系统创造有利的条件。由于对象动态特性对自动化工作有着非常重要的意义，因此只要有可能，就要创造条件，通过实验来获取对象的动态特性。

在测试过程中要注意以下几点。

① 加测试信号之前，对象的输入量和输出量应尽可能稳定一段时间，否则会影响测试结果的准确度。

② 对于具有时滞的对象，当输入量开始作阶跃变化时，其对象的输出量并未开始变化，这时要在记录纸上标出开始施加输入作用的时刻，即反应曲线的起始点，以便计算滞后时间。

③ 为保证测试精度，排除测试过程中其他干扰的影响，测试曲线应是平滑无突变的。最好在相同条件下，重复测试 2～3 次，如几次所得曲线比较接近即可。

④ 加试测试信号后，要密切注视各干扰变量和被控变量的变化，尽可能把与测试无关的干扰排除。

⑤ 测试和记录工作应该持续进行到输出量达到新稳定值基本不变时为止。

⑥ 在反应曲线测试工作中，要特别注意工作点的选取。因为多数工业对象不是真正线性的，由于非线性关系，对象的放大系数是可变的。所以，作为测试对象特性的工作点，应该选择正常的工作状态，也就是在额定负荷、正常干扰及被控变量在给定值的情况下，因为整个控制过程将在此工作点附近进行，实验测得放大系数较符合实际情况。

用实验法测试对象特性是一种研究对象特性的有效方法。为了提高测试精度和减少计算量，也可以利用专用的仪器，在系统中施加对正常生产基本上没有影响的一些特殊信号（例如伪随机信号），然后对系统的输入输出数据进行分析处理，可以比较准确地获得对象动态特性。

机理建模与实验建模各有其特点，目前有一种比较实用的方法是将两者结合起来，称为混合建模。这种建模的途径是先由机理分析的方法提供数学模型的结构形式，然后对其中某些未知的或不确定的参数利用实测的方法给予确定。这种在已知模型结构的基础上，通过实测数据来确定其中的某些参数，称为参数估计。以换热器建模为例，可以先列写出其热量平衡方程式，而其中的换热系数 K 值等可以通过实测的试验数据来确定。

2.3 对象特性的参数及其对过渡过程的影响

前面用数学分析法对对象的特性做了简单的描述，但是为了研究问题方便起见，在实际工作中，常用下面三个物理量来表示对象的特性。这些物理量，称为对象的特性参数。

2.3.1 放大系数 K 及其对控制过程的影响

由前面的推导可知，简单水槽的对象特性可由式(2-7)来表示，现重新写出：

$$T \frac{\mathrm{d}h}{\mathrm{d}t} + h = kQ_1$$

假定输入信号为阶跃信号：

$$\begin{cases} Q_1 = 0, \ t < 0 \\ Q_1 = A, \ t \geqslant 0 \end{cases} \tag{2-18}$$

如图 2-11(a) 所示，为了求得在 Q_1 作用下 h 的变化规律，对上述微分方程求解，得：

$$h(t) = KA(1 - \mathrm{e}^{-\frac{t}{T}}) \tag{2-19}$$

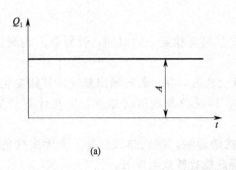
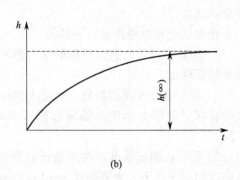

图 2-11 水槽的液位变化曲线

式(2-19) 就是单容水槽受到阶跃作用 $Q_1 = A$ 后（即进水阀开大）其被控变量 h 随时间

变化的规律。其响应曲线如图 2-11(b) 所示，称为阶跃响应曲线。

由式(2-19) 可以看出，当 $t \to \infty$ 时，被控变量不再变化而达到了新的稳态值，此值 $h(\infty) = KA$，这就是说，一阶水槽的输出变化量与输入变化量之比是一个常数，即：

$$K = \frac{h(\infty)}{A} \tag{2-20}$$

因此，放大系数 K 的物理意义可以理解为：如果有一定的输入变量 A，通过对象就被放大 K 倍，最终变为输出变量 $h(\infty)$。它表示对象受到输入作用后，重新达到平衡状态时的性能是不随时间而变的，所以是对象的静态性能。

K 的大小，反映了对象的输入对输出影响的灵敏度程度，对象的放大系数 K 越大，则表示当对象的输入量有一定变化时，对输出的影响也越大。对于同一个对象，不同的输入变量与被控变量之间的放大系数的大小有可能各不相同。

如前所述，对象的输入至输出的信号联系通道分为控制通道与干扰通道，控制通道的放大系数（一般用 K_0 表示）越大，表示控制作用对被控变量的影响也越强；干扰通道的放大系数（一般用 K_f 表示）越大，表示干扰作用对被控变量的影响也越强。所以，在设计控制方案时，总是希望 K_0 要大一些，K_f 要尽可能小一些。K_0 越大，控制作用对干扰的补偿能力也越强，越有利于克服干扰；K_f 越小，干扰对被控变量的影响就越小。但 K_0 也不能太大，否则过于灵敏，使过程不易控制，难以达到稳定。

2.3.2　时间常数 T 及其对控制过程的影响

从大量的生产实践中发现，有的对象受到干扰后，被控变量变化很快，较迅速地达到了稳定值；有的对象在受到干扰后，惯性很大，被控变量要经过很长时间才能达到新的稳态值。如图 2-12 所示，甲、乙两个水槽，甲水槽的截面积大于乙水槽，当进水流量改变同样一个数值时，乙水槽的液位变化很快，并迅速趋向新的稳态值。而甲水槽的惯性大，液位变化慢，需经过很长时间才能稳定。

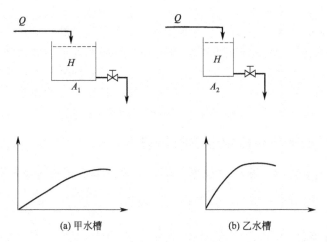

(a) 甲水槽　　　　　　　　　　(b) 乙水槽

图 2-12　时间常数的对象反应曲线

这说明对于不同的对象，或同一个对象对于不同的输入变量，其输出对输入变化的响应速度是不一样的，有的快有的慢。一般用时间常数 T 来描述对象对输入响应的快慢程度。

由式(2-19)可知，当 $t = T$ 时：

$$h(T) = KA(1 - e^{-1}) = 0.632KA = 0.632h(\infty) \tag{2-21}$$

这就是说，当对象受到阶跃输入后，被控变量达到新稳态值的 63.2% 所需的时间，就是时间常数 T，实际工作中，常用这种方法求取时间常数。显然，时间常数越大，被控变量的变化也越慢，达到新的稳定值所需的时间也越大。

对式（2-19）求导，可得到液位 h 在 t 时刻的变化速率，即：

$$\frac{\mathrm{d}h}{\mathrm{d}t} = \frac{KA}{T}\mathrm{e}^{-\frac{t}{T}} \tag{2-22}$$

当 $t=0$ 时：

$$\left.\frac{\mathrm{d}h}{\mathrm{d}t}\right|_{t=0} = \frac{KA}{T} = \frac{h(\infty)}{T} \tag{2-23}$$

当 $t=\infty$ 时：

$$\left.\frac{\mathrm{d}h}{\mathrm{d}t}\right|_{t\to\infty} \to 0 \tag{2-24}$$

从图 2-13 可以看出，该曲线在起始点处的切线斜率，就是由式（2-23）计算出的（$t=0$）

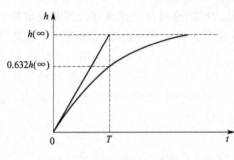

图 2-13　时间常数 T 的求法

液位变化的初始速率 $\frac{h(\infty)}{T}$。这条切线与新的稳定值 $h(\infty)$ 的交点所对应的时间正好等于 T。因此可以把时间常数 T 的物理意义理解为：当对象受到阶跃输入作用后，被控变量如果保持初始速度变化，达到新的稳态值所需的时间就是时间常数。由于实际上被控变量的变化速度是越来越小的。所以被控变量变化到新的稳态值所需要的时间，要比 T 长得多。理论上说，需要无限长的时间。但是当 $t=3T$ 代入式（2-18），可得：

$$h(3T) = KA(1-\mathrm{e}^{-3}) \approx 0.95KA = 0.95h(\infty) \tag{2-25}$$

也就是说，在加入输入作用后，只需经过 $3T$ 时间，液位已经变化了全部变化范围的 95%。这时，可以近似地认为动态过程基本结束。所以，时间常数 T 是表示在输入作用下，被控变量完成其变化过程所需要的时间的一个重要参数。

时间常数的大小反映了对象输出变量对输入变量响应速度的快慢，对控制通道而言，若时间常数太大，响应速度慢，使控制作用不及时，易引起过大的超调量，过渡时间很长；若时间常数小，响应速度快，控制作用及时，控制质量容易保证。但时间常数过小也不利于控制，时间常数过小，响应过快，易引起振荡，使系统的稳定性降低。对干扰通道而言，干扰通道的时间常数越大，被控变量对干扰的响应就越慢，控制作用就越容易克服干扰而获得较高的控制质量。

2.3.3　滞后时间 τ 及其对控制过程的影响

很多对象在输入变化后，输出不是随之立即变化，而是需要间隔一段时间才发生变化的，这种现象称为滞后现象。滞后时间是描述过程滞后现象的动态参数，包括纯滞后和容量滞后。

2.3.3.1　传递滞后

传递滞后又称纯滞后，常用 τ_0 表示。它的产生一般是由于介质的输送需要一段时间而引起的。

例如如图 2-14(a) 所示的反应器，料斗中的固体用皮带输送机送至加料口，再由加料口进入反应器内进行反应。当以料斗的加料量作为对象的输入，反应器内溶液浓度作为输出时，其反应曲线如图 2-14(b) 所示，图中所示的 τ_0 为纯滞后时间：

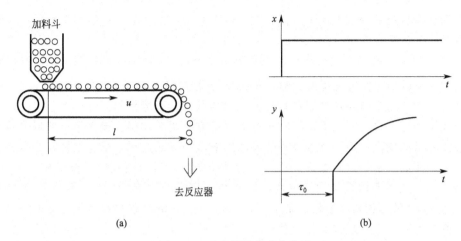

图 2-14　反应器及其反应曲线

$$\tau_0 = \frac{l}{u} \tag{2-26}$$

假设该对象为一阶对象，则数学表达式为：

$$T\frac{\mathrm{d}y(t)}{\mathrm{d}t} + y(t) = Kx(t-\tau_0) \tag{2-27}$$

当假定 $y(t)$ 的初始值 $y(0)=0$，$x(t)$ 是一个发生在 $t=0$ 的阶跃输入，设幅值为 A，对上述方程式求解，可得：

$$y(t) = KA\left(1 - \mathrm{e}^{-\frac{t-\tau_0}{T}}\right) \quad (t \geqslant \tau_0) \tag{2-28}$$

可见，具有纯滞后的一阶对象与无纯滞后的一阶对象，它们的反应曲线在形状上完全相同，只是具有时滞的反应曲线在时间上错后一段时间 τ_0。

2.3.3.2　容量滞后

容量滞后又称过渡滞后，常用 τ_h 表示。它是多容量过程的固有属性，一般是由于物料或能量的传递需要通过一定阻力而引起的。如图 2-15 所示为具有容量滞后对象的反应曲线，对象在受到阶跃输入作用 x 后，被控变量 y 开始变化很慢，然后加快，最后又变慢直至逐渐接近稳定值。

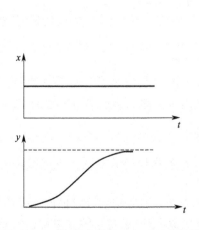

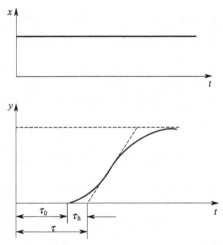

图 2-15　具有容量滞后对象的反应曲线　　　　图 2-16　滞后时间 τ 示意

纯滞后和容量滞后尽管本质上不同，但实际上很难严格区分，所以当容量滞后与纯滞后同时存在时，常常把两者结合起来统称滞后时间 τ，如图 2-16 所示。

$$\tau = \tau_0 + \tau_h \tag{2-29}$$

滞后时间 τ 对系统控制过程的影响，需按其与过程的时间常数 T 的相对值 τ/T 来考虑，同时控制通道和扰动通道存在的时滞对控制过程的影响也不尽相同。

对于控制通道来说，不论滞后存在于操纵变量方面还是被控变量方面，都将使控制作用落后于被控变量的变化，不能立即克服扰动的影响，会降低控制系统的质量，使最大偏差和超调量增大，振荡加剧，控制过程延长。特别是纯滞后，对控制系统质量影响更大。因此，在 τ/T 较大时，为了确保系统的稳定性，需要在一定程度上降低控制系统的控制指标。一般认为 $\tau/T \leqslant 0.3$ 的过程较易控制，而 $\tau/T > (0.5 \sim 0.6)$ 的过程往往需用特殊控制规律。另外构成控制系统时，应尽最大努力避免或减小滞后的影响，通过改进工艺（如减少那些不必要的管道），合理选择检测元件和控制器的安装位置或者选择更好的控制方案。

对于扰动通道来说，如果存在纯滞后，相当于将扰动作用推延一段纯滞后时间 τ_0 后才进入系统，而扰动在什么时间出现，本来就是不能预知的，因此并不影响控制系统的品质，即对过渡过程曲线的形状没有影响。如果扰动通道存在容量滞后，则使阶跃扰动的影响趋于缓和，在相同扰动作用下，被控变量的变化较单容对象缓和，因此，扰动通道的容量滞后越大，扰动对被控变量的影响越小，反而对控制系统有利。

一般而言，在不同变量中，液位和压力过程的 τ 较小，流量过程的 τ 和 T 都较小，温度过程的 τ_0 较大，成分过程的 τ_0 和 τ_h 都较大。

综上所述，简单对象的特性参数可以用放大系数 K、时间常数 T、滞后时间 τ 三个特性参数表征，多容对象也可近似地用它们代表。对象特性对控制系统的控制质量有着非常重要的影响，所以在确定控制方案时，应根据工艺要求确定被控变量，并从生产实际出发，分析扰动因素，抓主要矛盾，合理地选择操纵变量，以构成合理的控制通道，组成一个可控性良好的被控对象，这是控制系统设计中的一个重要环节。如何根据对象特性选择被控变量及操纵变量，将在第 6 章中进行详细讨论。

习题与思考题

1. 什么是被控对象的特性？研究被控对象的特性有什么重要意义？

2. 什么是对象的负荷？什么是对象的自衡？对象的负荷对控制系统的稳定性有什么影响？

3. 何谓对象的数学模型？建立数学模型有哪两种方法？

4. 试分析如图 2-17 所示 RC 电路的动态特性，写出以 e_i 为输入量，e_o 为输出量的微分方程，并画出 e_i 突然由 0 阶跃变化到 5V 时的 e_o 变化曲线（提示：$C = \dfrac{\int i dt}{e_o}$）。

5. 试述实验测取对象特性的阶跃反应曲线法和矩形脉冲法各有什么特点？

6. 实验测取法在测试过程中要注意的问题是什么？

7. 为什么说放大系数 K 是对象的静态特性？而时间常数 T 则反映的是对象的动态特性？

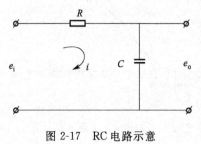

图 2-17　RC 电路示意

8. 简述时间常数 T 的物理意义，试分别说明当对象受到阶跃输入作用后，$t=T$、$2T$、$3T$ 时输出变量达到新稳态值的程度？

9. 已知一个对象具有纯滞后的一阶特性，其时间常数为 6，放大系数为 10，纯滞后时间为 3，试写出描述该对象特性的一阶微分方程式。

10. 为了测定某物料干燥筒的对象特性，在 t_0 时刻突然将加热蒸汽从 $25\text{m}^3/\text{h}$ 增加到 $28\text{m}^3/\text{h}$，物料出口温度记录仪得到的阶跃响应曲线如图 2-18 所示。试写出描述物料干燥筒特性的微分方程（温度变化作为输出变量，加热蒸汽量的变化作为输入变量；温度测量仪表的测量范围为 $0\sim200℃$；流量测量仪表的测量范围为 $0\sim40\text{m}^3/\text{h}$）。

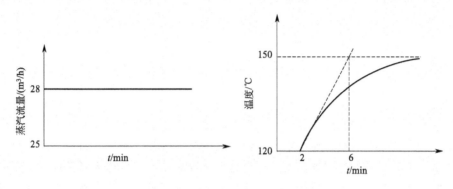

图 2-18 蒸汽流量阶跃响应曲线

第 3 章

测 量 仪 表

在石油、冶金、化工、电站、供热、燃气输配及轻工、制药、食品等行业的生产过程中，为了正确地指导生产操作，保证生产安全，保证产品质量和实现生产过程自动化，一项必不可少的工作是准确而及时地对生产过程中各项有关参数（例如压力、流量、温度、液位和产品的成分及物性）进行测量。用来测量这些参数的技术工具称为测量仪表，用来将这些参数转换为一定的便于传送的信号（例如电信号或气压信号）的仪表称为传感器。当传感器的输出为单元组合仪表中规定的标准电气信号时（例如 4~20mA 或 0~10mA 直流电信号，20~100kPa 气压信号），通常称为变送器。

在自动控制系统中，测量元件与变送器是其中的一个非常重要的环节。典型的闭环控制系统的控制器是根据给定值与被控变量（经测量变送）之间的差值，按一定控制规律对偏差运算后形成的输出信号去驱动操纵变量。控制器输出值的变化使被控变量逐渐接近给定值，直到两者相等。可以看出，如果没有测量手段测量出被控变量的变化，就不可能组成一个自动控制系统；如果被控变量的测量误差很大，那么这个控制系统就不可能实现精确的控制。因此离开这一基本环节，再好的控制技术和信息网络技术也无法用于生产过程。

因此测量仪表是生产自动化系统的最基础、最重要的组成部分之一，其可靠性和精度直接影响系统工作的可靠性及技术性能。熟悉测量仪表的工作原理对正确地选择、合理地使用和维护仪表以及正确地设计自动化系统有重要意义。

被控参数的测量是生产过程中自动化系统的难题之一，到目前为止，许多被控参数诸如转化率、催化剂活性数等仍然无法（或难以）直接在线测量和获取。各种新的测量仪表还在不断地研究和发展中。本章仅对一些比较成熟且在油气储运过程中有普遍应用的检测技术及测量仪表进行讨论。

3.1 测量仪表的基本知识

3.1.1 测量的定义和测量误差

3.1.1.1 测量的定义

当今世界各学科领域对测量的定义不胜枚举，许多学科都从各自的角度赋予测量以不同的定义，例如计量学上测量的含义是"以确定量值为目的的一组操作"。

从工程测量角度，笔者认为：测量是按照某种规律，用数据来描述观察到的现象，即对事物做出量化描述。展开来说，所谓测量，就是用实验的方法，借助一定的仪器或设备把被测量物理量（被测量）与其相应的测量单位进行比较，求出两者的比值，从而得到被测量数值大小的过程。测量结果——测量值，包括检测量的大小、符号（正或负）及测量单位。用数学公式可表示为：

$$X = X_m V \tag{3-1}$$

式中　X——被测量；

　　X_m——倍数值；

　　V——测量单位。

例如，要测量一个物体的长度，就要用一把具有刻度单位（如 mm）的直尺与被测物体比较，得到物体长度对应直尺上的数值（如为 100），则该被测物体的长度值即为 100mm。

再如，在测量人的体温时将体温计与人体接触传热，使体温计内水银膨胀，水银柱升高，在体温计上读得人体温度（被测量）是测量单位（℃）的倍数（如 37），从而确定人的体温值（37℃）。

可以看出：测量过程实质上就是将被测量与体现测量单位的标准量进行比较的过程，而测量仪表就是实现这种比较的工具。在工业测量仪表中，为了便于使这一比较过程自动完成，一般是根据某些物理、化学效应，将被测量转换成一个相应的、便于测量比较的信号形式显示出来。例如在体温计中，是利用水银的热膨胀效应，将温度大小转换成一定的水银柱高度，与已被转换成了高度的温度测量单位（标尺刻度）进行比较，即可读出温度值。

3.1.1.2　测量误差

(1) 测量误差的形式　在工程技术及科学中研究中，为确定某一参数（被测量）的量值而进行测量时，总是希望测得的数值越准确越好，希望测量结果能正确反映被测参数的真实值。但是，由于某些测量仪表本身的问题，或是由于测量原理方法的局限性、外界因素的干扰以及测量者个人因素等原因，使测量仪表的指示值 x_m 与被测量的真实值 x_1（称为真值）之间存在偏差，这一差值称为测量误差。

测量误差可能由多个误差分量组成。引起测量误差的原因，通常包括：测量装置的基本误差；非标准工作条件下所增加的附加误差；所采用的测量方法不完善引起的方法误差；与测量人员有关的误差因素等。

测量误差通常用绝对误差、相对误差和引用误差表示。

① 绝对误差　绝对误差是仪表示值 x_m 与被测量真值 x_1 之差的代数值。它是以被测量单位表示的误差，以符号 Δ 表示。

$$\Delta = x_m - x_1 \tag{3-2}$$

由式(3-2)可知，绝对误差可能是正值或负值。

所谓真值是指被测量物理量客观存在的真实数值。它是一个理想概念，一般是不知道的。因此，在实际测量中，常用被测量的实际值来代替真值，而实际值的定义是满足规定精确度的用来代替真值使用的量值即标准表读数。把式(3-2)中的真值 x_1 用标准表读数 x_0 来代替，则绝对误差可以表示为：

$$\Delta = x_m - x_0 \tag{3-3}$$

例如用二等标准活塞压力计测量某压力，测得值为 6000.3N/cm²（1N/cm² = 0.098MPa），若该压力用高一等级的精确方法测得值为 6000.7N/cm²，则后者可视为实际值，此时二等标准活塞压力计的测量误差为 -0.4N/cm^2。

② 相对误差 相对误差是仪表示值的绝对误差与被测量真值之比，通常以百分数（%）来表示。

$$\delta = \frac{\Delta}{x_1} \times 100\% \qquad (3\text{-}4)$$

它是一个无量纲值。由于真值不易取得，有时用仪表示值代替真值求相对误差（称为标称相对误差），用 δ 表示，即：

$$\delta = \frac{\Delta}{x_m} \times 100\% \qquad (3\text{-}5)$$

由于绝对误差可能为正值或负值，因此相对误差也可能为正值或负值。

对于相同的被测量，绝对误差可以评定其测量精度的高低，但对于不同的被测量以及不同的物理量，绝对误差就难以评定其测量精度的高低，而采用相对误差来评定较为准确。例如，有两组测量值：第一组：$x_1 = 1000$、$x_m = 1005$，则 $\Delta_1 = +5$，$\delta_1 = 0.5\%$；第二组 $x_1 = 100$、$x_m = 105$，则 $\Delta_2 = +5$，$\delta_2 = 5\%$。

两组测量结果的绝对误差虽然相等，但第一组结果的相对误差小得多，显然第一组比第二组的测量精度高。

③ 引用误差 所谓引用误差指的是一种简化和使用方便的仪器仪表示值的相对误差，它是以仪器仪表某一刻度点的示值误差为分子，以测量范围上限值或全量程为分母，所得的比值称为引用误差，用 δ_q 表示，即：

$$\delta_q = \frac{\Delta}{R_s} \times 100\% \qquad (3\text{-}6)$$

式中　Δ——仪表的绝对误差；

　　　δ_q——仪表的引用误差；

　　　R_s——仪表的量程，$R_s = x_{max} - x_{min}$。

其中，x_{max} 与 x_{min} 是仪表测量范围的最大值与最小值。对于就地显示仪表 x_{max} 与 x_{min}，也就是仪表标尺上、下限刻度值。例如，某温度计的测量范围为 $-50 \sim 250\text{℃}$，则其量程为 300℃。对于测量范围下限为零的仪表，其量程就是测量范围的上限值，如普通压力表就是这样。

例如测量范围上限为 19600N 的工作测力计（拉力表），在标定示值为 14700N 处的实际作用力为 14778.4N，则此测力计在该刻度点的引用误差为：

$$\frac{14700\text{N} - 14778.4\text{N}}{19600\text{N}} = \frac{-78.4}{19600} = -0.4\%$$

(2) 测量误差的分类 测量误差的表示形式因其用途不同而不同，测量误差的分类方法也有所不同。

① 按误差产生原因及规律来分，可分为系统误差、随机误差和粗大误差。

系统误差指测量仪器或方法引起的有规律的误差，体现为与真值之间的偏差，如仪器零点误差，温度、电磁场等环境引起的误差，动力源引起的误差，必须指出：单纯增加测量次数，无法减少系统误差对测量的影响，但在找出产生误差的原因之后，可以通过对测量结果引入适当的修正而将其消除。

随机误差是指在已经消除系统误差之后，在相同的条件下测量同一量时，出现的以不可预计的方式变化的误差。随机误差是由于那些对测量结果影响较小、人们尚未认识或无法控制的因素（如电子噪声干扰等）造成的。在多次重复测量同一量时，其误差值总体上服从统计规律（如正态分布）。从随机误差的统计规律分布特征，可对其示值大小和可靠性做出评价，并可通过适当增加测量次数求平均值的方法，减少随机误差对测量结果的影响。

粗大误差是指一种显然与事实不符的误差，其误差值较大且违反常规。粗大误差一般是由于操作人员在操作、读数或记录数据时粗心大意造成的。测量条件的突然改变或外界重大干扰也会造成粗大误差。对于这类误差一旦发现，应及时纠正。

② 按误差与仪表使用条件的关系，可分为基本误差和附加误差。

基本误差是仪表在规定的正常工作条件下，所可能产生的误差。仪表基本误差的允许值，叫做仪表的"最大允许绝对误差"，用 Δ_{max} 表示。仪表在规定条件下工作时，指示值的绝对误差数值（绝对值）都不应超过其最大允许绝对误差，即 $|\Delta|_{max} \leq \Delta_{max}$。

附加误差是仪表在偏离规定的正常工作条件下使用时附加产生的新误差。此时仪表的实际误差等于基本误差与附加误差之和。由于仪表在工作条件（如温度、湿度、振动、电源电压、频率等）改变时会产生附加误差，所以在使用仪表时。应尽量满足仪表规定的工作条件，以防止产生附加误差。

3.1.2　测量仪表的基本构成与分类

3.1.2.1　测量仪表的基本构成

各种测量仪表所测量的参数不同、测量原理及输出（指示）方式不同，其结构也各不相同。但就其测量功能而言，一般不外乎由检测、变换、显示、传输环节组成，如图 3-1 所示。某个环节可能是一个元件，也可能是一个复杂的装置。对于一些简单仪表，各环节的划分不一定太明显。

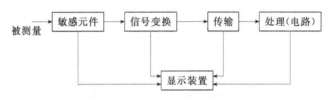

图 3-1　测量仪表的基本构成

(1) 检测环节　检测环节直接与被测量联系，感受被测量的变化，并将其转换成相应的机械信号、电信号或其他易于被传递、测量的信号，完成对被测参数信号形式的转换。检测环节主要由检测元件来实现。如玻璃水银温度计，其检测元件是水银泡，它利用热胀冷缩原理，把温度转换成相应的水银柱高度；热电偶温度计中，检测元件是热电偶，利用热电效应把温度直接转换成毫伏电势信号。

检测元件是测量仪表的关键元件，决定整个仪表的测量质量，因而对检测元件具有较高的要求。例如，检测元件的输入、输出特性，即被测量与转换信号间要有简单的单位函数关系，最好是线性关系；检测元件的输出信号不受非被测量的影响，以减少干扰；检测元件在测量过程中所消耗的被测对象的能量小，减少对被测对象的影响及干扰。

(2) 变换传送环节　变换传送环节是测量仪表的中间环节，它的作用是将检测元件的输出信号进行放大、传输、线性化处理或转换成标准统一信号输出，以供给显示环节进行显示。传感器和变送器都属于变换传送环节，有时甚至包括检测环节。

例如，在弹簧管压力表中，变换环节是齿轮-杠杆传动机构，它将弹簧管（检测元件）的微小弹性变形转换并放大为指针的偏转；在电动单元组合仪表中，变换环节将检测元件的输出信号转换成规定的标准电信号或气信号输出，使一种示器能够用于不同参数的显示。

传送环节的作用是联系仪表的各个环节，给其他环节的输入、输出信号提供通路。

（3）显示环节　显示环节是人-机联系的主要环节，它的作用是将获得的被测量与相应的标准量进行比较，并最终以指针位移、数字、图形、曲线，或以记录笔、计数器、数码管、CRT 及 LCD 屏等方式表现出来，以便观察者读取。例如指针式显示仪表，是利用指针对标尺的相对位置来表示被测量数值的，被测量的测量单位被转换成标尺的刻度分格。这种操作者参与比较过程的显示，称为模拟显示，而用数字形式显示被测量数值的显示方式称为数字显示，其比较过程在仪表内进行。

3.1.2.2　测量仪表的分类

油气储运生产过程中所用的测量仪表，其结构和形式是多种多样的，按照技术特点或使用范围的不同有各种分类方法，常见分类方法如下所示。

（1）按被测参数分类　测量仪表一般被用来测量某个特定的参数，根据这些被测参数的不同，测量仪表可分为温度测量仪表（简称温度仪表）、压力测量仪表、流量测量仪表、物位测量仪表等。

（2）按对被测参数的响应形式分类　测量仪表可分为连续式测量仪表和开关式测量仪表。前者是指测量仪表的输出值随被测参数的变化按比例地连续改变。例如，常见的水银温度计，当温度计附近温度发生变化时，温度计中的水银因热胀冷缩而导致水银高度的变化，改变了温度计的读数，因此，这是一种连续式的测量仪表；开关式测量仪表是指在被测参数整个变化范围内其输出响应只有两种状态，这两种状态可以是电路的"通"或"断"，可以是电压或空气压力的"高"和"低"。例如，冰箱压缩机的间歇启动，电饭煲的自动保温等都是利用开关式温度仪表实现的。

（3）按仪表所使用的能源分类　按仪表所使用的能源来分，可以分为气动仪表、电动仪表和液动仪表，但目前常用的为气动仪表和电动仪表。

气动仪表的结构比较简单、直观；工作比较可靠；对温度、湿度、电磁场、放射线等环境影响的抗干扰能力较强；能防火、防爆；价格比较便宜；但气动仪表一般反应速度较慢，传送距离受到限制；与计算机结合比较困难，不宜实现远距离、大范围的集中显示与控制。

电动仪表以电为能源，信号之间联系比较方便，适宜于远距离传送、集中控制；便于与计算机结合控制生产过程；近年来，电动仪表也可以做到防火、防爆，更有利于电动仪表的安全使用。但电动仪表一般投资较大，受温度、湿度、电磁场、放射线影响较大，使可靠性受到限制。

（4）按仪表的组成形式分类　按仪表的组成形式来分，可以分为基地式仪表和单元组合式仪表。基地式仪表是集测量、显示、调节等各部分都装在一个表壳里，成为不可分离的整体。当用它来构成简单的自动化系统时，仪表台数少，结构简化。但用它来构成比较复杂的调节系统则有些困难，不够灵活。

单元组合式仪表是将对参数的测量及其变送、显示、调节等各部分，分别做成只完成某一个而又能各自独立工作的单元仪表（简称单元，例如变送单元、显示单元、调节单元等）。这些单元之间以统一的标准信号互相联系，可以根据不同要求，方便地将各单元任意组合成各种调节系统，适用性和灵活性均较好。

化工生产中的单元组合仪表有电动单元组合仪表和气动单元组合仪表两种。国产的电动单元组合仪表以"电"、"单"、"组"三字的汉语拼音字头为代号，简称 DDZ 仪表；同样气动单元组合仪表简称 QDZ 仪表。

（5）按信号的输出（显示）形式分类　测量仪表可分为模拟式仪表和数字式仪表。模拟式仪表是指仪表的输出或显示是一个模拟量，人们通常看到的带指针式显示的仪表，如电压表、电流表等，均为模拟式仪表。数字式仪表是指仪表的显示直接以数字（或数码）的形式给出，或是以二进制等编码形式输出和传输。随着计算机技术的应用日益普遍，数字式仪表将迅速增多。另外，为了满足不同使用者的需要，有些仪表既有数字功能，同时又有模拟式功能。例如，现在使用的很多变送器除了有现场数字显示（参数设定）功能外，它还能产生可以远传的 4～20mA 的模拟信号。这类仪表一般也归到数字仪表，但严格说应该是数字-模拟混合型仪表。20 世纪 90 年代发展起来的总线式仪表被认为是全数字式的仪表。

3.1.3　测量仪表的性能指标

仪表的特性，一般分为静态特性和动态特性两种。当用测量仪表进行测量的参数不随时间而变或随时间变化很缓慢时，这就是所谓的静态特性。当被测量的参数随时间变化很快，必须考虑测量仪表输入量与输出量之间的动态关系时，这就是所谓的动态特性。

测量仪表的性能指标是评价仪表质量优劣的重要依据，也是正确选择、使用仪表所必须具备和了解的知识。测量系统或仪表的性能指标包括：静态性能、动态性能、可靠性和经济性等。以下主要介绍仪表的静态特性和动态特性的指标。

3.1.3.1　精确度

仪表的精确度简称精度，是表示测量结果与真值一致的程度。精确度高就意味着仪表精密又准确，也就是说，其随机误差与系统误差都小。一般用相对百分误差表示。

仪表的测量误差可以用绝对误差 Δ 来表示。但是，仪表的绝对误差在测量范围内的各点不相同。因此，常说的"绝对误差"指的是绝对误差中的最大值 $\Delta_{\max}$。

相对百分误差为：

$$\delta = \frac{\Delta_{\max}}{测量范围上限值-测量范围下限值} \times 100\% \tag{3-7}$$

仪表的测量范围上限与下限之差，称为该仪表的量程。

根据测量仪表使用要求，规定在一个正常情况下允许的最大误差，称为允许误差。一般用相对百分误差来表示，即：

$$\delta_允 = \pm \frac{仪表允许的最大绝对值误差}{测量范围上限值-测量范围下限值} \times 100\% \tag{3-8}$$

仪表的 $\delta_允$ 越大，表示它的精确度越低；反之，仪表的 $\delta_允$ 越小，表示仪表的精确度越高。

按仪表工业规定，仪表的精确度划分成若干等级，简称精度等级，精度等级就是仪表的相对百分误差去掉"±"号及"％"号后的数字，但必须与国家标准相一致。工业仪表常用精度等级有以下几个级别：0.005，0.02，0.05，0.1，0.2，0.4，0.5，1.0，1.5，2.5，4.0 等。比如 0.5 级仪表，表示该仪表的允许误差小于等于±0.5％。

仪表的精度等级是衡量仪表质量优劣的重要指标之一。精度等级数值越小，表示仪表的精确度越高。精度等级数值小于等于 0.05 的仪表通常用来作为标准表，而工业用表的精度等级数值一般大于等于 0.5。精度等级一般用一定的符号形式表示在仪表面板上，例如 ⚠1.0、①.5…

3.1.3.2　灵敏度与灵敏限

仪表的灵敏度是仪表在稳定状态下，其输出变化量与引起此变化的输入改变量的比值，用符号 S 表示。

$$S = \frac{\Delta x_m}{\Delta x_i} \qquad (3-9)$$

式中　Δx_i——被测参数变化量，也就是仪表的输入变化量；

　　　Δx_m——相应的仪表输出改变量，一般为指针的线位移或角位移，对就地显示的仪表来说，Δx_m 就是仪表指针在刻度标尺上的移动量。

仪表灵敏度的大小反映了仪表对被测量的幅值敏感程度，其单位为输出、输入量单位之比。线性刻度标尺仪表的灵敏度等于常数，而非线性刻度标尺仪表的灵敏度各处不同。

提高仪表对信号的放大能力，就可以提高灵敏度。但这样并不能提高精度而减少测量误差，所以一般规定仪表标尺的分格值不小于仪表最大允许绝对误差。

所谓仪表的灵敏限指能引起仪表指针发生动作的被测参数的最小变化量。通常仪表的灵敏限规定为最小刻度分格值的一半。值得注意的是上述指标仅适用于指针式仪表。

3.1.3.3　分辨力与分辨率

对于数字式仪表来说，分辨力是指数字式显示器的最末位数字间隔所代表的被测参数的变化量。不同量程的分辨力是不同，相应于最低量程的分辨力作为仪表的性能指标，它也是灵敏度的一种反映。一般来讲，仪表的灵敏度越高，则分辨力越高。例如，某表的最低量程是 $0 \sim 1.0000V$，五位数字显示，末位一个数字的等效电压为 $10\mu V$，则该表的分辨力为 $10\mu V$。

当数字式仪表的分辨力用它与量程的相对值表示时，就是分辨率。分辨率与仪表的有效位数有关，如一台仪表的有效数字是三位，其分辨率便是千分之一。

3.1.3.4　变差（回差）

在工作条件不变的情况下，使用同一仪表对某一被测量进行由小到大（正行程）的测量和由大到小（反行程）的测量时，对同一被测量值，正反行程中仪表的指示值是不同的，如图 3-2 所示，这种现象称为变差或回差。

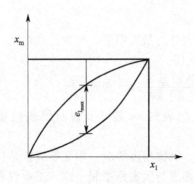

图 3-2　测量仪表的变差

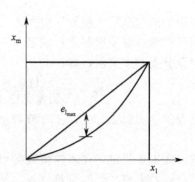

图 3-3　测量仪表的非线性

变差的大小，用同一被测量下，在正、反行程中，示值之差的最大值 $e_{h_{max}}$ 与仪表量程之比的百分数表示，符号为 E_{qh}。

$$E_{qh} = \frac{e_{h_{max}}}{R_s} \times 100\% \qquad (3-10)$$

变差说明了仪表的正向（上升）特性与反向（下降）特性的不一致程度。造成仪表变差的原因很多，如传动机构零件间隙、运动部件摩擦、弹性元件的弹性滞后等。

3.1.3.5　线性度

线性度又称非线性误差，反映了测量仪表输出量与输入量的实际关系偏离直线的程度，如图 3-3 所示。通常用实际特性与理论特性间的最大偏差 $e_{l_{max}}$ 用仪表量程之比的百分数来表示，符号为 E_{ql}。

$$E_{ql} = \frac{e_{l_{max}}}{R_s} \times 100\% \tag{3-11}$$

3.1.3.6 动态特性

以上考虑的性能都是静态特性，是指仪表在静止状态或是在被测量变化非常缓慢时得到的参数。仪表的动态特性是指被测量随时间迅速变化时，仪表指示值跟随被测量随时间变化的特性。仪表的动态特性反映了仪表对测量值的速度敏感性能。

仪表的动态性能指标，一般用被测量初始值为零，并做满量程阶跃变化时，仪表示值的时间反应参数来描述。

被测量做满量程阶跃变化时，仪表的动态特性如图 3-4 所示。仪表指示值在稳定值上下振荡波动，称为欠阻尼特性，如图 1-4（a）所示。仪表指示值慢慢增加，逐渐达到稳定值，称为过阻尼特性，如图 1-4（b）所示。

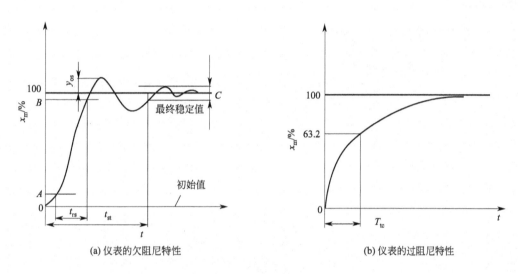

(a) 仪表的欠阻尼特性   (b) 仪表的过阻尼特性

图 3-4　仪表的动态特性

对于欠阻尼特性，仪表的动态特性用上升时间 t_{rs}、稳定时间 t_{st} 及过冲量 y_{os} 表示。图 3-4（a）中，A 一般为 $5\%\sim10\%$，B 一般为 $90\%\sim95\%$，C 一般为 $2\%\sim5\%$。

对于过阻尼特性，仪表的动态特性用时间常数 T_k 表示。T_k 等于被测量做满量程阶跃变化时，仪表指示值达到满量程的 63.2% 时所需时间。

3.1.4　油气储运测量仪表的选用要求

由于油气储运系统输送介质的物理化学性质、成分、高压大排量及所使用设备等方面的特点，使得油气储运（特别是油气长输管道）自动化系统中所使用的测量仪表与一般生产过程相比有一定特点或特殊要求。

① 油气的成分复杂，有些成分具有腐蚀性，因此，要求所用仪表的材质有相应的耐腐蚀性能。

② 油气中或管线腐蚀所形成的杂质，可能会堵塞仪表，因此，要求仪表或其附属部件有一定的抗堵和消除堵塞的功能。

③ 输送压力和排量都较大，要求仪表有较高的承压能力和较大的动态工作范围。

④ 油气是易燃易爆物，因此，要求仪表必须符合防爆等级要求。

⑤ 许多储运系统的管线或场站通过气候和地理环境非常恶劣的地带，这些地方的仪表或场站是无人值守的，因此，要求仪表有很高的可靠性。

3.2 压力测量仪表

压力是油气集输、储运工作中需要经常测量和控制的重要工艺参数之一。如油气分离器、脱水器、加热炉都必须在一定压力下工作，压力的变化会影响处理效果，过高会危及设备安全。例如，稳定塔需在一定的负压下工作，压力波动会影响轻油产量和质量；外输管线的压力大小及变化还是调节外输流量、判断管线事故（穿孔、堵塞）的重要手段与依据。因此，压力测量是直接关系到生产过程能否优质、安全、高效运行的重要条件，对压力的测量与控制具有十分重要的意义。

3.2.1 压力测量的基本概念

3.2.1.1 压力的定义和单位

(1) 压力的定义 在油气生产中，通常所称的压力，就是指均匀垂直作用在单位面积上的力，即由受力的面积和作用力的大小而决定，用数学式表示为：

$$P = \frac{F}{S} \tag{3-12}$$

式中　F——垂直作用力，N；

　　　S——受力面积，m^2；

　　　P——压力，Pa。

(2) 压力的单位及其换算 在国际单位制中，定义 1N 的力垂直作用在 $1m^2$ 的面积上的所形成的压力为 1 "帕斯卡"（Pascal），简称 "帕"，用符号 Pa 表示，此外还有千帕（kPa）、兆帕（MPa）。我国规定压力的法定单位为帕斯卡。

除了上面的基本压力单位外，在工业上和科学实验中很久以来广泛使用着一些其他压力计量单位，短期内尚难完全统一，这些单位包括如下。

① 工程大气压　一个工程大气压等于 $1cm^2$ 的面积上均匀分布着 1kg 力作用时的压力，用公斤力/厘米^2（kgf/cm^2）表示，习惯上一般简写为公斤力/厘米^2。它是生产中和科学技术上用得到最广泛的一种压力单位。

② 物理大气压（atm）　一个物理大气压等于 0℃时，水银密度为 $13.5951g/cm^3$ 和重力加速度为 $980.665cm/s^2$ 时，高度为 760mm 的水银柱在海平面上所产生的压力。它是地球大气圈的大气柱在海平面上的压力，是一个随时间和地点而变化的量。

③ 毫米汞柱（mmHg）　1mmHg 等于在标准重力加速度为 $980.665cm/s^2$ 时，1mm 高的水银柱在 0℃时的密度所产生的压力。

④ 毫米水柱（mmH₂O）　$1mmH_2O$ 等于在标准重力加速度 $980.665cm/s^2$ 下，1mm 高的水柱在 4℃时产生的压力。在 4℃时水的密度为 $1.0g/cm^3$。

除以上几种压力单位外，还有米水柱、磅/英寸等压力单位。这些压力单位之间的换算见表 3-1。

表 3-1　压力单位换算

单位	帕 （Pa）	巴 （bar）	工程大气压 （kgf/cm²）	标准大气压 （atm）	毫米水柱 （mmH₂O）	毫米汞柱 （mmHg）	磅力/平方英寸 （lbf/in²）
帕 （Pa）	1	1×10^{-5}	1.019716×10^{-5}	0.9869236×10^{-5}	1.019716×10^{-1}	0.75006×10^{-2}	1.4500442×10^{4}
巴 （bar）	1×10^{5}	1	1.019716	0.9869236	1.019716×10^{4}	0.75006×10^{3}	1.4500442×10
工程大气压 （kgf/cm²）	0.980665×10^{5}	0.980665	1	0.96784	1×10^{4}	0.73556×10^{3}	1.4224×10
标准大气压 （atm）	1.01325×10^{5}	1.01325	1.03323	1	1.03323×10^{4}	0.76×10^{3}	1.4696×10
毫米水柱 （mmH₂O）	0.980665×10	0.980665×10^{-4}	1×10^{-4}	0.96784×10^{-4}	1	0.75006×10^{-1}	1.4224×10^{-3}
毫米汞柱 （mmHg）	1.333224×10^{2}	1.333224×10^{-3}	1.35951×10^{-3}	1.3158×10^{-3}	1.35951×10	1	1.9338×10^{-2}
磅力/平方英寸 （lbf/in²）	0.68949×10^{4}	0.68949×10^{-1}	0.70307×10^{-1}	0.6805×10^{-1}	0.70307×10^{3}	0.51715×10^{2}	1

3.2.1.2　压力的表示方法

在工程测量中，常用的压力表示方法有三种，即绝对压力、表压力和负压力（真空度），其关系如图 3-5 所示。

绝对压力——以绝对真空为零点计算的压力，为介质的真实压力。

表压力——用仪表测出的高于大气压的压力，即超出大气压力的那部分压力。工业上所使用的压力表，大部分都是当被测设备内的压力超过大气压力时压力表的指针才开始移动。所以，压力表一般测到的压力就是表压力。

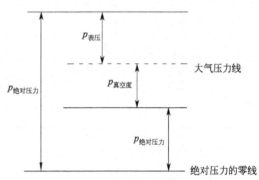

图 3-5　绝对压力、表压力、负压力
（真空度）的关系

$$p_{表压}=p_{绝对压力}-p_{大气压力}$$

负压力（真空度）——当绝对压力低于大气压时，表压力为负值，其绝对值称为负压力或真空度。

$$p_{真空度}=p_{大气压力}-p_{绝对压力}$$

在工程技术上，应用的压力是多种多样的，有时也需要知道各种不同的压力量值。在一般情况下，有的需要知道绝对压力，有的则是表压力，或真空度，而在另一种情况下，要找出相对于大气压力的压力量值，因为在很多自然现象中和许多问题中都与大气压有关。但在生产现场中使用比较多的压力计是压力表、真空表和压力-真空两用表。一般采用指针机械位移和数字形式显示。

3.2.1.3　压力测量仪表的分类

在油气储运过程中要测量的压力的范围，根据生产条件不同，所测的压力各有不同，常把压力测量范围按阶段分类：高真空（10^{-1}Pa）、中真空（$10^{2}\sim10^{-1}$Pa）、低真空（$10^{5}\sim10^{2}$Pa）、微压（5kPa 以下）、低压（$5\sim1.6$MPa）、中压（$1.6\sim10$MPa）、高压（10MPa 以上）。

为了适应生产的需要，压力测量仪表品种规格很多，分类方法也不同，常用而又比较合理的分类是按其仪表的转换原理为依据的，大致可分四类。

（1）液柱式压力计 液柱式压力计是根据静力学原理，将被测压力转换成液柱高度进行测量。这类仪表包括 U 形管压力计、单管压力计、斜管压力计等。优点是结构简单，反应灵敏，测量精确；缺点是受到液体密度的限制，测压范围较窄，在压力剧烈波动时，液柱不易稳定，而且对安装位置有严格要求。一般仅用于测量低压和真空度，多在实验室中使用。

（2）弹性式压力计 弹性式压力计是根据弹性元件受力变形的原理，将被测压力转换成弹性元件变形的位移进行测量。常见的有弹簧管压力计、波纹管压力计、膜片（或膜盒）式压力计。这类仪表结构简单，牢固耐用，价格便宜，工作可靠，测量范围宽，适用于低压、中压和高压多种场合，是工业中应用最广泛的一类仪表。缺点是测量精度不是很高，且多采用机械指针输出，主要用于生产现场的就地指示。当信号需要远传时，必须配上附加装置。

（3）电气式压力计 电气式压力计也称为压力传感器和压力变送器。它是利用物体某些物理特性，通过不同的转换元件将被测压力转换成各种电量进行测量。根据转换元件的不同，可分为电阻式、电容式、电感式、压电式、霍尔片式等形式。这类仪表的最大特点就是输出信号易于远传，可以方便地与各种显示、记录和调节仪表配套使用，从而为压力集中监测和控制创造条件，在生产过程自动化中被大量采用。

（4）活塞式压力计 活塞式压力计是利用流体静力学中的液压传递原理，将被测压力转换成活塞上所加平衡砝码的重力进行测量。这类仪表的测量精度很高，允许误差可达到0.02%～0.05%，普遍用做标准仪器，对其他压力表进行校验和标定。

目前生产中使用单元组合仪表的压力变送器的测压部分，仍以弹性元件为基础。

3.2.1.4 压力量值传递

压力量值传递的目的，是保证压力测量值的准确和一致。我国的压力量值传递是从国家基准器复现压力单位量值开始，通过各级标准器和核定手段，逐级传递到工作用的各种类型的压力仪器仪表。传递的过程是：基准器→工作基准器→一等标准器→二等标准器→三等标准器→工作用器（各种工作用压力仪器仪表）。对于基准、标准器的名称、测量范围、精度和检定方法可参照国家计量部门颁发的有关规程。

3.2.2 弹性式压力计

弹性式压力计的组成包括几个主要环节，如图 3-6 所示。弹性元件是仪表的核心部分，

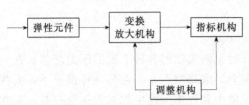

图 3-6 弹性式压力计的组成框图

其作用是感受压力并产生弹性变形；变换放大机构的作用是将弹性元件的变形进行变换和放大；指示机构如指针与刻度标尺，用于给出压力示值；调整机构用于调整仪表的零点和量程。

3.2.2.1 弹性元件

弹性元件不仅是弹性式压力计的敏感元件，也经常用来作为气动单元组合仪表的基本组成元件，应用较广。常用的弹性元件有下列几种，如图 3-7 所示。

单圈弹簧管是弯成圆弧形的金属管子，它的截面做成扁圆形或椭圆。如图 3-7（a）所示，当通入压力 p 后，它的自由端就会产生位移。这种单圈弹簧管自由端位移较小，能测量较高的压力。为了增加自由端的位移，可以制成多圈弹簧管，如图 3-7（b）所示。

弹性膜片是由金属或非金属做成的具有弹性的膜片，如图 3-7（c）所示，在压力作用下能产生变形。有时也可以由两块金属膜片沿周口对焊起来，形成一个薄壁盒子，称为膜盒。

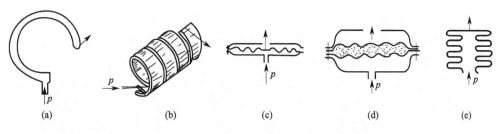

图 3-7　弹性元件示意

如图 3-7(d) 所示。

波纹管是一个周围为波纹状的薄壁金属筒体，如图 3-7(e) 所示，这种弹性元件易于变形而且位移可以很大，应用非常广泛。

根据弹性元件的各种不同型式，弹性式压力表可以分为相应的各种类型。

3.2.2.2　弹簧管压力计

弹簧管压力计的测量范围极广，品种规格繁多。按其所使用的测压元件不同，可分为单圈弹簧管压力计与多圈弹簧管压力计。其中应用最多的是单圈弹簧管压力计。按其用途不同，除普通弹簧管压力计外，还有耐腐蚀的氨用压力计、禁油的氧气压力计等。它们的外形与结构基本上是相同的，只是所用的材料有所不同。

弹簧管压力计的结构原理如图 3-8 所示。弹簧管 1 是压力表的测量元件。图 3-8 中所示为单圈弹簧管，它是一根弯成 270°圆弧的椭圆截面的空心金属管子。管子的自由端 B 封闭，管子的另一端固定在接头 9 上。当被测压力由接头 9 输入，由于椭圆形截面在压力 p 的作用下，将趋于圆形，而弯成圆弧形的弹簧管也随之产生向外挺直的扩张变形。由于变形，使弹簧管的自由端 B 产生位移。通过拉杆 2 使扇形齿轮 3 作逆时针偏转，于是指针 5 通过同轴的中心齿轮 4 的带动而作顺时针偏转，在面板 6 的刻度标尺上显示出被测压力的数值。螺丝 7 是用来克服因扇形齿轮和中心齿轮的间隙所产生的仪表变差。改变弹簧支点 8 的位置（即改变机械传动的放大系数），可以实现压力表的量程调节。由于弹簧管自由端的位移与被测压力之间具有正比关系，因此弹簧管压力计的刻度标尺是线性的。

由上述可知，弹簧管自由端将随压力的增大而向外伸张；反之，若管内压力小于管外压力，则自由端将随负压的增大而向内弯曲。所以，利用弹簧管不仅可以制成压力表，而且还可制成真空表或压力真空表。

弹簧管压力计除普通型外，还有一些是只作为特殊用途的，例如耐腐蚀的氨用压力计、禁油的氧用压力计等。为了能表明具体适用何种特殊介质的压力测量，常在其表壳、衬圈或表盘上涂以规定的色标，并注有特殊介质的名称，使用时应予以注意。

3.2.2.3　多圈弹簧管压力计

单圈弹簧管在受压力作用时，由于自由端的位移和输出力都很小，故仅适用于作指示型仪表。而工业生产中有时需要记录型仪表记录压力的变化。为了能带动记录机构运动，需要弹簧管有较大的位移。最有效的手段就是采用多圈弹簧管，制成多圈弹簧管压力计。多圈弹簧管压力表，其弹簧管的圈数一般为 2～9 圈，自由端角位移可达 50°左右。

如图 3-9 所示是一种自动记录型多圈弹簧管压力计结构示意。图中，螺旋形多圈弹簧 1 的固定端固定在外壳上，与被测介质相通，引入被测压力。而其自由端与连接片 2 固定，通过中心轴与杠杆 3 固连。当弹簧管受压时，其自由端产生一定的角位移 $\Delta\alpha$。通过杠杆 3、拉

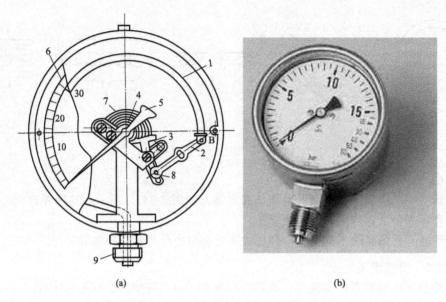

(a)
(b)

图 3-8　弹簧管压力计的结构原理
1—弹簧管；2—拉杆；3—扇形齿轮；4—中心齿轮；5—指针；6—面板；7—螺丝；8—弹簧支点；9—接头

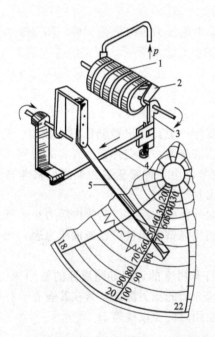

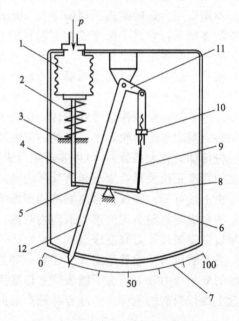

图 3-9　自动记录型多圈弹簧管压力计结构示意
1—螺旋形多圈弹簧；2—连接片；3—杠杆；
4—拉杆；5—记录笔

图 3-10　波纹管式压力计结构示意
1—波纹管；2—弹簧；3—弹簧座；4—推杆；5—杠杆；
6—固定轴；7—刻度标尺；8—轴销；9—连杆；
10—零点调整螺钉；11—副杠杆；12—指针

杆 4 使记录笔 5 绕轴摆动，并在记录纸上画出一段弧线，弧线的长度表示被测压力的大小。这种压力表，测量精度一般为 1.5 级，量程可达 16MPa。

3.2.2.4　波纹管式压力计

波纹管式压力计常用于低压或负压测量。它采用带有弹簧的波纹管作为压力——位移转换元件。可以构成各种形式的指示型或记录型压力计,在气动显示记录仪表中得到广泛的应用。如图 3-10 所示是一种波纹管式压力计结构示意。

被测压力 p 从引压接头引入波纹管内腔。在波纹管圆周,压力的作用是均匀对称的,不产生不平衡力。而压力在波纹管底部有效面积 A_e 上的作用力 pA_e 会使波纹管伸长,并压缩弹簧。测量力 pA_e 被弹簧及波纹管的弹性反力所平衡,弹簧及波纹管所产生位移与被测压力成正比。此位移由推杆 4 输出,经杠杆 5、固定轴 6、副杠杆 11 的传动放大,使指针摆动,指示出刻度标尺上被测压力的数值。

3.2.2.5　电接点压力计

在油气化工生产中,常常需要把压力控制在某一范围内,即当压力低于或高于规定范围时,就会破坏正常的工艺条件,甚至可能发生危险。利用电接点压力表就能简便地在压力偏离设定范围时及时发出信号,以提醒操作人员注意或通过中间继电器实现压力的自动控制。

如图 3-11 所示是电接点信号压力计结构示意。它是在普通弹簧管压力计的基础上稍加改变而成的。压力表指针上有动触点 2,表盘上另有两个可调的指针,上面分别有静触点 1 和 4。当压力超过上限设定位(此数值由上限设定指针的位置确定)时,动触点 2 和静触点 4 接触,使有红灯 5 的电路接通而发出红光;当压力过低时,则动触点 2 与静触点 1 接触,使有绿灯 3 的电路接通而发出绿色代号。静触点 1 和 4 的位置可根据需要灵活调节。

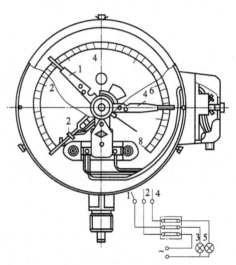

图 3-11　电接点信号压力计结构示意
1,4—静触点;2—动触点;3—绿灯;5—红灯

3.2.3　电气式压力计

电气式压力计是一种能将压力转换成电信号进行传输及显示的仪表。这种仪表的测量范围较广,分别可测 $7 \times 10^{-5} \sim 5 \times 10^2 MPa$ 的压力,允许误差可至 0.2%。由于可以远距离传送信号,所以在工业生产过程中可以实现压力自动控制和报警,并可与工业控制机联用。

电气式压力计一般由压力传感器、测量电路和信号处理装置所组成。常用的信号处理装置有指示仪、记录仪以及控制器、微处理机等。如图 3-12 所示是电气式压力计的组成方框图。

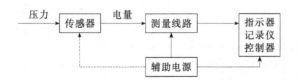

图 3-12　电气式压力计组成方框图

压力传感器的作用是把压力信号检测出来,并转换成电信号进行输出,当输出的电信号通过测量线路被进一步变换为标准信号时,压力传感器又称为压力变送器。各种压力传感器和压力变送器都可用来测量压力。近年来随着电子技术的迅速发展,新型压力传感器因其体积小、重量轻、成本低、性能好、易集成等优点,而得到越来越广泛的应用。

3.2.3.1 电容式差压变送器

电容式差压变送器是先将压力的变化转换成电容量的变化，通过测量线路将电容的变化量转换为电压，再经运算放大将电压转换为 4～20mA 标准电流信号输出。通常用来检测低量程（0～0.1×10⁴Pa）压力，响应速度为 100ms，其工作原理如图 3-13 所示。图 3-13 中，以测量膜片 4 作为电容器的可动极板，它与固定电极 2、7 组成可变电容器。当被测压力 p_1 和 p_2 分别加于左右两侧的隔离膜片时，通过硅油 3 差压传递到测量膜片上。使测量膜片向压力小的一侧发生弯曲，改变固定极板和动极板间的距离，引起极板间电容的变化量。然后根据相应的电容变化量，可知被测差压值，并可将电容的变化量通过引线传至测量线路，经过检测和放大，转换为 4～20mA 的直流电信号。如图 3-13 所示为一种两室结构的电容变送器，感压元件是一个全焊接的差动电容膜盒。玻璃绝缘层内侧的凹球面形金属镀膜作为固定电极，中间被夹紧的弹性平膜片作为可动电极，从而组成两个电容器。整个膜盒用隔离膜片密封，在其内部充满硅油。

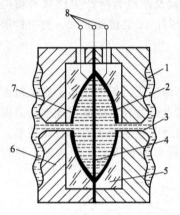

图 3-13　电容式差压变送器原理

1—隔离膜片；2,7—固定电极；
3—硅油；4—测量膜片；5—玻璃层；6—底座；8—引线

电容式差压变送器完全没有机械传动机构结构，尺寸紧凑，抗震性好，工作稳定可靠，测量精度高，其精度等级可达 0.2 级，是目前工业上普遍使用的一种压力变送器。

3.2.3.2 电感式压力传感器

电感式压力传感器是利用磁性材料和空气磁导率不同，压力作用在膜片上，靠膜片改变空气气隙大小，去改变固定线圈的电感，再通过测量电路将电感变化转换为相应的电压或电流输出，即将压力转换为电量来进行测量。

电感式压力传感器按磁路特性分为变磁阻和变磁导两种。它的特点是灵敏度高、输出较大、结构牢靠、对动态加速度干扰不敏感，但不适合于高频动态测量，测量仪器较笨重。

(1) 变磁阻式电感压力传感器的工作原理　变磁阻式电感压力传感器的工作原理如图 3-14 所示。铁芯、膜片以及其间的气隙组成了闭合的磁路，而气隙是该磁路中磁阻的主要组成部分。当压力 p 施加于膜片上后，膜片发生变形，气隙 δ 改变，即改变了磁路中的磁阻，这样铁芯上的线圈的电感 L 也发生了变化。如果在线圈内的两端加以恒定的交流电压 U，则电感 L 的变化将反映为电流 I 值的变化。因此，可以从线路中的电流值 I 来度量膜片上所感受的压力 p。

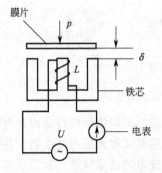
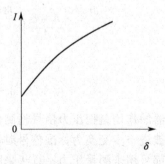

图 3-14　变磁阻式电感压力传感器的工作原理

在实际使用中，总是将两个电感式传感器组合在一起，组成差动式传感器。

（2）变磁导式压力传感器的工作原理 变磁阻式传感器由于穿过线圈的磁通密度很高，因此铁磁材料常常发生磁导率不恒定的缺点，为此，可采用变磁导式压力传感器。

变磁导式压力传感器原理如图 3-15 所示。它没有铁芯，只有一个小的可沿轴向移动的磁性元件，由于元件位置变化，有效磁导率发生变化，从而在指示仪表中读出读数。由图可见，这种传感器实质上是一个普通的调感线圈。

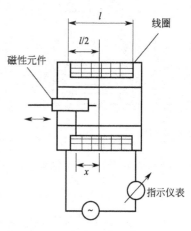

图 3-15 变磁导式压力传感器原理

3.2.3.3 压阻式压力传感器

压阻式压力传感器是基于单晶硅的压阻效应工作的。压阻元件是指在半导体材料（单晶硅）的基片上用集成电路工艺制成的扩散电阻。当它受压时，其电阻值随电阻率的改变而变化，称为压阻效应。

如图 3-16 所示是一种压阻式压力传感器结构示意。传感器的核心部件是一个硅膜片，它是用集成电路工艺在硅膜上制成四个等值电阻，组成惠斯登电桥。硅片被支承在一个硅环上，当压力施于硅膜片上时，由于硅的压阻效应，使四个桥臂阻值发生变化，造成电桥不平衡，即得相应的电压输出。电桥的输出电压与膜片所受压力成比例。

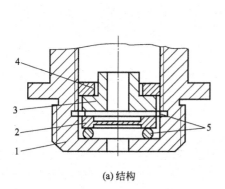

(a) 结构

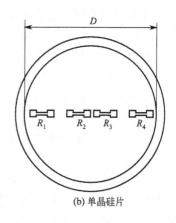

(b) 单晶硅片

1—基座；2—单晶硅片；3—导环；4—螺母；5—密封垫圈

图 3-16 压阻式压力传感器结构示意

随着半导体元件的迅速发展，压阻式压力传感器在国内外受到普遍重视，它灵敏度高，频率响应高，灵敏度高；结构比较简单，可以小型化；可用于静态和动态压力信号的测量；应用广泛，精度可达±0.2%～±0.02%。

3.2.3.4 压电式压力传感器

压电式压力传感器是基于压电效应工作的，由压电材料制成的压电元件受到压力作用时将产生电荷，其电荷量与所受的压力成正比，当外力去除后电荷将消失。称为压电效应。

如图 3-17 所示为一种压电式压力传感器结构示意。压电元件夹于两个弹性膜片之间，当压力作用于膜片时，使压电元件受力而产生电荷，电荷量经放大可转换成电压或电流输出，输出信号的大小与输入压力成正比关系。压电元件的一个侧面与膜片接触并接地，另一

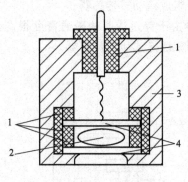

图 3-17　压电式压力
传感器结构示意

1—绝缘体；2—压电元件；
3—壳体；4—膜片

侧面通过金属箔和引线将电量引出。

压电式压力传感器的压电元件材料多为石英晶体和压电陶瓷，也有用高分子材料或复合材料的合成膜。放大器有电压放大器和电荷放大器两种。可以通过更换压电元件以改变压力的测量范围，还可以用多个压电元件叠加的方式（串联或并联）提高传感器的灵敏度。

压电式压力传感器具有结构简单、工作可靠、线性度好、频率响应高、量程范围大等优点，精度为 $\pm1\%$、$\pm0.2\%$、$\pm0.06\%$。但是由于在晶体边界上存在漏电现象，所以这类传感器在动态压力测量中应用广泛，不适宜测量缓慢变化的压力和静态压力。

3.2.3.5　压力传感器的主要性能参数

压力传感器的种类繁多，其性能也有较大的差异，在实际应用中，应根据具体的使用场合、条件和要求，选择较为适用的传感器，做到经济、合理。

（1）额定压力范围　额定压力范围就是满足标准规定值的压力范围，也就是在最高和最低温度之间，传感器输出符合规定工作特性的压力范围，在实际应用时传感器所测压力在该范围之内。

（2）最大压力范围　最大压力范围是指传感器能长时间承受的最大压力，且不引起输出特性永久性改变。特别是半导体压力传感器，为提高线性和温度特性，一般都大幅度减小额定压力范围。因此，即使在额定压力以上连续使用也不会被损坏。一般最大压力是额定压力最高值的 2～3 倍。

（3）损坏压力　损坏压力是指能够加在传感器上且不使传感器元件或传感器外壳损坏的最大压力。

（4）线性度　线性度是指在工作压力范围内，传感器输出与压力之间直线关系的最大偏离。

（5）压力迟滞　压力迟滞是指在室温下及工作压力范围内，最小工作压力和最大工作压力趋近某一压力时，传感器输出之差。

（6）温度范围　压力传感器的温度范围分为补偿温度范围和工作温度范围。补偿温度范围是指由于施加了温度补偿，精度进入额定范围内的温度范围。工作温度范围是保证压力传感器能正常工作的温度范围。

3.2.4　活塞式压力计

活塞式压力计是核定压力表和压力传感器等的标准器之一，也是一种标准压力发生器，由于活塞式压力计具有量程宽、精度高、技术性能稳定，因此，在压力测量中具有重要位置。

活塞式压力计作为国家标准器的精度为 0.005%，一等标准精度为 0.01%，二等标准精度为 0.05%，三等标准精度为 0.02%。常把二等和三等作为工厂实验室的压力标准器。

3.2.4.1　活塞式压力计的结构

活塞式压力计是由压力发生部分和测量部分组成的，其结构原理如图 3-18 所示。

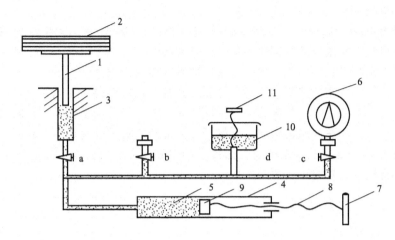

图 3-18　活塞式压力计结构示意

1—测量活塞；2—砝码；3—活塞柱；4—螺旋压力发生器；5—工作液；6—压力表；
7—手轮；8—丝杠；9—工作活塞；10—油杯；11—进油阀
a,b,c—切断阀；d—进油阀

　　压力发生部分主要由螺旋压力发生器、油杯、进油阀、切断阀等构成。工作液一般采用洁净的变压器油和蓖麻油等。测量部分主要由测量活塞、砝码、活塞柱等构成。测量活塞 1 插入活塞柱 3 内。

3.2.4.2　工作原理

　　活塞式压力计的基于静压平衡原理。摇动手轮 7 使丝杆 8 左移时，将推动工作活塞 9 也左移，挤压工作液，传压给测量活塞 1。当测量活塞 1 及其上端的托盘和荷重砝码 2 的总重量与测量活塞 1 下端面因压力 p 作用产生向上作用的力相等时，测量活塞 1 将被顶起并稳定在活塞柱 3 内的任一平衡位置上，这时的力平衡关系是：

$$pA = W + W_0 \tag{3-13}$$

$$p = W + \frac{W_0}{A} \tag{3-14}$$

式中　A——测量活塞的有效面积；

　　　p——被测压力；

　W，W_0——砝码和测量活塞（包括托盘）的重量。

　　一般取 $A = 1.0 \, \text{cm}^2$ 或 $0.1 \, \text{cm}^2$，因此，可以十分方便而准确地由平衡时所加砝码和活塞本身重量 $W + W_0$ 求得被测压力 p（即压力发生器内的压力）的数值。

3.2.4.3　活塞式压力计的应用

　　活塞式压力计既是一种标准的压力测量仪器，又是一种压力发生器。作为标准压力测量仪器使用时，用来校验其他压力表，如图 3-18 所示，标准压力值由平衡时所加砝码等的重量确定；作为压力发生器使用时，则用 a 阀切断测量部分通路，在 b 阀上接上标准压力表（其精度为 0.35 级或更高），由压力发生器改变工作液压力，比较被校表和标准表上的指示值，进行校验。

　　使用时应注意下列各点。

　　① 活塞式压力计应放在坚固平稳、无振动的工作台上。

　　② 应使活塞式压力计处于水平位置。可以由气泡式水平器检查水平程度，由调节仪器

四个脚高低来调节。

③ 工作液由油杯 10 供给。使用前应先打开 a 阀，通过螺旋压力发生器的挤压，使工作液管路内可压缩的空气压出后，再关 a 阀，打开进油阀 11，旋转手轮 7 使工作活塞 9 退出，吸入工作液，直到数量足够为止，关闭 d 阀，然后才能投入使用。

④ 校验时，一方面摆动手轮 7；另一方面在托盘上加取砝码，使测量活塞 1 在受力平衡状态下，其插入活塞柱 3 内的深度约为总长的 2/3 为宜，同时两手轻轻拨转砝码，使测量活塞 1 以 30～60r/min 的速度均匀转动，以保证由所加砝码重量来确定压力数值的准确性。

⑤ 测量活塞 1 和活塞柱 3 不能受到磨损、冲击和弯曲。压力发生器的手轮 7 旋转时应不使丝杠 8 受到弯曲力矩的影响而产生变形。

3.2.5 智能型压力变送器

3.2.5.1 结构原理

智能型压力或差压变送器是在普通压力或差压变送器的基础上增加微处理器电路而形成的智能检测仪表。目前，实际应用的智能式差压变送器种类较多，结构各有差异，但从总体结构上是相似的。现在我国应用比较广泛的产品有霍尼韦尔（Honeywell）公司生产的 ST3000 系列，罗斯蒙特（Rosemount）公司生产的 1151 系列以及西门子（SIEMENS）公司生产的 SITRANSP 智能变送器。下面简单介绍 ST3000 系列差压变送器。

如图 3-19 所示是 ST3000 差压变送器的原理框图，它的检测元件采用扩散硅压阻传感器。但与普通的扩散硅差压变送器所不同的是，在硅杯上除了制造感受差压的应变电阻之外，还同时制作出感受温度和静压的元件，即将差压、温度、静压三个传感器中的敏感元件集成在一起。

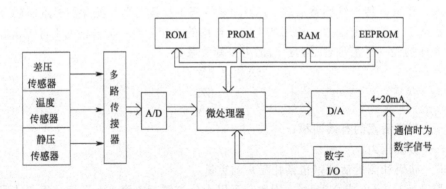

图 3-19　ST3000 差压变送器的原理框图

经过适当的电路将这三个参数转换成三路模拟信号，分别采集后经 A/D 转换送入微处理器。微处理器根据各种补偿数据（如差压、温度、静压特性参数和输入输出特性等），对这三种数字信号进行运算处理，然后得到与被测差压相对应的 4～20mA 直流电流信号和数字信号，作为变送器的输出。ST3000 差压变送器采用复合传感器和综合误差自动补偿技术，有效克服了扩散硅压阻传感器对温度和静压变化敏感以及存在非线性的缺点，提高了变送器的测量精度，同时拓宽了量程范围。

3.2.5.2 智能型差压变送器的特点

不同厂商的智能型压力变送器，其传感元件、结构原理、通信协议是不同的，但是基本特点是相似的。归纳起来智能型压力变送器具有以下特点。

① 测量精度高，基本误差仅为±0.075％或 0.1％，且性能稳定、响应快。

② 具有较高量程比（20∶1～400∶1），扩大了仪表的使用范围。

③ 具有温度、静压补偿功能，以保证仪表的精度。

④ 输出模拟、数字混合信号或全数字信号。

⑤ 除了具有测量功能外，还具有计算、显示、报警、控制、自诊断等功能。

⑥ 利用手持通信器或其他组态可以对变送器进行远程组态。

3.2.6　压力计选用及安装

为使油气储运过程中的压力测量和控制达到经济、合理及有效，正确选用、校验及安装压力测量仪表是十分重要的。

3.2.6.1　压力计的选用

压力计的选用应根据工艺生产过程对压力测量的要求、被测介质的性质、现场环境条件等来考虑仪表的类型、量程和精度等级，并确定是否需要带有远传、报警等附加装置，这样才能达到经济、合理和有效的目的。

(1) 仪表类型的选用

① 被测介质的性质—对腐蚀性较强的介质应使用不锈钢之类的弹性元件或敏感元件；对氧气、乙炔等介质应选用专用的压力仪表。例如普通压力表的弹簧管材料多采用铜合金，高压的也有采用碳钢的，而氨用压力计的弹簧管材料都采用碳钢，不允许采用铜合金。因为氨气对铜的腐蚀极强，所以普通压力计用于氨气压力测量很快就要损坏。

② 仪表输出信号的要求—对于只需要观察压力变化的情况，应选用如弹簧管压力计那样的直接指示型的仪表；如需将压力信号远传到控制室或其他电动仪表，则可选用电气式压力计。

③ 使用的环境—对爆炸性较强的环境，在使用电气压力计时，应选择防爆型压力仪表；对于温度特别高或特别低的环境，应选择温度系数小的敏感元件或变换元件。

(2) 仪表量程的确定　为了保证敏感元件能在其安全的范围内可靠地工作，也考虑到被测对象可能发生的异常超压情况，对仪表的量程选择必须留有足够的余地。但是，仪表的量程选得过大也不好。

根据《化工自控设计技术规定》，在测量稳定压力时，最大工作压力不应超过测量上限的 2/3；测量脉动压力时，最大工作压力不超过量程的 1/2；测量高压力时，最大工作压力不应超过量程的 3/5。

为了保证测量的准确度，所测的压力值不能太接近于仪表的下限值，亦即仪表的量程不能选得太大，一般被测压力的最小值不低于量程的 1/3。

(3) 仪表精度的选择　压力测量仪表的精度主要根据生产允许的最大误差来确定，即要求实际被测压力允许的最大绝对误差应小于仪表的基本误差。另外，在选择时应坚持节约的原则，只要测量精度能满足生产的要求，就不必追求用过高精度的仪表。

【例 1】某台往复式压缩机的出口压力范围为 25～28MPa，测量误差不得大于 1MPa。工艺上要求就地观察，并能高低限报警，试正确选用一台压力表，指出型号、精度与测量范围。

解：由于往复式压缩机的出口压力脉动较大，所以选择仪表的上限值为：

$$p_1 = p_{max} \times 2 = 28 \times 2 = 56 \text{（MPa）}$$

根据就地观察及能进行高低限报警的要求，由附录 1 可查得选用 YX-150 型电接点压力表，测量范围为 0～60MPa。

由于 $\dfrac{25}{60} > \dfrac{1}{3}$，故被测压力的最小值不低于满量程的 1/3，这是允许的。另外，根据测量误差的要求，可算得允许误差为：

$$\frac{1}{60} \times 100\% = 1.67\%$$

所以，精度等级为 1.5 级的仪表完全可以满足误差要求。至此，可以确定，选择的压力表为 YX-150 型电接点压力表，测量范围为 0～60MPa，精度等级为 1.5 级。

【例 2】 如果某反应器最大压力为 0.6MPa、允许最大绝对误差为 ±0.02MPa。现用一台测量范围为 0～1.6MPa、准确度为 1.5 级的压力表来进行测量，问能否符合工艺上的误差要求？若采用一台测量范围为 0～1.0MPa、准确度为 1.5 级的压力表，问能符合误差要求吗？试说明其理由。

解：对于测量范围为 0～1.6MPa、准确度为 1.5 级的压力表，允许的最大绝对误差为：

$$1.6 \times 1.5\% = 0.024 \ (\text{MPa})$$

因为此数值超过了工艺上允许的最大绝对误差数值，所以是不合格的。对于测量范围为 0～1.0MPa、准确度也为 1.5 级的压力表，允许的最大绝对误差为：

$$1.0 \times 1.5\% = 0.015 \ (\text{MPa})$$

因为此数值小于工艺上允许的最大绝对误差，故符合对测量准确度的要求，可以采用。

该例说明了选一台量程很大的仪表来测量很小的参数值是不适宜的。

3.2.6.2 压力计的安装

当选用了一台合格的压力计后，安装是否正确直接影响到测量结果的准确性和仪表的使用寿命。甚至与能否在现场正常运行有很大关系。它包含了测压点的选择、导压管的敷设和仪表本身的安装等内容。

(1) 测压点的选择—选择测压点的原则是应使该测压点能反映被测压力的真实情况。

① 测压点要选在被测介质作直线流动的管段上，不可选在拐弯、分岔、死角或能形成旋涡的地方。

② 测量流动介质的压力时，取压管应与介质流动方向垂直，管口与器壁平齐，并不应有毛刺。

③ 测量液体压力时，取压点应在管道下部，使导压管内不积存气体；测量气体压力时，取压点应在管道上方，使导压管内不会积存液体。

④ 测量差压时，两个取压点应在同一水平面上，以避免产生固定的系统误差。

(2) 导压管的敷设

① 导压管的粗细要合适，一般内径为 6～10mm，长度应尽可能短，最长不超过 50m，以减少压力指示的迟延。

② 水平安装的导压管应保持 1∶10～1∶20 的倾斜度，以利于积存其中的液体和气体的排出。

③ 如果被测介质易冷凝或冻结时，应加装保温伴热管。

(3) 压力计的安装

① 压力计应安装在易观察和检修的地方。安装地点应力求避免振动。

② 测量蒸汽压力时，应加装凝液管，以防高温蒸汽直接与测压元件接触，如图 3-20（a）

所示；对于有腐蚀性介质的压力测量，应加装有中性介质的隔离罐，图 3-20(b) 表示被测介质密度大于和小于隔离液密度的两种情况。总之，针对被测介质的不同性质，要采取相应的防热、防腐、防冻、防堵等措施。

③ 当被测压力较小，而压力计与取压口又不在同一高度时，对由此高度差而引起的测量误差进行修正。

④ 压力表的连接处，应根据被测压力高低和介质性质，选择适当材料，作为密封垫片，以防泄漏。一般低于 80℃ 及 2MPa 时，用牛皮或橡胶垫片；350～450℃ 及 5MPa 以下用石棉或铝垫片；温度及压力更高（50MPa 以下）用退火紫铜或铅垫片。但测量氧气压力时，不能使用浸油垫片及有机化合物垫片；测量乙炔压力时，不能使用铜垫片，因它们均有发生爆炸的危险。

⑤ 取压口到压力表之间应装有阀门，以备检修压力表时能切断通路。阀门应装设在靠近取压口的地方。

⑥ 为安全起见，测量高压的仪表除选用表壳有通气孔外，安装时表壳应靠墙、地或无人通过之处，以防发生意外。

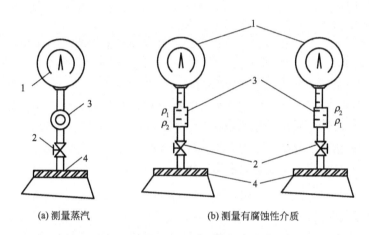

(a) 测量蒸汽　　　　　　　(b) 测量有腐蚀性介质

图 3-20　压力表安装示意
1—压力表；2—截止阀；3—回转冷凝器或隔离管；4—生产设备
ρ_1—被测介质密度；ρ_2—中性隔离液密度

3.3　流量测量仪表

在能源计量方面对于物料数量的测量，流量仪表起着举足轻重的作用，无论一次能源（石油、天然气、煤炭）或二次能源（成品油、人工燃气、石油气、矿井气及蒸汽）或含能工质（压缩空气、氧、氮、氢和水等）皆使用数量极其庞大的流量仪表，它们是能源管理及贸易结算的必备工具。

油气储运过程中输送的介质是流体，它们通过动力设备如压缩机、泵等在管道中输送。把用于测量流体流量的仪表叫做流量计或流量表。流量不但是油气储运过程中监督设备工况的重要参数，也是物料流动工况特征参数之一，它的测量对确保安全生产有很大意义，同时也是企业经济核算的基本依据。

3.3.1 流量测量的基本概念

3.3.1.1 流量的定义和单位

流量就是单位时间内（如秒、分、小时）所流过管道或设备某一截面的流体数量，或称瞬时流量。流体是液体和气体的总称。

(1) 体积流量 若单位时间内流过管道的流体数量是按体积计算的，叫做体积流量，常用符号 Q 表示。如设备或管道某处的横截面积为 A，该处流体的平均流速为 v，则有：

$$Q = Av \tag{3-15}$$

工程上常用的体积流量单位有 m^3/s、m^3/h、L/h 等。

由于气体密度 γ 是随温度、压力等状态参数变化的，所以气体的流量，通常以温度为 20℃、压力为 760mmHg（1mmHg=133.322Pa）下气体的体积（如标准立方米）来表示。

(2) 质量流量 若单位时间内流过管道的流体数量是按质量计算的，叫做质量流量，常用符号 G 表示。设流体密度为 γ，则有：

$$G = Q\gamma \tag{3-16}$$

在工程中常用的质量流量单位有如下几种：kg/h、t/d、t/h 等。如果已知被测介质密度 γ，则体积流量 Q 和质量流量 G 之间可进行换算。

(3) 流体总量 某一段时间内流过管道或设备某一横截面的流体总体积或总质量称为总量，其计量单位常用吨（t）、立方米（m^3）表示。即总量为瞬时平均流量对时间的积累（或叫积分），是一个累积流量，以数学表示为：

$$G_总 = \overline{G}t \ \text{或} \ Q_总 = \overline{Q}t \tag{3-17}$$

式中　$G_总$，$Q_总$——流体总质量、总体积；

　　　　$\overline{G}$——在累积时间 t 内的平均质量流量；

　　　　$\overline{Q}$——在累积时间 t 内的平均体积流量；

　　　　t——累积时间。

3.3.1.2 流量测量的主要方法和分类

在工业生产过程中，物料的输送通常都是在管道中进行的，因此，这里将主要介绍用于管道流动的流量测量方法。流量测量的方法很多，其测量原理和所用仪表结构形式各不相同。常用流量测量的分类方法如下。

(1) 按测量对象分类 按测量对象可分为封闭管道流量测量和敞开流道（明渠）流量测量两大类。封闭管道的流体靠压力输送，而明渠是依据高位差自由排放。一般明渠流动为不满管状态，所以这两类流量计有不同的特性。由于油气储运生产过程中测量对象均为管道流量，故本书主要介绍封闭管道流量测量。

(2) 按测量目的分类 按测量目的可分为总量测量和流量测量，其仪表分别称为总量表和流量计。总量表用于测量一段时间内流过管道（流道）的流体总量，在能源计量中一般需采用总量表。流量计用于测量流过管道的流量，在过程控制系统中需检测与控制管道中的流体流量。

实际上流量计通常也备有累积流量的装置，可作为总量表使用，而总量表也带有流量发信装置，因此用严格意义来划分流量计和总量表已无实际意义。

(3) 按测量原理分类

① 体积流量的测量　体积流量的测量方法分为容积法（又称为直接法）和速度法（又称为间接法）。

容积法是在单位时间内以标准固定体积对流动介质连续不断地进行度量，以排出流体的固定容积数来计算流量。这种测量方法受流体流动状态的影响较小，适用于高黏度、低雷诺数的流体。基于容积法的流量检测仪表主要有椭圆齿轮流量计、刮板流量计等。

速度法是先测量出管道内的平均速度，再乘以管道截面积来求取流体的体积流量。这种测量方法有很宽的使用条件，但速度法通常是利用管道内的平均流速来计算流量的，因此受管路条件影响较大，流动产生的涡流、截面上流速分布不均匀等都会给测量带来误差，目前，工业上常用的基于速度法的流量检测仪表主要有节流式流量计（又称差压式）、转子流量计、电磁流量计、涡轮流量计、涡街流量计、超声波流量计等。

② 质量流量的检测　质量流量的测量分为直接法和间接法（亦称推导式）。

直接法是利用检测元件直接测量流体的质量流量，例如悬浮陀螺质量流量计、热式质量流量计、科里奥利力式质量流量计等。

间接法是用两个检测元件分别检测出两个相应的参数，通过运算间接获取质量流量，例如，动能检测件（ρq_V^2）和密度计（ρ）的组合、体积流量计（q_V）和密度计（ρ）的组合、动能检测件（ρq_V^2）与体积流量计 q_V 的组合都可以计算出流体的质量流量。

3.3.2　差压式流量计

3.3.2.1　概述

差压式流量计又称节流式流量计，是目前最成熟、最常用的流量测量仪表之一。差压式流量计基于流体流动的节流原理，利用流体流经节流元件时产生的压力差与流量间的对应关系，通过测量压差实现对流量的测量。

差压式流量计由节流装置、导压管和差压计三部分组成，如图 3-21 所示。

(1) 节流装置　节流装置是使流体产生局部收缩的节流元件、节流元件前后的取正装置及前后一段管道（测量管）的总称，用于将流体的流量转化为压力差。节流元件有孔板、喷嘴、文丘里管等，如图 3-22

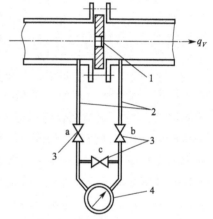

图 3-21　差压式流量计组成示意
1—节流装置；2—导压管；
3—阀组；4—差压计
a～c—阀门；q_V—流量

所示。由于孔板形状简单、易于加工，应用最为广泛，但与喷嘴、文丘里管相比，测量精度较低、阻力损失较大。

(2) 导压管　导压管是连接节流装置与差压计的管线，是传输差压信号的通道。通常导压管上安装有平衡阀组及其他附属器件。

(3) 差压计　用来测量压差信号，并把此压差转换成流量指示记录下来。常用差压计有双波纹管差压计及差压变送器等。

差压计使用历史长久，已经积累了丰富的实践经验和完整的实验资料。国内外已将孔板、喷嘴等最常用的节流装置进行了标准化，称为标准节流装置。采用标准节流装置，按统一标准设计的差压计，不必进行单个实验标定，即可直接投入使用。差压计多用于油田注水和天然气流量的测量。

3.3.2.2　差压计的测量原理

(1) 节流原理　由于流体具有一定的能量，因而可以在管道中流动。流体所具有的能量

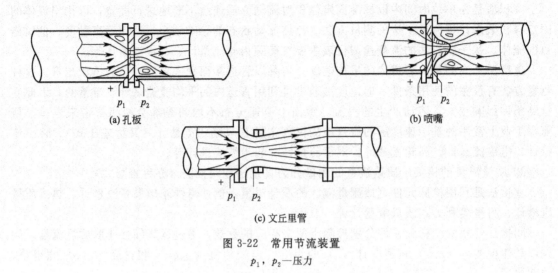

图 3-22 常用节流装置
p_1，p_2—压力

包括动能和位能。流体的动能表现在流体具有一定的流动速度；流体的位能表现在流体具有一定的静压力。流体这两种形式的能量在一定条件下可以相互转化，并遵从能量守恒定律。在流体力学中这一关系采用伯努利方程来描述。差压式流量计就是利用了流体在通过节流装置时的流速变化，即动能变化，引起其静压力变化这种现象测量流量的。

下面以孔板节流装置为例讨论差压式流量计的测量原理。

在图 3-23 中，流体在管道截面 I—I 前以速度 v_1 轴向流动，此时的静压力为 p_1'。在接近孔板时受到孔板的阻挡，使靠近管壁处的流体流速陡降，因而使一部分动压能转换为静压能，其压力由 p_1' 增至 p_1，并大于管中心的压力，形成径向压差。这一径向压差使流体产生径向附加速度，流体质点流向向管道中心倾斜，形成了流束的收缩运动。此时，管中心处的流速增加、静压力减小。经过孔板后，流体的流通面积增大，但由于流体运动的惯性，流束会继续收缩，在图中孔板后的截面 II—II 处，流束截面收缩至最小，这时，流体的流速达到最大，静压力最低为 p_2'。之后，流束开始逐渐扩大直至充满全管。同时，流速逐渐减小，静压力逐渐增加。但是在流体经过孔板时。流体的摩擦、扰动及漩涡造成了能量损失，使流体静压力能不能完全恢复，产生了一定的永久压力损失 δ_p。

通过上述分析可以看出，流体在通过节流孔板时产生了静压差 $\Delta p' = p_1' - p_2'$，并且流体的流量越大，流束的局部收缩与动、静压能的转化越显著，孔板前后的静压差也就越大。因而，只要测出孔板前后的静压差，即可求出被测流量的大小。这就是利用节流原理测量流量的基本原理。

需要指出的是，流束的最小收缩截面位置是随流量而变的，p_2' 位置不定。实际测量时，要准确地测量管中心静压力 $p_1' - p_2'$ 是有困难的。因此，通常是在孔板前后两个固定位置上测量近管壁处的压力差，取代上述静压差。例如，可以取孔板前后端面处的静压差 $\Delta p' = p_1 - p_2$ 代替 $\Delta p'$。

(2) 流量方程式 流量方程式推导的依据是流体力学中的伯努利方程和连续性方程，推导流量方程的目的在于明确静压差与流量之间的定量关系。

下面给出差压式流量计的流量基本方程式。

$$Q = \alpha \varepsilon A_2 \sqrt{\frac{2}{\rho_1} \Delta p} \tag{3-18}$$

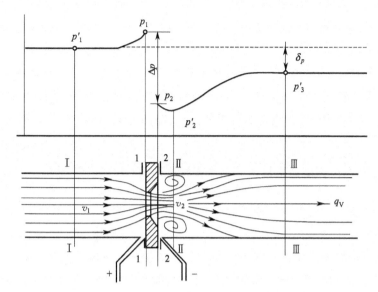

图 3-23　流体经过孔板时的压力和流速变化情况

$$M = \alpha \varepsilon A_2 \sqrt{2\rho_1 \Delta p} \tag{3-19}$$

式中　Q——工作状态下的体积流量，m^3/s；

　　　M——质量流量，kg/s；

　　　α——流量系数，由实验确定；

　　　ε——膨胀校正系数，对于可压缩流体 $\varepsilon < 1$，对于不可压缩流体 $\varepsilon = 1$；

　　　A_2——工作温度下的孔板开孔截面积，m^2；

　　　Δp——孔板前后流体静压差，Pa；

　　　ρ_1——工作状态下孔板前的流体密度，kg/m^3。

　　在流量公式中，流量系数 α 与节流元件的形式、取压方式、测量管壁粗糙度、直径比（管道直径/孔板开孔直径）、流体性质、工作状态以及流体的流态（雷诺数 Re）有关。实验表明：当节流元件的形式和取压位置已经确定、流体沿着内壁光滑的管道流动时，其流量系数 α 与雷诺数 Re 及直径比（管道直径/孔板开孔直径）有关。流量系数 α 一般由实验确定，但对于标准节流装置，可以根据节流元件形式、取压方式、直径比、管道粗糙度、孔板入口锐利程度及雷诺数查阅有关手册得到。

　　由流量基本方程可知，流量与压差的平方根成正比。所以用这种流量计测量流量时，为了得到线性的刻度指示，必须加入开方器。否则流量标尺的刻度将是不均匀的，并且在起始部分的刻度很密，如果被测流量接近仪表下限值时，误差将增大。

　　【例】　某差压式流量计的流量刻度上限为 $320m^3/h$，差压上限 $22500Pa$。当仪表指针指在 $160m^3/h$ 时，求相应的差压是多少（流量计不带开方器）？

　　解：由流量基本方程式可知：

$$Q = \alpha \varepsilon A_2 \sqrt{\frac{2}{\rho_1} \Delta p}$$

流量是与差压的平方根成正比的。当测量的所有条件都不变时，可以认为式中的 α、ε、A_2、ρ_1 均为不变的数。如果假定上题中的 $Q_1 = 320m^3/h$，$\Delta P_1 = 2500Pa$，$Q_2 = 160m^3/h$，所求的差压为 Δp_2，则存在下述关系：

$$\frac{Q_1}{Q_2}=\frac{\sqrt{\Delta p_1}}{\sqrt{\Delta p_2}}$$

由此得：

$$\Delta p_2=\frac{Q_2^2}{Q_1^2}\Delta p$$

代入上述数据，得：

$$\Delta p_2=\frac{160^2}{320^2}\times 2500=625\ （Pa）$$

上例说明了差压式流量计的标尺如以差压为刻度，则是均匀的，但以流量为刻度时，如果不加开方器，则流量标尺刻度是不均匀的。当流量值是满刻度的1/2时，指针却指在标尺满刻度的1/4处。

3.3.2.3 标准节流装置

国内外把最常用的节流装置、孔板、喷嘴、文丘里管等标准化，并称为"标准节流装置"。节流装置包括节流元件和取压装置。标准节流量装置是指国际（国家）标准化的节流装置。工业上常用的标准节流元件是孔板，其次是喷嘴和文丘里管。这里仅对油田应用较为普遍的标准孔板做一简要介绍。

(1) 标准孔板 标准孔板是一块与管道同心的、中心开有圆孔的圆形金属平板。圆孔的前侧有一段直角入口边缘的圆筒，圆孔的后侧为一段圆锥形喇叭口，如图3-24所示。

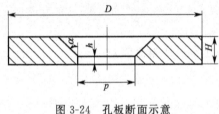

图3-24 孔板断面示意

孔板较薄，其厚度一般在3～10mm之间，对开孔直径的加工精度要求较高；要求孔板入口边缘是一个直角且应十分尖锐，当入口被流体磨钝后，会使指示流量变小而产生测量误差，应更新修正流量系数。用于不同管径的标准孔板，其结构形式是几何相似的。制造孔板的材料一般为普通碳素钢、合金钢或不锈钢。

(2) 取压装置 标准孔板取压装置有角接取压装置、法兰取压装置和径距取压装置。其中角接取压装置还有单独钻孔取压和环室取压两种形式。

角接取压装置是最常用的一种取压方式，取压点分别位于孔板前后端面处，前述流量基本方程式中压差 Δp 就是按角接取压法得到的。单独钻孔取压是在靠近节流元件两侧的两个夹紧环（或法兰）上钻孔，直接取出压力进行测量。环室取压是在孔板两侧的取压环的环状槽（环室）取出压力进行测量。

法兰取压装置是在孔板前后端面1in（25.4mm）处的位置上钻孔取压，一般要求在法兰上钻孔取压。

径距取压装置是在距孔板前端面 D 处（D 为测量管道内径）、后端面 $D/2$ 处的管道上钻孔取压。

3.3.2.4 差压式流量计的安装和使用

虽然差压式流量计的应用非常广泛，但是如果使用不当往往会出现很大的测量误差，有时甚至高达 $10\%\sim 20\%$。造成这么大的误差基本是由差压式流量计安装和使用不当引起的。因此，不仅需要合理地选型、准确地设计计算和加工制造，更要注意正确安装和合理使用，才能保证差压式流量计有足够的实际测量精度。

① 差压式流量计仅适用于测量管道直径 $D\geqslant 50mm$、雷诺数在 10^4 以上的流体，而且流

体应当清洁，充满管道，不发生相变。

② 必须保证节流装置的使用条件与设计条件一致，当被测流体的工作状态或密度、黏度、雷诺数等参数与设计值不同时，应进行必要的修正，否则会产生较大的误差。

③ 安装节流装置时，标有"十"的一侧，应当是流体的入口方向。如为孔板，则应使流体从孔板 90°锐口的一侧进入。

④ 节流装置经过长时间的使用，会因物理磨损或者化学腐蚀，造成几何形状和尺寸的变化，从而引起测量误差，因此需要及时检查和维修，必要时更换新的节流装置。

⑤ 接至差压计上的差压信号应该与节流装置前后的差压相一致，这就需要安装差压信号的引压管路，参见压力测量仪表的安装。

⑥ 为了保证流体在节流装置前后为稳定的流动状态，在节流装置上、下游必须配置一定长度的直管段（直管段长度与管路上安装的弯头等阻流件的结构和数量有关，可以查阅相关手册）。

⑦ 测量具有腐蚀性或易凝固性的介质的流量时，必须采取隔离措施。

⑧ 由流量的基本方程式可知，流量与节流件前后差压的开方成正比，因此被测流量不应接近于仪表的下限值，否则差压变送器输出的小信号经开方会产生很大的测量误差。

3.3.3　转子流量计

在流量测量中，经常遇到比较小的流量测量，而节流装置在管径 $D \leqslant 50\mathrm{mm}$ 时，还未实现标准化，所以对较小管径的流量测量，可选用转子流量计。转子流量的主要特点是结构简单，反应灵敏，量程较宽，压力损失小而且恒定，可测小至每小时零点几升的流量。目前国内流量测量中约有 15% 使用转子流量计。

3.3.3.1　测量原理

转子流量计的测量原理如图 3-25 所示。它由一段上宽下窄的锥形管中和垂直放置锥形管内可以上下自由浮动的浮子（由于在测量时浮子不停地转动又称转子）组成。当被测流体自下而上流经锥形管时，转子受到流体的冲击作用向上运动。随着转子的上移，转子与锥形管间的环隙增大（即流通面积增大）。流速减小，冲击作用减弱，直到转子在流体中的重力与作用在转子上的推力相等时，转子就稳定在锥形管中某一位置上，维持力平衡。当流体的流量增大或减少时，转子将上移或下移至新的位置，继续保持力平衡。即转子在锥形管中的平衡位置的高低与被测流体的流量大小相对应。如果在锥形管外沿的高度上刻上对应的流量值，那么，根据转子平衡位置的高低就可以直接读出流量的大小，这就是转子流量计测量流量的基本原理。

因此可以看出，差压式流量计是在节流面积不变的条件下，根据差压的变化进行流量测量的。而转子流量计采用的是压降保持不变，改变节流面积的方法测量流量。

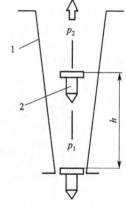

图 3-25　转子流量计
的测量原理
1—锥形管；2—浮子

转子流量计中转子的平衡条件是：

$$V(\rho_{\mathrm{t}} - \rho_{\mathrm{f}})g = (p_1 - p_2)A \tag{3-20}$$

$$\Delta p = p_1 - p_2 = \frac{V(\rho_{\mathrm{t}} - \rho_{\mathrm{f}})g}{A} \tag{3-21}$$

式中 V——转子的体积；

ρ_t，ρ_f——转子材料和被测流体的密度；

p_1，p_2——转子前后流体的压力；

A——转子的最大横截面积；

g——重力加速度。

由式（3-20）可以看出，V、ρ_t、ρ_f、A、g 均为常数，所以 Δp 为常数，此时流过转子流量计的流体与转子和锥形管间环隙面积 F_0 有关。由于锥形管由下往上逐渐扩大，所以 F_0 与转子浮起的高度有关。这样，根据转子的高度就可以判断被测介质的流量大小，可用下式表示：

$$M = \phi h \sqrt{2\rho_f \Delta p} = \phi h \sqrt{\frac{2gV(\rho_t - \rho_f)\rho_f}{A}} \qquad (3\text{-}22)$$

或

$$Q = \phi h \sqrt{\frac{2}{\rho_f} \times \Delta p} = \phi h \sqrt{\frac{2gV(\rho_t - \rho_f)}{\rho_f A}} \qquad (3\text{-}23)$$

式 ϕ——仪表常数；

h——转子浮起的高度。

其他符号意义同前所述。

3.3.3.2 转子流量计的结构

转子流量计一般按其锥形管材料的不同，有透明锥管转子流量计和电远传式转子流量计两种。

（1）透明锥管转子流量计 透明锥管多由硼硅玻璃制成，所以习惯上称为玻璃转子流量计。常用的结构如图 3-26 所示，除转子与锥形管外，还装有支柱或护板等保护性零部件。

为了使转子不致卡死在锥管内，常在下部设有转子座，上部没有限制器，故与被测流量入口端相连接的有法兰、螺纹和软管连接三种形式。

转子一般用铝、铅、不锈钢和玻璃等材料制成，使用时可根据流体的化学性质选用。为使转子能在锥管中心自由、灵活地上、下浮动不致黏附在管壁上影响测量精度，小流量时测量用的转子，是在转子圆盘边缘上开些斜槽。这样，流体自下而上流过转子时，使转子不断旋转，就可保持转子处于锥管中心位置，对于大流量的流量计，是在锥管中心装上一根导向杆，使它穿过转子中心，转子只能沿导向杆在锥管中心上下浮动。

由于锥管用玻璃制成，所以工作压力和温度不能过高（工作压力一般在 $0.25 \sim 1.6 \text{MPa}$，温度一般在 $-20 \sim 120^{\circ}\text{C}$）。精度等级为 1.5 级、2.5 级。玻璃转子流量计虽然结构简单，价格便宜，使用方便，但玻璃强度低、耐压低、易碎，多用于常温、常压、透明流体的就地指示。玻璃转子流量计不宜制成电远传式，电远传式一般采用金属锥管。

（2）电远传式转子流量计 上面介绍玻璃锥管转子流量计，只能进行就地指示。而采用金属锥管结构的电远传式流量计，能将反映流量大小的转子高度转换为电信号。因此可以远传显示或记录，并可带报警装置。

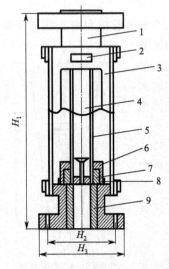

图 3-26 用法兰连接的玻璃转子流量计结构

1—基座；2—标牌；3—罩壳；
4—锥形玻璃管；5—浮子；6—压盖；
7—支板；8—螺栓；9—衬套

TZD 系列电远传式转子流量计的结构原理如图 3-27 所示，主要由流量变送器和电子差动仪两部分组成。当被测流体的流量变化时，转子的平衡高度也发生变化，并通过连杆带动差动变压器 T_1 中的铁芯上下移动，使差动变压器输出不同的信号电压 U_1，实现位移-电压的转换。此电压通过连接导线与电子差动仪内的差动变压器的输出电压 U_2 相比较，其差值为 $\Delta U = U_1 - U_2$，即电子放大器的输入信号。此不平衡信号经放大器放大后，控制可逆电机正转或反转（视输入信号 ΔU 的相位而定），并带动与可逆电机连接的凸轮转动，以改变差动仪内差动变压器中的铁芯位移，使产生的信号电压 U_2 与流量发送差动变压器 T_1 输出信号 U_1 相平衡，即使 $\Delta U = U_1 - U_2 = 0$。此时，放大器的输入为零，因而可逆电机也就停止转动，由可逆电机带动的指针和记录纸上读出被测流体的流量。

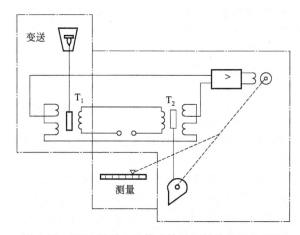

图 3-27　TZD 系列电远传式转子流量计的结构原理

当流量发生新的变化时，放大器就会有新的不平衡信号输入，其输出又将推动可逆电机转动，直到出现新的平衡，仪表的指针和记录笔也就能指示变化后的流量值。

3.3.3.3　转子流量计的使用

(1) 使用时的注意事项

① 转子流量计的压力损失比差压式流量计的损失小，转子位移随被测介质的反应也较快。用时要垂直安装，不能倾斜。而且被测介质由下而上通过，不能接反。

② 开启仪表前的截断阀时，不要一下子用力过猛、过急，以免损坏锥管和转子等零件。

③ 当被测流体不清洁或有污垢时，会使转子与锥形管间环隙流通面积变化，从而造成较大的测量误差，使用时需要清洗。

④ 在检修或新安装流量计时，应先将转子顶住再搬动，以免将锥管碰碎。

⑤ 凡是带百分刻度的转子流量计，制造厂在出厂时每台仪表包装中都附有图表，要妥善保存，以便使用时查阅。

(2) 流量指示值的修正　转子流量计是一种非标准化仪表。仪表制造厂为了便于成批生产，在进行流量刻度标示时，是按水或空气在工业基准状态（20℃，0.10133MPa）下进行的，在实际使用时，如果被测流体（如液体不是水，气体不是空气）和工作状态（如温度、压力等）与标示刻度的条件不同时，必须按照实际被测介质的密度、温度、压力等参数的具体情况对流量指示值进行修正。

① 当被测介质的密度和标定时水的密度不同时，在被测液体的黏度与水相差不大的情况下，可用下式计算。

$$Q_f = \frac{1}{K_Q} Q_0 \tag{3-24}$$

$$K_Q = \sqrt{\frac{\rho_t - \rho_w}{\rho_t - \rho_f} \frac{\rho_f}{\rho_w}} \tag{3-25}$$

式中 Q_0——用水标定时的流量；

     Q_f——被测介质的实际流量；

     K_Q——体积流量密度修正系数；

ρ_t，ρ_f，ρ_w——转子材料、被测介质、水的密度。

【例】 现用一个以水标定的转子流量计来测量苯的流量，已知转子材料为不锈钢，$\rho_t = 7.9 \text{g/cm}^3$，苯的密度为 $\rho_f = 0.83 \text{g/cm}^3$。试问流量计读数为 3.6L/s 时，苯的实际流量是多少？

解：由式 $K_Q = \sqrt{\dfrac{6.9 \rho_f}{7.9 - \rho_f}}$ 得 $K_Q = 0.9$。

将此值代入式 $Q_0 = \sqrt{\dfrac{\rho_t - \rho_w \rho_f}{(\rho_t - \rho_f) \rho_w}} \times Q_f = K_Q Q_f$，即苯的实际流量为 4L/s。

② 当被测介质为气体时，测量气体介质流量值的修正，可以转换为对被测气体密度、工作压力和温度的修正。

转子流量计用来测量气体时，制造商是在工业基准状态（293K、0.10133MPa 绝对压力）下用空气进行标定的，对于非空气介质在不同于上述基准状态下测量时，要进行修正。

根据气体状态方程，将工作状态下的被测介质密度 $\rho_\text{气}$ 用被测介质的标准密度 ρ_0 及状态参数表示，并把工作状态下的被测气体流量换算为标准状态下的流量 $Q_\text{气}$，则气体流量修正公式如下。

$$Q_1 = \sqrt{\frac{\rho_0}{\rho_1}} \times \sqrt{\frac{p_1}{p_0}} \times \sqrt{\frac{T_0}{T_1}} \times Q_0 \tag{3-26}$$

式中 Q_1——被测介质的流量，m^3/h（标准状态）；

     Q_0——按标准状态刻度显示的流量，m^3/h；

   ρ_0，ρ_1——空气在标准状态下的密度（1.293kg/m^3）和被测介质在标准状态时的密度，kg/m^3；

   p_0，p_1——大气压力（0.10133MPa）和被测介质的绝对压力，MPa；

   T_0，T_1——工业基准状态时的绝对温度（293K）和被测介质的绝对温度，K。

注意：上式计算得到的 Q_1 是被测介质在单位时间（小时）内流过转子流量计的标准状态下的容积数（标准立方米），而不是被测介质在实际工作状态下的容积流量。

【例】 某厂用转子流量计来测量温度为 27℃、表压为 0.16MPa 的空气流量，问转子流量计读数为 38m^3/h 时（标准状态），空气的实际流量是多少？

解：已知 $Q_0 = 38\text{m}^3/\text{h}$（标准状态），$p_1 = 0.16 + 0.10133 = 0.26133$（MPa），$T_1 = 27 + 273 = 300$（K），$p_0 = 0.10133$（MPa），$T_0 = 293\text{K}$，$\rho_1 = \rho_0 = 1.293 \text{kg/m}^3$（标准状态）。

将上列数据代入式（3-26）可得：

$$Q_1 = \sqrt{\frac{1.293}{1.293}} \times \sqrt{\frac{0.26133}{0.10133}} \times \sqrt{\frac{293}{300}} \times 38 \approx 60.3 (\text{m}^3/\text{h})(\text{标准状态})$$

即空气的流量为 60.3m^3/h（标准状态）。

3.3.4　电磁流量计

3.3.4.1　工作原理

电磁流量计是根据法拉第电磁感应原理制成的,主要用于测量液体(如工业污水、各种酸、碱、盐溶液)以及含有固体颗粒(例如泥浆、矿浆、纸浆及食品浆液等)或纤维的液体的流量。

电磁流量计通常由传感器和转换器两部分组成,被测介质的流量经传感器变换成感应电动势,然后再由转换器将感应电动势转换成统一的直流电信号输出,以便指示、记录或与计算机配套使用。

电磁流量计的工作原理如图 3-28 所示。当导电的流体在磁场中以垂直的方向切割磁力线时,就会在管道两边的电极上产生感应电动势,感应电势的方向由右手定则判断,大小由下式决定。

$$E_x = KBDv \qquad (3-27)$$

式中　E_x——感应电动势;

　　　K——比例系数;

　　　B——磁场强度;

　　　D——管道直径;

　　　v——垂直于磁力线的介质流动速度。

体积流量 Q 与流速 v 的关系为:

$$Q = \frac{1}{4}\pi D^2 v \qquad (3-28)$$

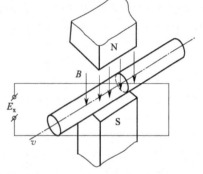

图 3-28　电磁流量计的工作原理

将其代入上式得:

$$Q = \frac{\pi D}{4KB} E_x \qquad (3-29)$$

可见,在管道半径 D 已经确定,磁场强度 B 保持不变时,介质的体积流量与感应电动势呈线性关系。因此在管道两侧各插入一根电极,便可引出感应电动势,由仪表指示出流量的大小。

电磁流量计只能用来测量导电液体的流量,且电导率要求不小于水的电导率,不能测量气体、蒸汽及石油制品等的流量。若引入高放大倍数的放大器,会造成测量系统很复杂、成本高,并且易受外界电磁场的干扰。使用中要注意维护,防止电极与管道间绝缘的破坏。安装时要远离一切磁源,不能有振动。

3.3.4.2　电磁流量计的特点

① 测量管内无可动部件或突出于管道内部的部件,因而压力损失很小,运行能耗低。

② 只要是导电的,被测流体可以是含有颗粒、悬浮物的介质等,也可以是酸、碱、盐等腐蚀性介质,有宽广的适用范围。

③ 电磁流量计的输出与体积流量呈线性关系,并且不受液体的温度、压力、密度、黏度等参数的影响。

④ 电磁流量计的量程比一般为 10∶1,有的量程比可达 100∶1。满量程流速范围为 0.3～12m/s;测量管直径为 6mm～2.2m;测量准确度一般优于 0.5%。

⑤ 电磁流量计没有机械惯性,反应迅速,可以测量瞬时脉动流量。

⑥ 电磁流量计的主要缺点有:被测流体必须是导电的,不能测量气体、蒸汽和石油制

品等的流量；由于衬里材料的限制，不能测量高温液体，温度一般不超过 120℃；因电极是嵌装在测量管上的，这也使最高工作压力受到一定限制，一般为 2.5MPa；容易受外界电磁干扰的影响。

3.3.5 超声波流量计

利用超声波测量流速和流量已有很长的历史，在工业、医疗、河流和海洋观测等的测量中有着广泛的应用。超声波流量计是通过测量流体流动对超声束（或超声脉冲）的作用以测量体积流量的一种速度式流量仪表。

超声波流量计是根据超声波在静止流体中的传播速度和在流动流体中的传播速度不同这一原理工作的。

设超声波在静止流体中的传播速度为 c，流体的流速为 v，超声波发送器和接收器之间的距离为 l。如图 3-29 所示，若在管道上安装两对方向相反的超声波换能器，则超声波从超声波发射器 T_1、T_2 到接收器 R_1、R_2 所需的时间分别为：

$$t_1 = \frac{l}{c+v} \tag{3-30}$$

$$t_2 = \frac{l}{c-v} \tag{3-31}$$

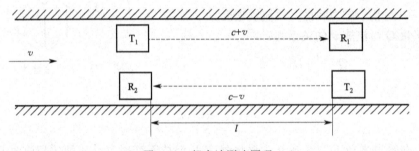

图 3-29　超声波测速原理

超声波在液体中的传播速度 c 在 1000m/s 以上，而在一般工业管道中液体流速只有每秒几米，即 $c^2 \gg u^2$，因此可得：

$$\Delta t = t_2 - t_1 = \frac{2lv}{c^2} \tag{3-32}$$

可见，当超声波的传播速度 c 和传播距离 l 已知时，只要测出超声波的传播时间差 Δt，就可以求出流体的流速 v，进一步可求得流量的大小。

超声波流量计的特点是可以把探头安装在管道外边，做到无接触测量；在测量流量过程中不妨碍管道内介质的流动状态，并可以测量高黏度的液体、非导电介质以及气体的流量；测量准确度中等，一般为 1.0~1.5 级；探头及耦合剂均不耐高温，目前国产超声波流量计只能用于 200℃ 以下的流体的流量测量；测量线路较复杂，对于中小管道来说，超声波流量计的价格偏高。

3.3.6 流量测量仪表的选用

流量测量仪表应根据工艺生产过程对流量测量的要求，按经济原则合理选用。选用时主要按以下几个方面进行考虑。即仪表性能方面、流体特性方面、安装条件方面、环境条件方面和经济因素方面。

3.3.6.1　仪表性能方面

不同测量对象有各自的测量目的，仪表性能各因素选择有不同侧重点，例如商贸结算和储运测量，对准确度要求较高，而过程控制连续监测一般要求有良好的可靠性及重复性（精密度）。

应该针对使用目的来确定准确度要求，如在较宽流量范围保持准确度，还是在某一特定范围即可？所选仪表的准确度能保持多久？是否易于周期校验？校验的方式及代价如何？这些因素都影响仪表的选择。

重复性是由仪表本身的工作原理及制造质量决定的，它与仪表校验所用基准高低无关。应用时要求重复性好，如使用条件变化大，则虽然仪表重复性高，但不会达到测量目的。

范围度常是选型的一个重要指标，速度式流量计（涡轮、涡街、电磁、超声）的范围度比平方型（差压）大得多，但是目前差压式流量计也在采取各种措施扩大范围度，如开发宽量程差压变送器或同时采用几台差压变送器切换来扩大范围度。要注意有些仪表范围度宽，其实是尽量把上限流量提高，如液体流速为 $7\sim10\text{m/s}$，气体流速为 $50\sim75\text{m/s}$，实际上高流速意义不大，重要的是下限流速为多少，能否适应测量的要求。

压力损失关系到能量消耗，对于大口径流量测量意义较大，它可能大大增加泵的功率消耗。选用价格较高而压损较小的仪表，从长期运行费用看更合算。

3.3.6.2　流体特性方面

初选品种是按照流体种类选定的，而流体特性对仪表应用有很大影响，如流体物性参数与流体流动特性（这部分在安装条件方面考虑）对测量精确度的影响，流体化学性质，脏污结垢等与使用可靠性的关系等。物性参数对仪表精确度的影响程度因仪表工作原理而异，目前最常用的几类流量计有差压、浮子、容积、涡轮、涡街、电磁、超声、热式等形式，影响流量计特性的主要物性参数为密度气体压缩系数、湿度、黏度、等熵指数、电导率、声速、比热容和热导率等，其中尤以密度和黏度的影响最为重要。

密度是影响流量计特性的最主要参数，其数据准确度直接影响计量精度。如速度式流量计测量的是体积流量，但是物料平衡或能源计量皆需用质量流量计算，因此这些流量计除检测体积流量外，尚需检测流体的密度，只在密度为常数或变动不影响计量精度时才可不必检测。涡街流量计的优点是其检测信号不受物性的影响，但在使用时如果密度是变动的，同样会影响其计量精度，这是因为它需把体积流量换算为质量流量。对于差压式流量计，在流量方程中差压和密度两个参数处于同等地位，有同样的作用，如果选用高精度差压计，而流体密度却确定得不准，则测量结果也不会是高精度的。只有直接式质量流量计，如科氏质量流量计或热式质量流量计，它们的信号直接反映密度的变化，因此无需另外检测密度参数。

黏度对流量计特性的影响有两种情况。

（1）直接影响　精确度最佳的涡轮流量计和容积式流量计，它们的流量特性深受黏度的影响，现场需要采用在线黏度补偿。一般来说，涡轮流量计只适用于低黏度介质，而容积式流量计较适于高黏度介质。但是对某些测量对象，如原油（高黏度）大流量测量，希望采用涡轮流量计。

（2）间接影响　黏度是判别流体性质的重要参数，牛顿流体或非牛顿流体就是视其黏度关系式不同而定的。目前国内外已颁布的流量测量标准及规程都只适用于牛顿流体，这是一个重要的使用条件。黏度是影响管道内流速分布的重要参数，流速分布对流量计特性的影响是流量计使用时的主要问题之一。

各种类型流量计是应用不同的物理原理制造的，而各种物理原理皆有其特殊的物性参数需考虑。如临界流流量计的等熵指数，超声流量计的声速，电磁流量计的电导率，热式流量计的比热容、热导率等。

由于流体物性为压力、温度及介质组分的函数，使用时压力、温度的变化使密度发生改变，需进行压力、温度补偿（修正）。在某些场合，当流体组分发生变化时，则不能采用压力、温度补偿，而应采用密度补偿。现场压力、温度波动是不可避免的，由此引起的物性参数的变动是使用时产生附加误差的主要原因之一，在高精度测量时应特别注意。

流体的化学性质（如腐蚀、磨蚀）、结垢情况以及是否有磨蚀性颗粒等因素，对于仪表长期可靠使用也有很大影响，它也是选型的一个重要考虑因素。流量计的检测件可分为三种情况：可动部件、固定部件与无阻碍件。对于上述情况，当然选取无阻碍件较好，但是选型还需综合其他情况决定。

3.3.6.3　安装条件方面

各种类型流量计对安装的要求差异很大。例如有些仪表（如差压式、涡街式）需要长的上游直管段，以保证检测件进口端为充分发展的管流，而另一些仪表（如容积式、浮子式）则无此要求或要求很低。流体流动特性主要取决于管道安装状况，而流体流动特性是影响流量特性的主要因素之一，故选型时应弄清所选仪表对流动特性的要求。

安装条件考虑的因素有仪表的安装方向、流动方向、上下游管道状况、阀门位置、防护性辅属设备、非定常流（如脉动流）情况、振动、电气干扰和维护空间等。

对于推理式流量计，上下游直管段长度的要求是保证测量准确度的重要条件，目前许多流量计要求的确切长度尚无可靠依据，在仪表选用时可根据权威性标准（如国际标准）或向制造厂咨询决定。

管道中非定常流（脉动流）对仪表特性有复杂的影响，至今全部流量计标准皆要求在稳定流中测量，因为核准流量计实验室的工作条件是稳定流的，如果流量计工作于非定常流（非稳定流）条件下，即使能够使用，其仪表系数的偏离也会使测量误差增大，因此在安装流量计时最好选择在远离脉动源和在管流较稳定之处。

管道振动对流量计的影响也是不可忽视的因素，大部分流量计皆要求在无振动场所使用。但是现场绝对不振动的情况较少，因此要视其影响采取一些措施，如管道加固支撑及加装减振器等，以降低其影响。屏蔽和抑制电磁干扰也是安装中应予考虑的重要方面。

3.3.6.4　环境条件方面

流量仪表一般由检测件、转换器及显示仪组成，后两部分受环境条件影响较大，特别是目前转换器及显示器大都配备微处理器等电子器件。环境条件的影响因素有环境温度、湿度、大气压、安全性、电气干扰等。

环境温度和湿度对机电一体化流量计的影响主要在电子部件及某些流量检测部分。如果有严重影响应考虑选用分离型仪表，或者在现场安装场所采取防护性措施，如管道包装绝热层等。应用于爆炸性危险场所应按照安全要求选用防爆型仪表。

3.3.6.5　经济方面

经济因素是仪表选型要着重考虑的问题之一。一般选表时经常深入考虑各种费用，进行仔细的计算，全部费用应包括仪表购置费、附件费、安装费、运行费、维护费、校验费和备用件费等，当然不是每种类型流量计都必须包括上述全部费用。

各种类型流量计安装费用可能差别很大，如有的流量计需安装旁路管以便维修，有的流量计可采用不断流取出型，无需安装旁路管，而旁路管加截止阀等的费用或许远超过仪表购置费。对于运行费用，特别是大口径的流量计，由于压力损失产生的泵送能耗费可能是一笔大数目，甚至一年的能耗费就已超过仪表购置费，这时采用压损小、价格高的流量计反而合算。对于商贸结算和储运发放的仪表，其准确度至关重要。为了提高及维持准确度，在仪表校验费上需花费大笔资金，例如配备一套在线校验装置，其费用就很可观。

3.4　温度测量仪表

温度测量在油气生产中是一个关键性的参数，尤其是在大批量销售原油、成品油或天然气的场合更是如此。在这些输送监测现场，为了把毛（重）容积换算成在标准温度状态下的净容积，必须对温度进准确的测量。除了低温液化天然气和利用天然气水合物贮存天然气外，管道油气温度测量并不需要很宽的温度范围，几乎全部都在 $0 \sim 150 ℃$ 之内。

3.4.1　温度测量的基本概念

3.4.1.1　温度与温标

温度是用来表示物体受热程度的物理量，但温度却不能直接加以测量，而是利用冷热不同的物体之间的热交换，以及某些物体随冷热程度不同而变化的物理性质进行间接测量。例如两个受热程度不同的物体相接触时，热量从温度高的物体传给温度低的物体，直到这两个物体的温度相平衡时为止。当物体温度变化时，它的某些物理性质（如热膨胀、电阻、热电势和热辐射强度等）会随着温度变化。利用物体的这些特性，即能测量出物体的温度。日常生活中常用的体温计，就是通过体温的变化使体温计中的水银柱膨胀或缩短，从而指示出体温的高低。

衡量温度高低的标尺称为温度标尺，简称为温标。它是利用数值来表示温度的一种方法。它规定了温度的读数起点（零点）和测量温度的基本单位。各种温度计上的刻度数值均由温标确定。在国际上，温度表示方法的比较多，常用的有摄氏温标和开氏温标（热力学温标）。

(1) 摄氏温标（℃）　摄氏温标（℃）是把在标准大气压下，冰的融点定为零度（0℃），将水的沸点定为 100（100℃）的一种温标，并在 $0 \sim 100 ℃$ 之间划分 100 等分，每一等分为 1℃。

(2) 开氏温标（K）　热力学温标规定物体的分子运动停止（即没有热存在）时的温度，称为绝对零度或称最低理论温度。它是以热力学第二定律为基础的、与物体任何物理性质无关的理想温标，因此已为国际统一的基本温标。

3.4.1.2　温度测量仪表

温度测量仪表种类繁多，若按测量方式的不同，测温仪表可分为接触式和非接触式两大类。前者的感温元件与被测介质直接接触，后者的感温元件却不与被测介质相接触。接触式测温仪表简单、可靠、测量精度较高。但是，由于测温元件需要与被测介质接触进行充分的热交换，才能达到热平衡，因而产生了滞后现象，而且可能与被测介质产生化学反应；另外由于受到耐高温材料的限制，接触式测温材料不能应用于很高温度的测量。非接触式测温仪表，由于测温元件不与被测介质接触，因而其测温范围很广，其测温上限原则上不受限制；由于它是通过热辐射来测量温度的，所以不会破坏被测介质的温度场，测温速度也较快；但是，这种方法受到被测介质至仪表之间的距离以及辐射通道上的水汽、烟雾、尘埃及其他介质的影响，因此测量精度较低。表 3-2 为主要的温度测量方法和特点等。

常用温度计中，机械式的大多只能就地指示，辐射式的精度较差，电阻式和热电式测温仪表精度高，且测温元件很容易与温度变送器配用，转换成统一的标准信号进行远传，以实现对温度的自动记录和自动调节。

表 3-2　主要的温度测量方法和特点

测温方式		温度测量仪表	测温范围/℃	主要特点
接触式	膨胀式	玻璃液体	−100～600	结构简单，使用方便，测量准确，价格低廉；测量上限和精度受玻璃质量的限制，易碎，不能远传
		双金属	−80～600	结构紧凑，可靠；测量精度低，量程和使用范围有限
	热电效应	热电偶	−200～1800	测温范围广，测量精度高，便于远距离、多点、集中检测和自动控制，应用广泛；需自由端温度补偿，在低温段测量精度较低
	热阻效应	铂电阻	−200～600	测量精度高，便于远距离、多点、集中检测和自动控制，应用广泛；不能测高温
		铜电阻	−50～150	
		半导体热敏电阻	−50～150	灵敏度高，体积小，结构简单，使用方便；互换性较差，测量范围有一定限制
非接触式		辐射式	0～3500	不破坏温度场，测温范围大，响应快，可测运动物体的温度；易受外界环境的影响，标定较困难

3.4.2　膨胀式温度计

膨胀式温度计是利用物体体积热膨胀性质制成的，包括液体膨胀式、固体膨胀式及压力式温度计。

3.4.2.1　液体膨胀式温度计

液体膨胀式温度计应用最为广泛的是玻璃管液体温度计。玻璃管液体温度计如图 3-30 所示。它由装有液体的玻璃温包、毛细管、刻度标尺及玻璃外壳组成。当玻璃温包插入被测介质中时，由于所测温度的变化，会使温包中工作液体的体积膨胀或收缩，工作液在很细的毛细管里的液面明显地上升或下降，从而指示出刻度标尺上的温度数值。

液体膨胀式温度计通常采用水银或酒精作工作液体，尤以水银应用最为广泛。虽然水银膨胀系数较小，但是水银不黏附玻璃，不易氧化，容易提纯，200℃以下膨胀线性度很好，液态范围大（常压下达−38～356℃）。普通的玻璃水银温度计测温范围在−30～300℃之间，如果在毛细管内充以加压氮气，可提高水银沸点，测温上限可达 600℃，甚至更高。酒精或戊烷等有机液体的膨胀系数大、灵敏度高、凝点低，多用于低温测量。但有机液体黏附玻璃，膨胀线性不好，测量精度低。

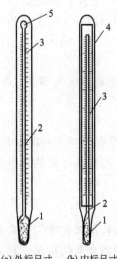

(a) 外标尺寸　　(b) 内标尺寸

图 3-30　玻璃管液体温度计

1—玻璃温包；2—毛细管；
3—刻度标尺；4—玻璃
管（外壳）；5—安全泡

玻璃管液体温度计有棒式、内标尺式、外标尺式三种。棒式温度计刻度直接刻在玻璃管外表面上；内标尺式温度计刻度印在乳白色玻璃片上，与毛细管一起封装在玻璃管外壳中，读数方便；外标尺式温度计的标尺在温度计外，温度计用卡子固定在标尺板上，多用于室温计。

工业用玻璃液体温度计一般采用内标尺式，为了适应不同安装位置的需要，局部有直形、90°角形和 135°角形三种。为了避免温度计在使用中碰伤，外面通常罩以金属保护管。

3.4.2.2　固体膨胀式温度计

固体膨胀式温度计是基于固体长度随温度变化的性质制成的，由于固体材料的长度会随温度变化而变化，因而实际的温度计都是利用两种不同材料膨胀系数的差异测量温度的。

最常用的固体膨胀式温度计是双金属温度计。它的感温元件是用两种膨胀系数差别很大的金属片制成"双金属元件"，双金属温度计可部分取代玻璃水银温度计，克服其汞害问题。

双金属片温度计测温如图 3-31 所示，由 A、B 两种膨胀系数差别较大的金属片叠焊在一起制成，并且 $\alpha_A > \alpha_B$。当双金属片受热后，产生弯曲变形，这时 A、B 两金属片长度分别为：

$$L_{t_A} = R_A \theta > L_{t_B} = R_B \theta \tag{3-33}$$

很显然，弯曲角度 θ 与被测温度有关。温度越高，产生的膨胀长度也越大，弯曲角度也越大。

为了提高灵敏度，将双金属片制成螺旋形，如图 3-32 所示。双金属片一端固定，另一端连接在指引轴上。当温度变化时，螺旋片的自由端产生角位移，使指针轴带动指针偏转，指示出温度值。

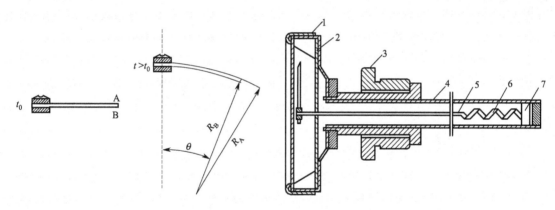

图 3-31　双金属片温度计测温原理　　　　　图 3-32　双金属温度计

1—表壳；2—可读盘；3—固定螺母；

4—保护管；5—指针轴；6—双金属螺旋；7—固定段

双金属温度计结构简单，耐振动、耐冲击、使用方便、维护容易、价格低廉，适合振动较大场合的温度测量。目前国产双金属温度计的适用范围为 80～600℃，可部分取代水银温度计，用于气体、液体及蒸汽的温度测量，但测量滞后较大。

3.4.3　热电偶温度计

3.4.3.1　热电偶测温原理

热电偶温度计（简称热电偶）是工业上最常用的一种测温元件，也是以热电效应为基础，将温度变化转换成热电势变化进行温度测量的仪表。热电偶之所以得到了广泛的应用，是由于它具有结构简单、使用方便、精度高、测量范围宽等优点。

热电偶的测温原理是基于 1821 年塞贝克（Seebeck）发现的热电现象。把两种不同的导体（或半导体）连接成闭合回路，将它们的两个接点分别置于温度各为 t 和 t_0 的热源中，则在该回路中就会产生一个电动势，通常称为热电势（图 3-33），这种现象就称为热电效应或塞贝克效应。两个接点中，t 端称为工作端（假定该端置于被测的热源中），又称测量端或热端；t_0 端称为自由端，又称参考端或冷端。这两种不同导体或半导体的组合称为热电偶，每根单独的导体或半导体称为热电极。

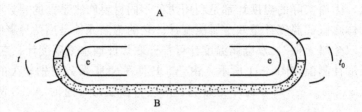

图 3-33　热电偶回路

热电偶回路的热电势由接触电势和温差电势所组成。接触电势即两导体（或半导体）接点处产生的电势。接触电势是由于两种不同导体（或半导体）的自由电子密度不同而在接触处形成的。

温差电势则是沿单一匀质导体的温度梯度产生的电动势。它是由于同一导体（或半导体）高低温端的自由电子所具有的能量不同而产生的。由于温差电势远小于接触电势，因此常常把它忽略不计。这样由两种不同导体（或半导体）A、B 组成的热电偶（A 为正极，B 为负极金属），当两接点温度分别为 t 和 t_0 时（$t > t_0$），其所产生的总热电势为：

$$E_{AB}(t,t_0) = e_{AB}(t) - e_{AB}(t_0) \tag{3-34}$$

$$E_{AB}(t) = \frac{Kt}{e}\ln\frac{N_A}{N_B}, \ E_{AB}(t_0) = \frac{Kt_0}{e}\ln\frac{N_A}{N_B} \tag{3-35}$$

式中　　e——单位电荷；

　　　　K——玻尔兹曼常数；

N_A，N_B——导体 A 和 B 的自由电子密度，它们均为温度的函数。

由以上两式可见：热电偶回路的总热电势与两导体的自由电子密度以及两接点处的温度有关。当两热电极 A 和 B 的材料一定时，则热电偶回路的总热电势 $E_{AB}(t, t_0)$ 是其两端温度 t 和 t_0 的函数差，即：

$$E_{AB}(t,t_0) = f(t) - f(t_0) \tag{3-36}$$

由上式可得：热电偶产生的热电势 $E_{AB}(t, t_0)$ 只与组成热电偶的两种热电极材料 A 和 B 及两端接点温度 t 和 t_0 有关，与热电极的长度和直径无关；当热电偶的两个热电极材料确定后，若使热电偶的冷端温度 t_0 保持恒定，即 $f(t_0) = C$，则：

$$E_{AB}(t,t_0) = f(t) - C = \phi(t) \tag{3-37}$$

热电偶产生的热电势 $E_{AB}(t, t_0)$ 和被测温度 t 呈单值函数关系，因而只要测出热电势 $E_{AB}(t, t_0)$，就可以确定相应的被测温度 t，这就是热电偶测温的基本原理。

需要注意的是，如果组成热电偶回路的两种导体材料相同（即 $N_A = N_B$），则无论两接点温度如何，闭合回路的总热电势为零；如果热电偶两接点温度相同（即 $t = t_0$），尽管两导体材料不同，闭合回路的总热电势也为零。热电偶回路中的热电势除了与两接点处的温度有关外，还与热电极的材料有关。也就是说不同材料制成的热电偶在相同温度下产生的热电势是不同的，参见附录 2～附录 4。

3.4.3.2　热电偶的结构

最常用的结构形式是将两根热电极的一端焊在一起。两热电极之间用瓷管绝缘，以防短路，然后装入保护套管内，外部接线从接线盒引出，如图 3-34 所示。

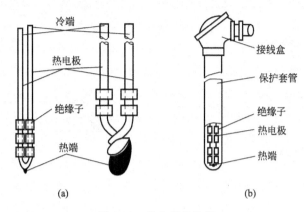

(a)　　　　　　　　　　　(b)

图 3-34　热电偶的结构

保护套管的作用是保护热电偶不受化学腐蚀和机械损伤。对材料的要求是：耐高温、耐腐蚀，有良好的气密性和具有较高的热导率。常用保护套管材料见表 3-3。绝缘子的作用是防止热偶丝之间短路，常用的绝缘子材料见表 3-4。

表 3-3　常用保护套管材料

材　　料	工作温度/℃	材　　料	工作温度/℃
无缝钢管	600	瓷管	1400
不锈钢管	1000	氧化铝陶瓷管	1900 以上
石英管	1200		

表 3-4　常用的绝缘子材料

材　　料	工作温度/℃	材　　料	工作温度/℃
橡皮、绝缘层	80	瓷管	1400
玻璃管	600	纯氧化铝管	1700
石英管	1200		

在结构上，除了上述带有保护套管的形式外，还有薄膜式热电偶和铠装热电偶两种。

热电偶的结构型式可根据它的用途和安装位置来确定。在热电偶选型时，要注意：保护套管的结构、材料及耐压强度；保护套管的插入深度；热电极材料。

3.4.3.3　热电偶的类型

(1) 普通型热电偶　这种热电偶主要用于测量气体、蒸气和流体等介质的温度。安装时可采用螺纹或法兰方式，其外形如图 3-35 所示。根据测量范围和环境气氛的不同，可选用不同的热电偶。目前工程上常用的有铂铑$_{10}$-铂热电偶、镍铬-镍硅热电偶、镍铬-康铜热电偶等。它们都已系列化和标准化，选用非常方便。

① 铂铑$_{10}$-铂热电偶（分度号 S）　铂铑$_{10}$-铂热电偶主要用于精密温度测量和作基准热电偶。铂铑合金（铂 90%，铑 10%）丝为正极，纯铂丝为负极，是一种贵重金属热电偶，其测温上限，长期使用为 1300℃，短期使用可至 1600℃，适合于在氧化性及中性介质中使用，不宜在还原性气体中使用。它的测温范围大，物理化学性质稳定，复制精度和测量准确度高，具有良好的高温抗氧化性，可用于精密温度测量或作基准热电偶。缺点是热电偶的热电势小，价格昂贵，E-t 关系非线性度大。

② 镍铬-镍硅热电偶（分度号 K）　镍铬合金丝为正极，镍硅合金丝为负极，是一种测

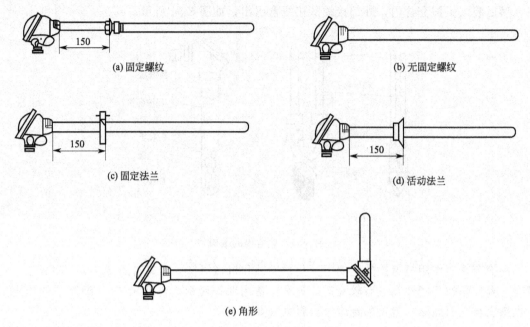

图 3-35 普通热电偶外形

温上限较高的低价金属热电偶。其长期使用测温上限为 900℃，短期可测 1200℃ 高温。这种热电偶由于正负极材料中含有镍，其抗氧化性、抗腐蚀性好。另外，此种热电偶的复现性好，热电灵敏度高（约是 S 型的 4 倍），热电特性线性度好，价格便宜。虽然测量精度稍差，但完全能满足工业测温需要，故应用比较广泛。缺点是在还原性气体中腐蚀较快，只能用于 500℃ 以下的温度测量。

③ 镍铬-康铜热电偶（分度号 E） 镍铬合金丝为正极，康铜合金丝为负极。测温范围为 -200～750℃，750℃ 以上只宜短期使用。该热电偶稳定性好，热电势更大（比 K 型高约 1 倍）适宜于低温测量。

④ 铁-铜镍热电偶（分度号 J） 铁丝为正极，铜镍合金（康铜）丝为负极。一般测温范围为 -40～750℃，适于在氧化、还原及中性介质或真空下使用。这是一种廉价金属热电偶，在 700℃ 以下线性很好，灵敏度较高，但由于铁易生锈，故不能在高温或合流介质中使用。

⑤ 铜-铜镍热电偶（分度号 T） 纯铜丝为正极，铜镍合金（康铜）丝为负极，适用测温范围为 -200～300℃，短期使用。可测至 350℃。该热电偶精确度高，稳定性好，低温测量灵敏度高，材料质地均匀、价格低廉，可用于氧化、还原及中性介质，但极易氧化，测温上限较低。

(2) 铠装热电偶 这种热电偶主要用于测量高压装置和狭窄管道的温度。它由热电极、绝缘材料和金属保护套管三部分组成，其断面结构如图 3-36 所示。

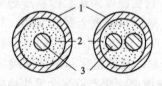

图 3-36 铠装热电偶断面结构
1—金属管；2—绝缘材料；
3—热电极

根据测量端的不同，有碰底型、不碰底型、露头型、帽型等几种形式，如图 3-37 所示。

① 碰底型 热电偶测量端和套管焊在一起，其动态响应比露头型慢，但比不碰底型快。

② 不碰底型 测量端已焊成并封闭在套管内，热电极与套管之间相互绝缘，这是一种最常用的形式。

③ 露头型 其测量端暴露在套管外面，动态响应好，但

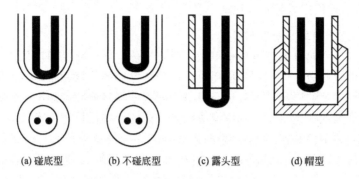

(a) 碰底型　　(b) 不碰底型　　(c) 露头型　　(d) 帽型

图 3-37　铠装热电偶测量端的形式

仅在干燥的、非腐蚀性介质中使用。

④ 帽型　把露头型的测量端套上一个用套管材料做成的保护管，用银焊密封起来。

铠装热电偶的种类很多，其长短可根据需要制作，最长可达 10m，也可制作得很细，其外径为 0.25～12mm。因此，在热容量非常小的被测物体上也能准确地测出温度值，并且其寿命和对温度变化的反应速度比一般工业用热电偶要长得多、快得多。表 3-5 给出了铠装热电偶的名称、代号、分度号和测量范围。

表 3-5　铠装热电偶的名称、代号、分度号和测量范围

热电偶的名称	代　号	分　度　号	测量范围/℃
铠装铂铑$_{10}$-铂热电偶	WRPK	S	0～1300
铠装镍铬-镍硅热电偶	WRNK	K	0～1300
铠装镍铬-镍铝热电偶			0～1100
铠装镍铬-考铜热电偶	WRKK	XK	0～800
铠装铜-康铜热电偶	WRCK	T	−200～300

(3) 多点式热电偶　在需要同时测量几个点或几十个点的温度时，如用普通型热电偶来测量，要安装许多支热电偶，这样很不方便，有的场合也不允许，这时可采用多点式热电偶。其形状有多种，如棒状多点式热电偶、树枝状热电偶和梳状热电偶等，也可以根据需要自制。

(4) 表面热电偶　这种热电偶主要用来测量各种状态（静态、动态和带电物体）固体表面的温度。如测量轧辊、金属块、炉壁、橡胶筒和涡轮叶片等的表面温度，分为永久性安装的表面热电偶和非永久性安装的表面热电偶。

永久性安装的表面热电偶主要有以下几种。

① WREA-830M 型表面热电偶　用来测量静止固体平面的表面温度，如测量工艺装备金属表面温度。

② WREA-500M 型表面热电偶　用来测量金属圆柱体或球体表面温度，特别适合于测量金属管子的表面温度。

③ WREA/U001M 型表面热电偶　用于测量 900℃（EU）或 600℃（EA）以下锅炉设备中过热器管道壁的表面温度。

非永久性安装的表面热电偶多数制成探头型，与显示仪器装在一起，便于携带，称为便携式表面温度计。几种便携式表面温度计如下。

① WREA-890M 便携式凸形表面热电偶。

② WREA-891M 便携式弓形表面热电偶。

③ WREA-892M 便携式针状表面热电偶

3.4.3.4 补偿导线与冷端温度补偿

(1) 补偿导线 由热电偶测温原理可知，只有当热电偶的冷端温度保持恒定时，热电势才是被测温度的单值函数。但在实际应用时，由于热电偶的冷端常常靠近设备或管道，故冷端温度不仅受环境温度的影响，而且还受设备和管道中物料温度的影响，因而冷端温度难于保持恒定。为了准确地测量温度，就应设法把热电偶的冷端延伸至远离被测对象且温度又比较稳定的地方（如集中控制室）。最简单的方法是把热电极做得很长。但出于热电极多为贵金属材料，显然这个方法是不经济的。人们发现，有些廉价金属组成的热电偶在一定温度（0～100℃）范围内，其热电特性与前述几种标准化热电偶的热电特性非常接近。例如，铜-康铜组成的热电偶与镍铬-镍硅热电偶在 100℃ 以下其热电特性十分接近。这就给人们一个启发：以不太长的镍铬-镍硅丝作为高温测量端，然后以较长的铜-康铜丝去接替两热电极，借此达到延伸冷端的目的。这种用来延伸冷端的专用导线被称为"补偿导线"。图 3-38 表示用铜-康铜作为补偿导线来延伸镍铬-镍硅热电偶冷端的接线，延伸后新冷端温度为 t_0。

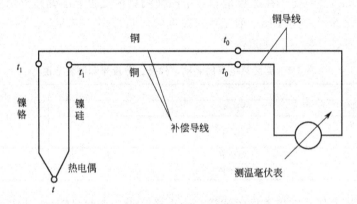

图 3-38　补偿导线在测温回路中的连接

使用补偿导线时，要注意型号相配，即补偿导线必须与所用热电偶相匹配；补偿导线的正、负极必须与热电偶的正、负极各端对应相接；此外，正、负两极的接点温度 t_1 应保持相同，且不能超过 100℃，延伸后的冷端温度 t_0 应比较恒定且比较低；对于镍铬-铜镍等一类用廉价金属制成的热电偶，则可用其本身材料作补偿导线，将冷端延伸到环境温度较恒定的地方。工业上常用的热电偶补偿导线见表 3-6。

表 3-6　工业上常用的热电偶补偿导线

热电偶名称	补偿导线				工作端为100℃，冷端为0℃时的标准热电势 /mV
	正极		负极		
	材料	颜色	材料	颜色	
铂铑10-铂	铜	红	铜镍	绿	0.645±0.037
镍铬-镍硅（镍铝）	铜	红	铜镍	蓝	4.095±0.105
镍铬-铜镍	镍铬	红	铜镍	棕	6.317±0.170
铜-铜镍	铜	红	铜镍	白	4.277±0.047

(2) 热电偶的冷端补偿 必须指出：热电偶的补偿导线的作用只是用来延伸热电极，达到移动热电偶冷端位置的目的。但冷端温度还不是 0℃，而工业上常用的热电偶分度表是在冷端温度为 0℃ 下得到的，热电偶所用的配套仪表也是以冷端为 0℃ 进行刻度的。因此为了保证测量的准确性，在应用热电偶测温时，只有将冷端温度保持为 0℃，或者进行一定的修

正才能得到准确的测量结果。对热电偶冷端温度的处理称为冷端补偿。目前，热电偶冷端温度补偿主要有以下几种处理方法。

① 冰点法　热电偶冷端放入冰水混合物或零摄氏度恒温器中，热电偶冷端的温度就是 0℃，此做法的优点是误差小，在大部分情况下，误差可以忽略不计。缺点是：如采用冰水混合物则制作麻烦，不仅要进行初期制作，时间长了，还要进行维护，对冰水混合物进行补充、更换。而零摄氏度恒温器一般容量有限，不仅受到热电偶直径的限制，而且最多也就只能放五、六支热电偶。另外，热电偶冷端还必须另接铜导线接入温度指示仪表。所以，一般只在实验室中采用这种方法。

② 冷端温度修正法　修正公式为：

$$E(t,0)=E(t,t_1)-E(t_1,0) \tag{3-38}$$

由式(3-38)可知，热电势的修正方法是把测得的热电势 $E(t,t_1)$，加上热端为室温 t_1、冷端为 0℃时的热电偶的热电势 $E(t_1,0)$，才能得到实际温度下的热电势 $E(t,0)$。

【例】　用镍铬-镍硅热电偶进行温度测量，热电偶的冷端温度 $t_1=20℃$，测得的热电势 $E(t,t_1)=32.479\text{mV}$。求被测的实际温度。

解：由 K 分度表可以查的 $E(20,0)=0.798\text{mV}$，则：

$$E(t,0)=E(t,20)+E(20,0)=32.479+0.798=33.277 \quad (\text{mV})$$

再查 K 分度表得到 33.277mV 对应的温度为 800℃，即被测实际温度为 800℃。

冷端温度修正法由于要查表计算，使用时不太方便。因此该方法一般适用于实验室或临时测温，在连续测量中显然不适用。

③ 校正仪表零点法　一般显示仪表在为工作时指针指在零位（机械零位）。在冷端温度不为 0℃时，可以预先将仪表指针调至冷端温度处。这相当于把热电势修正值预先加在显示仪表上。当接通测量电路时，显示仪表的指示值即为实际被测温度。这种方法简单易行，在工业上经常使用。但测量温度较低，一般用于测温要求不太高的场合。

④ 补偿电桥法　在温度变送器、电子电位差计中采用补偿电桥法进行冷端温度的自动补偿。该方法是利用不平衡电桥产生的电势来补偿热电偶因冷端温度变化而引起的热电势变化值。

采用补偿电桥要注意所选补偿电桥必须与热电偶配套；补偿电桥接入测量系统时正负极不可接反；显示仪表的机械零点应调整到补偿电桥设计时的平衡温度。

3.4.3.5　影响热电偶测温误差的主要因素

在现有的测温系统中，最常用的温度传感器——热电偶，因其结构简单，往往被误认为"热电偶两根线，接上就完事"，其实并非如此。热电偶的结构虽然简单，但在使用中仍然会出现各种问题。例如：安装或使用方法不当，将会引起较大的测量误差，甚至检定合格的热电偶也会因为操作不当，在使用时不合格；在渗碳等还原性气氛中，如果不注意，F 型热电偶也会因选择性氧化而超差。影响测量误差的主要因素如下。

（1）插入深度的影响

① 测温点的选择　热电偶的安装位置，即测温点的选择是最重要的。测温点的位置，对于生产工艺过程而言，一定要具有典型性、代表性，否则将失去测量与控制的意义。

② 插入深度　热电偶插入被测场所时，沿着传感器的长度方向将产生热流。当环境温度低时就会有热损失。致使热电偶与被测对象的温度不一致而产生测温误差。总之，由热传导而引起的误差，与插入深度有关。而插入深度又与保护管材质有关。金属保护管因其导热性能好，其插入深度应该深一些（为直径的 15～20 倍），陶瓷材料绝热性能好，可插入浅一

些（为直径的 10～15 倍）。对于工程测温，其插入深度还与测量对象是静止或流动等状态有关，如流动的液体或高速气流温度的测量，将不受上述限制，插入深度可以浅一些，具体数值应由实验确定。

(2) 响应时间的影响 接触法测温的基本原理是测温元件要与被测对象达到热平衡。因此，在测温时需要保持一定时间，才能使两者达到热平衡，保持时间的长短，与测温元件的热响应时间有关。而热响应时间主要取决于传感器的结构及测量条件。对于气体介质，尤其是静止气体，至少应保持 30min 以上才能达到平衡；对于液体而言，最快也要在 5min 以上。

对于温度不断变化的被测场所，尤其是瞬间变化过程，全过程仅 1s，则要求传感器的响应时间在毫秒级。因此。普通的温度传感器不仅跟不上被测对象的温度变化速率而出现滞后，而且也会因达不到热平衡而产生测量误差。最好选择响应快的传感器。对热电偶而言除保护管影响外，热电偶的测量端直径也是其主要因素，即偶丝越细，测量端直径越小，其热响应时间越短。

(3) 热辐射的影响 插入炉内用于测温的热电偶，将被高温物体发出的热辐射加热。假定炉内气体是透明的，而且，热电偶与炉壁的温差较大时，将因能量交换而产生测温误差。因此，为了减少热辐射误差，应增大热传导，并使炉壁温度尽可能接近热电偶的温度。另外，在安装时还应注意：

① 热电偶安装位置，应尽可能避开从固体发出的热辐射，使其不能辐射到热电偶表面；
② 热电偶最好带有热辐射遮蔽套。

(4) 热阻抗增加的影响 在高温下使用的热电偶，如果被测介质为气态，那么保护管表面沉积的灰尘等被烧熔在表面上，使保护管的热阻抗增大；如果被测介质是熔体，在使用过程中将有炉渣沉积，不仅增加了热电偶的响应时间，而且还使指示温度偏低。因此，除了定期检定外，为了减少误差，经常抽检也是必要的。例如，进口铜熔炼炉，不仅安装有连续测温热电偶，还配备消耗型热电偶测温装置，用于及时校准连续测温用热电偶的准确度。

3.4.4 热电阻温度计

电阻式温度传感器是利用导体或半导体的电阻值随温度变化而变化的特性来测量温度的。一般把由金属导体铂、铜、镍等制成的测温元件称为热电阻，把由半导体材料制成的测温元件称为热敏电阻。

热电阻是中低温区最常用的温度检测元件，它具有性能稳定、测量精度高、在中低温区输出信号大、信号可以远传等优点。

3.4.4.1 热电阻测温原理

热电阻是基于金属导体的电阻值随温度的变化而改变的特性来进行温度测量的。大量实验表明，大多数金属当温度升高时，其电阻值要增加，它们之间的关系一般可用下式表示。

$$R = R_0[1 + \alpha(t - t_0)] \text{ 或 } \Delta R = \alpha R_0 \Delta t \tag{3-39}$$

式中 R_0——温度为 t_0（通常是 0℃）时的电阻值；

        α——电阻温度系数；

        Δt——温度的变化量；

        ΔR——电阻值的变化量。

由式(3-39)可见，由于温度的变化，导致了金属导体电阻的变化，这样只要测出电阻值的变化，就可达到温度测量的目的。

3.4.4.2　热电阻的结构

普通型热电阻的外形结构与普通热电偶的外形结构基本相同，它们的根本区别在于内部结构，最主要的就是热电阻体代替了热电极丝。

热电阻体主要由电阻丝、引出线和支架组成。根据支架构造形式的不同，电阻体有三种结构：圆柱形、平板形和螺旋形。一般来说，铜电阻体为圆柱形结构，铂电阻体为平板形结构。为了避免热电阻体通过交流电时产生感应电抗，电阻体均采用双线无感绕法绕制而成。

3.4.4.3　常用热电阻

热电阻温度计主要用于中、低温度（$-200 \sim 650℃$ 或 $850℃$）范围的温度测量。常用的工业标准化热电阻有铂电阻、铜电阻和镍电阻。

(1) 铂电阻　铂电阻由纯铂丝绕制而成，在氧化性介质中具有很高的物理和化学稳定性，测量精度高，但价格较贵。常作为基准热电阻使用。其测温范围为 $-200 \sim 850℃$。铂的纯度通常用 $W(100) = R_{100}/R_0$ 来表示，式中，R_{100} 代表在水沸点（$100℃$）的电阻值；R_0 代表在冰点（$0℃$）的电阻值。当铂的纯度为 99.9995％ 时，$W(100) = 1.3930$，工业上常用的铂电阻分成两种，分度号为 Pt100 和 Pt10，即 $0℃$ 时相应的电阻值分别 $R_0 = 100Ω$，$R_0 = 10Ω$。其中 Pt100 热电阻的变化范围较大，因而灵敏度较高。铂是贵金属，价格较贵。

(2) 铜电阻　如果测量精度要求不是很高，测量温度小于 $150℃$ 时，可选用铜电阻，铜电阻的测温范围是 $-50℃ \sim +150℃$，其价格便宜，易于提纯，复制性好。在测温范围内，线性度极好，其电阻温度系数 α 比铂高，但电阻率 ρ 较铂小，在温度稍高时，易于氧化，只能用于 $+150℃$ 以下的温度测量，范围较窄，而且体积也较大。所以适用于对测量精度和敏感元件尺寸要求不是很高的场合。工业上常用的铜电阻有 Cu100 和 Cu50 两种，其 R_0 的阻值分别为 $100Ω$ 和 $50Ω$。

铂和铜电阻目前都已标准化和系列化，选用较方便。

(3) 镍电阻　镍电阻的测温范围为 $-100 \sim 300℃$，它的电阻温度系数较高，电阻率也较大，但它易氧化，化学稳定性差，不易提纯，复制性差，非线性较大，因此，目前应用不多。工业用几种主要热电阻材料特性见表 3-7。

表 3-7　工业用几种主要热电阻材料特性

材料名称	电阻率 $\rho/(Ω \cdot mm^2/m)$	测温范围/℃	电阻丝直径/mm	特　　性
铂	0.0981	$-200 \sim 650$	$0.03 \sim 0.07$	近似线性,性能稳定,精度高
铜	0.07	$-50 \sim 150$	0.1	线性,低温测量
镍	0.12	$-100 \sim 300$	0.05	近似线性

3.4.5　一体化温度变送器

一体化温度变送器也叫整体式温度变送器，是 DDZ 系列仪表中现场安装式温度变送器单元。它将热电偶或热电阻测温元件和温度转换模式制成一体，直接安装在被测工艺设备上，输出为统一标准信号。

一体化温度变送器由测温元件和变送器模块两部分构成，其结构框图如图 3-39 所示。测温仪元件（热电偶或热电阻）是将被测温度转换为热电势或电阻值的变化（E_t 或 R_t），变送器模块把测温元件的输出信号 E_t 或 R_t 转换成统一标准信号（$4 \sim 20mA$ 的直流电流信号）。

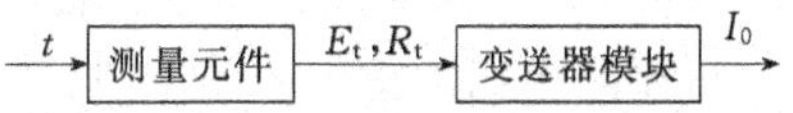

图 3-39　一体化温度变送器结构框图

一体化变送器的主要特点如下。

① 体积紧凑，重量轻。通常为直径几十毫米的扁圆柱体，直接安装在热电偶或热电阻的保护配管的接线盒中，不必占有额外空间，也不需要热电偶补偿导线或延长线。

② 直接采用两线制传输，其连接导线中为较强的信号（4～20mA，DC），比传递微弱的热电势具有明显的抗干扰能力。

③ 不需要调整维护，整个仪表采用硅橡胶或树脂密封结构，适应恶劣的现场环境，但损坏后只能整体更换。

④ 精度高、功耗低，使用环境温度范围宽，工作稳定可靠。

3.4.6 测温仪表的选用与安装

从工程应用角度来说，温度测量仪表的合理选用和正确安装是十分重要的。

3.4.6.1 测温仪表的选用

首先要分析被测对象的特点及状态，然后根据现有温度计的特点及技术指标确定选用的类型。一般应考虑以下几个方面。

① 仪表的可能测温范围及常用测温范围是否符合被测对象的温度变化范围的要求。

② 仪表的精度、稳定性、响应时间是否适应测温要求。

③ 根据测量场所有无冲击、振动及电磁场来考虑仪表的防震是否良好。

④ 仪表输出信号是否自动记录和远传。

⑤ 仪表的防腐性、防爆性和连续使用期限是否满足被测对象的要求。

⑥ 电源电压、频率变化及环境温度变化对仪表示值的影响程度。

⑦ 测温元件的体积大小是否适当。

⑧ 仪表使用是否方便、安装维护是否容易。

3.4.6.2 测温元件的安装

温度测量过程中，如何保证测温元件能感受到被测物体的真实温度是一个很重要的问题。所谓测温元件，就是测温仪表的敏感元件。如前述的热电偶、热电阻等，它们直接安装在设备上感受被测温度的变化，并转换成电信号。这个转换信号的准确度与测温元件安装是否正确关系很大。

下面就热电偶与热电阻的安装要求作一简单介绍。

① 测温点应具有代表性，不应把测温元件插到被测介质的死角区域；测温点应尽量避开具有电磁场干扰的场合，否则，应采取抗干扰措施。

② 测温元件的插入深度，应使感温元件能够充分地感受到被测介质的实际温度。例如，当保护套管与工艺管道将管壁垂直或成 45℃ 安装时，保护管的端部应处于管道的中心区域内。保护管的端部应对着工艺管道中介质的流向。

③ 如果安装测温元件的工艺管径过小时（$D < 80mm$），应接装扩大管。

④ 应尽量避免测温元件外露部分的热损失而引起的测量误差。为此，一是保证有足够的插入深度；二是对外露部分加装保温层进行保温。

⑤ 用热电偶测量炉膛温度时，应避免热电偶与火焰直接接触，否则必然会使测量值偏高。同时，应避免把热电偶装在炉门旁或与加热物体过近处，其接线盒不应靠到炉壁，以免使热电偶的冷端温度过高。

⑥ 热电偶、热电阻的接线盒出线孔应向下，以防因密封不良而使水汽、灰尘与脏物落

入接线盒中而影响测量。

⑦ 测温元件安装在负压管或设备中时，必须保证安装孔密封，以免外界冷空气袭入，而使指示值偏低。

⑧ 当工作介质压力超过 10MPa 时，还必须另外加装保温套管。因此，为减少测温的滞后，可在套管之间加装传热良好的充填物。如温度低于 150℃ 时可充入变压器油，当温度高于 150℃ 时可充入铜屑或石英砂，以保证传热良好。

3.5 液位测量仪表

液位和压力、流量及温度一样，都是油气生产和贮运中常遇到的被测工艺参数，液位测量在现代工业生产自动化中具有重要的地位。随着现代工业设备的扩大和集中管理，特别是计算机的投入运行后，液位的测量和控制更显得重要了。

3.5.1 液位测量的基本概念

一般常把生产过程中的贮罐、贮槽所存在的液体高度或表面的位置叫做液位。用来对液位进行测量、报警、控制的自动化仪表，总称为液位测量仪表。

在油气贮运过程中，精确测定贮油罐中的液位高度，是正确计算贮油量、确定库存、计算输量的重要措施。在油气生产中，特别是在油气集输贮运系统中，石油、天然气与伴生污水要在各种生产设备和罐器中分离、贮存与处理，液位的测量与控制，对于保证正常生产和设备安全是至关重要的，否则会产生重大的事故。例如油罐液位测量控制不好，会出现抽空或溢油"冒顶"事故；油气分离器液位偏高或偏低会出现"跑油"、"窜气"事故，严重影响后序设备的生产和安全；电脱水器中油水界面高了会破坏电场，低了会使放水中带油，影响生产。这都需要准确、迅速、可靠地对液面、界面高度进行有效的测量。

可见，液位测量具有两种不同的目的：一种是借测量液位来确定容器或贮罐中的原料、半成品或成品的数量，譬如，贮油罐油位的测量；另一种是用液位来反映连续生产过程是否正常，以便可靠地控制生产。例如，锅炉汽包内水位的测量和控制，是保证安全生产的必不可少的条件。

液位测量与被测介质的物理、化学性质以及工作条件关系极大，针对不同的测量对象，应选择不同的液位测量仪表。

目前油气贮存与生产中比较常用的液位测量仪表按工作原理大致可分为如下几类。

(1) 直读式液位计 利用液体的流动特性，直接使用与被测容器连通的玻璃管（或玻璃板）显示容器内的液位高度。这类仪表中主要有玻璃管液位计、玻璃板液位计和磁翻转液位计等。

(2) 浮力式液位计 利用漂浮于液面上的浮子的位置随液面而变化，或利用浸没于液体中的沉筒的位置随浮力而变化的原理来测量液位。又可分为浮子带钢丝绳或钢带式、浮球带杠杆式和沉筒式。

(3) 静压式液位计 利用液位高度与液体的静压力成正比的原理测量液位。

(4) 伺服式液位计 伺服液位计基于力平衡的原理，由微伺服电动机驱动体积较小的浮子，使其精确地进行液位或界面测量。

(5) 雷达式液位 利用微波的回波测距法测量液位到达雷达天线的距离，即通过测量空高来测量液位。根据对时间的测量方法可分为脉冲雷达法和连续调频波雷达法（FMCW）两种。

3.5.2 直读式液位计

3.5.2.1 玻璃液位计

玻璃液位计是一种使用最早和最简单的直读式液位计，它分为玻璃管式和玻璃板式两种。

(1) 玻璃管式液位计 它的结构原理如图 3-40(a) 所示。玻璃管 1 安装在金属管接头中，内有填料，以防介质溢出，并将它们固定在容器的外壁上。根据连通管原理，玻璃内显示的液位是和容器内的一样高度。便可从玻璃管上读出液位的高度。使用时在容器的连通管上装有阀门 2 和 4，以备在必要时（如玻璃管损坏）可将玻璃管 1 和容器 3 切断，进行检查或维修。阀门 5 通常用于取样或清洗玻璃管。

如果在玻璃管内装有浮力磁铁 6 [图 3-40(b)]，在它的外面上、下端各装一个干簧继电器 7，就变成上、下限液面报警结构。这样，当液面升高或降低时，使浮力磁铁接触或断开干簧继电器，使干簧继电器产生开关动作，由此实现对液面的上、下限报警和控制。

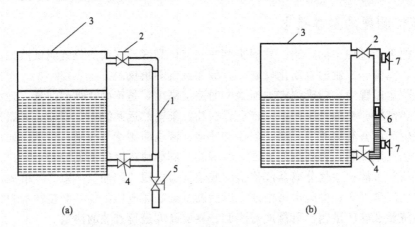

图 3-40 玻璃管式液位计
1—玻璃管；2,4,5—阀门；3—容器；6—浮力磁铁；7—干簧继电器

玻璃管式液面计一般用在工作压力不大，温度不太高的场合。

(2) 玻璃板式液面计 玻璃板式液面计的工作压力和工作温度都大于玻璃管式液面计，它是将一块特制的玻璃板装进金属框中，框的上、下两端同样通过管道和阀门与容器连接，可以从玻璃板上观察液面的变化。它分为透光式、反射式、照明式、反射式带蒸汽夹套以及透光式带蒸汽夹套等几种形式。

玻璃液面计的构造简单，安装简便，可不需要外接能源，故适用于无能源要求或防爆的地方，所以即使具有读数不便、易碎等缺点，但使用还很广泛，可测量多种介质的液位，如水、弱碱、氨液、各种油品、丙酮、苯、异丙醇等。当需要测量较大量程的液位（如 3~4m），可以把几段玻璃板或玻璃管连接起来，组成既有较大量程，又能耐较高压力的玻璃板液位计。

为了防止玻璃碰碎时被测介质从容器中外流，通常在玻璃液面计与容器相连的上下阀门内，装配有钢球，当玻璃碰碎时，钢球在容器内压力作用下能阻塞通道。这样容器便自动密封，阻止介质外流。

3.5.2.2 人工检尺液位测量

人工检尺液位测量是对各种贮罐内的液体进行体积和质量测定的一种基本方法。具有操作简单、计量准确、无需辅助设备的特点，仍是目前各油田原油集输过程中的一种主要计量方法。检尺测量时，先对罐内液位高度进行测定，再根据罐的横截面积或大罐容积表，计算罐内液体体积和重量。

检尺测量的工具是钢卷尺，其下端带有铜质重锤。为方便量油操作，在罐顶设有量油口。量油口下装有量油管，管子底端钻有孔眼与液体连通。设置量油管的目的是为了减小罐内液面波动对量油的影响。

人工检尺量油时，从罐顶量油口将钢卷尺下入罐中，并使量油尺末端没入油中，记下量油尺下入深度 h'，提出量油尺，根据量油尺上油迹，观察尺端没入深度 Δh，求得罐内空高 h_0 及液面高度 H，即：

$$h_0 = h' - \Delta h \tag{3-40}$$

$$H = H_0 - h_0 \tag{3-41}$$

式中　h_0——罐内空高；

　　　h'——卷尺下入深度；

　　　Δh——尺端没入深度；

　　　H_0——罐总高度；

　　　H——液位高度。

如果测量介质是水，则要在尺端涂上感水膏。根据感水膏颜色变化确定尺端投入深度。根据液位高度，可以查大罐标定容积来查出罐内液体体积。或是根据罐的直径或横截面积计算出液体体积值 V_t。

在确定油库库存时，通常要把实际温度下的原油体积 V_t 换算成标准温度 20℃下的体积值 V_{20}，换算公式如下。

$$V_{20} = V_t[1 - \beta(t - 20)] \tag{3-42}$$

式中　V_{20}——标准温度 20℃下的体积值，m^3；

　　　V_t——实际温度 t℃下的体积，m^3；

　　　β——体积膨胀系数，$℃^{-1}$；

　　　t——量油时实测罐内温度，℃。

有时将实际体积值扣除所含的水，得到纯油量，并用质量值来表示，即：

$$M = V_{20}(100 - W)\rho_{20} \tag{3-43}$$

式中　M——罐内纯油量，kg；

　V_{20}——标准温度下的含水油体积，m^3；

　W——罐内原油体积含水率，%；

　ρ_{20}——20℃下原油的密度，kg/m^3。

3.5.2.3　磁翻板液位计

磁翻板液位计又称磁性液位计、磁翻柱液位计、磁浮子液位计。它是利用磁耦合原理进行工作的。磁翻板液位计如图 3-41 所示，翻板 1 用很轻、很薄的磁化钢片制成，装在摩擦很小的轴上，翻板两侧涂以醒目的红、白颜色的漆，封装在透明塑料罩内，旁边装有标尺。连通器由非导磁材料（如铜、不锈钢）制成，连通器内有一个浮漂，浮漂内装有磁钢。由于连通器内液位与被测液罐内液位相同。当浮漂带动磁钢随液位变化而升降时，磁钢吸引翻板翻转。当液位上升时，红的一面翻向外面，液位下降时，白的一面翻向外面。从 A 向看，浮子以下的翻板为红色，浮子以上的翻板为白色，容器中的液位分界十分醒目，液位数值一目了然。

有的磁翻板液位计翻板用红白指示球代替，球内装有小磁铁，由磁性浮漂带动着翻转。

磁翻板液位计翻板数量随测量范围及精度而定，使用时应垂直安装，并应定期清洗。若翻板翻转不正常时，可以用磁铁校正。

磁翻板液位计结构牢固、工作可靠、显示醒目。由于被测液体被完全密封，使用磁耦合传动，因而可以测量高温、高压及不透明的黏性液体，如原油、污水等。缺点是经长期使用后，磁钢磁性退化，翻板轴磨损，易造成指示错误，故应定期检查与校正。

3.5.3 浮力式液位计

浮力式液位计也是使用最早的一种液位计。它随着变送方法的改进，至今仍然广泛应用在工业生产中。根据测量原理的不同，大致有以下两种结构：一种是维持浮力不变，利用浮标浮在液面上的高低，来测量液位，如常用的浮标液位计和浮球液位计；另一种是浮力是变化的，利用浮筒浸在液体里所受的浮力不同来测量液位，如浮筒式液位计或称沉筒式液位计。

3.5.3.1 浮标液位计

它的工作原理是浮标浮在液面上，并随着液位变化而升高或降低，但浮标所受的浮力却不变。当浮标的位移可直接从标尺上读出的，叫做直读式浮标液位计。若是将浮标的位移通过机械传动传给指示仪表，或者通过电系统发出电信号，进行远距离测量、记录、报警、调节或控制的，称为远传式浮标液位计。

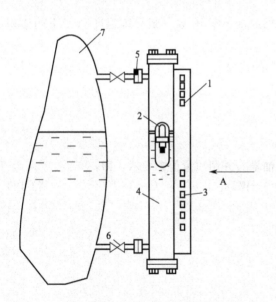

图 3-41　磁翻板液位计

1—翻板；2—带磁钢的浮子；3—翻板轴；4—连通器；
5—连接法兰；6—阀门；7—被测液灌

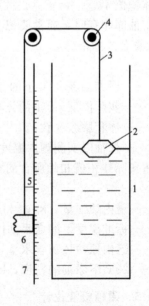

图 3-42　直读式浮标液位计的结构原理

1—容器；2—浮标；3—绳索；4—滑轮；
5—指示件；6—平衡重锤；7—标尺

(1) 直读式浮标液位计　如图 3-42 所示为它的结构原理。在容器 1 中放入浮标 2，它浮于液面上。通过绳索 3、滑轮 4 与罐外的指示件 5、平衡重锤 6 相连。当液面变化时，浮标的位置随着液面的高低而变化，其位移通过重锤上的指示件 5 在标尺 7 上指示出来。这种液位计简单、直观、适用于开口容器的液位测量。

(2) 远传式浮标液位计　如图 3-43 所示为它的结构原理。当液面发生变化时，浮标 1

位移，通过绳索 2 和鼓轮 3 带动传动齿轮 4 转动的同时，并使传动齿轮 5、6 也随着转动。传动齿轮 6 转动的同时又带动自整角机 7 旋转，发出相应的电信号（可达 10km），传送给显示仪表，与此同时，计数器 8 也进行计数。

3.5.3.2 浮球式液位计

对于被测介质的温度比较高，黏度比较大的液位测量，一般采用浮球式液位计。它的结构原理如图 3-44 所示。

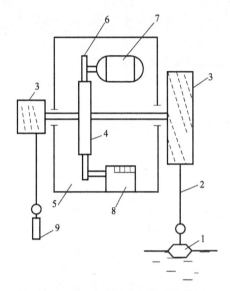

图 3-43 远传式浮标液位计的结构原理
1—浮标；2—绳索；3—鼓轮；4～6—传动齿轮；
7—自整角机；8—计数器；9—重锤

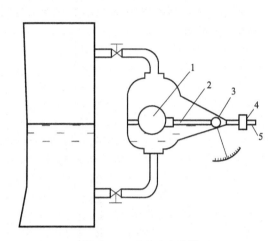

图 3-44 浮球式液位计
1—浮球；2—连杆；3—转动轴；
4—平衡重锤；5—杠杆

浮球式液位计的浮球 1 常用不锈钢制成，浮球通过连杆 2 与转动轴 3 相连接，转动轴的另外一端则与容器外侧的重锤 4、杠杆 5 相连接，并在杠杆 5 上加装平衡重锤 4，组成以转动轴 3 为支点的杠杆系统。通常当浮球的体积一半浸入液体时，杠杆系统所受的力矩达到平衡。如果液位升高，浮球被液体浸没的深度增加，浮球所受的浮力增大，因此破坏了原来的力矩平衡状态，这时平衡重锤 4 使杠杆 5 做顺时针方向转动，使浮球位置升高，直到浮球体积的一半浸没在液体时，就恢复了杠杆系统的力矩平衡，浮球则停留在新的位置上。在转动轴 3 的外端装上指针，便可以通过转动轴的角位移，观察液面的变化。也可以采用喷嘴挡板等气动方法或其他电动方法，将液位信号转换为气信号或电信号进行远传。

浮球式液位计的缺点是必须用轴、轴套、盘根等结构，才能保持密封。当介质温度较高时，浮球式液位计的盘根及润滑油脂易烤焦，在使用过程中必须定期检查盘根及加润滑脂。在安装检修时，还必须注意浮球、连杆与转动轴等部件连接切实可靠和牢固，防止浮球使用日久脱落，造成生产事故。在液位计投入运行后，可能会遇有沉淀物或易凝结的物质附着在浮球表面上，如发现测量误差较大时，就要重新调整重物的位置，校好零位。但是一经调校好，操作人员切勿随便去移动平衡重物，否则会引起误差。

3.5.3.3 浮筒式液位计

浮筒式液位计是依据阿基米德定律原理设计而成的液位测量仪表，可用于敞口或压力容器的液位测量。

如图 3-45 所示为电远传浮筒式液位计的结构原理，由发送部分 I 和显示仪表 II 两部分组成。当浮筒被液体所浸没的体积不同时，它所受的浮力也不同，只要能测量出浮筒所受浮力的大小，使可以知道液位的高低。图中的被测介质 1 中，有一个横截面相同、重量一定的圆筒形金属浮筒 2，浮于容器 3 中的液面上，其重量与弹簧 4 的弹力平衡。当容器内介质的液位高于浮筒下端时，浮筒就受到液体的浮力，根据阿基米德原理，此浮力大小等于被浮筒所排出液体的重量。由于有了这一浮力，浮筒在液体中的重量减小了，使浮筒产生向上位移，压缩弹簧 4，带动浮筒连杆上的铁芯 5 移动，通过差动线圈 6 的测量系统，便可以输出相应的电信号，指示出液位的变化。这种液位计适宜于对各种密封容器内的液面远距离测量和记录。

此外，也可将如图 3-45 所示的浮筒所受浮力的变化转换成机械角位移。

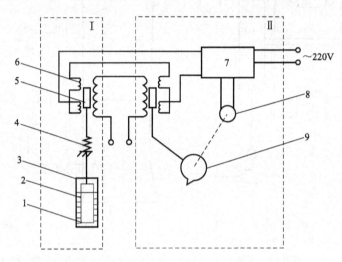

图 3-45　电远传浮筒式液位计的结构原理

1—介质；2—浮筒；3—容器；4—弹簧；5—铁芯；6—差动线圈；
7—放大器；8—可逆电机；9—凸轮

3.5.4　静压式液位计

3.5.4.1　测量原理

此液位计根据液体在容器内的液位与液柱高度产生的静压力成正比的原理进行工作的，其原理如图 3-46 所示。

根据流体静力学原理由图 3-46 可知：

$$\Delta p = p_B - p_A = \rho g H \qquad (3-44)$$

若如图 3-46 所示为敞口容器，则 p_A 为大气压，因此上式可变为：

$$p = \rho g H \qquad (3-45)$$

式中　p——B 点的表压力；

ρ——被测介质密度；

g——重力加速度。

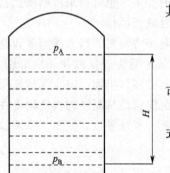

图 3-46　静压测量液位原理

当被测介质的密度不变时，测量压差值 Δp 或液位零点位置的压力 p，即可以得知液位高度 H。这样就可把液位测量转化为压力或压差测量。

由于这种测量液位的方法比较简单，各种压力和压差测量仪表，只要量程合适，都可用来测量液位，所以在石油化工生产中获得广泛应用。

3.5.4.2　压力式液位计

在敞口容器的液位测量中，利用压力计测量液位的方法如图 3-47 所示。在容器底部或侧面液位零点处引出压力信号，由压力计测出的示值，即可知道液位的高度。如需远传，则可采用压力变送器。被测液体的密度在测量中不是定值时，会引起一定的误差。

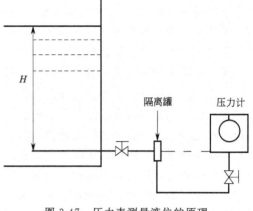

图 3-47　压力表测量液位的原理

应注意这种压力计测压的基准点与被测液位的零位应在同一水平位置，否则必须根据液位的高度差进行修正。

3.5.4.3　差压式液位计

(1) 测量方法　由测量原理可知，凡是能够测量差压的仪表都可以用于密闭容器液位的测量。而在实际的液位测量中，应用较广泛的是气动和电动差压变送器。

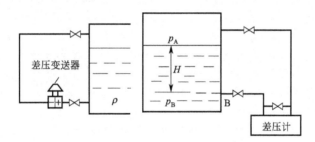

图 3-48　差压变送器测量液位原理

当用差压变送器来测量液位时，如图 3-48 所示，将差压变送器的正负压室分别与密闭容器下部和上部的取压点相连通。若被测容器是敞口的，气相压力为大气压，差压计的负压室通大气即可，此时也可以使用压力计表测量液位，可由式(3-44)求液位高度。

(2) 零点迁移问题　在使用差压变送器测量液位时，一般来说，其压力差 Δp 与液位高度 H 之间有如下关系：

$$\Delta p = \rho g H \tag{3-46}$$

这就是"无迁移"情况。当 $H=0$ 时，正负压室的差压 $\Delta p=0$，变送器输出信号为 4mA 当 $H=H_{max}$ 时，差压 $\Delta p_{max}=\rho g H_{max}$，变送器的输出信号为 20mA，但实际应用中，由于测压仪表的安装位置一般不能和被测容器的最低液位处在同一高度上，因此在测量液位时，仪表的量程范围内会有一个不变的附加值。对于这种情况，要根据安装高度差进行读数的修正。如图 3-49(a) 所示的情况，差压变送器安装在最低液面以下。这时正、负压室压力分别为：

$$p_1 = p_气 + \rho g H + \rho g h \tag{3-47}$$

$$p_2 = p_气 \tag{3-48}$$

故正、负压室压差为：

$$\Delta p = p_1 - p_2 = \rho g H + \rho g h \tag{3-49}$$

式中　h——最低液位到变送器的距离

对比上面"无迁移"的情况得知，Δp 中多出一项 ρgh（正值）。这样，当液位对应于测量下限（即 $H=0$）时，$\Delta p=\rho gh$，由于 ρgh 作用在正压室，变送器输出大于 4mA，当液位对应于测量上限（即 $H=H_{\max}$）时，$\Delta p=\rho g H_{\max}+\rho gh$，变送器输出大于 20mA。这样就破坏了变送器输出与液位之间的正常对应关系。

为了正确使用仪表，一般的差压变送器都有调整零点位置的机构，即可以对感压元件预加一个作用力，将仪表的零点迁移到与液位零点相重合，这就是零点迁移。在仪表的安装位置确定之后，只需按计算值进行零点调整即可。如在如图 3-49(a) 所示情况下，为使仪表零点指示液位的零点，需要调整的迁移量为 $\rho gh>0$，这种迁移称为正迁移。

另外在测量过程中，由于气相介质进入负压室后容易冷凝，会使负压室的液位高度发生变化，从而引起液位的测量误差。因此，实际使用时，通常是将变送器的负压导管先充满冷凝液，这样，即使有气相冷凝，也会从取压口溢流回容器内，从而可以避免或减小气相冷凝后所引起的附加误差。此外，在测量腐蚀性介质时，为了防止腐蚀性介质进入变送器，在变送器正、负压室与取压点之间分别装有隔离罐，如图 3-49(b) 所示，并充以隔离液 ρ_2（通常 $\rho_2>\rho_1$），这是加在差压变送器两侧的差压为

$$\Delta p=H\rho_1 g-(h_2-h_1)\rho_2 g \tag{3-50}$$

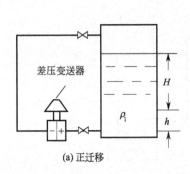

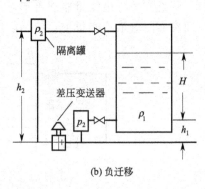

(a) 正迁移　　　　　　　　　　　　　　(b) 负迁移

图 3-49　液位测量的零点迁移示意图

这种情况下当 $H=0$ 时，$\Delta p=-(h_2-h_1)\rho_2 g<0$，则迁移量为 $-(h_2-h_1)\rho_2 g$，为负值，这种迁移称为负迁移。

由上述可知，迁移同时改变了测量范围的上、下限，相当于测量范围的平移，它不改变量程的大小。

(3) 用法兰式差压变送器测量液位　当被测介质在黏性很大、容易沉淀结晶、气液相转换温度低或腐蚀性很强的情况下，用普通差压变送器进行测量，就可能引起导压管的堵塞和仪表被腐蚀，此时，需要采用法兰式差压变送器，如图 3-50 所示。

法兰式差压变送器与普通差压变送器原理上是相同的，它们的气动转换部分完全一样，不同的只是测量部分的结构。

法兰式差压变送器按其结构型式可分单法兰及双法兰两种，而法兰的结构形式又有平法兰和插入式法兰。

图 3-50　法兰式差压变送器
1—法兰式测量头；2—毛细管；
3—变送器

早期的静压变送器测量精度低，受环境温度影响比较大，所以早期这种液位计并不被广泛采用，近些年由于变送器和计算机技术的发展，目前受到一定程度的欢迎。其用具具有以下特点：安装简单，可无动部件，工作可靠，日常使用维护量小；测量液位精度一般，由大

风引起的气压变化将影响测量精度；不能用于测量介质分层储罐，尤其适用于远传信号和监控。

3.5.5　雷达式液位计

大型储罐中，储存易凝结、悬浮、黏稠及具有腐蚀性的液体时，液位的测量适合采用雷达式液位计。雷达式液位计是近些年推出的一种新型液位测量仪表，采用了微波雷达测距技术，测量范围大，测量精度高，稳定可靠。适用于大型储罐、腐蚀性液体、高黏度液体、有毒液体的液位测量。雷达式液位计性能较好，维护方便，使其成为近年来罐区液位测量的首选仪表。

3.5.5.1　测量原理

雷达式液位计采用发射-反射-接收的工作模式，测量原理如图 3-51 所示。雷达式液位计的天线发射出微波，这些微波经被测对象表面反射后，再被天线接收，微波从发射到接收的时间与到液面的距离成正比，关系式如下：

$$D = \frac{t}{2}c \tag{3-51}$$

$$H = L - D = L - c\frac{t}{2} \tag{3-52}$$

式中　D——被测液面到天线的距离，m；

$\quad\quad c$——电磁波的传播速度，km/s；

$\quad\quad t$——雷达波往返的时间，s；

$\quad\quad H$——液位高度，m；

由式(3-52)可知，电磁波的传输速度 c 为常数，只要测出微波往返的时间 t，就可以计算出液位的高度 H。

目前有两大类雷达式液位计：一类是发射频率固定不变，通过测量发射波和反射波的运行时间并经过智能化信号处理器，测出被测液位的高度，称为微波脉冲式；另一类是测量发射波与反射波的频率差，并将这一频率转换为与被测液位成比例的电信号。这类液位计的频率不是固定的，而是可调的，称为连续调频波式。

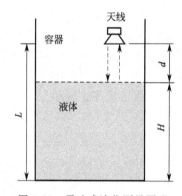

图 3-51　雷达式液位测量原理

由于两种测量原理不同，测量精度也有所不同。连续调频波式要比微波脉冲式的测量精度高，但电子线路复杂，功耗大。

3.5.5.2　雷达式液位计的特点

雷达式液位计是一种智能型测量仪表，采用了模块化结构和现场总线技术，实现了全数字化处理（DSP），具有良好的兼容性和开放性，并且具有自校正能力和自诊断能力。其使用特点如下。

① 液位计与介质不接触，无可动部件，工作十分可靠，故障率低，适应范围广，几乎能用于所有液体的测量，尤其适合高黏度、高腐蚀性介质的液位测量。

② 测量精度高，测量范围大。最大范围可达 0～35m，安装简单。

③ 对介电常数的要求比较高，一般重油只需考虑罐内油气及安装位置的影响即可，轻油则需要着重考虑介质的介电常数。

④ 功能丰富，参数设定方便，价格普遍偏高。

3.5.5.3 雷达式液位计的安装

雷达式液位计能否正确测量，依赖于反射波的信号。如果在所选择安装的位置，液面不能将电磁波反射回雷达天线或在微波的范围内有干扰物反射干扰波给雷达式液位计，雷达式液位计都不能正确反映实际液位。因此，合理选择安装位置对雷达液位计十分重要，在安装时应注意以下几点。

① 雷达式液位计天线的轴线应与液位的反射表面垂直。

② 信号波束内应避免安装任何装置，如限位开关、温度传感器等。如果在雷达式液位计的信号范围内，会产生干扰的反射波，影响液位测量。

③ 喇叭天线必须伸出接管，否则应使用天线延长管。若天线需要倾斜或垂直于罐壁安装，可使用 45°或 90°的延伸管。

④ 对液位波动较大的容器的液位测量，可采用附带旁通管的液位计，以减少液位波动的影响。

3.5.6 伺服式液位计

伺服式液位计被广泛用于贮罐液位的高精度测量，它是一种多功能仪表，既可以测量液位，也可以测量界面、密度和罐底等参数。

3.5.6.1 工作原理

该液位计基于浮力平衡的原理，由力传感器检测浮子上浮力的变化。浮子由缠绕在带有槽的测量磁鼓上的测量钢丝吊着。磁鼓通过磁耦合与步进电机相连接。浮子的实际重量由力传感器来测量。力传感器测得浮子重量与预先设定的浮子的重量相比较。如果测得值和设定值有偏差，软件控制模块就会调整马达的位置，使浮子向下或向上移动，最终在力达到平衡时，伺服电机停止转动。

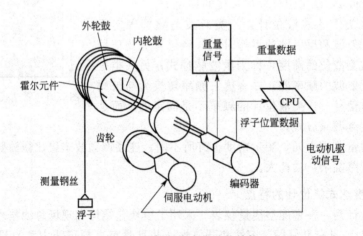

图 3-52 伺服式液位计的结构

伺服式液位计的结构如图 3-52 所示，其工作过程如下：当液位计工作时，浮子作用于细钢丝上的重力在外轮鼓的磁铁上产生力矩，从而引起磁通量的变化。轮鼓组件间的磁通量变化导致内磁铁上的电磁传感器（霍尔元件）的输出电压信号发生变化。其电压值与储存于 CPU 中的参考电压相比较。当浮子的位置平衡时，其差值为零。当被测介质液位变化时，使得浮子浮力发生改变。其结果是磁耦力矩被改变，使得带有温度补偿的霍尔元件的输出电压发生变化。该电压值与 CPU 中的参考电压的差值驱动伺服电动机转动，调整浮子上下移动重新达到平衡点。整个系统构成了一个闭环反馈回路，其精确度可达±0.7mm，而且其自身带有的挂料补偿功能，能够补偿由于钢丝或浮子上附着被测介质导致的钢丝张力的改变。

3.5.6.2 伺服式液位计的特点

① 由于不存在滑轮、齿轮的摩擦力，测量精度比较有保证（±0.7mm）。

② 由于几乎没有传动机械部件，可靠性高，同时故障率比较低。

③ 能与计算机联网，具有很强的数据处理能力，经运算处理可以给出油罐计量所需要的各种参数，如液位、界位、体积、密度、水尺、质量等。

④ 具有预诊断功能，提示进行仪表维护，如更换已老化的测量钢丝，电气、机电部分出现故障等。

⑤ 具有浮子重量自动补偿和测量钢丝自动补偿功能。

3.5.7 其他液位计简介

3.5.7.1 磁致式液位计

磁致式液位计是一种新型的非接触式的液位计，可以安装在油罐的顶部或侧面。其工作原理是利用磁场脉冲波，测量时液位计的头部发出电流"询问脉冲"，此脉冲同时产生磁场，沿波导管内的感应线向下运行，在液位计管外配有浮子，浮子可随液位沿侧杆上下移动，浮子内设有一组永久磁铁，其磁场与脉冲产生的磁场相遇则产生一个新的变化磁场，随之产生新的电磁"返回脉冲"，测定"询问脉冲"和"返回脉冲"的周期便可知道液位的变化。因此，磁致式液位计是以浮子为测量元件通过磁耦合的变化传递到指示器，使指示器能够清晰地指示出液位的高度，液位计配备有液位报警器和液位变送器。报警器可实现液位的上下限控制及极限报警，液位变送器可以将液位的变化转换成一定强度的电流信号。该液位计使用特点如下：可动部分只有浮子，故维护量小，安装比较简单，精度也比较高；可测量介质的液位和温度，但不适合重质（黏度大）油品的测量；在工程实际安装时，经常出现安装时的底部固定问题，而且越长的测量范围，实际安装越复杂；价格非常高昂。

3.5.7.2 超声波液位计

罐外用超声波液位计由主机、探头、金属结构件部分组成，它主要是用于对铁路罐车、汽车罐车及卧式罐等的液位测量。超声波液位计是采用了超声波在罐外穿透罐壁及液体的方法，通过接收液体表面回波信号，测出液面高度。这种液位计采用 712MHz 晶振和专制晶闸管，发射功率大，接收灵敏度较高，能接收到 2 次穿透金属罐壁与液体后反射回的超声波信息；具有液位超上限和低于下限的声光报警，防震、防腐、防雷、防爆性能良好；主机电源设计先进，保证主机工作电流为 1mA，防止多出电压共用地线出现对液晶屏幕干扰现象发生，超声波液位计通过了高低温、振动、运输进程和防电磁干扰试验，保证在我国地理环境复杂的条件下正常使用。罐外用超声波液位计尤其适用于铁路罐车液体充装过程中的充装量多少的监督控制，保证用户向罐内充装的液体容量控制在铁路罐车的安全运输容量，但是其高昂的价格目前很难实现普及应用。

3.5.8 常用油罐液位计的选用原则

油罐是油田炼油厂、油库、油品码头及石化企业普遍使用的贮存设备，对罐内液体介质（石油化工产品）而言，主要是要测量其液位、温度、密度和压力（带压贮罐）等参数，据以计算出贮液的体积及重量。油罐一般分为中间罐和贸易罐两大类,中间罐仅对液位、温度和压力(带压贮罐)等参数进行监测,以防止油罐发生冒顶、抽真空等事故,并不需要交接监控计量;对贸易罐内介质的液位、温度、密度、体积、重量则必须经常监测和计量,且精度要求很高。不同的大小和种类的油罐,所用液位计的性能特点也不一样,因此,根据用户的需要及投资要求,合理选用液位计,以便达到最合理的性能价格比。

3.5.8.1 常见液位计性能比较和适用介质

几种常见液位计性能比较见表 3-8,液位计对不同介质的适用情况见表 3-9。

表 3-8 几种常见液位计性能比较

液位计	液位测量	温度测量	密度测量	界位测量	体积测量	质量测量	安装情况	价格费用
钢带	误差小	重要	无法测量	无法	误差小	取决于温度、密度	复杂	低
伺服	精度高	重要	误差大	误差小	误差小	取决于温度、密度	简单	比较高
雷达	精度高	重要	无法测量	无法	误差小	精度高	简单	高
静压	误差小	不重要	误差小	无法	误差大	取决于温度、密度	复杂	比较高
磁致	精度高	重要	无法测量	精度高	误差小	取决于温度、密度	复杂	高
声波	精度高	不重要	无法测量	无法	误差小	取决于温度、密度	复杂	高

表 3-9 液位计对不同介质的适用情况

液位计	轻油	原油	重油	沥青	液化气	腐蚀性介质
浮子钢带	好	好	好	差	差	差
伺服	好	好	一般	差	好	差
雷达	好	好	好	好	好	好
静压	好	好	一般	差	一般	好
磁致	好	好	好	差	好	好
声波	好	好	好	好	好	好

3.5.8.2 液位计的选用原则

(1) 油罐容积 对大型罐(10000～100000m³)及比较大的液化气罐可选用性能较好的液位计,中小罐可选用一般液位计。

(2) 油罐用途 贸易罐应选用高精度液位计,中间罐可用一般液位计。

(3) 介质特性 贮存黏度大的介质(如重油)时,应尽量采用与被测介质不接触或少接触类型的液位计,如雷达式、超声波式和磁致式液位计,轻油可采用一般液位计。

(4) 用户实际需要 如果用户要求计量精度高而投资限制少,可以采用性能好的液位计,一般情况下,老罐区改造或更新可结合原有液位计使用及维护情况考虑,尽量统一选型。

3.6 含水分析及密度测量仪表

在油气集输贮运工程中,原油要经过分离、沉降、电脱水、稳定等初步加工处理后,才能进行外输或贮存,原油的密度及含水率是原油处理、输送过程中进行质量监测的主要指标,也是作为油品贸易、外输过程中净油量结算的依据。

目前,原油的含水率及密度测量,仍然以人工取样、蒸馏化验原油含水、玻璃浮子密度计人工测量密度的方法为主。由于受到人工取样的离散性及主观因素的影响，测量结果连续差、误差较大，远远不能满足工业测量的需要。因此，推广原油含水、密度在线自动测量已势在必行。

3.6.1　在线密度计

3.6.1.1　概述

密度测量仪表的种类也很多，有浮力式、重力式、吹气压力式、振动式和超声波式等。以下仅介绍目前在各油田应用较广的一种振动管式密度计，它能以较高的精度连续在线测量原油的密度值。

在线密度计是一种用于工业生产过程中与生产工艺主管路（线）或容器（罐）连接，进行流体（含气体与液体）密度连续测量的密度计。密度计种类很多，如振动式密度计、射线式密度计、浮子式密度计、静压式密度计等，其中由于振动式密度计具有结构简单、性能稳定、准确度高、测量密度范围宽且样品种类广等优点，往往被优先采用。以下仅就振动式密度计中最常用的管式密度计的工作原理、结构、校准及其应用等加以叙述。

3.6.1.2　工作原理与基本结构

振动管式流体密度计的工作原理，不论是对于气体还是液体，都是基于振动体（元件）的振动频率与其密度间的关系。

弹性力学理论认为，物体的固有振动频率通常可表述为：

$$\nu = K \sqrt{\frac{EI}{m}} \tag{3-53}$$

式中　ν——振动体的固有振动频率；

　　　K——由振动模式决定的常数；

　　　E——振动体的弹性模量；

　　　I——振动体的偏强系数；

　　　m——振动系统（包括振动体与流体介质）的质量。

从式(3-53)可知，当振动管的几何尺寸、形状和材质一定时，振动频率仅由振动系统的质量决定，而流经振动管内的、一定容积的流体质量则是由其密度大小决定的，即密度变化将改变振动管的固有振动频率。

据此，对于振动管，可分别列出在管内有无流体参与振动时的两个方程，即：

$$\nu = K \sqrt{\frac{EI}{m + \Delta m}} \tag{3-54}$$

$$\nu_0 = K \sqrt{\frac{EI}{m}} \tag{3-55}$$

式中　ν——振动管内有流体流过时的振动频率；

　　　ν_0——振动管内无流体流过且呈真空状态时的振动频率；

　　　Δm——流体的质量（它随着振动管一起振动）；

　　　m——振动管的质量（与管尺寸、材质有关）。

从式(3-54)和式(3-55)可得出下面的表达振动频率与流体密度关系的基本理论公式。

$$\rho = \rho_0 \left(\frac{\nu_0^2}{\nu^2} - 1 \right) = \rho_0 \left(\frac{T^2}{T_0^2} - 1 \right) \tag{3-56}$$

式中　ρ——流体密度；

ρ_0——与振动管尺寸、材质密度有关的常数；

T，T_0——振动管内有、无流体流过时的振动周期（它是振动频率的倒数）。

式（3-56）是建立在理想基础上的理论结果，实际上，振动管并非完全理想的弹性体，而且在流体参与振动的状态下，振动体系也并非连续、均匀，故与实际情况有差异。人们通过长期工作经验，常用下式来描述 ρ-ν（或 T）关系曲线，即：

$$\rho = k_0 + k_1 T + k_2 T^2 \qquad (3-57)$$

式中　k_0，k_1，k_2——密度计常数。

如图 3-53 所示为 ρ-T 关系曲线。振动管式流体密度计按其用途有振动管气体密度计和振动管液体密度计之分，类型较多，但按其振动元件的形式主要分为单管、双管和 U 形管式结构。这类密度计的结构简单，主要由检测部与维持放大器组成。检测部主要有振动元件、检测和驱动线圈等，其核心是振动元件即传感元件；维持放大器部分主要有电子元件和电子线路，其作用是向振动元件提供所需的能量，维持振动体系连续不断的稳定振动。检测部与维持放大器是磁性耦合。

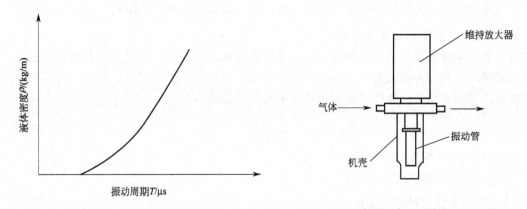

图 3-53　ρ-T 关系曲线图　　　　图 3-54　单管振动式气体密度计结构示意

传感振动元件（管）对密度变化的灵敏度依赖于气体或液体的振动重量对传感元件的有效重量之比。对于气体介质，由于密度小，需要一个薄的小重量传感元件；而对于液体介质，由于密度较大，则采用一个重量较大的传感元件更适宜。另外，材质的选择也很重要，管材必须具有较佳的机械品质因素和较低的频率温度系数。国际产品中常见的材料有镍铁合金钢、不锈钢和耐蚀镍基合金（Hastelloy）等。国内生产的产品主要用 3J58 牌号的恒弹性合金钢。

在各种结构的振动管式流体密度计中，单直通道的结构最简单，故得到较快发展，而且品种较多。其典型结构如图 3-54 和图 3-55 所示。几种单管式流体密度计的主要性能见表 3-10。

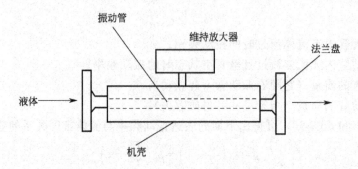

图 3-55　单管振动式液体密度计结构示意

表 3-10　几种单管式流体密度计的主要性能

生产厂	密度计型号	密度范围/(kg/m³)	温度范围/℃	最大压力/MPa	精度	备注
英国Solartron 公司	7835	0～3000	−50～110	15	1×10⁻⁴	液体
	7845	0～3000	−50～110	10	0.5kg/m³	液体
	7846	0～3000	−50～110	5	0.5kg/m³	液体(防腐型)
	7847	1～3000	−50～110	2	0.5kg/m³	液体(防腐型)
	78121	1.5～10	−20～85	15	(0.1～0.2)%F·S	气体
	78122	5～90	−20～85	15	(0.1～0.2)%F·S	气体
	78123	25～250	−20～85	15	(0.1～0.2)%F·S	气体
	78124	40～400	−20～85	15	(0.1～0.2)%F·S	气体
英国Sarasota 公司	FD810	650～1600	−30～200		0.5kg/m³	液体
	FD820	650～1600	−30～200		0.1kg/m³	液体
	FD830	700～1500	−20～110		0.5kg/m³	液体(卫生型)
	FD850	650～1600	−30～100		0.5kg/m³	液体
	FD860	650～1600	−50～110		0.1kg/m³	液体
	FD771	0～64	−200～200	17	0.1%F·S	气体
	FD79A	50～350	−200～200	17	0.1%F·S	气体
	FD79B	300～700	−200～200	17	0.1%F·S	气体
	D771	0～64	−200～200	15	0.1%F·S	气体
	D79A	50～350	−200～200	15	0.1%F·S	气体
	D79B	300～700	−200～200	15	0.1%F·S	气体
	PD771	0.1～64	−200～200	15	0.1%F·S	气体
	PD79A	50～350	−200～200	15	0.1%F·S	气体
日立Oval 公司	FD77	0～60	−20～75	10	0.1%F·S	气体
	D77	0～60	−20～75	10	0.1%F·S	气体
	FD78	500～1500	−20～75	10	0.1%F·S	液体
	D78	500～1500	−20～75	10	0.1%F·S	液体
美国Calibron 公司	SST1000-11	1000～3000	−50～150	25	0.1kg/m³	液体(管内径 23.62mm)
	SST2000-11	1000～3000	−50～150	25	0.1kg/m³	液体(管内径 49.02mm)
	SST1000-00	1000～3000	−50～150	25	0.1kg/m³	液体(卫生型,管内径 23.48mm)
	SST2000-00	1000～3000	−50～150	25	0.1kg/m³	液体(卫生型,管内径 49.02mm)
	625	0～2200	−40～93	25	0.5kg/m³	
美国Barton 公司	665	24～120	−35～95	15	0.1%F·S	气体(旁通式)
	663	24～120	−35～95	15	0.1%F·S	气体(插入式)
	666	300～1200	−35～95	10	0.1%F·S	液体(旁通式)
	664	300～1200	−35～95	10	0.1%F·S	液体(插入式)
美国千得乐石油工业公司	278	300～1600	−40～85	10	1kg/m³	液体
	304	300～1600	−40～85	10	(0.2～0.5)kg/m³	液体
	297	0～2200	−40～85	10	0.1%F·S	液体

注：FD 表示旁通式密度计；PD 表示在插入式密度计基础上发展的，具有外壳容器及法兰的内插式密度计。

3.6.1.3　振动式密度计测定天然气的密度

密度与相对密度是天然气重要的物理参数，它与天然气的开发、燃烧、计量等工艺过程密切相关。测定天然气密度有两类方法：一类是先测定天然气的组成，再以组成分析数据计算天然气的密度（间接方法），国家标准《天然气》（GB 17820—1999）也规定可以此法计算天然气的密度，而计算则按 GB/T 11062—1998 的规定；另一类方法是用仪器直接测定，此类方法我国尚未发布标准，但国际标准化组织天然气技术委员会（ISO/TC 193）已于 2000 年 3 月完成了国际标准草案。

国际标准草案推荐用两种仪器测定天然气密度：一种是密度天平；另一种是振动式密度计。前者一般应用于非在线测定，后者则主要应用于在线或离线测定。目前欧美国家和地区天然气的交接计量经常用能量计量，在采用此类计量方式的大型计量站中，天然气的密度往往要同时采用上述两类方法进行测定，并相互核对。在此类工况条件下采用振动式密度计较为方便。由于我国也将开展能量计量的试点工作，天然气密度的直接测定是其中一个重要组成部分。

(1) 安装与取样 密度计在现场的安装大致有三种不同的方式。

第一种方式是在线安装，使用压力回收的方法把密度计安装在孔板计量系统中，如图 3-56 所示。

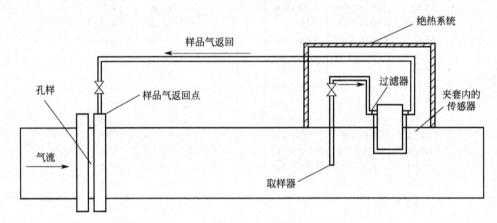

图 3-56　密度计安装在孔板计量系统中

第二种方式是离线安装，如图 3-57 所示。当计量系统采用超声波流量计时，通常采用此种安装方式。

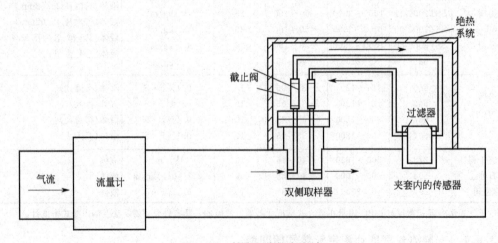

图 3-57　离线安装的密度计

第三种方式也属于离线安装，但把过滤器安装在保温夹套中，从而进一步减少样品气管线与周围环境之间的热交换，如图 3-58 所示。

在安装与取样过程中应注意以下几点。

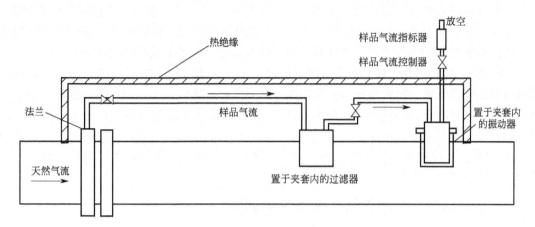

图 3-58　过滤器安装在保温夹套中

① 气体对温度的影响十分敏感，必须保持恒温，以满足校准和使用的要求。密度计上的测温元件应为一种经校准的铂热电偶 Pt100 元件，并直接置于密度计测定室中。

② 为使缓冲时间减至最少，整个管线系统的阻力降要小，使流过仪器的气体压力尽可能接近取样点的压力。

③ 若样品天然气中含有会造成污染仪器的杂质，应设置高效率的过滤器；并注意防止因样品气压降低产生的温度降低而导致样品天然气的组成发生变化。

④ 样品天然气的流速应严加控制。

⑤ 应满足危险区域（易燃气体）的安装与操作要求。

⑥ 在线仪器应采用收缩式取样头，其安装应按 ISO 17051 的规定。

⑦ 若采用如图 3-58 所示的安装方式，应注意避免噪声和管线震动对振动器产生的影响。

⑧ 若密度计内与管线内的天然气温度无法达到一致，则两者的差值可以式（3-58）计算。

$$\rho_1 = \rho_c \frac{t_d}{t_1} \times \frac{p_d}{p_1} \times \frac{Z_d}{Z_1} \tag{3-59}$$

式中　t_d——密度计传感器的温度；

$\quad\quad$ t_1——管线内的温度；

$\quad\quad$ p_d——密度计的压力（一般可视为等于管线上取样位置的压力）；

$\quad\quad$ p_1——管线上取样位置的压力；

$\quad\quad$ Z_d——密度计中天然气的压缩因子（可以组成计算）；

$\quad\quad$ Z_1——管线上取样位置天然气的压缩因子（可以组成计算）。

(2)　检定（verification）与维修　使用过程中应随时对仪器进行检定，若发现问题立即进行维修，随后再次检定或校准。主要项目如下。

① 零点检定　若密度计振动器在真空中的频率是固定的，则在大多数情况下密度计的主要常数也不会变化。检定时，将密度计抽真空，使压力降到正常操作压力的 0.1% 以下，测定并记录其振动频率，若后者与在实验室中校准时测定值的差值，相应在正常操作时密度测定值的 0.02% 以内是可以接受的，超过 0.02% 则表明仪器的灵敏度有变化，或者振动器上沉积有杂质，应重新校准。

② 压力变化试验　此项试验（仅针对离线安装）是检定密度计的压力是否等于样品管

线中天然气在流动条件下的压力。若观察到测得的密度突然发生变化，应检查是否有堵塞。压力突然变化而产生的对密度的影响，不会与样品天然气流经密度计时的停顿导致温度变化而产生的对密度的影响相混淆。前者是一种突然的变化，后者是缓慢的变化。

③ 一致性检定　测得的密度值应与预期值（以手动或自动的方式）进行比较，预期值可以根据天然气组成、温度和压力计算而得。天然气的组成可以用气相色谱法分析（GB/T 13610—92）。当两者之间偏差大于 0.5% 时，自动比较系统的报警器应发出信号，随后应立即对仪器进行检定。

④ 维修　过滤器应定期检查并按检查结果决定是否更换。两次检查之间的间隔则由操作条件下的天然气品决定。

3.6.2　含水分析仪在原油含水测量中的应用

在生产过程中，从油井中采出的原油是油、水、气和含有其他杂质成分的三种流体。由于工艺状况的限制，经过油气分离或脱水后的原油中仍含有不同程度的水和溶解气或轻质成分，在集输过程中的各个环节，原油含水、含气都是随时变化的，而且波动较大，用定时取样化验原油含水率和容积式流量计进行交接计量的方式，不能反映集输过程中原油含水、含气的瞬时变化，因此而产生的一些统计数据，如平均含水率、含气率、产量等均不代表实际生产状况，也无法解决因原油含水率、含气率的波动等因素所造成原油交接计量误差大的问题，经常造成原油交接计量纠纷及人、财、物的浪费。

3.6.2.1　原油含水分析仪

原油含水分析仪主要有四种类型，从原理上可分为密度计测含水、γ射线测含水、射频导纳测含水、短波吸收测含水四种。

(1) 密度计测含水　振管式密度计（8840、ZMC540）测含水是应用了"装有不同种液体的容器振动时其频率会有较大差异"这一物理现象，通过检测频率来得到混合液密度值，再通过纯油、纯水密度而计算出混合液含水值。由于现场介质条件和环境限制，使用情况不够理想。现场条件下，影响含水计量的主要因素有液中含气、含砂、振管内壁结垢等。其中，液中含气会造成混合液密度下降，造成含水偏低、含油偏高的假象，形成"气增油"现象；介质含砂会造成混合液密度上升，造成含水偏高、含油偏低的假象，形成"砂吃油"现象；振管内壁结垢产生的现象与含砂相同，形成"垢减油"现象。另外振管式密度计安装时要求上下法兰同心，不能有扭曲现象，外界无振动干扰。实际应用中很难克服以上各种影响因素，测量准确率较低，不适合中转站高含水混合液的测量。

(2) γ射线测含水　放射线法测量含水率是应用低能γ射线与物质相互作用的原理设计而成的。采用非接触结构，放射线穿过被测管道到达接收器。由于碳元素与氧元素对射线的吸收不同，碳集中在油中，氧集中在水中，因此只要测得混合液中碳、氧含量就可计算出含水率。应用该种仪表，能够满足高低含水量在线检测的要求。缺点是价格过高、放射源管理难度大。

(3) 射频导纳测含水　CM-3 型智能含水分析仪是美国 DE 公司应用射频导纳专利技术研制生产的新型含水分析仪。该技术应用于含水分析仪，能够防挂料、不结蜡，不受管道中温度和压力的影响，不受水的矿化度影响。射频导纳含水分析仪在安装后，其探头与输油管道形成了一个同心圆电容，一极是探头，另一极是管壁，而且在理论上其电容与原油的介电常数存在一个线性关系。CM-3 型智能含水分析仪通过测电容而得到介电常数的变化情况，通过曲线可求得原油实际的实时含水量。

射频导纳含水分析仪适用于含水率低于 60％ 的中低含水原油。该种仪表性能比较稳定，特别是低含水分析仪所测数据与人工取样蒸馏法所测的数据基本吻合。

(4) 短波吸收测含水　测含水的主要原理是根据含水率不同的原油吸收短波的能量也不同。设置标准吸收样，当取样器中原油含水有微量变化时，吸收短波能量就发生微小变化。将变化差值经放大计算、线性校准后直接显示出瞬时含水率，同时根据最小体积脉冲计算出平均含水率。这种含水分析仪对高含水量的适应性较强。

3.6.2.2　YSL-1G 型含水分析仪的应用

(1) 原理及技术参数　该仪器采用双差频法，以短波为工作频率，通过发射装置，将恒幅稳频的短波电能通过电子开关分别发射到原油中的同轴取样器及人为设置的标准吸收样组件上。由于标准吸收样与纯油（含水率等于 0）介质吸收短波能量相等，所以在实际检测中用设置标准吸收样与被测原油吸收样不断比较，当油中水有微量变化时就产生差值。

将两曲线差值放大处理后，反馈给二次仪表，经放大计算、线性校准后，直接显示出瞬时含水率；同时还根据最小体积流量脉冲，计算出平均含水率；根据流量、脉冲体积量、累计流过的总液量，分别计算出纯油体积量和水的体积量。

在原油的计量过程中，当传感器工作一定时间后，原油中含有的大量砂、碱、蜡等杂质就会积结在探头表面，造成含水监测信号失真而影响计量精度。探头擦拭装置由按照防爆结构设计的微型电机传动头上的清洗套在探头上做往复直线运动，定时清洗探头表面的污垢，使探头始终充分与被测介质接触，保证了监测的精度，提高了运行时间。YSL-1G 型含水分析仪工作曲线如图 3-59 所示。

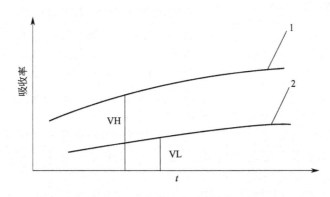

图 3-59　YSL-1G 型含水分析仪工作曲线

1—含水样曲线；2—吸收样曲线

VH－VL＝VS

VH—油中水吸收值；VL—标准吸收值；VS—两曲线差值

含水分析仪的技术参数：测量范围为含水 0～99.9％；测量绝对误差为 ±0.8％；分辨率为 0.03％；重复性误差 ≤0.1％；工作温度为 0～40℃；介质流速 ≥1.5m/s；传感器额定压力为 4MPa；传感器安装管线内径 ≥80mm；传感器擦除频率为 1 次/2min。

(2) 系统构成及安装维护　YSL-1G 型含水分析仪由传感器、一次仪表、二次仪表、探头擦拭装置组成。二次仪表可显示瞬时含水率、平均含水率、总液量、油量、水量等各项参数，并根据现场设定的时间，自动记录并打印。二次仪表的安装可分为台装和盘装两种形式。

传感器的安装为在线插入式，应垂直安装于液体的逆流方向，以免传感器内部积聚包泡；探头到达与油充分接触的位置后，通过螺栓与法兰将传感器密封紧固。

3.6.2.3 YSQF型原油含水含气在线计量分析仪

YSQF 型原油含水含气在线计量分析仪是利用不同介质对低能 γ 射线的吸收不同而研制的。放射性同位素放出低能的 γ 射线，当它穿过介质时，其强度要衰减，且衰减的大小随介质的不同而不同，即取决于介质对 γ 射线的质量吸收系数和介质的密度。对于多项介质对 γ 射线的吸收而带来的 γ 射线强度的变化除与介质的种类有关外，还与组成介质的各种组分所占的比例有关。因此通过测量穿过介质的 γ 射线的强度变化来获得一些重要信息，经过对这些信息的科学合理地分析、处理与计算，便可得到组成介质的各种组分的含量。在油田原油集输计量中，可精确测量管道中原油的含水率、含气率和含油率，再输入流量计脉冲信息和温度压力信号，运用科学合理的计算公式和数学算法，经计算机计算，便可测量集输管道中原油含水率、含气率、产液量、产油量、产水量、产气量、油温、油压等统计数据的在线自动检测计量的生产报表，可利用电话网络实现与计算机联网。

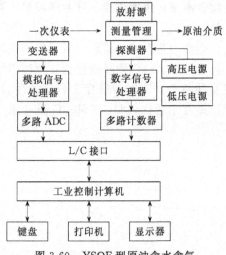

图 3-60　YSQF 型原油含水含气
分析仪结构框图

YSQF 型原油含水含气分析仪分Ⅰ、Ⅱ、Ⅲ三种型号，均由一次仪表和二次仪表构成，如图 3-60 所示。

一次仪表包括测量管道、探测器和放射源。测量管道由优质钢材加工而成，两端焊有标准法兰。探测器采用高性能的闪烁 γ 探测器，探测器与原油介质采用高分子耐温、耐压材料隔离，并用高强度法兰固定密封。探测器封装在一个密闭的钢质外套之内，两端装有防护套，电源和信号线通过防爆引线端子引出。放射源采用长半衰期的低能 γ 射线源，它被密闭在具有良好防护措施的源室内，保证了测量管道外的射线剂量远远低于国家剂量标准（约为本底剂量），对环境和工作人员无任何不良影响。二次仪表由数字信号处理单元、模拟信号处理单元、计算机数据采集系统及有关外部设备组成，二次仪表所有部件全部上架安装在标准工业机柜内，整机布局合理，美观大方。

YSQF 型原油含水含气分析仪与其他的含水含气测量方法相比较，技术特点明显。

① 技术先进。采用最先进的核物理技术、核电子学技术和计算机技术，是核机电一体化的高科技产品。

② 它是一种非接触自动在线测量仪表，自动化程度高，测量对象多。采用了计算机技术，测量参数随时间的变化一目了然。

③ 测量精度高。由于 γ 射线和物质相互作用的机理是 γ 射线直接作用于介质的分子，故 γ 射线穿过原油介质的径向上的密度和成分比例的分布不同并不影响测量精度。

3.7　静电测量仪表

静电测量在研究静电机理和防止静电危害的工作中都占有重要的地位。静电的测量与通常电流的测量不同，用常用电学仪表测量静电常常会遇到不少困难。例如测量静电电位时，如果用电磁式（或磁电式）仪表直接与被测表面连接，往往电表指针还未偏转，被测表面所带的电荷早已通过电表泄漏，并且仪的探极与被测带电体耦合时，往往会使附近的电场发生畸变，影响测量结果的正确性，因此在进行静电测量时，对所使用的仪表要有特殊的要求。静电测量的精确度常常会受到周围环境的影响，特别是在现场进行测量时，由于存在各种杂散电场，情况就会变得更加复杂，再加上环境温度和湿度的变化，也会使测量的结果发生显著差异。因此在进行静电测量前，除了正确选定测量仪表外，还必须周密考虑测量的具体要求，制定合理的测量方案。

在静电测量中，一般常用的被测物理量有静电电位、电流、电阻、电容、电场强度和放电电量等，其中有些参量也可以互相换算。由于静电测量存在如上所述的困难，因此迄今为止，在一般情况下还没有找到重复性很好的通用测试方法，通常在选定测量仪器后，可以考虑一些专用的测量系统，对某些不同测量对象采用特定的测量方法，以达到预期的测量目的。

现在采用得较多的是测量静电电位和绝缘电阻。两种绝缘体摩擦产生的静电电位往往高达数千伏或数万伏，而其放电电流则极为微小，一般多在微安或微微安的数量级，因此在进行静电测量时必须使用相应的具有较高输入阻抗的高压测试仪表。由于绝缘体经过摩擦或接触剥离等过程，往往容易产生静电，因此要对绝缘体的绝缘电阻（或绝缘电阻率）进行测量。

3.7.1 静电电位的测量

3.7.1.1 对测量仪表的要求

测量静电电位的仪表，其极间绝缘电阻和极间电容都需要有一定的特殊表示，现分别加以说明。

(1) 对仪表极间绝缘电阻的要求 用于静电测量的静电电压表必须有很高的极间绝缘电阻，在测量过程中，带电体的电荷不能有明显的泄漏，否则就不能达到测量要求，下面分两种情况举例说明。

① 长时间的连续测量 设仪表输入电容为 C（$C = 10^{-12}\,\text{F}$），测量时间为 $1.0 \times 10^3\,\text{s}$ 数量级，被测电压通过此放电电路的放电时间常数为 τ，显然 $\tau = RC$。设 $\tau = 10^3\,\text{s}$，则绝缘电阻（即放电电阻）R 为：

$$R = \frac{\tau}{C} = \frac{10^3}{10^{-11}} = 10^{14} \quad (\Omega) \tag{3-59}$$

即要求仪表极间电阻为 $10^{14}\,\Omega$ 数量级。

② 短时间的测量 设仪表输入电容 $C = 10^{-12}\,\text{F}$，若测量时间为 20s，则与上述计算方法类似，仪表极间电阻 R 为：

$$R = \frac{\tau}{C} = \frac{20}{10^{-11}} = 2 \times 10^{12} \quad (\Omega) \tag{3-60}$$

即要求仪表极间电阻稍有降低，但仍需 $10^{12}\,\Omega$ 数量级，因此普通电磁式仪表是不能用于静电测量的。

(2) 对仪表极间电容的要求 除了仪表极间电阻的要求外，用于静电测量的仪表对其极间电容也有一定的要求，即仪表极间电容不能太大，否则就不能满足测量要求。

设被测带电体对地的电容为 C_1，对地的电电位为 U，带电量为 Q，对于导体来说显然

有 $U=Q/C_1$。将仪表与被测带电体直接连接，连接形式如图 3-61 所示，图中 C_2 是仪表的极间电容，仪表原来是不带电的，但当与被测带电体连接时，带电体即对仪表充电，其电位由 U 改变为 U_1。

$$U_1 = \frac{C_1}{C_1 + C_2} U \tag{3-61}$$

即仪表所示的读数小于被测物原来的电位，如果仪表的极间电容 C_2 很小，则 U_1 与 U 相差不大；反之，当仪表的极间电容 C_2 较大，则 U_1 明显地小于 U，因此仪表指示的不是被测带电体真正的电位，实际上此时将引起带电体表面附近的电场发生变化，造成很大的测量误差，所以在仪表与被测带电体直接连接的情况下，要求仪表的极间电容 C_2 大大小于被测带电体的对地电容 C_1，即：

$$C_2 \ll C_1 \tag{3-62}$$

一般 C_2 只能有几微微法至几十微微法。

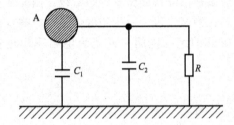

图 3-61　带电体 A 与测量仪表连接时的等效电路

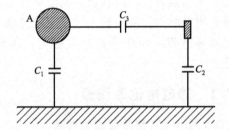

图 3-62　带电体 A 与仪表非接触时的等效电路

上面讨论了仪表与带电体在直接接触的情况下对极间电容的要求，现在讨论仪表与待测带电体非接触的情况下对仪表的要求（这类仪表广泛应用于静电电位的测量中，统称为非接触式仪表）。

设被测量带电体为一块具有一定面积的金属平板，它与地之间的电容为 C_1，用这块金属平板作为探测电极，测量时，将此探测电极与带电体的被测表面平行靠近，使它们之间构成一个平板电容器。设它们之间的电容为 C_3，被测带电体与地之间的电容为 C_1，仪表的极间电容（即输入电容）为 C_2，此时测量装置的等效电路如图 3-62 所示。显然在此等效电路中的总电容可视为 C_3 与 C_2 串联，然后再与 C_1 并联，与前面讨论的类似。C_3 与 C_2 串联后的电容，应比 C_1 小得多，才能对测量的结果影响不大，即要求：

$$(C_2 + C_3) \ll C_1 \tag{3-63}$$

同时要求 $C_2 \ll C_3$，使 C_3 上的电压略有降低，这样才能使仪表探测电极的电位（即仪表上读到的电位值）接近待测表面的电位。

同理，如果要测量圆柱体表面或圆柱形管道表面的电位，仪表的探测电极也应采用同轴圆筒形的电极，以减少待测电场的影响。

在静电电位测量中，若被测物是金属体（如法拉第笼），则可将测量仪表直接与其连接，但是在静电测量中，被测物往往是绝缘介质，这时一般使用非接触式仪表来进行测量。若绝缘体表面的电荷分布不均匀时，由于仪表探测电极具有一定的面积，因此测量的指示值将是一个范围上的平均电位，所以如果要较正确地反映绝缘介质表面的带电情况，仪表探测电极面积就不宜做得太大。

目前使用的静电电位测量仪表有 QV 型静电电压表、感应式静电电压表、集电式静电电压表和振簧式静电电压表（也称表面电位计）。

3.7.1.2 绝缘体表面静电电位的测量

下面讨论固体表面静电电位的测量。两种不同材质的绝缘体经过接触或分离，一般会产生静电电荷。测量静电电位的数值在特定的情况下可以反映电荷产生的情况，例如皮带运输机上的橡胶运输带在运行时与托辊（有时往往使用塑料托辊）因摩擦而产生的静电电位，有时可高达数千伏至数万伏。在感光胶片的生产过程中，涤纶基片自身的接触与分离过程也会产生大量的静电，这也可以通过测量静电电位来表示静电电荷积累的情况，当然电荷的测量与电位的测量是两件事。

对于绝缘体表面静电电位的测量一般使用非接触式电位测量仪表，当然用 QV 型静电电压表也可进行测量，但在一般情况下，因该仪表输入阻抗较低，故测量误差较大。

绝缘体表面静电电位的测量并不十分困难，测量前先将仪器探头对准校验金属板（相隔某一固定距离），用仪器输出的标准电位进行校验，调整放大器的增益，然后进行测量。

在测量中经常遇到的问题是复现性较差，除了测试现场空气的相对湿度、温度等变化的因素外，某些测量现场情况的不同也导致测量数值的变化，现举例说明如下。

在测量运输机皮带或感光胶卷带表面的静电时，同一表面部位当运输或卷至不同位置时，测得的结果也不同。如图 3-63 所示，当探头的位置为 A 时，由带电表面所产生的静电场，大部分被机器金属部件所屏蔽，因 A 处的电场 E_A 必小于 B 处的电场 E_B，即：

$$E_A < E_B \tag{3-64}$$

因此在 A 处测得的表面电位 U_A 必然小于在 B 处测得的表面电位 U_B。

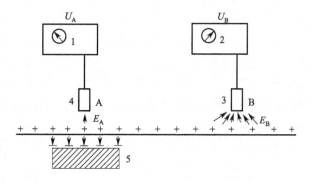

图 3-63 静电电位的测量因对地的位置不同而不同

1, 2—静电计；3, 4—振动电容头；5—机器金属部件

3.7.1.3 带电液面静电电位的测量

在石油、化学试剂等液体装卸、贮运的过程中，经常会出现大量静电，有时甚至会造成静电危害，因此对液体液面静电电位进行测量是很有必要的。

下面以铁路油槽车装油时的情况为例，说明液体液面静电电位的测量方法，其测量装置如图 3-64 所示。

测量仪表采用集电式静电电压表或振簧式静电电压表，从图 3-65 上可以看出浮在柴油液面上的空心铜球的电位和附近柴油液面的电位几乎是相等的，因此测量空心铜球的电位就

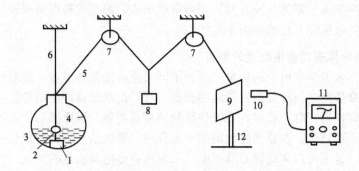

图 3-64 铁路油槽车装油时油面静电电位测量装置

1—铜块；2—空心铜球；3—柴油；4—油槽；5—导线；6—聚乙烯绳；7—有机玻璃滑轮；

8—平衡重锤；9—铜极板；10—静电计探头；11—静电电压表；12—有机玻璃支架

可以大致反映该球附近油面的静电电位，铜球与测量仪表控测电极之间用绝缘性能良好的导线连接，因此铜极板上的电位应该和铜球上的电位相等，用静电电压表测量铜极板上的电位也就反映了铁路油槽车进油时铜球附近液面的电位。空心铜球的直径约为 90mm，中间穿过一根聚乙烯绳，使铜球在油槽车进油时随油面上浮，显然因聚乙烯绳是用铜块拉紧张直的，所以铜球在上升时必然沿着聚乙烯绳的方向，即与底面垂直的方向，不致因进油时油面晃动而影响测量结果。

由于铜球在液面不同部位时，与地之间的电容值不同，所以其对地电位值也不一样。在油槽车中间部分铜球对地电容最小，因此它的电位最高。空心铜球的大小应使其体积与油槽车容积相比足够小，这样才能较真实地反映油面在该点的带电情况。此外，铜球上所有的焊接点均需十分光滑，避免有尖的突起物，以免引起尖端放电，保证测量安全。

为了检验架空导线的绝缘性能，在测量前必须对测量系统的绝缘性能加以检验，以保证测量数据的可靠性，其方法如下。

在柴油进油前将空心铜球置于油槽车内聚乙烯绳上某一位置（当然铜球不应与容器壁接触），人为地在铜极板上加一个静电电压，例如 200V，观察在静电电压表上是否能保持恒定的读数值。若在一段较长的时间内电压数值始终指示在 200V，则表示测量系统绝缘性能良好。在测量过程中应随时注意保证铜球不应脱离油面，否则有可能引起因液面与铜球间的放电而造成危险，这一点是应该特别注意的。

用此法测量进油时液面静电电位，对原油、柴油等品种已获得一些实践经验，对其他轻质油尚无实践经验。

油槽车装油时静电电位测量情况见表 3-11。

表 3-11 油槽车装油时静电电位测量情况

项　目	参数	项　目	参数
油槽车容积/m³	60	油温/℃	24.5
油种	0# 柴油	室温/℃	24.5
油密度/(g/cm³)	0.812	相对湿度/%	67
油总重/kg	48720	仪表	振簧式静电计
泵速/(m/s)	5.3	鹤管距地面高度/cm	70
鹤管直径/in	4(100mm)		

表 3-12 为油面静电电位随时间的变化数据。

表 3-12　油面静电电位随时间的变化数据

时间/min	电压/V	时间/min	电压/V
0	0	5.0	790
0.5	40	5.5	780
1.0	400	6.0	780
1.5	800	6.5	740
2.0	880	7.0	700
2.5	850	7.5	700
3.0	800	8.0	700
3.5	830	8.5	680
4.0	820	9.0	620
4.5	800	9.5	520
10.0	470	17.5	60
10.5	500	18.0	10
11.0	460	18.5	−40
11.5	440	19.0	−35
12.0	400	20.0	−15
12.5	390	20.5	10
13.0	320	21.0	20
13.5	300	21.5	30
14.0	250	22.0	35
14.5	250	22.5	40
15.0	250	23.0	45
15.5	210	23.5	50
16.0	170	24.0	
16.5	140	测量完毕	停止进油
17.0	110		

利用上表测量数据可作出油面静电电位随时间的变化曲线，如图 3-65 所示。

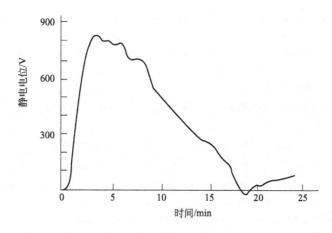

图 3-65　油面静电电位随时间的变化曲线

3.7.2　放电电荷量的测量

3.7.2.1　冲击电流计法测量放电电荷量

如图 3-66 所示，当对探极放电时，放电电流瞬间流过电阻 R_2 及 R_1、G（内阻为 R_0）的并联回路，流过冲击检流计的电流是总电流的一部分，并使光标偏转。设光标最大偏转刻

度为 d_m，折成电量的比例常数为 a，则有：

$$q = a d_m \tag{3-65}$$

那么，放电总电荷量 Q 应为：

$$Q = \frac{R_1 + R_2 + R_0}{R_2} q = \frac{R_1 + R_2 + R_0}{R_2} a d_m \tag{3-66}$$

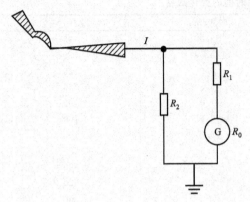

图 3-66　冲击电流法

3.7.2.2　示波器法测量放电电荷量

用示波器代替图 3-66 中的冲击检流计，并拍照出电压波形 $U(t)$ 的照片，参见图 3-67。全部放电电荷量为：

$$Q = \int_0^t i(t)\mathrm{d}t = \frac{1}{R}\int_0^t U(t)\mathrm{d}t \tag{3-67}$$

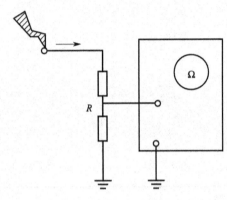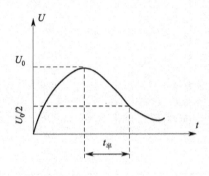

图 3-67　示波器法测放电电荷量

若从波形图上求出波形 $U(t)$ 与零电压线之间的面积 S，就可以代表 $\int_0^t V(t)\mathrm{d}t$，那么：

$$Q = \frac{S}{R} \tag{3-68}$$

式中，面积 S 的单位是 $V \cdot s$。

如将放电图形近似看成为指数函数，则从图形上计算出火花放电的半值时间 $t_{半}$ 后，可按下式求得 Q 值。

$$Q = \frac{1}{R}\int_0^{\infty} U_0 e^{-\frac{t}{\tau}}\mathrm{d}t = \frac{U_0 \tau}{R} = 1.4\frac{U_0}{R}t_{半} \tag{3-69}$$

式中　U_0——示波器上电压波形的峰值。

3.7.3　绝缘电阻的测量

静电荷的积累和消失与材料的性质、表面情况及流体的流速、相对湿度等因素有关，而湿度是改变绝缘体绝缘性能（即绝缘电阻）的一个重要因素，因此绝缘电阻的测量可以对静电的积累或消失提供有用的参数。下面讨论绝缘电阻的测量原理和测量方法。

3.7.3.1　测量原理

绝缘电阻直流测量方法的原理通常采用伏安法，即在被测电阻 R 两端加上一个直流电压 U，用电流表测出通过被测电阻的电流 I，再由公式 $R = U/I$ 计算被测物的绝缘电阻。由于绝缘电阻阻值很大,要获得一定的测量准确度必须提高测试电压,而被测样品都具有一定的电容量,测量设备也有一定的内阻,当加上试验电压后,其作用等于通过一个串联电阻对电容进行充电,因此回路中的电流需经一定时间才能达到稳定。当直流电压加在一个含有电容的回路上时,总电流由以下三个部分构成。

(1) 充电电流　取决于样品的几何尺寸、形状和材料性质,这部分电流在开始时最大,但在很短时间内即下降到可以略去的地步。

(2) 吸收电流　流过绝缘体内部,并且随着时间逐渐减小。

(3) 电导电流　可分为两个部分,即沿着绝缘介质表面的泄漏电流和通过绝缘体内部的电导电流。

因此在待测绝缘体上加上一定的电压后,需要经过几分钟,总电流才能达到稳定。

通过绝缘体表面泄漏的电流 I_S 与所加的电压 U 之比,称为表面电阻 R_S,可用下式表示。

$$R_S = \frac{U}{I_S} \tag{3-70}$$

通过绝缘体内部泄漏的电流 I_V 与所加的电压 U 之比称为体积电阻 R_V,可用下式表示。

$$R_V = \frac{U}{I_V} \tag{3-71}$$

绝缘体的表面电阻和体积电阻通常称为绝缘电阻。

由于电导电流 $I = I_V + I_S$,因此绝缘电阻 R 为体积电阻 R_V 和表面电阻 R_S 并联的结果,并且可用下式表示。

$$R = \frac{R_V R_S}{R_V + R_S} \tag{3-72}$$

当待测绝缘体为具有一定厚度 d 的平行板(电极与绝缘体两面紧密相接,其面积 S 和极间距离 d 为一定)时,体积电阻 R_V 与厚度 d 成正比,与面积成反比,即:

$$R_V = \rho_V \frac{d}{S} \tag{3-73}$$

比例系数 ρ_V 称为体电阻率,单位为 $\Omega \cdot cm$ 或 $\Omega \cdot m$。

当应用刀形电极时,电极长度为 l,极间距离为 t,如果 $I_V \ll I_S$,则表面电阻 R_S 与极距 t 成正比,与电极长度 l 成反比,即:

$$R_S = \rho_S \frac{t}{l} \tag{3-74}$$

比例系数 ρ_S 称为表面电阻率,单位为 Ω。

3.7.3.2　测量方法

测量绝缘电阻的方法有检流计法和高阻计法两种。检流计法可在实验室中自行建立测量系统,但对较高阻值的绝缘电阻,由于检流计的灵敏度有一定限制,所以无法进行测量。高阻计法中使用的高阻计有定型产品出售,测量绝缘电阻的范围较宽(一般为 $10^7 \sim 10^8 \Omega$),使用也较方便。这两种方法实质上采用的都是伏安法,它们有许多共同点。检流计法是用电流表、电压表、电极和直流电源直接组成测量系统,高阻计法则在测量装置中加入一些电子线路,如直流放大器、静电计管或振动电容器等,所以用高阻计测量绝缘电阻阻值的范围比用检流计法测量的范围要高得多。下面着重叙述检流计法的测量系统。

用伏安法测量绝缘电阻时,在绝缘体的两个面上必须附加两个金属电极。若在试样的两个面或两端任意加上一对电极,则极间的电场分布在边缘部分是不均匀的,如图 3-68 所示。图中虚线表示沿试样表面的泄漏电流,实线表示试样体内的电场分布情况。这样测得的电阻率是没有意义的，因为电极的面积、长度、极距和电流密度都无法确定，并且测得的电阻是表面电阻和体积电阻的并联电阻，因此必须恰当地选择电极的形状和尺寸，使电场尽可能地均匀，以便正确地测定表面电阻率和体电阻率。

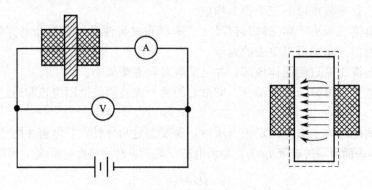

图 3-68　用伏安法测量绝缘电阻的测量线路

下面分别讨论测量体电阻率 ρ_V 和表面电阻率 ρ_S 时对电极的要求。

(1) 体电阻率 ρ_V 的测定　根据计算分析，当试样为平行平板时，测量电极的直径为 $2r_1$（圆形电极），如果是正方形电极或长方形电极，它的一边或短边至少是试样厚度 d 的 4 倍。如图 3-69 所示，在测量电极 D 的外面再加上一个保护环 G，G 与测量电极 D 之间的间隙 g 要均匀，并且应尽可能地小。高压电极 H 的半径 r_3 要比保护环的内缘伸出约为厚度 d 的 2 倍，若：

$$r_0 = \frac{r_1 + r_2}{2} \tag{3-75}$$

则 $g \leqslant r_0$，$r_1 \geqslant 2d$ 或 $r_3 - r_2 \geqslant 2d$。

$$\frac{g}{2r_0} \leqslant \frac{1}{2} \tag{3-76}$$

满足上述条件后按图 3-69 接线，测得电流为 I_V，电压为 U，则由式(3-79) 可得体积电阻 R_V：

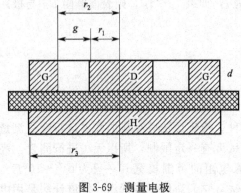

图 3-69　测量电极

$$\rho_V = R_V \frac{S}{d} = R_V \frac{\pi r_1^2}{d} \tag{3-77}$$

(2) 表面电阻率 ρ_S 的测量　电极的选择与上述理由相同，并且要考虑减少体积电流的影响。测量线路仍按图 3-70 连接。此时：

$$g \geqslant 2d \tag{3-78}$$

则

$$\rho_S = R_S \frac{2\pi}{\ln \dfrac{r_2}{r_1}} \tag{3-79}$$

体积电阻率与表面电阻率的测量线路如图 3-70 所示。

测量线路的基本要求如下。

① 检流计常数不应大于 10^{-9} A/mm。

② R 为保护电阻，其阻值为 10^6 Ω，用来测量检流计常数时其误差不应大于 1%。

③ 分流器的调节级数应不少于 5 级，其阻值应接近于检流计外部临界电阻。

④ 直流电源输出电压必须稳定，电表的准确度为 1.5 级。

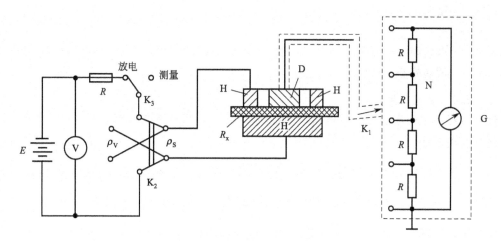

图 3-70　体积电阻率与表面电阻率的测量线路

E—直流电源；K_1，K_2—转换开关；V—直流电压表；K_3—放电短路开关；
D，H—电极；R_x—被测样品；N—分流器；G—检流计；R—保护电阻

⑤ 检流计、分流器和测量电极的接线应有良好的屏蔽，对地应有良好的绝缘。
试验条件如下。

① 试验电压为 $100 \sim 1000V$，在做比较试验时应采用相同的电压。

② 试验环境温度为 $(25 \pm 2)℃$ 或 $(25 \pm 5)℃$，相对湿度为 $(65 \pm 5)\%$。

3.7.3.3　测量步骤

(1) 高阻计法　对于高阻计其仪器应满足下列要求。

① 测量误差小于 20%。

② 零点漂移每小时不大于全标尺的 4%。

③ 输入接线的绝缘电阻应大于仪器输入电阻的 100 倍。

④ 测试电路应有良好的屏蔽。

测量步骤如下：将充分放电后的试样（即当试样未加试验电压时应在仪器上没有明显的指示值）接入仪器测量端，调整仪器，加上试验电压 $1min$ 后，读取电阻的指示值（电压或电流）。

(2) 检流计法　按图 3-70 接线，由转换开关 K_2 选择 ρ_V 或 ρ_S 的测定，加上试验电压，逐渐增大分流比，直至检流计有足够的偏转格数（大于 $10mm$），加上试验电压 $1min$ 后，读取检流计的偏转格数。

断开试验电压，将试样短路，放电 $1min$，改变电压极性，重复进行测量，读取偏转格数，取两次的平均值。

必须注意，测量前应检查测量系统是否漏电，其方法如下。

断开测量电极，加上试验电压，逐渐增大分流比，直至 $1:1$。检流计应无偏转，当改变电极极性时，仍无偏转，则证明电极不漏电。

检流计常数的测定方法如下：将 R_x 短路，加 $1 \sim 100V$ 试验电压，逐渐增大分流比，直至有明显的偏转（大于 $25mm$），读取偏转格数，改变电压极性，重复进行测量，再读取偏转格数，取两次的平均值。

检流计常数 C_0（A/mm）按下式计算。

$$C_0 = \frac{UN}{Ra}$$

(3-80)

式中 U——试验电压，V；

     N——分流比；

     R——电阻阻值，Ω；

     a——偏转格数，mm。

3.7.3.4 试验结果

板状试样体电阻率 ρ_V（$\Omega \cdot$ cm）和表面电阻率 ρ_S（Ω）可按下式计算。

(1) 高阻计法

$$\rho_V = R_V \frac{S}{d} \tag{3-81}$$

$$\rho_S = R_S \frac{2\pi}{\ln \dfrac{D_2}{D_1}} \tag{3-82}$$

(2) 检流计法

$$\rho_V = \frac{UNS}{C_a a d} \tag{3-83}$$

其中
$$S = \frac{\pi}{4}(D+g)^2$$

则
$$\rho_S = \frac{U \cdot N \cdot 2\pi}{C_a a \cdot \ln \dfrac{D_2}{D_1}} \tag{3-84}$$

$$D_2 = D_1 + g$$

式中 U——试验电压，V；

     C_a——检流计常数，A/mm；

     a——偏转格数；

     S——测量电极的有效面积；

     D_1——测量电极直径；

     g——测量电极与环电极之间距；

     d——试样厚度。

3.7.4 电荷密度的测量

对于静置在容器内的带电油品，其电荷密度的测量与绝缘体带电电荷的测量原理一样，都是利用法拉第原理。需注意的是，油品必须装在金属容器内且对地绝缘。可使用微库仑计或伏特计间接测量。

下面着重介绍金属管线中流动油品电荷密度的测量。

3.7.4.1 测量原理

对于流动油品电荷密度的测量不能简单地去测定电量和体积，而是设法归结到电位的测量。由于油在管线内一般为紊流，管内电荷分布可认为近似均匀，因此可把管线看成一个无限长的均匀带电体，其横断面上的电位分布是：

$$V = \frac{\rho r_0^2}{4\varepsilon}\left(1 - \frac{r^2}{r_0^2}\right) \tag{3-85}$$

式中 V——管线断面内半径为 r 处的电位，V；

     ρ——电荷密度，10^{-6} G/m³；

     ε——介电常数；

     r——管线断面内任一点距管心的距离，m；

r_0——管线半径，m。

从上式中可以看出，油品一定，即 ε 一定；管径一定，即 r_0 一定时，某一半径 r 处的电位 V_r 与电荷密度 ρ 成正比，即：

$$V_r = \rho\left[\frac{r_0^2}{4\varepsilon}\left(1-\frac{r^2}{r_0^2}\right)\right] \tag{3-86}$$

令

$$\left[\frac{r_0^2}{4\varepsilon}\left(1-\frac{r^2}{r_0^2}\right)\right]=\beta$$

则

$$V_r = \beta\rho \tag{3-87}$$

显然 β 是 r 的函数，为方便起见，一般测取管中心电位，此时 $r=0$。

那么

$$\beta=\frac{r_0^2}{4\varepsilon}=\beta_0$$

则

$$V_0 = \beta_0\rho \tag{3-88}$$

即

$$\rho=\frac{V_0}{\beta_0} \tag{3-89}$$

从而把测量电荷密度的问题变成测管中心电位的问题。

3.7.4.2　传感头结构

如图 3-71 所示的传感头是用一个杆球电极将管中心电位引出。电极与金属管线相绝缘。当带电油品在管线中流动时，绝缘的杆球电极被充电，电极电位逐渐升高，开始往管壁泄漏。当充电电流等于泄漏电流达到充放电动平衡时，杆球电极电位达到稳定值。

理论分析表明，管中心电位 U 与电荷密度 ρ 有正比关系，其比例系数为 β。放入传感头之后势必改变了电场分布，那么上述的正比关系是否还成立？经计算与分析认为当满足下列两个条件时，它们的正比关系成立。

① 假设测量系统没有电荷泄漏。

② 假设电荷分布是均匀的。

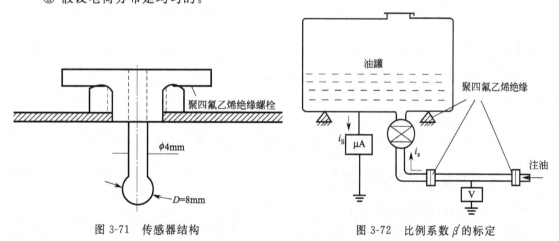

图 3-71　传感器结构　　　　　图 3-72　比例系数 β' 的标定

这两点在工程上可以认为是成立的。通常使表计的输入阻抗 R 在 $10^{12}\Omega$ 以上（推荐取 $R \geqslant 10^{14}\Omega$），可以忽略电荷的泄漏。另外，由于油品处于紊流或湍流状态，虽有电极放入，电荷仍可视为均匀分布。

3.7.4.3　比例常数 β' 的标定

采用如图 3-72 所示的方法，测取一组（n 个）管路中心的电位 U_j，$j=1\sim n$；同时测取流过管路的一组（也是 n 个）流动电流 i_{s_j}，$j=1\sim n$；测取相对应的一组（n 个）体积流速 v_j，$j=1\sim n$。

然后按以下步骤计算。

(1) 求得一组 n 个电荷密度 ρ_j

$$\rho_j=\frac{i_{s_j}}{v_j}\ (10^{-6}\mathrm{C/m^3})\quad j=(1\sim n) \tag{3-90}$$

(2) 按均方根值求得比例常数 β'

$$\beta'=\left(\frac{\sum\limits_{j=1}^{n}V_j^2}{\sum\limits_{j=1}^{n}\rho^2}\right)^{\frac{1}{2}} \tag{3-91}$$

式中，V_j 的单位为 V；ρ 的单位为 $10^{-6}\mathrm{C/m^3}$。

这一组数据是对给定的管径在不同油品电导率、不同流速下测取的。

标定试验表明，标定的杆球电极的电位与油品电荷密度之间的比例系数 β' 略小于理论值 β。对 2.5in（1in=0.0254m）的管线，使用如图 3-71 所示的杆球电极尺寸，其标定结果表示在图 3-73 上。对其他不同管径，不同电极尺寸均可通过标定试验求出比例系数 β'。这样就可以使用一块高输入阻抗的静电电位计测出管内流动油品的电荷密度。

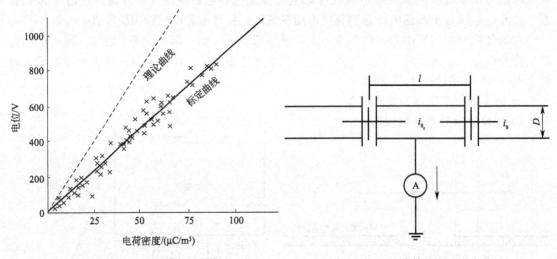

图 3-73　比例常数 β' 标定曲线　　　　图 3-74　绝缘管法测流动电流

3.7.5　金属管线流动电流的测量

3.7.5.1　绝缘管法测流动电流

如图 3-74 所示，欲求管线中流动电流 i_s，可将一段管线与原管线绝缘起来，测取漏电流 i_a，由 i_a 推算 i_s。

依据电流节点定律，当忽略这一段新生的电荷时有：

$$i_{s_0}=i_s+i_a \tag{3-92}$$

又依据流动电流衰减规律：

$$i_s=i_{s_0}e^{-\frac{l}{\tau d}}=(i_s+i_a)e^{-\frac{l}{\tau d}} \tag{3-93}$$

整理得

$$i_s = \frac{i_a e^{-\frac{l}{\tau \bar{u}}}}{1 - e^{-\frac{l}{\tau \bar{u}}}} \tag{3-94}$$

除以单位时间流量，即得电荷密度 ρ。

$$\rho = \frac{i_s}{\bar{u} F} = \frac{\pi \bar{u} D^2 e^{-\frac{l}{\tau \bar{u}}}}{4 (l - e^{-\frac{l}{\tau \bar{u}}})} \tag{3-95}$$

式中　F——管线截面，m^2；

　　　D——管线直径，m；

　　　$\bar{u}$——油品线速度，m/s；

　　　ρ——油品电荷密度，C/m^3；

　　　i_s——流动电流，A；

　　　l——测量段长度，m；

　　　τ——油品逸散时间，s。

3.7.5.2　利用缓和罐测取流动电流

　　由于泄漏电流小，测取及换算都可能引起较大误差。如图 3-75 所示的利用缓和罐测取流动电流的方法。它的要求是缓和罐的缓和时间应大于油品的逸散时间 τ 以及罐体对地绝缘。

　　当带电油品进入罐体后，由于感应关系，容器内壁带有油品反极性电荷，外壁带同极性电荷。感应的电荷量与进入的电荷量相等。由于罐的缓和时间大于油品的逸散时间，所以油中电荷与内壁电荷中和，外壁电荷被释放，通过检流计导入大地。在检流计上指示的电流 i'_s 相当于流入缓和器的流动电流 i_s。

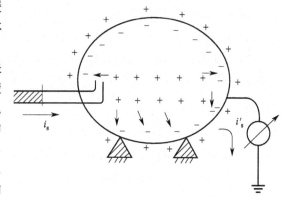

图 3-75　缓和罐法测流动电流

3.7.5.3　其他方法

　　除以上方法外，还可用法拉第筒（图 3-76）以及近似法拉第筒的方法（图 3-77）测量电位或电流，然后再推算电荷密度。

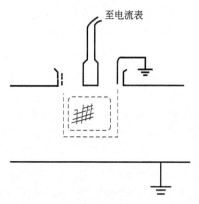

图 3-76　法拉第筒法测电荷密度

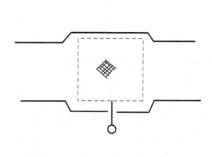

图 3-77　近似法拉第筒法测电荷密度

3.7.6　逸散时间、半值时间的测量

已知 $t_{半}=\ln 2\tau$，所以只要知道其中一个参数即可以得知另一个参数。

半值时间 $t_{半}$ 可用示波器或记录器来观察和测量，测定装置如图 3-78 所示。

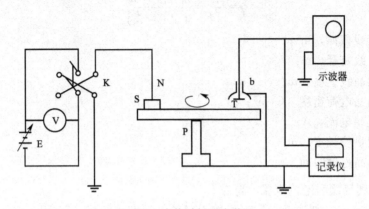

图 3-78　半值时间测定装置

P—旋转圆盘；S—样品；E—可调电源；K—换向开关；N—电晕针；b—探头；T—探针

圆盘以一定速度旋转，电晕针对试样充电。当试样转过探针下面时，探头感应得到电压脉冲。圆盘连续转下去便在示波器上显示出一组脉冲电压波形，如图 3-79(a) 所示。而自动记录仪进入的信号因经整流滤波，记下的不是脉冲而是包络线，如图 3-79(b) 所示。

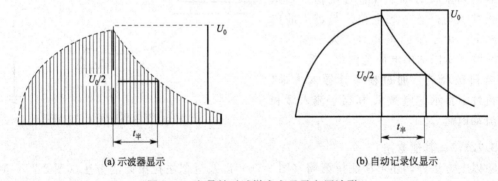

(a) 示波器显示　　　　　　　　　　　　　　(b) 自动记录仪显示

图 3-79　电晕针对试样充电显示电压波形

从图 3-79 可以看出，试样每经过电晕针，电压上升，至饱和时，电压值为 U_0。然后去掉电晕针，试样的电荷自行衰减，示波器和记录仪便分别显示并记录下衰减曲线图形。从图形上量出 $t_{半}$ 的大小，再计算出逸散时间 τ。

3.7.7　静电电容和介电常数的测量

3.7.7.1　静电电容的测量

静电电容是对绝缘导体定义的，若使某一对地绝缘的导体带电，那么导体就具有电位差。当此导体与周围其他物体位置保持恒定，则在导体上的电量和电位差之比是一个常数，它反映了导体的储能能力，把这个比值称为静电电容。

从上面所述的电容定义来看，对于绝缘导体（电介质），静电电容是没有意义的。同时也可知道，绝缘导体的静电电容随着该导体和周围其他物体相对位置的变化而改变，这是在测量中应予注意的。

测量电容时通常可以采用交流电桥法。交流电桥的基本线路如图 3-80 所示，图中 G 为检流计，E 为交流信号发生器，z_1、z_2、z_3、z_4 为四个桥臂，由电阻电容元件组成。

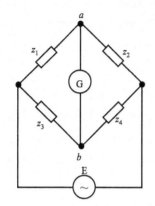

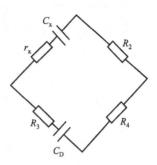

图 3-80 交流电桥的基本线路　　　　　　　图 3-81 电容电桥线路

众所周知，在电桥平衡时必须满足条件：$z_1 z_4 = z_2 z_3$。

桥臂的阻抗是一个复数参量 $z = z e^{j\varphi}$。在测量电容的交流电桥中，它们可以是电容和电阻的任意组合，电桥平衡时，a、b 两点的电位在任一瞬间都相等，即它们的幅值和幅角都要相等。

$$z_1 z_4 e^{j(\varphi_1 + \varphi_4)} = z_2 z_3 e^{j(\varphi_2 + \varphi_3)} \tag{3-96}$$

要满足此等式，必须使 $z_1 z_4 = z_2 z_3$，$\varphi_1 + \varphi_4 = \varphi_2 + \varphi_3$。

因此，调节交流电桥使其达到平衡，必须分别使相对桥臂的阻抗幅值的乘积相等，这一点在调试电桥线路时是很重要的。

下面介绍一种测量电容的电桥线路，其四个桥臂如图 3-81 所示，图中桥臂 z_1 为待测的绝缘导体电容 C_x，桥臂 z_3 为标准电容 C_n 与可调电阻 R_3 串联，桥臂阻抗 z_2、z_4 为可调电阻 R_2、R_4，可调电阻必须是无感电阻。于是 $z_1 = r_x + \dfrac{1}{j\omega C_x}$，$z_2 = R_2$，$z_3 = R_3 + \dfrac{1}{j\omega C_n}$，$z_4 = R_4$。

调节 R_3、R_4，使交流电桥达到平衡。由平衡条件知道 $z_1 z_4 = z_2 z_3$ 中取实数部分应该相等，于是：

$$C_x = \frac{R_4}{R_2} C_n \tag{3-97}$$

静电电容的测量在静电测量中是不可忽视的，因为它的测量方法比较成熟，是一个可以测得比较正确的静电参数，这个参数在与其他一些参数相互运算时直接关系到运算结果的正确性。例如，用法拉第笼法测量静电电量时，当测得法拉第笼的静电电位后，电量的误差主要由电容的数据决定，因此它也关系到静电电量数值的可靠性。

目前测量电容的交流电桥已有定型的成品出售，如 QS-18A 型等。

3.7.7.2 介电常数的测量

介电常数的测量在静电测量中具有一定的意义。两个形状和大小都相同的电容器，一个电容器 A 中放入电介质，另一个电容器 B 中含有标准气压的空气。当把这两个电容器充电到相同的电位差时，电容器 A 上的电荷比另一个电容器 B 上的电荷要多一些，即电量 q 要大一些。由关系式 $C = q/V$ 可知：如果在电容器两板之间放入电介质，则这个电容器的电容就会增加。带有电介质的电容与不带电介质的电容之比叫做物质的相对介电常数，它是静电测量中的测量参数之一。常见电介质的相对介电常数见表 3-13。

表 3-13　常见电介质的相对介电常数

物　质	相对介质常数 ε_r	物　质	相对介电常数 ε_r
空气	1.000586	硼硅玻璃	4.5
氢	1.000264	石英玻璃	3.5～4.5
二氧化碳	1.000985	块滑石	5.6～6.5
石蜡	1.9～2.5	瓷器	5～6.5
纸	1.2～2.6	水晶	3.6
硅油	2.5	云母	5～9
变压器油	2.2～2.4	聚氯乙烯	5.8～6.4
干木材	2～3	聚乙烯	2.25～2.3
硬橡胶	3.0	水	75～81
酚醛塑料	4～6	钛酸钡	2000～3000
赛璐珞	3.0	氧化钛陶瓷	60～100
钠钙玻璃	6～8		

测量方法：一般采用高频电桥，电极形状与绝缘电阻相同，也需外加保护电极，但应特别注意电介质必须充满于两板之间的整个空间，否则会对测量结果带来很大的误差。电容电桥法的测量线路原理如图 3-82 所示。先计算标准电容器中的真空电容值 C_0，再用电桥测出此电容器中充满介质时的电容 C，则介电常数为：

$$\varepsilon = \frac{C}{C_0}$$

(3-98)

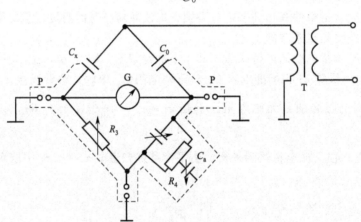

图 3-82　电容电桥法的测量线路
T—试验变压器；C_0—标准电容器；C_x—电桥；R_3—可变电阻；
C_a—可变电容器；R_4—固定电阻；G—电桥平衡指示器；P—放大器

将试样接入电桥 C_x 的桥臂中，然后加上试验电压，根据电桥使用方法进行平衡和调节后，即可得到 R_3 的数值和介质损耗正切值 $\tan\delta$（或 C_4）。

测量时测试电压为 1000～2000V，但需保持稳定测试。必须注意被测介质表面往往不易十分平整（两个表面的平整度较差），这样试样与电极接触时就会存在空气间隙，以致当介质厚度 d 较小时会对介电常数 ε 的测量造成很大的误差，因此测试时，在电极与试样间可加一层 $10\mu m$ 厚的软金属（如铝箔），也可以在介质表面涂一层金属膜，以便消除空气间隙对介质测量的影响。

介质损耗正切值 $\tan\delta$ 可以在电桥上直接读数，或按公式 $\tan\delta=100\pi R_4 C_4$ 计算。

介电常数 ε 可按下式计算。

对于板状试样，当 $\tan\delta\geqslant0$ 时：

$$\varepsilon=\frac{11.3\delta C_0 R_4}{S R_3 (1+\tan^2\delta)} \tag{3-99}$$

当 $\tan\delta\leqslant0.1$ 时：

$$\varepsilon=\frac{11.3 d C_0 R_4}{S R_3} \tag{3-100}$$

其中

$$S=\frac{1}{4}\pi(D_1+g)^2=\frac{1}{4}\pi D^2$$

式中　d——试样厚度；

　　　C_0——标准电容的电容量；

R_3，R_4——可变电阻数值；

　　　S——电极有效面积；

　　　D——测量电极有效直径；

　　　g——测量电极与对电极的间距。

3.7.8　油品静止电导率的测量

3.7.8.1　电容法

(1) 测试原理及方法　电容法测量油品静止电导率的原理接线图如图 3-83 所示。被测油品放入黄铜容器中，该容器是直径(130 ± 1)mm、高 120mm 的圆筒。不锈钢充电极经有机玻璃盖和聚四氟乙烯套装入容器内，其尺寸如图 3-83 所示。电极及容器均需抛光。电极与电压表高压端用同轴电缆相连。电压表低压端、同轴电缆外壳、金属容器外壳连接后接地。

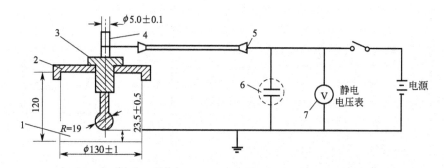

图 3-83　电容法测量油品静止电导率的原理接线图
1—黄铜容器；2—有机玻璃盖；3—聚四氟乙烯套；4—不锈钢球电极；
5—同轴电缆；6—附加电容；7—静电电压表

从图 3-84 看出，黄铜容器与电极组成一个电容器，充入的油品是电介质。当合上电源使其充电到稳态电压 U_0，然后切除电源。由于电容器总有漏电导存在，这时电容器的能量开始放出，其电压值按指数衰减，即：

$$U_t=U_0 e^{-\frac{t}{r}} \tag{3-101}$$

若记录电压从 U_0 下降到 U_t 的时间 t，便可通过计算求得油品电导率。

计算用的等值电路可参看图 3-84，电容器充入油品以后的电容为 C_Y，电缆对地电容为

C_L，表计对地电容为 C_B，相应电阻为 R_Y、R_L、R_B。

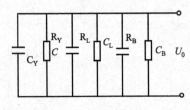

图 3-84　电容法测油品
电导率等值电路

因为 $R_B \geqslant R_Y$，$R_L \geqslant R_Y$，所以 R_B、R_L 忽略不计，这样放电时间常数为：

$$\tau = R_Y(C_Y + C_L + C_B) \tag{3-102}$$

因为

$$R_Y C_Y = \varepsilon_0 \varepsilon_r \rho \tag{3-103}$$

所以

$$\tau = \frac{\varepsilon_0 \varepsilon_r \rho}{C_Y}(C_Y + C_L + C_B) \tag{3-104}$$

电容器充油后电容 C_Y 可以用未充油时的空电容器的电容 C_K 表示，则有：

$$C_Y = \varepsilon_r C_K \tag{3-105}$$

再令

$$C_Z = C_K + C_L + C_B \tag{3-106}$$

则

$$\tau = \frac{\varepsilon_0 \varepsilon_r \rho}{\varepsilon_r C_K}(\varepsilon_r C_K + C_Z - C_K) \tag{3-107}$$

将式(3-107)代入，有：

$$U_t = U_0 e^{-\frac{t}{\tau}} \tag{3-108}$$

$$\ln \frac{V_t}{V_0} = -\frac{t}{\tau} = -\frac{t}{\dfrac{\varepsilon_0 \rho}{C_K}(\varepsilon_r C_K + C_Z + C_K)} = -\frac{t C_K}{\varepsilon_0 \rho[C_K(\varepsilon_r - 1) + C_Z]} \tag{3-109}$$

所以

$$\rho = \frac{C_K t}{\varepsilon_0 \ln \dfrac{U_0}{U_t}[C_K(\varepsilon_r - 1) + C_Z]} \tag{3-110}$$

则油品电导率：

$$\nu = \frac{\varepsilon_0 \ln \dfrac{U_0}{U_t}[C_K(\varepsilon_r - 1) + C_Z]}{C_K t} \tag{3-111}$$

当放电时间小于 5s 时，需并接一个附加电容 C_F，则上式为：

$$\nu = \frac{\varepsilon_0 \ln \dfrac{U_0}{U_t}[C_K(\varepsilon_r - 1) + C_Z + C_F]}{C_K t} \tag{3-112}$$

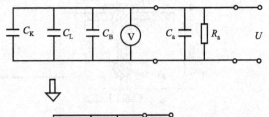

图 3-85　电容测定接线

上式中，空容器电容 C_K，由于容器和电极几何尺寸都是确定数值，因此 C_K 的数值可以通过计算得到。按图中给定的尺寸，C_K 为 1.6pF。式中之所以引入 C_Z，是因为 C_Z（包括空容器电容 C_K、电缆电容 C_Z 和表计电容 C_B 的总电容）可以通过测试很方便地求得。例如可以使用 CCJ-1C 型的精密电容测量仪直接测量。另外，还可用图 3-85 的接线，使用标定电容 C_a 及标定电阻 R_a 进行测量。

标定电容 C_a 为 10^{-12} F，标定电阻 R_a 为 3×10^{11} Ω。按图接线加入 120V 直流电源 15min，然后切除电源，记录电压从 100V 下降到 80V 所需要的时间 t_1，则得到下式。

$$U_t = V_0 e^{-\frac{t_1}{RC}} \qquad 80 = 100 e^{-\frac{t}{R}(C_Z + C_a)} \tag{3-113}$$

式中，R 可以看成整个回路放电电阻。

接着取下 C_a 及 R_a 重复试验，仍然记录电压从 $100U$ 衰减到 $80U$ 的所需时间 t_2，则有下式

$$80 = 100e^{-\frac{t_2}{RC_Z}} \tag{3-114}$$

所以

$$e^{\frac{t_2}{R(C_Z+C_a)}} = e^{-\frac{t_2}{RC_Z}} \tag{3-115}$$

化简得

$$C_Z = \frac{t_2}{t_1+t_2}C_a \tag{3-116}$$

这样，式中的 C_F、C_Z、C_K、ε_r 就均为已知量，ε_0 为常数，而 $\ln\dfrac{U_0}{U_t} = \ln\dfrac{100}{80}$ 也是已知量，则油品电导率 ν 可求。将上面数据数代入公式可得：

$$\nu = \frac{8.854[1.6(\varepsilon_r-1)+C_Z+C_F]\ln\dfrac{100}{80}}{t}$$

$$= 1.235\frac{1.6(\varepsilon_r-1)+C_Z+C_F}{t} \tag{3-117}$$

对低电导率液体而言，放电时间可能超过 1min，此时应把放电范围缩小为从 100V 降至 98V，相应电导率的计算公式为：

$$\nu = 0.1123\frac{1.6(\varepsilon_r-1)+C_Z}{t} \tag{3-118}$$

(2) 实验步骤

① 使用的仪器

a. 黄铜容器与球电极　其尺寸如前所述。为检验球与容器底部的距离，应准备一个高 (23.0 ± 0.5)mm、直径 20mm 的铅制圆柱。

b. 静电电压表　可采用 Q_5-V 型（上海浦江电表厂）或改型的 Q_2-V 型（北京电表厂）静电电压表。要求表计的逸散时间不小于 10min，量程 0～150V。

c. 秒表　走程 30s、分度 1/10s 及走程 3s、分度 1/100s 的秒表。

d. 电容　可用 CBX 型聚苯乙烯电容，其电导率为 10^{-13} Ω/m，容量为 100×10^{-2} F、500×10^{-2} F、1000×10^{-2} F、5000×10^{-2} F、20000×10^{-2} F 和 50000×10^{-12} F。

e. 电阻　3×10^{11} Ω。

f. 蓄电池或一组干电池　输出电压约为 125V，并配 10^6 Ω 的电阻。

g. 接线　不锈钢球电极与电压表高压端子之间用有接地外皮的同轴电缆连接。容器、电压表零位端子、电池负极用绝缘铜线接地。

② 测试步骤

a. 清洗。清洗用溶剂有溶剂精。最好用沸程为 80～110℃、芳烃含量小于 8% 的溶剂。其电导率应小于 0.1×10^{-12} Ω/m。当不能满足上述要求时，应使用不小于 2% 的催化裂化催化剂处理，经摇晃后静置，然后用专门处理过的滤纸过滤。另外，还需用苯-乙醇混合液。将苯和 96% 的变性酒精按 2∶1 的体积比混合并蒸馏，弃去最初和最后的 10% 馏分。

清洗时，先用再蒸馏的苯-乙醇混合液将所有使用仪器至少清洗五次，再用处理过的溶剂精刷洗五次。如认为还不能满足测试要求时，可用浸润苯-乙醇混合液的织物擦洗沾污的部件。

b. 接线。按如图 3-83 所示组装仪表及线路，要求容器绝缘层电阻大于 10^{13} Ω。

c. 装入试剂。容器用试验液体涮洗 3 次，装入 1L 试样。采样容器、工具必须同试验设备一样按要求清洗。

d. 接入电源 20s 后切除，并测定电压从 100V 衰减到 80V 或 98V 所需时间。接入电源重复测定所需时间，并立即把容器倒空。所需时间在 5~20s 范围内最好。当小于 5s 时，接入附加电容 C_F。

e. 取三次所需时间的平均值代入公式计算。

f. 记录测量时温度、湿度。

3.7.8.2　浸没电池法

本方法也适用于外场油罐、加油车、飞机油箱等的油样以及试验室圆形测量容器内油样的静止电导率的测量。

本方法也适用于含静电添加剂的汽油、喷气燃料等轻质石油产品电导率的测量。

(1) 测量原理　本方法的测量原理如图 3-86 所示。浸没电池是由浸没在被测液中的两个同轴的圆柱形电极组成。外部电极直接接在电位为 U_1 的固定电位上，内部电极引至直流放大器输入端。当加入电源后，在浸没电导池的两个电极间有漏电流通过，将此电流信号经阻抗转换再送至高增益、低漂移直流放大器，输出信号 U_2 经比例变换成电导率读数。等值电路如图 3-87 所示。按比例放大器原理其输出电压 U_2 为：

$$U_2 = \frac{R_0}{R_x} U_1 \tag{3-119}$$

式中　U_2——输出电压，V；

　　　U_1——电源电压，V；

　　　R_0——放大器反馈电阻，Ω；

　　　R_x——液体电阻，Ω。

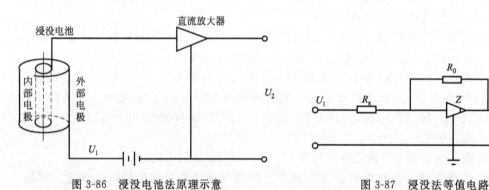

图 3-86　浸没电池法原理示意　　　　　　图 3-87　浸没法等值电路

若 U_1、U_2、R_0 已知，则 R_x 可求。那么，根据浸没电池的几何形状将表计刻度转换成液体电导率而直接读出，即：

$$U_2 = \frac{R_0 U_1}{R_x} = G R_0 U_1 \tag{3-120}$$

$$U_2 = Q \nu R_0 U_1 \tag{3-121}$$

式中　G——液体电导；

　　　Q——集合比例系数；

　　　ν——液体电导率。

若 U_1、R_0 一定，令 $F = Q R_0 U_1$，则：

$$U_2 = F \nu \tag{3-122}$$

电导率 ν 为

$$\nu = \frac{\nu_2}{F} \tag{3-123}$$

（2）测量方法及使用的仪表

① 使用的仪表　按上述原理构成的仪表称为便携式电导率测定仪。

目前，我国使用的便携式电导率测定仪有两种：一种德国产 MLA 型；另一种是国产 DDY-1 型（吉林无线电厂和石油部石油化工科学研究院共同研制）。

电导率测定仪已全部晶体管化，测量和指示电路为本质安全型。

电导率测定仪由电导池、带电缆辊筒的指示部件及耐油电缆三部分组成，其原理接线图如图 3-88 所示。

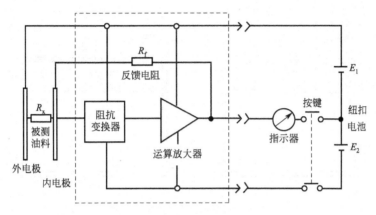

图 3-88　电导率测定仪原理接线图

使用的其他器件尚有温度计、容积不小于 1L 的圆筒形容器；清洗溶剂可选用 70# 汽油、异丙醇、无硫甲苯、石油醚。

② 测量前的准备工作

a. 测量之前首先要标定和校准 0～500pC/m 和 0～1000pC/m 的指示范围。

b. 测量前电导池，测量容器均应是清洁干燥的。测量容器取样测定时，应先用清洗溶剂洗净（通常可用石油醚或 70# 汽油冲洗；如怀疑测量容器、电导池被水等污染时，可先用异丙醇冲洗，再用无硫甲苯冲洗），然后用空气流吹干，最后再用油样洗三遍。取样量至少要多于 1L。

③ 试验步骤

a. 油罐、油槽车、加油车等一般宜在现场测量。如需采样，应在采样后立即测定其电导率，最迟不宜超过 24h。

b. 接好仪器的地线。将清洁、干燥的电导池浸入欲测的燃料中（注意不要与罐底水接触，否则要重新清洗干燥电导池），燃料油通过电极下部和上部的小孔并在两电极之间循环流动。电导池应上、下移动数次，以保证充分的循环。当电导池浸没静止后，压下绿色的测量按键，即可接通电源和通往电导池的测量电压。在按键压紧以后，立即得出的最大指针偏转值，即是所需读数。若仪表的指针偏转超出 500pC/m，要同时压紧绿色和红色按键，将测得的读数乘以 2，即是需要的结果。测量时间不宜大于 1s，否则指示值将随时间下降，这是由于极化效应和离子衰减造成的复杂电化学过程。

c. 为了重复测量，要使电导池上、下移动一小段距离（约 0.5m），并移动 2～3 次，以便在每次测量时更新其欲测的燃料油。

d. 测量后，用石油醚或 70# 汽油清洗电导池及电缆线，然后用空气干燥。

e. 同时测量燃料油温度。

通常，取第一次读数作为测定结果。

3.7.9 油罐内空间电场强度的测量

要测取油罐内空间的电场强度往往比较困难。这是因为任何接地体的引入都会使电场发生畸变，而通常仪表的探头都是处在地电位，若将此引入油罐就会改变原来的电场分布，从而带来较大误差。因此仪器的设置部位必须正确。图 3-89 给出了仪器设置部位正确与不正确的比较。另一个困难是检测仪器必须具备防爆性能，这是因为被测电场往往充有可燃气体。

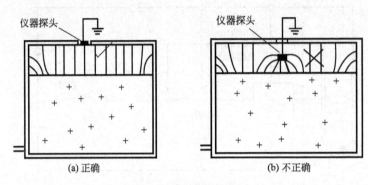

图 3-89　仪器设备部位

近年来，国外制成了一种用金属氧化物半导体场效应晶体管（MOSFET）装配的小型电子电场仪。此仪器的基本电路如图 3-90 所示。其中 P 是金属圆片，其面积为 S，当放在电场中，其上面的感应电荷为 Q。电荷 Q 在电容 C 上有一个电位 U，其数值为 Q/C。因为 $Q = \varepsilon_0 ES$，所以电位正比于电场。

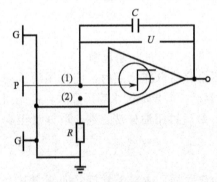

图 3-90　电子电场仪的基本电路

这样

$$U = \frac{\varepsilon_0 ES}{C} \qquad (3\text{-}124)$$

或

$$E = \frac{UC}{\varepsilon_0 S} \qquad (3\text{-}125)$$

图 3-90 中，G 是防护环，用以避免边缘作用。仪器的灵敏度取决于探极面积 S 和 C。输出通过放大器放大后反映在表头上。探头实际上是接地的，可以放置在待测油罐的适当部位。此仪表属安全火花型。在设计及装配中要注意避免电位漂移带来的误差以及保证足够大的输入阻抗，以避免泄漏电流的影响。

3.7.10 静电测量仪器

3.7.10.1 QV 型静电电压表

QV 型静电电压表是一种测量交直流电压的指示仪表。在相对湿度较低的情况下，由于此时仪表的输入阻抗增大，故可借助于这种仪表测量某些场合中的静电电位。QV 型静电电压表的特点是结构牢固，使用方便，价格比其他类型静电电压表低，可进行一些定量要求不高的测试。

（1）工作原理　QV 型静电电压表的结构原理如图 3-91 所示。它是依靠两块金属板的有效面积的变化进行测量的，其中一块是固定的，称为固定电极；另一块是用细丝悬吊着，称为活动电极。当被测电压加于这两块金属板上时，能量便积累于静电系统，由于静电力的作用，迫使活动电极偏转。活动电极的悬丝上装有反射小镜，经过多次反射后在刻度盘上得到指示器的成像。当被测电压不同时，静电力也不同，所以活动电极偏转的角度也不相同，因此在仪表面板上读得指示器成像的位置也不同，这样就可以测量各种被测电压的量值。

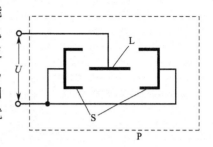

图 3-91　QV 型静电电
压表的结构原理
U—被测电压；L—活动电极；
S—固定电极；P—屏蔽罩

被测电压的输入端是用瓷垫绝缘的，因此其输入阻抗较磁电式仪表大为提高，但对静电测量来说，一般情况下输入阻抗仍嫌不够。在相对湿度较高的情况下，仪表的输入阻抗在 $10^{10} \sim 10^{11} \Omega$ 之间，但在相对湿度较低的情况下（小于 40%，温度 20℃ 时），仪表的输入阻抗还可提高 1~2 两个数量级。这样就可以满足某些静电电位的测试要求。

（2）系列和量程　QV 型静电电压表的系列和量程见表 3-14。

表 3-14　QV 型静电电压表的系列和量程

名　称	型　号	量　程	准确度等级
静电伏特表	Q_2-V	30V,75V,150V,300V,750V,1500V,3000V	1.0 级
高压静电电	Q_3-V	7.5~15~30kV	1.5 级
压表	Q_4-V	100kV	
静电电量表	Q_5-V	30V,75V,150V,300V,600V,1000V,1500V,3000V	1.0 级

各类 QV 型静电电压表输入电容在 10~25pF 以下，输入阻抗在相对湿度 85% 以下不小于 $10^{10} \sim 10^{12} \Omega$。

由于 QV 型静电电压表的准确度等级是固定的，所以在实验室中可以用来校准集电式静电电压表或振簧式静电电压表的读数。校验方法可参阅振簧式静电计。

3.7.10.2　BYJ-A 型感应式静电电压表

BYJ-A 型感应式静电电压表是一种非接触式静电电位测量仪表。由于测量时，仪表的探头与被测物的距离较大，两者之间的电容远小于被测物的对地电容，所以使用本仪表进行测量时并不影响被测物表面的静电电位。

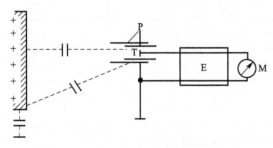

图 3-92　感应式静电电压表的结构

BYJ-A 型感应式静电电压表由探头 P、放大器 E 和指示器 M 三部分组成（图3-92）。探头为一个接地的屏蔽的金属筒，筒内带有感应电极 T，这样可以防止来自被测电压以外的电场的干扰。

BYJ-A 型感应式静电电压表的电路原理如图 3-93 所示。从图上可以看到，VT_3 和 VT_4 构成一个分差放大器，场效应管 VT_1 和 VT_2 可以看做晶体管 VT_3 和 VT_4 的偏流电阻，VT_2 的源栅极短接，改变场效应管 VT_1 源栅极间的电压，从而使表针指示值也相应地发生改变。由于 VT_1、VT_2、VT_3、VT_4 均工作在线性区，因而表针偏转与 VT_1 源栅极间的电压成正比。如果使 VT_1 源栅间的电压正比于被测物的对地静电电位，则表针指示值正比于被测物的静电电压，并且能区分它的极性。

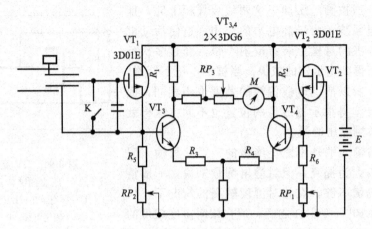

图 3-93　BYJ-A 型感应式静电电压表的电路原理

VT_1 栅极与探头相连，测量时，探头与被测物保持一个规定的距离。被测的静电电压通过探头与被测物间电容耦合到栅极，耦合到栅极的电压正比于被测电压。

VT_1 和 VT_2 都装在探头金属筒内，VT_2 起温度补偿作用，保证了测量的线性良好，零点漂移较小。

BYJ-A 型感应式静电电压表的量程共有三挡：$0\sim\pm5kV$，$0\sim\pm50kV$，$0\sim\pm200kV$，指针指示中心时电压零，指针左偏时电压为负值，指针右偏时电压为正值，测量误差小于20%。仪表质量为 1kg，体积较小，电源较小，电源是用 9V 小型层叠电池，工作电流小于 10mA。

3.7.10.3　KS-325 型集电式静电计

集电式静电计是利用放射性元素使周围空气产生电离作用来测量带电体表面静电电位的仪器，其测量精度比感应式静电电压表高。本仪器由探头和测量指示仪表两部分组成，现将探头结构及测量原理简单介绍于下。

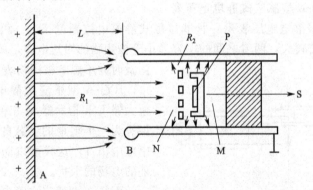

图 3-94　KS-325 型集电式静电计探头的结构原理图

R_1—带电体与集电器间的等效电阻；R_2—集电器与圆筒间的等效电阻；P—放射源；
S—接静电计管；M—集电器；N—保护盖；A—带电平面；B—圆筒；L—圆筒与电平间的距离

KS-325 型集电式静电计探头的结构原理如图 3-94 所示。面对待测带电体的表面镀有放射性元素的集电器装在接地的金属圆筒内，集电器与金属圆筒之间用聚四氟乙烯绝缘。使用的放射性元素为镭，它发出 α、β 射线，使周围空气电离，经过电离的空气离子再次复合，在无外界电场作用时达到平衡，因而在集电器周围形成一个稳定的电离区。在有外界电场作用时，电离的气体离子产生定向运动。若待测带电体的表面电位为正时，则在集电器的对应表面上必然建立一个相应电位，同时使金属圆筒的内壁也感应带电。由于这个圆筒是接地的，所以就形成了正离子从待测带电面向集电器，又从集电器向接地圆筒流动。设带电面与集电器之间的等效电阻为 R_1，集电器与圆筒之间的等效电阻为 R_2，则集电器的电位为：

$$U_S = \frac{R_2}{R_1 + R_2} U \qquad (3\text{-}126)$$

再经电子管（静电计管）放大，由仪表显示。

测量前需将仪器标定，由于集电器在圆筒内的位置是固定的，若被测带电平面与探头的金属圆筒的间距 L 为一定（如取 $L=10\text{cm}$ 时），将已知电压 U 接在平面上，即可按此距离来测量待测带电平面的电压。

3.7.10.4　ZC-36 型超高电阻微电流测试仪

(1) 概述　ZC-36 型超高电阻微电流测试仪是一种直读式的超高电阻和微电流两用仪器。仪器的最高量限值电阻为 $10^{17}\,\Omega$（测试电压为 1000V），微电流为 $10^{-14}\,\text{A}$。对于静电测量来说，用于测量绝缘体的绝缘电阻，显然比用检流计法测量的绝缘电阻具有更高的量限值，因此也可用于微电流测量。

(2) 电路结构　本仪器的电路结构主要由以下五部分组成，如图 3-95 所示。

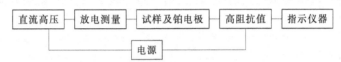

图 3-95　ZC-36 型超高电阻微电流测试仪的方块图

① 直流高压测试电源　共分五挡，10V、100V、250V、500V 和 1000V。

② 放电测试装置（包括输入短路开关）　将具有电容性较大的试样在测试前后进行充电和放电，以减少介质吸收电流及电容充电电流对仪器的冲击和保证操作人员的安全。

③ 高阻抗直流放大器　它的作用为将被测微电流信号放大后输入指示仪表。

④ 指示仪表　为 100mA 电流表，可作为被测绝缘电阻和微电流的指示用。

⑤ 电源　仪器的各个部分均需稳压电源，以满足正常工作之用。

(3) 测试原理　本仪器用作高阻测试时，其主要原理如图 3-96 所示。测试时，被测试样与高阻抗直流放大器的输入电阻 "R_0" 串联，并跨接于直流高压测试电源上（由直流高压发生器产生）。高阻抗直流放大器将其输入电阻上的分压信号经放大后输入指示仪表，由指示仪表直接读出被测绝缘电阻值。

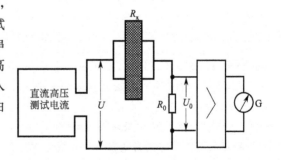

由于　　　　　$R_x \gg R_0$

所以　　　$R_x = \dfrac{U}{U_0} R_0$　　　(3-127)

图 3-96　高阻测试原理
U—测试电压（V）；R_0—输入电阻（Ω），
U_0—电压降（V）；R_x—被测试样的
绝缘电阻；G—微安表

该仪器在测试绝缘电阻的体积电阻（R_V）和表面电阻（R_S）时可采用三电极测量系统。三电极的主要尺寸是依据中华人民共和国第一机械部部标 JB 903—66 绝缘材料通用电性能试验的规定制成，其系统结构如图 3-97 所示。

对体积电阻（R_V）和表面电阻（R_S）进行具体测量时，可以利用仪器上的转换开关

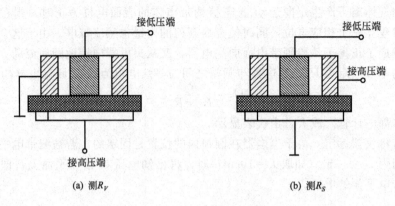

(a) 测R_V　　　　　　　　　　(b) 测R_S

图 3-97　三电极系统结构

（图中未画出）。当转换开关旋钮指在（R_V）处时，在高压电极一端加上测试电压，使保护电极接地。当转换开关旋钮指在（R_S）处时，在保护电极一端加上测试电压，使高压电极接地。

（4）体积电阻（R_V）和表面电阻（R_S）的测试过程　将 R_V、R_S 的转换开关旋至 R_V 处，从 ZC-36 型超高电阻测试仪上读出 R_V 的值，然后按下述公式算出体电阻率 ρ_V 的值。

$$\rho_V = R_V \frac{\pi r^2}{d} \tag{3-128}$$

式中　π——3.1416；

　　　r——测量电极的半径，cm，本电极为 2.5cm；

　　　d——绝缘材料试样的厚度，cm。

本电极的底面积为：

$$S = \pi r^2 = 19.63 \text{cm}^2$$

通常可按表 3-15 求出 $\pi r^2 / d$ 的值。

表 3-15　$\pi r^2 / d$ 的值

d	$\pi r^2 / d$
1mm=0.1cm	196.3cm
2mm=0.2cm	98.1cm
3mm=0.3cm	65.5cm

【例1】　测试聚四氟乙烯试样（厚度为 0.2cm）

从 ZC-36 型超高电阻测试仪上可直接读出：

$$R_V = 4 \times 10^{16} \Omega$$

再代入公式 $\rho_V = 4 \times 10^{16} \Omega \times 981 \text{cm} \approx 4 \times 10^{18} \Omega \cdot \text{cm}$。

将 R_V、R_S、转换开关旋至 R_S 处，从 ZC-36 型超高电阻测试仪上读出 R_S 的值，并按下列公式计算出 ρ_V 的值。

$$\rho_V = \frac{R_S \times 2\pi}{\ln \dfrac{D_2}{D_1}}$$

式中　π——3.1416；

　　　D_2——保护电极的内径，cm，本电极为 5.4cm，

　　　D_1——测量电极的直径，cm，本电极为 5cm，

所以 $\dfrac{2\pi}{\ln\dfrac{D_2}{D_1}}$ 为一定值，本电极为 80。

【例 2】　测试聚乙烯试样

$R_S = 6 \times 10^{15}\,\Omega$（从 ZC-36 型超高电阻测试仪上直接读出），代入公式，可得到表面电阻率：

$$\rho_S = 6 \times 10^{15}\,\Omega \times 80\text{cm} = 4.8 \times 10^{17}\,\Omega \cdot \text{cm}。$$

测量总电阻时将 R_V、R_S 转换开关旋至 R_V 处，只用上、下电极而不用保护电极，这样就成为二对电极系数。从 ZC-36 型超高电阻测试仪上读得的读数即为总电阻值。

本仪器的高电阻测试范围为：$1 \times 10^6 \sim 1 \times 10^7\,\Omega$，共分八挡（$1 \times 10^{17}\,\Omega$ 为最大检测值，此时电压为 1000V）。微电流测量范围为 $1 \times 10^{-5} \sim 1 \times 10^{-14}\,\text{A}$，共分八挡（$1 \times 10^{-14}\,\text{A}$ 为最小检测值）。

3.7.10.5　振簧式静电计

振簧式静电计是一种非接触式、高输入阻抗的静电电位测量仪表。该仪表可以对带电的导体或绝缘体的表面电位进行定量测量。它具有灵敏度高、稳定性好、携带方便等优点，是一种较先进的静电测试仪。该仪表现在国内已有小批量试产，在实验室中有条件的情况下也可自制。下面介绍它的构造原理及调试方法。

(1) 振簧式静电计的工作原理　振簧式静电计实际上是一种带有振动电极的静电计。它的原理方框图如图 3-98 所示，整机线路如图 3-99 所示。

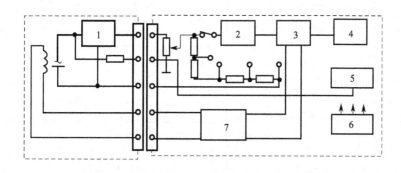

图 3-98　振簧式静电计原理方框图

1—阻抗变换器；2—放大器；3—相敏检波器；4—指示器；5—调零器；6—稳压电源；7—振荡器

振簧式静电计主要由探头和电气部分组成。探头由振动电容器、交流励磁装置和阻抗变换器组成，并用金属罩屏蔽，以防干扰。电气部分由文氏电桥振荡器、交流放大器、相敏检波器和指示仪表等组成，现分别叙述如下。

① 振动电极探头　振簧式静电计的关键部件是探头，而探头中的重要元件是振动电容器。振动电容器的结构示意如图 3-100 所示。

它是用一块磷铜片（直径 $\phi = 15\text{mm}$）与试样表面构成一个平板电容器。将磷铜片（即振动电极）用胶粘在有机玻璃上，再将有机玻璃黏合在励磁线圈的簧片上。簧片一端固定，一端悬空，在交流励磁场的驱动下产生振动，从而带动振动电极（磷铜片），因此它与试样表面之间的电容量产生周期性变化，如图 3-101 所示。当平板电容器极板之间的距离 d 按正弦规律变化时，则电容量按下式变化：

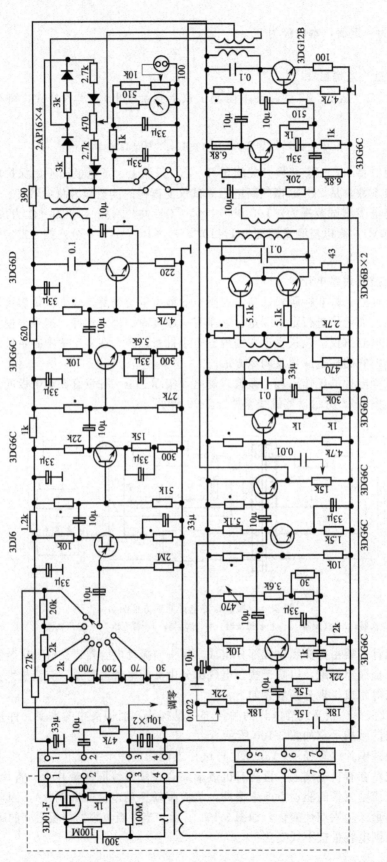

图 3-99　振簧式静电计整机线路

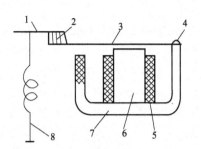

图 3-100　振动电容的结构示意

1—磷筒片；2—有机玻璃；

3—簧片；4—固定螺丝；5—线圈；

6—铁芯；7—框架；8—引线

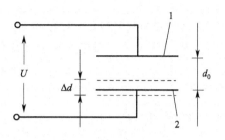

图 3-101　振动电极与试样间

电容的周期性变化

1—试样表面；2—振动电容

$$C = \frac{C_0}{1 + \dfrac{\Delta d}{d_0}\sin\omega t} = \frac{C_0}{1 + \eta\sin\omega t} \tag{3-129}$$

式中，C_0 为振动电容器的静态电容量；d_0 为电容器极板的静态距离；Δd 簧片振动的距离；$\eta = \Delta d / d_0$ 称为振动电容器的调制系数，可以证明，当振动电极按正弦规律振动时，在此电极上将调制出按同样规律变化的交流电压 U_2，其振幅与试样表面电位 V_1 成正比。振动电极的实际应用电路如图 3-102 所示。它满足 $\omega R C_0 \ll 1$ 或 $\omega R C_0 \gg 1$ 的条件，并且可以用较简单的方法求解。

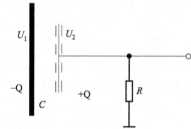

图 3-102　振动电极的实际应用电路

当 $\omega R C_0 \gg 1$ 时，若 U_1 不变，可以认为 $Q \approx U_1 C_0 = $ 常量。由于 $Q = C(U_1 - U_2)$，其中 Q 为电容器上的电量，C 为电容量，U_1 为试样表面对地电位，U_2 为震动电极耦合电位，则有：

$$U_1 - U_2 = \frac{Q}{C} = \frac{U_1 C_0}{\dfrac{C_0}{1 + \eta\sin\omega t}} = U_1(1 + \eta\sin\omega t) \tag{3-130}$$

$$U_1 = -U_1 \eta\sin\omega t \tag{3-131}$$

即

$$U_2 = U_1 \eta\sin(\omega t + \pi) \tag{3-132}$$

可见随着电容的振动，把振动电极上的直流电压调制成交流电压，交流电压的振幅与试样表面电位 U_1 成正比。

当 $\omega R C_0 \ll 1$，$U_2 \approx K\cos\omega t$ 时，由于

$$U_2 = R\frac{\mathrm{d}Q}{\mathrm{d}t} \quad Q = C(U_1 - U_2) \tag{3-133}$$

所以

$$U_2 = R(U_1 - U_2)\frac{\mathrm{d}C}{\mathrm{d}t} + RC\frac{\mathrm{d}(U_1 - U_2)}{\mathrm{d}t} \tag{3-134}$$

试样电位 $\dfrac{\mathrm{d}V_1}{\mathrm{d}t} = 0$，$RC\dfrac{\mathrm{d}U_2}{\mathrm{d}t} \approx RC_0\omega U_2 \ll U_2$。

如果调制系数 $\eta \ll 1$，则：

$$U_2 \approx R(U_1 - U_2)\frac{-\eta C_0 \omega\cos\omega t}{(1 + \eta\sin\omega t)^2} \tag{3-135}$$

即 $$U_2 \approx -U_1 \eta \omega R C_0 \cos\omega t \tag{3-136}$$

可见 U_2 的振幅仍与 U_1 成正比。所以不论 $R\omega C_0 \gg 1$ 或 $\omega R C_0 \ll 1$（$\eta \ll 1$），都可调制出一个按正弦（或余弦）规律变化的交流信号，其振幅与试样电位 U_1 成正比。在本仪器中 $R \approx 100\text{M}\Omega$，$C_0 \approx 0.1 \times 10^{-12}\text{F}$，$\omega \approx 300\text{Hz}$。

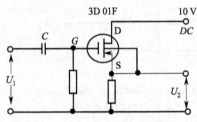

图 3-103　阻抗变压器的电路
U_1—输入电压；U_2—输出电压

除接收与调制信号外，探头的另一个作用是进行阻抗变换。由于调制信号很微弱，为了减少信号损失，必须提高放大器的输入阻抗。考虑到一般放大器的阻抗不够高，因此采用 MOS 型场效应管。由 MOS 型场效应管组成源极跟随器，如图 3-103 所示。MOS 型场效应管的型号采用 3D01F，它的特点是输入阻抗 R_{GS} 极高，可达 $10^{15}\Omega$ 以上，噪声低，动态范围大。上述电路与普通真空管组成的阴极跟随器很相似。自生栅偏压 U_{GS} 由漏极电流在 R_S 上的压降通过 R_G 来提供，$U_{GS} < 0$，约为 0.5V。由于 R_G 与场效应晶体管的输入阻抗 R_{GS} 并联，因此 R_G 的数值应设计得尽可能高一些。又由于栅极漏泄电流随着温度而改变，以致在高阻 R_G 上产生可观的压降变化，因此 R_G 也不能太大。实际上采用的 R_G 约为 100MΩ，R_S 约为 1kΩ，$V_{GS} \approx 0.5$V。

当探头与试样表面相距 2.5cm 时，若试样电位为 10^4V，则振动电极输出电压约为 0.1V（有效值），源极跟随器输出电压约为 60mV。

② 交流放大器　图 3-98 方框图中放大器的作用是将微弱的交流信号逐级放大。在放大器前设置了一个量程开关 K_1，对信号作一定比例的衰减。量程越高，衰减越大。本仪表量程开关有六挡，各挡量程分别是 ±30V、±100V、±300V、±1000V、±3000V、±10000V。量程开关 K_1 是波段开关，在它前面有一个 RW_1 电位器是总衰减器（又称满度电位器），对整个量程读数起调整作用，给定正确的测量范围。

通过量程开关后，信号进入射极跟随器。射极跟随器由场效应管 3DJ6 组成（图3-99），以便提高输入阻抗，降低输出阻抗，提高放大倍数。

放大器通常采用三级阻容耦合电压放大，每级均有电流串联负反馈，末级还附加电压并联负反馈，以稳定输出电压，放大器末级采用变压器输出以便进行相敏检波。

放大器的电压增益约为 80dB，最大不失真输入电压约为 0.6mV，为了防止级间寄生耦合，各级放大器电源间均有 RC 去耦电路，使电源保持相对独立，避免通过电源内阻形成正反馈，产生低频自激振荡。

放大器产生噪声的主要来源包括：a. 振动电容内部干扰，包括励磁装置的电磁屏蔽不佳；b. 场效应管本身的噪声；c. 放大器的热噪声等。

在探头被屏蔽、输入短路的情况下，要求放大器的总噪声限制在几十毫伏的均方根值以下。

③ 相敏检波器　放大器的输出信号通过输出变压器耦合到相敏检波器（又称解调器），它既能鉴别静电电位的大小，又能鉴别静电的极性。这里采用全波环形相敏检波器，如图 3-104 所示。相敏检波器的输出信号的幅度取

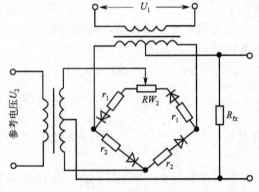

图 3-104　二极管环形解调器

决于输入信号的幅度，输出信号的极性取决于输入信号 U_1 与参考信号 U_2 之间的位相差为 0 还是 π。如果静电极性为正时，位相差为 0，静电极性为负时，位相差为 π，电表指针会反向，所以设置一个极性开关，就能指示静电的极性。为了简化结构，本仪器专门配备了 0 刻度中心位置的电表（电表灵敏度为 $100\mu A$，正反向量程满度各为 $50\mu A$），以省去极性开关。

组成相敏检波器的环形解调器由 4 个二极管组成，由于 4 个二极管不可能完全对称，变压器次级的中心抽头边也不可能完全居中，从而输入为零时会有输出。为了减少零点输出，除尽量选择特性相近的二极管和使变压器次级中心抽头居中外，还需要加入平衡电阻 r_1 和 r_2。r_1、r_2 太小，则静态环流大，变压器静态输出功率也大；r_1、r_2 太大，虽减小了二极管特性变化对输出的影响，提高了稳定性，但负载电流变小，降低了变换效率。根据经验一般取 $r = (0.7 \sim 2)R_{fz}$。

为了更好地实现调零，除加平衡电阻外，在臂上还增加了一个调零电位器 RW_2 以调整 r 的数据。要求在放大器输入端短路的情况下，调节 RW_1，使负载 R_{fz} 上的输出为零。

④ 振荡器　振荡器产生频率为 300Hz 左右的正弦交流电压，可供两路使用：一路功率较大的加在探头的线圈上，作为振动电极的驱动电源，使其产生与振荡器同频率的机械振动；另一路功率较小的作为相敏检波器的参考电压。

振荡电路采用文氏电桥振荡器，其失真度可小到 0.2%。在调整时，利用双联电位器或电容器，改变电阻 R 或电容 C 的数值，可以很方便地改变振荡频率，其调节范围较宽。这种文氏电桥振荡器除频率连续可调外，其波形也较好，是较理想的音频振荡器。

电压式文氏电桥电路如图 3-105 所示。在频率 $f_0 = \dfrac{1}{2\pi RC}$ 时，由于文氏电桥 RC 正反馈网络的特性，相移 $\varphi = 0$，此时振幅传输系数最大。

在选定某一振荡频率 f_0 时，除文氏电桥电路 RC 数值必须满足 $f_0 = \dfrac{1}{2\pi RC}$ 外，为了使电路在 f_0 处振荡，根据计算，振荡放大电路必须满足该电路输入端信号与输出端信号的同相位，放大倍数 $K \geqslant 3$（这里是指无反馈时的放大倍数，若加入适当的正负反馈，必须使 $K \geqslant 3$ 才能起振），故本仪器采用两个 3DG6C 晶体三极管进行二级放大，以满足相位与增益的条件。

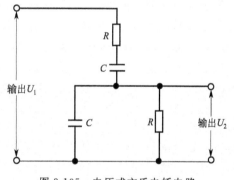

图 3-105　电压式文氏电桥电路

同时，为了使振荡保持稳定，减少负载对文氏电桥振荡器的影响，必须在振荡器与功放级（电压放大级）之间用射极跟随器来连接。由于射极跟随器具有较高的输入阻抗，因此功放级对振荡级不会有什么影响。功放电路由 3DG6D 与两个 3DG6B 组成并联推挽输出功放电路，并设置电压负反馈和电流负反馈，以稳定输出功率。在射极跟随器输出端连接二级电压放大器，以便为相敏检波器提供一定幅度的参考电压。在二级电压放大电路中也设置深度电压负反馈和电流负反馈，以稳定放大器的放大倍数和减少波形的失真。

⑤ 电源　输出 18V 直流稳压电源，供放大器和振荡器使用，当然也可以采用 18V 干电池作直流电源。

在仪器开始工作且试样尚未置入前，应进行调零工作，这是因为探头虽用金属屏蔽，但仍有少量干扰。而且，振动电极也存在接触电位差等，这些干扰电位能调制干扰信号，使指示器偏转。图 3-99 中调零器的线路如图 3-106 所示，它是用 9V 叠层电池通过分压电阻中心接地以获得 4.5V 以内任意大小的直流电压，同时通过 100MΩ 电阻 R_0 送到振动电极上，与外来干扰信号相抵消而达到调零的目的。

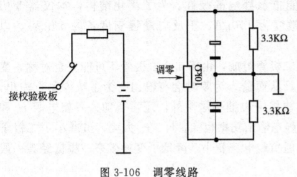

图 3-106 调零线路

调零校准后，还要用校验电压＋30V（两节 15V 叠层电池）校准表头读数，调节总衰减电位器（满度电位器）RW_1，使表头指针对准在 −30V 刻度上。然后在相同距离上测试试样电位，仪器上的读数就是试样对地的电位。

（2）静电计的调整

① 各单元电路的性能指标

a. 放大器　放大倍数为 6000 倍，噪声为 20～30mV，动态范围峰-峰值为 12V。调整时由外界输入小信号正弦波，要求在示波器观察输出波形无畸变与失真。

b. 振荡器　要求振荡幅度稳定，波形好，频率稳定（文氏电桥的电容用涤纶电容，电阻用金属膜电阻），功率放大部分输出（即输出到振动电极）振幅的有效值为 20V 左右，电压输出（即作相敏检波的参考电压）为 8V 左右。

c. 振动电容式探头　要求振动电极的振幅为 0.2～0.3mm，频率为 300Hz 左右。场效应管采用 N 沟道耗尽型 3D01，夹断电压为 2～3V，负载电阻为 1kΩ，组成的源极跟随器的输入阻抗约为 $10^9\Omega$。

d. 相敏检波器　在放大器输入端短路的情况下调整电路，使桥臂平衡。

② 安装注意事项

a. 接线要求

ⓐ 接地线　主电源中最后一个电容与地线相连的一点可作为整个仪器的总接地点，其他单元的地线都应接在这一点上。放大器与振荡器地线的接地点均应在末级。各条地线之间不能接成闭合回路，每一单元线路只能有一根线与总接地点相连。

ⓑ 屏蔽线　为了防止信号之间的相互干扰，有些线需用屏蔽。如振荡器的两根输出线需与其他线相隔开，防止振荡器信号的干扰，场效应管输出线、调零线、电源线等也需屏蔽，这些线可放在同一防波套内，防波套的一端需可靠地接地（注意不能两端同时接地，否则会形成回路）。

b. 磁屏蔽　探头中驱动电磁铁的励磁线圈通常有 300Hz 左右的交流电流，为了防止此信号干扰场效应管，线圈需用硅钢片作为磁屏蔽。

③ 调整　主要是调整相敏检波器的参考电压与信号电压之间的相位关系，使它们之间的相位差为 0 或 π，此时检出的电流最大，电流大小与信号电压大小呈线性关系。

调整相位可以有许多方法，例如改变参考电压的相位，即改变振荡级与参考电压放大级之间的耦合电容，或改变放大器各级之间的耦合电容等，即采用移相的方法。但调整中发现效果最好的还是调节振荡器的振荡频率，这是由于振荡频率的变化会使振簧强迫振动的初相位发生变化。它与放大器的各级相移相配合，可以使信号电压与参考电压的相位差达到 0 或 π。这一点可在示波器上用李萨如图形加以检验。

在调试中还发现，对应振荡器的某一振幅有一个相应的最佳频率，不同的振幅有不同的最佳频率，所以幅度大小的固定也是很重要的。

（3）使用方法　现介绍 JC-1V 型振簧式静电计的使用方法。仪器面板如图 3-107 所示。仪器的面板上有三个可供调节的旋钮：满度旋钮、调零旋钮和量程波段开关。此外，面板上还有电源开关和 30V 校验电源开关。使用前首先打开探头上的保护盖板，并用金属板代替待测带电板进行校验，探头与金属板之间保持 2～3cm 的固定距离，以后进行测量时即按此距离进行。

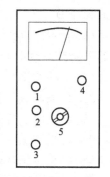

① **校零**　将金属板接地，调节"调零"旋钮，使仪表读数为零（仪表零点在中央，左方为负，右方为正）。

② **校满度**　将金属板与仪表上 30V 电位接线柱相连，启动 30V 电源开关后，金属板上即带有负 30V 电位，然后调节满度旋钮，使仪表读数也为负 30V。

反复调整零点和满度位置后，测量前的仪表校正工作就完成了。在进行测量时，不可变动已调整好的"调零"和"满度"两个旋钮的位置，除去金属板后，就可以对带电体进行测量，测量时探头与被测物之间的距离均按校验时的距离为准。

图 3-107　JC-1V 型振簧式静电计面板
1—电源开关；
2—满度旋钮；
3—调零旋钮；
4—30V 电源；
5—量程开关

习题与思考题

1. 什么叫测量误差？测量误差的表示方法主要有哪两种？各是什么意义？

2. 按误差产生原因及规律，测量误差分为哪几类？

3. 什么叫仪表的基本误差和附加误差？有何区别？

4. 测量仪表是有那几个环节构成的？各有什么作用？

5. 何谓仪表的精度等级？

6. 某压力表的测量范围为 0～200kPa 时，在 150kPa 处压力表的读数为 149.2kPa。求该表在 150kPa 处的绝对误差、相对误差和引用误差。

7. 有一压力表，测量范围为 0～1.6MPa，校验后发现其变差最大值为 15kPa，绝对误差最大值为 -20kPa，问其变差及误差是否符合要求？此压力表是否合格？

8. 有一个温度测量仪表，其测量范围是 0～100℃。经检定，该温度测量仪表的最大测量误差为 1.3℃，试确定温度测量仪表的精度等级。

9. 油气贮运测量仪表的选用要求是什么？

10. 什么叫压力？表压、负压力（真空度）和绝对压力之间有何关系？

11. 测压仪表有哪几类？各基于什么原理？

12. 弹性压力表有哪些弹性元件？各有什么特点？

13. 简述弹簧管压力表的基本组成和测压原理。

14. 试述电容差压变送器、电感式压力传感器、压阻式压力传感器的工作原理是什么？

15. 什么叫压电效应？

16. 试述智能型差压变送器的特点。

17. 压力测量仪表的安装需要注意哪些问题？

18. 如果某反应器最大压力为 0.8MPa，允许最大绝对误差为 0.01MPa。现用一台测量范围为 0～1.6MPa、精度为 1 级的压力表来进行测量，问能否符合工艺上的误差要求？若采用一台测量范围为 0～1.0MPa、精度为 1 级的压力表，问能否符合工艺上误差要求？试说明其理由。

19. 某空压机缓冲罐，其正常工作压力范围为 $1.1\sim1.6MPa$，工艺要求就地指示压力，并要求测量误差小于被测压力的 $\pm5\%$，试选择一个合适的压力表（类型、量程、精度等级等），并说明理由。

20. 体积流量、质量流量、瞬时流量和累积流量的含义是什么？

21. 什么叫节流现象？流体经节流装置时为什么会产生静压差？

22. 为什么说转子流量计是定压降式流量计，而差压式流量计是变压降式流量计？

23. 某转子流量计用标准状态下的水进行标定，量程范围为 $100\sim1000L/h$，转子材质为不锈钢（密度为 $7.90g/cm^3$），现用来测量密度为 $0.791/cm^3$ 的甲醇。问测量范围为多少？若这时转子材料改为铝（密度为 $2.7\ g/cm^3$），问这时用来测量甲醇，其测量范围为多少？

24. 用转子流量计来测气压为 $0.65MPa$、温度为 $40℃$ 的 CO_2 气体的流量时，若已知流量计读数为 $50L/s$，求 CO_2 的真实流量（已知 CO_2 在标准状态时的密度为 $1.977kg/m^3$）。

25. 说明电磁流量计的工作原理，这类流量计在使用中有何要求？

26. 试述温度测量仪表有哪几类？各有什么特点？

27. 热电偶的测温原理是什么？热电偶回路产生热电势的必要条件是什么？

28. 用热电偶测温时，为什么要进行冷端补偿？其冷端温度补偿的方法有哪几种？

29. 用 S 热电偶测某设备的温度，测得的热电势为 $11.30mV$，冷端（室温）为 $20℃$，试求设备的温度？如果改用 E 热电偶来测温，在相同的条件下，E 热电偶测得的热电势为多少？

30. 试述热电阻的测温原理。工业上常用热电阻的种类有哪两种？

31. 用 Pt100 热电阻测温，却错配了 Cu100 的温度显示仪表。问当显示温度为 $85℃$ 时，实际温度为多少？

32. 试述测温元件安装要注意的问题。

33. 简述液位测量仪表按工作原理大致可分为哪几类？各有什么特点？

34. 恒浮力式液位计和变浮力式液位计的测量原理有什么异同点？

35. 静压式液位计的工作原理是什么？

36. 利用差压变送器测量液位时，为什么要进行零点迁移？如何实现零点迁移？

37. 试述雷达液位计的测量原理和特点。

38. 试述伺服式液位计的测量原理和特点。

39. 液位计的选用原则是什么？

40. 简述振动管式流体密度计的分类和结构。

41. 振动式密度计在安装和取样过程中要注意的问题是什么？

42. 简述原油含水分析仪的类型和特点。

43. 简述静电电位测量原理及过程。

44. 测量绝缘电阻的方法主要有哪两种？各有什么特点？

45. 简述静电电荷密度测量过程。

46. 简述油罐内空间电场强度的测量方法及原理。

47. 简述 QV 型静电电压表的工作原理。

48. 简述 KS-325 型集电式静电计的工作原理。

第 4 章

控 制 仪 表

4.1 概　述

控制仪表（常称控制器）是实现油气储运自动化的重要工具。当生产过程中的被控变量偏离设定要求后，必须依靠控制仪表的作用去控制执行器，改变操纵变量，使被控变量符合生产要求。因此在自动控制系统中，控制仪表是核心，它在闭环控制系统中根据设定目标和测量信息作出比较、判断和决策命令，控制执行器的动作。控制仪表使用是否得当，直接影响控制质量。

控制仪表种类繁多，一般可按能源形式、信号类型和结构类型进行分类。

（1）按能源形式分类

① 气动控制仪表　特点是结构简单、性能稳定、可靠性较高、价格便宜。在本质上安全防爆，因此广泛应用于石油、化工等有爆炸危险的场所。

② 电动控制仪表　相对于气动控制仪表，电动控制仪表在信号的传输、放大及变换处理方面更加容易，又便于实现远距离监视和操作。所以这类仪表的应用更为广泛。近年来，电动控制仪表普遍采取了安全火花防爆措施，解决了防爆问题，同样能应用于易燃易爆的危险场所。鉴于电动控制仪表的迅速发展和广泛使用，本章予以重点介绍。

（2）按信号类型分类

① 模拟式控制仪表　传输的信号为连续变化的模拟量。其线路较为简单，操作方便。长期以来广泛应用于各工业部门。

② 数字式控制仪表　传输的信号为断续变化的数字量。以微型计算机为核心，其功能完善，性能优越，能解决模拟式控制仪表难以解决的问题。近 20 年来，随着微电子技术、计算机技术和网络通信技术的发展，数字式控制仪表也不断出现各种新品种并应用于生产过程自动化中，以提高控制质量。

（3）按结构形式分类

① 基地式控制仪表　特点是将控制机构与指示、记录机构组成一体，结构简单，但通用性差，不够灵活。比较适用于现场控制，但不能实现多种参数的集中显示与控制。一般仅适用于一些简单控制系统。

② 单元组合式仪表中的控制单元　单元组合式仪表是将仪表按其功能的不同分成若干单元（例如变送单元、定值单元、控制单元、显示单元等），每个单元只完成其中的一种功

能。各个单元之间以统一的标准信号相互联系。单元组合式仪表中的控制单元能够接受测量值与给定值信号，然后根据它们的偏差发出与其有一定关系的控制作用信号。目前国产的电动控制仪表例如 DDZ-Ⅱ 型，采用的是 0～10mA 信号；DDZ-Ⅲ 型，采用的是 4～20mA 信号。

③ 以微处理器为基元的控制装置 以微处理器为基元的控制装置其控制功能丰富、操作方便，很容易构成各种复杂控制系统。目前，在自动控制系统中应用的以微处理器为基元的控制装置主要有单回路数字控制器（DDC）、可编程数字控制器（PLC）和微计算机系统等。

4.2 模拟式控制器

4.2.1 模拟式控制器的构成

模拟式控制仪表所传送的信号形式为连续的模拟信号。目前应用的模拟式控制器主要是电动控制器。其基本结构包括比较环节、反馈环节、放大器三部分，如图 4-1 所示。

图 4-1 控制器基本构成

(1) 比较环节 作用是将给定信号与测量信号进行比较，产生一个与它们的偏差成比例的偏差信号。在电动控制器中比较环节都是在输入电路中进行电压或电流的比较。

(2) 放大器 是一个稳态增益很大的比例环节。在电动控制器中可采用高增益的集成运算放大器。

(3) 反馈环节 通过正、负反馈来实现比例、积分、微分等控制规律。在电动控制器输出的电信号通过电阻和电容构成的五原网络反馈到输入端。

4.2.2 基本控制规律

所谓控制器特性，是指控制器的输出与输入之间的关系。从控制系统角度讲，控制器的输入信号是被控变量的设定值与测量值之差（但必须注意，控制器本身定义的输入信号是测量值与设定值之差，即 $e=z-x$）；控制的输出信号是送往执行机构的控制命令。因此，分析控制器的特性，也就是分析控制器的输出信号随着输入信号变化的规律，即控制器的控制规律，表示为：

$$p=f(e) \tag{4-1}$$

目前控制器中采用的基本控制规律有：位式控制、比例控制（P）、积分控制（I）、微分控制（D）以及它们的组合。这些控制规律是为了适应不同的生产要求而设计的。只有掌握了各种控制规律的特点和适用场合，并结合具体对象的特性和生产的要求，才能选择合适的控制规律，以便获得满意的控制效果。

4.2.2.1 位式控制

位式控制可分为双位控制和多位控制。其中，双位控制是一种最简单的控制形式。双位控制的动作规律是当测量值大于设定值时，控制器的输出为最大（或最小），而当测量值小于设定值时，则输出为最小（或最大）。双位控制的特性可以用下面的数学表达式来描述。

$$p=\begin{cases} p, e\geqslant 0(\text{或 } e\leqslant 0) \\ p_{\min}, e\leqslant 0(\text{或 } e\geqslant 0) \end{cases} \tag{4-2}$$

式(4-2)表明，双位控制器只有两个输出值，相应的控制机构只有开和关两个极限位置，因此又称开关控制。理想的双位控制特性如图 4-2 所示。

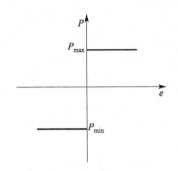

图 4-2　理想的双位控制特性

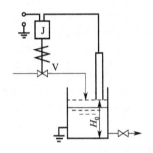

图 4-3　储槽液位的双位控制示意

如图 4-3 所示为储槽液位的双位控制示意，它是利用电极式液位计来控制贮槽液位的。槽内装有一个电极来测量液位。电极一端与继电器线圈 J 相连，另一端处于液位的设定位置。液体经装有电磁阀 V 的管路流入贮槽，从出料阀流出。液体是导电的介质，贮槽的外壳接地，当液位高度低于设定值 H_0 时，液体与电极未接触，故继电器处于断路状态，此时电磁阀全开，液体经电磁阀流入贮槽，槽内液位升高；当液位上升至设定值 H_0 时，液体与电极接触，于是继电器接通，从而使电磁阀全关，液体不再进入贮槽。而此时出料阀继续向外流出，故液位要下降。当液位下降到小于设定 H_0 时，液体又与电极脱离，于是电磁阀又全开启，如此反复循环，使液位维持在设定值附近上下波动。

由上例可以看出，双位控制只有两种极限控制状态，对象中的物料或能量总是处于严重的不平衡状态，使被控变量始终处于振荡过程。为了改善控制特性，可以采用三位或更多位的控制方式，其原理与双位控制基本相同。

位式控制器结构简单、价格便宜、实施方便，适用于某些对控制质量要求不高的场合。例如仪表用压缩空气贮罐的压力控制，恒温箱、管式炉的温度控制等。

4.2.2.2　比例控制（P）

(1) 比例控制规律　在双位控制系统中，被控变量不可避免地会产生持续的等幅振荡过程，为了避免这种情况，应该使控制阀的开度与被控变量的偏差成比例，根据偏差的大小，控制阀可以处于不同的位置，这样就有可能获得与对象负荷相适应的操纵变量，从而使被控变量趋于稳定，达到平衡状态。如图 4-4 所示的液位控制系

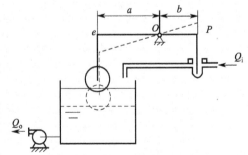

图 4-4　简单比例控制系统示意图

统，图中浮球是测量元件，杠杆就是一个最简单的控制器。

图 4-4 中实线表示杠杆在液位变化前的位置，虚线表示变化后的位置，根据相似三角形原理，有：

$$p = \frac{b}{a}e \qquad (4-3)$$

式中　e——杠杆左端的位移，即液位的变化量（控制器输入变化量）；

　　　　p——杠杆右端位移，即阀杆的位移量（控制器输出变化量）；

　a，b——杠杆支点与两端的距离。

由式(4-3)可见，在该系统中，阀门开度的改变量与被控变量（液位）的偏差值成比例，这就是比例控制规律。则比例控制规律的数学表达式为

$$p = K_p e \qquad (4-4)$$

式中　K_p——可调的放大倍数，称为比例放大倍数。

对照式(4-3)可知，$K_p = b/a$，改变杠杆支点的维护，便可改变 K_p 的数值。

可见，比例控制器输出的控制信号与偏差的大小成比例，在时间上没有延迟。当控制器的输入偏差 e 变化一定时，K_p 越大，控制器的输出变化就越大，输出的比例作用就越强。所以 K_p 是衡量比例控制作用强弱的参数。但是，在实际的比例控制器中，通常用比例度 δ 代替 K_p 来表示比例作用的强弱。

比例度可以理解为：要使控制器的输出信号做全范围的变化，输入信号的改变占全量程的百分数。其表达式为：

$$\delta = \frac{\dfrac{e}{x_{max} - x_{min}}}{\dfrac{p}{p_{max} - p_{min}}} \times 100\% \qquad (4-5)$$

式中　　　e——控制器输入变化量；

　　　　　p——相应的控制器输出变化量；

$x_{max} - x_{min}$——输入的最大变化量，即仪表的量程；

$p_{max} - p_{min}$——输出的最大变化量，即控制器输出的工作范围。

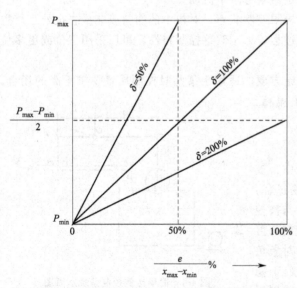

图 4-5　控制器的比例度与输入、输出的关系

在单元组合仪表中，$x_{max} - x_{min} = p_{max} - p_{min}$。此时，比例度可表示为：

$$\delta = \frac{1}{K_p} \times 100\% \qquad (4-6)$$

可见，δ 与 K_p 成反比，比例度 δ 越大，则比例放大倍数 K_p 就越小，比例作用就越弱；比例度 δ 越小，则比例放大倍数 K_p 就越大，比例作用就越强。

如图 4-5 所示为控制器的比例度与输入、输出的关系图。由图示可以看出，在 δ 不变的情况下，控制器的输入与输出在全范围内成比例。当比例度为 50%、100%、200% 时，分别表示只要偏差 e 变化占仪表全量程的 50%、100%、200% 时，控制器的输出就可以由最小 p_{min} 变为最大 p_{max}。

例如，DDZ-Ⅱ比例作用控制器，温度刻度范围为 $200\sim300℃$，控制器输出工作范围为 $0\sim10mA$。当指示指针从 $250℃$ 移到 $270℃$，此时控制器相应的输出从 $4mA$ 变化到 $9mA$，

其比例度的值为：

$$\delta = \frac{\dfrac{270-250}{9-4}}{\dfrac{300-200}{10-0}} \times 100\% = 40\%$$

这说明对于这台控制器，温度变化全量程的 40%（相当于 40℃），控制器的输出就能从最小变为最大。

(2) 比例度 δ 对过渡过程的影响　工业用控制器的比例度一般可在 3%～500% 范围内调整，比例度 δ 对控制系统的过渡过程的影响如图 4-6 所示。

从图 4-6 中可以看出，比例度 δ 越大，过渡过程曲线越平稳，但余差也越大 δ；比例度小，则过渡过程曲线越振荡；比例度 δ 过小时，就可能出现发散振荡的情况。比例度调节必须结合被控对象特性进行，若对象的滞后较小、时间常数较大、放大倍数较小时，控制器的比例度可以选得小一些，以提高整个系统的灵敏度，使反应加快一些。若对象滞后较大、时间常数较小、放大倍数较大时，比例度就必须选得大些。

在扰动（例如负荷）及设定值变化时有余差存在，这是比例控制规律的特点。因为一旦过程的物料或能量的平衡关系由于负荷变化或设定值变化而遭到破坏时，只有改变进入过程中的物料或能量的数量，才能建立起新的平衡关系。这就要求调节阀必须有一个新的开度，即调节器必须有一个输出量

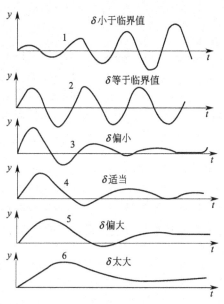

图 4-6　比例度 δ 对控制系统的
过渡过程的影响
1～6—不同 δ 值

p，而比例控制器的输出 p 又是正比于输入 e 的，因而这时调节器的输入信号 e 必然不会是零。可见，比例控制系统的余差是由比例控制器的特性所决定的。在 δ 较小时，对应于同样的 p 变化量的 e 较小，故余差小。同样，在负荷变化小的时候，建立起新的平衡所需的 p 变化量也较小，e 或余差也较小。

在基本控制规律中，比例作用是最基本、最主要也是应用最普遍的控制规律，它能较为迅速地克服扰动的影响，使系统很快地稳定下来。比例控制作用通常适用于扰动幅度较小、负荷变化不大、对象的滞后较小或者控制要求不高的场合。这是因为负荷变化越大则余差越大，如果负荷变化小，余差就不太显著；对象滞后越大，振荡越厉害，如果比例度 δ 放大，余差也就越大；如果滞后较小，δ 可小一些，余差也就相应减小。在控制要求不高、允许有余差存在的场合可以用比例控制，当然可以用比例控制，例如在液位控制中，往往只要求液位稳定在一定的范围之内，没有严格要求，只有当比例控制系统的控制指标不能满足工艺生产要求时，才需要在比例控制的基础上适当引入积分或微分控制作用。

4.2.2.3　积分控制（I）

(1) 积分控制规律　比例控制的结果不能使被控变量恢复到设定值而存在余差，控制精度也不高，这是比例控制的缺点。它只限在负荷变化不大和允许余差存在的情况下适用，如液位控制等。当对控制质量有更高要求时，必须在比例控制的基础上，再加上能消除余差的

积分控制作用。

当控制器的输出变化量 p 与输入偏差 e 的积分成比例时，就是积分控制规律，其关系式为：

$$p = K_I \int e dt \tag{4-7}$$

式中 K_I——控制器积分速率。

由式(4-7)可以看出，积分控制作用，输出信号的大小不仅取决于偏差信号的大小，而且取决于偏差存在时间长短。虽然偏差很小，但它存在的时间越长，输出信号就越大。只有当偏差消除（即 $e=0$）时，输出信号才不再继续变化，控制阀才停止工作。因此积分控制作用的一个显著特点就是力图消除余差。

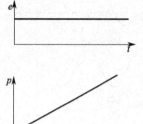

当控制器的输入偏差 e 是一常数 A 时，式(4-7)可写成 $p = K_I \int e dt = K_I A t$。

图 4-7 积分控制器特性

其输出特性如图4-7所示。这是一条斜率不变的直线，直到控制器的输出达到最大值或最小值而无法再进行积分为止，输出直线的斜率即输出的变化速率正比于控制器的积分速率 K_I。K_I 越大，则积分作用越强。在实际的控制器中，常用积分时间 T_I 来表示积分作用的强弱，表达式为：

$$p = \frac{1}{T_I} \int e dt \tag{4-8}$$

由式(4-8)可以看出，积分时间 T_I 和积分速率 K_I 成反比。积分时间 T_I 越短，积分速率 K_I 越大，积分作用越强；反之，积分作用越弱。

积分作用虽然能消除余差，但积分控制规律在工业生产上很少单独使用，因为它的控制作用总是滞后于偏差的存在，动作过程比较缓慢，不能及时有效地克服扰动的影响，难以使控制系统稳定下来。因此，生产上都是将比例作用与积分作用组合成比例积分控制规律来使用。

(2) 比例积分控制规律（PI） 比例积分控制规律的数学表达式为：

$$p = K_p \left(e + \frac{1}{T_I} \int e dt \right) \tag{4-9}$$

当输入偏差为一个幅值 A 的阶跃变化时，上式可写成：

$$p = K_p A + \frac{K_p}{T_I} A t \tag{4-10}$$

图 4-8 比例积分控制器特性

由式(4-10)可以看出，比例积分的作用是比例作用与积分作用的叠加。其输出特性如图4-8所示。

由图可见，$t=0$ 时刻，由于比例作用，控制器的输出立即跃变至 $K_p A$，而后积分起作用，使输出随时间等速变化。在比例增益 K_p 及干扰幅值 A 确定的情况下，输出变化的速率取决于积分时间 T_I，T_I 越大，积分速率越小，积分作用越弱，当 $T_I \to \infty$ 时则积分作用消失。

(3) 积分时间 T_I 对过渡过程的影响 图4-9表示在同样比例度下积分时间 T_I 对过渡过程的影响。从曲线可以看出，积分时间过大，积分作用不明显，余差消除很慢（见曲线3）；

积分时间过小，过渡过程振荡太剧烈（见曲线1），当 T_I 适当时（见曲线2），系统调节质量最好。由于比例积分控制器既具有比例和积分的优点，同时比例度和积分时间两个参数均可以调整，因此，适用面比较广，多数系统都可采用。只有对象滞后特别大时，或者负荷变化特别剧烈时，由于积分作用的迟缓，使控制作用不够及时，这时可再增加微分作用。

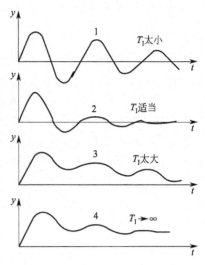

图 4-9　积分时间对过渡过程的影响

4.2.2.4　微分控制（D）

（1）微分控制规律　对于惯性较大的对象，为了使控制作用及时，常常希望能根据被控变量变化的快慢来控制。在人工控制时，虽然偏差可能还小，但当看到参数变化很快时，很快就会有更大偏差，此时会先改变阀门开度以克服干扰影响，它是根据偏差的速度而引入的超前控制作用。在自动控制系统中是通过微分控制规律来实现这一超前控制作用的。

微分控制规律是指控制器的输出变化量与输入偏差的变化速率成比例关系，其数学表达式为：

$$p = T_D \frac{\mathrm{d}e}{\mathrm{d}t} \tag{4-11}$$

式中　T_D——微分时间；

　　　$\mathrm{d}e/\mathrm{d}t$——偏差对事件的导数，即偏差的变化速度。

上式表示理想微分控制器的特性，当输入偏差为一阶跃变化时，按式(4-11) 所得到的微分控制器特性曲线如图 4-10 所示。

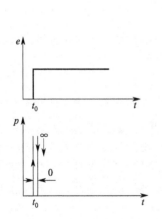

图 4-10　理想微分控制器特性

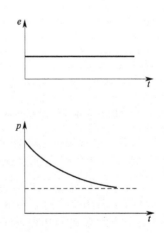

图 4-11　比例微分控制器特性

从图 4-10 中可以看出，在输入偏差的瞬间，输出趋于无穷大。在此之后，由于输入不再变化，输出立即又降到零。这种控制器用在控制系统中，即使偏差很小，只要出现变化趋势，马上就进行控制，故有超前控制之称。但它的输出不能反映偏差的大小，假如偏差固定，即使数值很大，微分作用也没有输出，这就是微分作用的特点。因为控制结果不能消除偏差，所以通常不能单独使用微分控制器。它常与比例作用或比例积分作用组合使用。

（2）比例微分控制规律（PD）　比例微分控制规律（图 4-11）为：

$$p = K_p \left(e + T_D \frac{de}{dt} \right) \tag{4-12}$$

式中　T_D——微分时间，用来衡量微分作用的强弱。

由图 4-11 可知，微分作用总是力图抑制被控变量的变化，它有提高控制系统稳定性的作用。在比例作用基础上适当加入微分作用，则可以采用更小的比例度，不但减小了余差，而且提高了振荡频率，缩短了过渡时间。但微分作用不能消除余差。一般比例微分控制规律主要用于一些被控变量变化比较平稳，对象时间常数较大，控制精度要求又不是很高的场合。如果控制精度要求较高，则可以采用比例积分微分控制规律。

（3）比例积分微分控制规律（PID）　比例积分微分控制规律由比例、积分、微分三种控制作用组合而成，其控制规律为：

$$p = K_p \left(e + \frac{1}{T_T} \int e\, dt + T_D \frac{de}{dt} \right) \tag{4-13}$$

当有阶跃信号输入时，所得到的比例积分微分控制特性曲线如图 4-12 所示。

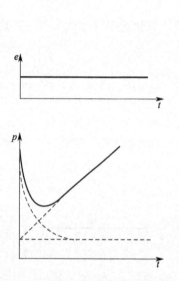

图 4-12　比例积分微分控制特性曲线

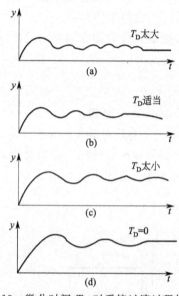

图 4-13　微分时间 T_D 对系统过渡过程的影响

从图 4-12 中可以看出，当偏差刚一出现时，微分作用的输出变化最大，使控制器的总输出大幅度增加，产生一个较强的超前控制作用，以抑制偏差的进一步增大。随后微分作用逐渐消失，积分作用开始起主导地位，以便慢慢地将余差消除。而在整个控制过程中，比例控制作用始终与偏差相对应，它对保持系统的稳定起着关键作用。因此这种控制器既能快速进行控制，又能消除余差，具有较好的控制性能。

（4）微分时间对过渡过程的影响　在负荷变化剧烈、扰动幅度较大或过程容量滞后较大的系统中，适当引入微分作用，可在一定程度上提高系统的控制质量。但是，如果引入的微分作用太强，即 T_D 太大，反而会引起控制系统剧烈地振荡，这是必须注意的。此外，当测量中有显著的噪声时，如流量测量信息常带有不规则的高频干扰信号，则不宜引入微分作用，有时甚至需要引入反微分作用。

微分时间 T_D 的大小对系统过渡过程的影响如图 4-13 所示。从图 4-13 中可见，若取 T_D 太小，则对系统的控制指标没有影响或影响甚微，如图 4-13 中曲线（a）；若 T_D 选取适当，系统的控制指标将得到全面的改善，如图 4-13 中曲线（b）；但 T_D 若取得过大，即引入太强的微分作用，控制的输出剧烈变化，不仅稳定性得不到提高，反而会引起被控变量的快速振荡，如图 4-13 中曲线（c）所示。

4.2.3　DDZ-Ⅲ型控制器

在模拟式控制器中，有 DDZ-Ⅱ 型和 DDZ-Ⅲ 型电动控制器，目前常见的是 DDZ-Ⅲ 电动控制器。它以来自变送器或转换器的 1～5V 直流测量信号作为输入信号，与 1～5V 直流设定信号相比较得到偏差信号，然后对此信号进行 PID 运算后输出 1～5V 或 4～20mA 直流控制信号，以实现对工艺参数的控制。

4.2.3.1　外形及结构框图

基型调节器的面板如图 4-14 所示。测量信号从调节器后部的接线端子引入，其大小在面板上由指针 a 指示出来。给定信号可以从后部的接线端子引入，称为外给定；也可以由设定轮给出，称为内给定。在调节器的内侧面有内外给定选择开关，以选择给定信号的产生方式。不论是内给定还是外给定，其大小都由指针 b 指示出来。该调节器有自动、软手动和硬手动三种操作方式，用自动-软手动-硬手动切换开关 1 来选择。如果选择自动方式，则整机输出是对偏差进行比例积分微分运算得到的。如果选择软手动方式，并同时按下软手动操作键 6，调节器的输出便随时间按一定的速度增加或减少；如果选择硬手动方式，调节器的输出大小完全决定于硬手动操作杆 5 的位置，即对应于此操作杆在输出指示器刻度上的位置，就得到了相应的输出。无论哪种操作方式，整机输出都由输出指示器 4 指示出来。调节器的正反作用及比例积分微分运算的比例度，积分时间和微分时间等参数都通过内侧面的开关旋钮设置。在调节器上还设有正、反作用切换开关，位于调节器的右侧面，当调节器的测量信号增大（或给定信号减小）时，其输出增大则为正作用；当调节器的测量信号增大（或给定信号减小）时，其输出减小则为反作用；调节器的正、反作用的选择是根据工艺要求而定的。

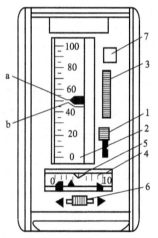

图 4-14　基型调解器的面板
1—自动-软手动-硬手动切换开关；
2—给定、测量指示器；3—内给定
设定轮；4—输出指示器；5—硬
手动操作杆；6—软手动操作键；
7—外给定指示灯
a，b—指针

DDZ-Ⅲ 型控制器有全刻度指示和偏差指示两个基型品种。它们的主要部分是相同的，仅指示部分有区别。下面以全刻度指示的基型控制器为例，如图 4-15 所示，来说明 DDZ-Ⅲ 型控制器的组成及操作。

DDZ-Ⅲ 型控制器由控制单元和指示单元两大部分组成，其中控制单元包括输入电路、PID 运算电路、输出电路以及硬、软手操电路部分；指示单元包括测量信号指示电路、设定信号指示电路以及内设定电路。所有电路均采用集成运算放大器为核心器件的电子元件组成。控制器的设定信号可由开关 K_6 选择为内设定或外设定，内设定信号为 1～5V 直流电压，外设定信号为 4～20mA 直流电流，它经过 250Ω 精密电阻转换成 1～5V 直流电压。

在图 4-15 中，控制器接受变送器送来的测量信号（4～20mA 或 1～5V），再输入电路中与给定信号进行比较，得出偏差信号。然后在 PD 电路和 PI 电路中进行 PID 运算，最后将运算结果由输出电路转换为 4～20mA 直流电流。

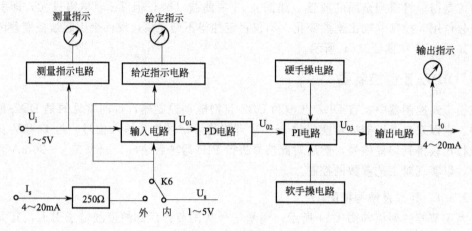

图 4-15　DDZ-Ⅲ型控制器的结构方框图

4.2.3.2　DDZ-Ⅲ型控制器的特点

(1) 采用高增益、高阻抗线性集成电路组件，提高了仪表精度、稳定性和可靠性，降低了功耗。

(2) 由于采用集成电路，扩展了功能，在基型控制器的基础上可增加各种功能。如非线性控制器可以解决严重非线性过程的自动控制问题，前馈控制器可以解决大扰动及大滞后过程的控制，还可以根据需要在控制器上附加一些单元，如偏差报警、输出双向限幅及其他功能的电路。

(3) 整套仪表可以构成安全火花型防爆系统，而且增加了安全单元——安全栅，实现控制室与危险场所之间的能量限制与隔离。使仪表不会引爆，提高了电动仪表在石油化工企业中应用的安全性、可靠性。

(4) 有软、硬两种手动操作方式，软手动与自动之间相互切换具有双向无平衡无扰动特性，提高了控制器的操作性能。这是因为在自动与软手动之间有保持状态，此时控制器输出可长期保持不变，所以即使有偏差存在，也能实现无扰动切换。所谓无扰动切换，是指控制器在不同操作方式切换瞬间保持输出值不变，这样控制阀的开度也将保持不变，不会由于控制器不同操作方式的切换引起被控变量发生变化，即不会产生干扰。

(5) 采用国际标准信号制，现场传输信号为 4~20mA 直流电流，控制室联络信号为 1~5V 直流电压，信号电流和电压的转换电阻为 250Ω。由于电气零点不是从零开始，因此容易识别断电、断线等故障。信号传输采用电流传送-电压接受的并联方式，即进出控制室的传输信号为直流电流信号 (4~20mA)，将此电流信号转换成直流电压信号后，以并联形式传输给控制室各仪表。

4.3　数字式控制器

以数字技术为基础的数字式控制器具有丰富的控制功能，灵活而方便的操作与调试手段，形象而又直观的图形或数字显示，以及高度的安全可靠性等特点，因而比模拟式控制器更能有效地控制和管理生产过程。目前我国从国外引进或组装并广泛使用的产品有 DK 系列的 KMM 可编程调节器，YS-100 的 150 型可编程调节器，FC 系列的 PMK 可编程调节器等。

4.3.1 数字式控制器的特点

数字式控制器从构成到工作原理都与模拟式控制器有很大区别。模拟式控制器采用模拟技术，以运算放大器等模拟电子器件为基本部件。而数字式控制器采用数字技术，以微型计算机为核心部件。与模拟式控制器相比较，具有以下特点。

(1) 实现了仪表和计算机一体化　将微型计算机引入仪表，能充分发挥计算机的优越性，使控制器电路简化，功能增强，性能改善，缩短了研制周期，从而提高了控制器的性能价格比。

(2) 具有丰富的运算、控制功能　数字式控制器实质上是一台工业用微型计算机，因而它除了可以实现模拟控制器的所有功能外，还可以实现复杂运算、复杂控制。除了控制中实现逻辑判断、自适应控制参数及专家自整定等高级功能外，还可以实现自诊断和自检测功能，以满足不同控制系统的需求。

(3) 灵活性好，使用方便　它的控制规律可根据控制需要由用户自己编程。程序编号后不满足要求，可以"擦去"，再次编程，应用相当灵活。在外形设计上，采用模拟仪表的外形结构、操作和安装方法。照顾了模拟式控制器的操作习惯。

(4) 可靠性高，维护方便　数字式控制器使用元件少，采用了高可靠的集成电路。并且具有较完备的自诊断功能，对于系统和过程故障能及时报警或处理。

(5) 具有通信功能，便于系统扩展　通过数字式控制器标准的通信接口，可以挂在数据通道上与其他计算机、操作站等进行通信，也可以作为集散控制系统的过程控制单元。

4.3.2 数字式控制器的基本组成

数字式控制器包括硬件系统和软件系统两大部分.

4.3.2.1 硬件系统

数字式控制器的硬件电路结构框图如图 4-16 所示。它包括主机电路、过程输入通道、过程输出通道、人机联系部件以及通信部件等。

(1) 主机电路　主机电路由微处理器（CPU）、只读存储器（ROM、EPROM）、随机存储器（RAM）、定时/计数器（CTC）以及输入输出接口（I/O 接口）等组成。

CPU（中央处理单元）是数字式控制器的核心，通常采用 8 位微处理器，完成接受指令、数据传送、运算处理和控制功能。它通过总线与其他部分连在一起构成一个系统。

ROM 用来存放系统程序。EPROM 中存放用户编制的程序。RAM 用来存放控制器输入数据、显示数据、运算的中间值和结果等。在系统掉电时，ROM 中的程序是不会丢失的，而 RAM 中的内容会丢失。因此，通常选用低功耗的 CMOS-RAM，并备有微型电池做后备电源。有的数字式控制器采用电可改写的 EEPRQM 芯片存放重要参数，它同 RAM 一样具有读写功能，且在停电时不会丢失数据。

定时/计数器具有定时/计数功能。定时功能用来确定控制器的采样周期，产生串行通信接口所需的时钟脉冲；计数功能主要对外部事件进行计数。

输入、输出接口是 CPU 与输入、输出通道及其他外部设备进行数据交换的部件，它有并行接口和串行接口两种。并行接口具有数据输入、输出、双向传送和位传送功能，用来连接输入、输出通道，或直接输入、输出开关量信号。串行接口具有异步或同步传送串行数据的功能，用来连接可接收或发送串行数据的外部设备。

(2) 过程输入、输出通道　模拟量输入通道由多路模拟开关、采样保持器及模拟量/数字量（A/D）转换电路等构成。模拟量输入信号在 CPU 的控制下经多路模拟开关采入，经

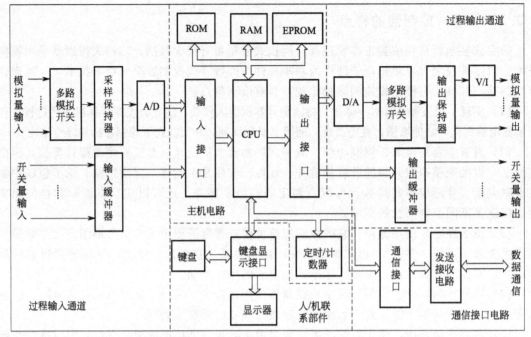

图 4-16　数字式控制器的硬件电路结构框图

过采样保持器，输入 A/D 转换电路，转换成数字量信号并送往主机电路。

开关量（数字量）输入通道是接受控制系统中的开关信号（"接通"或"断开"）以及逻辑部件输出的高、低电平（分别以数字量"1"、"0"表示），并将这些信号通过输入缓冲电路或者直接经过输入接口送往主机电路。为了抑制来自现场的电气干扰，开关量输入通道常采用光电耦合器件作为输入隔离进行隔离传输。

模拟量输出通道由数/模转换器（D/A）、多路模拟开关和输出保持电路等组成。来自主机电路的数字信号经 D/A 转换成 1～5V 的直流电压信号，再经过多路模拟开关和输出保持电路输出。输出电压也可经过电压/电流转换电路（A/I）转换成 4～20mA 的直流电流信号输出，所起作用与 DDZ-Ⅲ 型控制器或运算器的输出电路类似。

开关量（数字量）输出通道通过输出锁存器输出开关量（包括数字、脉冲量）信号，以便控制继电器触点和无触点开关的接通与释放，也可控制步进电机的运转。输出通道也常采用光电耦合器件作为输出电路进行隔离传输。

(3) 人机联系部件　通常在数字式控制器的正面和侧面放置人机联系部件。正面板的布置与常规模拟式控制器相似，有测量值和设定值显示器、输出电流显示器、运行状态（自动/串级/手动）切换按钮、设定值增/减按钮、手动操作按钮以及一些状态显示灯。侧面板有设置和指示各种参数的键盘、显示器。

在有些控制器中附有手操器。当控制器发生故障时，可以用手操器来改变输出电流。

(4) 通信部件　数字式控制器的通信部件包括通信接口和发送、接收电路等。通信接口将欲发送的数据转换成标准通信格式的数字信号，由发送电路送往外部通信线路（数据通道），同时通过接收电路接收来自通信线路的数字信号，将其转换成能被计算机接收的数据。通信接口有并行和串行两种，数字式控制器大多采用串行通信方式。

4.3.2.2　软件系统

数字式控制器的软件系统包括系统程序和用户程序两大部分。

(1) 系统程序 系统程序是控制器软件的主体部分，通常由监控（主）程序和输入、输出处理程序及各种运算模块程序组成。其中监控程序主要是完成系统初始化、按键及显示器的管理、中断管理、自诊断管理以及运行状态控制等工作。其他程序主要是进行数据采集、数据滤波、标度变换、算数和逻辑运算、控制运算及数据输出等。

(2) 用户程序 用户程序的作用是"连接"系统程序中各功能模块，使其完成预定的控制任务。使用者编制程序实际上是完成功能模块的链接，也即组态工作。此外，用户程序还规定了一些基本参数（如使用的控制算法）及工作参数（如 PID 控制参数等）。

用户程序通常采用面向过程的 POL 语言进行编程，这是为了便于定义和解决某些问题而设计的专用程序语言。编程工作是通过专用的编程器进行的，有"在线"和"离线"两种编程方法。

4.4 可编程序控制器

4.4.1 概述

可编程序控制器（PLC）是一种以微处理器为基础，综合了计算机技术、控制技术和通信技术而发展起来的通用性工业控制装置。它具有体积小、功能强、程序设计简单、灵活通用、维护方便等一系列的优点，特别是它的高可靠性和较强的恶劣环境适应的能力，使其广泛应用于各种工业领域。

1969 年美国研制出第一台可编程序控制器。当时称为可编程序逻辑控制器，即 PLC（programmable logic controller），从 1971 年开始，各国相继开发了适于本国的 PLC，并推广使用。1976 年 NEMA 将其命名为可编程序控制器，缩写为 PC（programmable controller）。由于可编程序控制器英文缩写 PC 和个人计算英文缩写 PC（personal computer）容易混淆，所以现在仍将可编程序控制器称为 PLC。20 世纪 80 年代末，PLC 技术已经很成熟，并从开关量逻辑控制扩展到计算机数字控制（CNC 等）领域。近年生产的 PLC 向电气控制、仪表控制、计算机控制一体化方向发展。

4.4.1.1 可编程序控制器的主要特点

(1) 可靠性高、抗干扰能力强 可靠性高是 PLC 的主要特点。PLC 在设计时除了采用集成电路外，还采用了冗余措施和容错技术。因此，其平均无故障运行时间（MTBF）已达到数万小时以上，而平均修复时间（MTTR）则少于 10min。为使其能适应恶劣的工业环境，除了选用优质元件外，还采用隔离、滤波、屏蔽等抗干扰技术。

(2) 编程方便、易于使用 PLC 采用与继电器电路相似的梯形图编程，比较直观，易懂易学。不需涉及专门的计算机知识和语言。这些编程方法，对于技术人员和具有一般电控技术的工人，几小时就可以基本学会。

(3) 通用性强、组合灵活 PLC 产品已系列化、模块化、标准化。控制器厂家均有各种系列化产品和多种模块供用户选择。使用部门可根据生产规模和控制要求选用合适的产品，方便地组成所需要的控制系统。系统的功能和规模可灵活配置，当控制要求发生改变时，只需修改软件即可。

(4) 功能完善、扩充方便 简单的 PLC 一般主要完成逻辑控制以取代传统的继电器控制电路。目前，PLC 新增了许多功能，如数字量和模拟量输入及输出、PID 运算、通信、人机对话、显示记录等。这些功能往往被集中在各自的功能模块上，用户可根据需要选择配置和扩充。PLC 输人、输出点数有多有少，大型 PLC 多至上万点，小型 PLC 少则 10 点左右，可适应不同系统控制的需求。PLG 的输入、输出点数还可通过扩展单元进行扩充。

（5）体积小、维护方便　PLC 体积小、重量轻，便于安装。它本身具有完善的自诊断、故障报警功能，使操作人员便于检查、判断。另外可以通过更换插件，迅速排除故障。PLC 结构紧凑，硬件连接方式简单，接线少，维护方便。

4.4.1.2　可编程序控制器的分类

PLC 的生产厂家很多，品种也很多。目前已发展成为一个巨大的产业，据不完全统计，现在全世界约有 400 多个 PLC 产品。下面介绍两种 PLC 的分类方法。

（1）按照 I/O（输入/输出）能力分　PLC 一般可以分为小、中、大三种。

① 小型 PLC 的 I/O 点数在 128 点以下，用户程序存储容量小于 4kB。这类 PLC 的主要功能有逻辑运算、定时计算、移位处理等，采用专用简易编程器。通常用小型 PLC 来代替继电器控制，用于机床控制、机械加工和小规模生产过程联锁控制。

② 中型 PLC 的 I/O 点数在 128～512 点之间，属于 4～8kB 用户存储器。适合开关量逻辑控制和过程变量检测及连续控制。除了具有小型 PLC 的功能之外，还具有算术运算、数据处理及 A/D、D/A 转换、联网通信、远程 I/O 等功能，可用于比较复杂过程的控制。

③ 大型 PLC 的 I/O 点数在 512 点以上，属于 8kB 以上用户存储器。它除了具有中、小型 PLC 的功能外，还具有 PID 运算及高速计数等功能，配有 CRT 显示及常规的计算机键盘，与工业控制计算机类似。

（2）按照结构形式分　按结构可将 PLC 分为整体式和模块式两种

① 整体式 PLC　它是把 PLC 的各个组成部分安装在一个机壳内，形成一个具有一定 I/O 处理能力的整体。这种 PLC 具有结构简单、体积小、重量轻、基本功能完备、价格低等特点。一般小型 PLC 采用这种结构。

② 模块式 PLC　它是把 PLC 的各个组成部分做成相对独立的模块，如电源模块、CPU 模块、输入模块、输出模块、通信模块以及各种智能模块等，然后以搭积木的方式将各种模块组装在特制的机架上，各模块之间通过总线连接到一起。这种 PLC 具有功能完备、配置灵活、组装方便、可扩展性强、维护方便等特点。通常大、中型 PLC 和部分小型 PLC 采用这种结构。

4.4.2　可编程序控制器的构成及工作过程

4.4.2.1　可编程序控制器的构成

PLC 基本构成包括中央处理器（CPU）、存储器、输入/输出接口（缩写为 I/O，包括输入接口、输出接口、外部设备接口、扩展接口等）、外部设备编程器及电源模块等，如图 4-17 所示。PLC 内部各组成单元之间通过电源总线、控制总线、地址总线和数据总线连接，外部则根据实际控制对象配置相应设备与控制装置构成 PLC 控制系统。

（1）中央处理器　中央处理器（CPU）由控制器、运算器和寄存器组成并集成在一个芯片内。CPU 通过数据总线、地址总线、控制总线和电源总线与存储器、输入输出接口、编程器和电源相连接。小型 PLC 的 CPU 采用 8 位或 16 位微处理器或单片机，如 8031、M68000 等，这类芯片价格很低；中型 PLC 的 CPU 采用 16 位或 32 位微处理器或单片机，如 8086、96 系列单片机等，这类芯片主要特点是集成度高、运算速度快且可靠性高；而大型 PLC 则需采用高速位片式微处理器。CPU 按照 PLC 内系统程序赋予的功能指挥 PLC 控制系统完成各项工作任务。

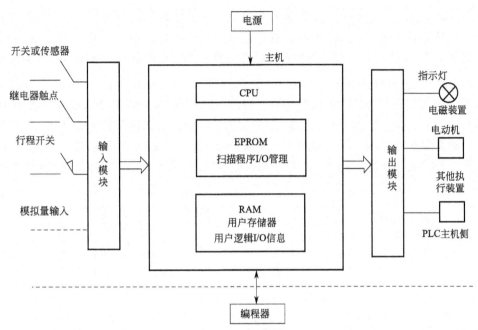

图 4-17　PLC 的基本构成框图

（2）存储器　PLC 常用的存储器主要有 ROM、EPROM、E^2PROM、RAM 等几种，用于存放系统程序、用户程序和工作数据。对于不同的 PLC，存储器的配置形式是一样的，但存储器的容量随 PLC 的规模的不同而有较大的差别。

ROM 用于存储系统程序。系统程序主要包括系统管理程序、用户指令解释程序和功能程序与系统程序调用等部分。EPROM 主要用于存放 PLC 的操作系统和监控程序。EPEROM 为可电擦除只读存储器，需用紫外线照射芯片上的透镜窗口才能擦除已写入内容，可电擦除可编程只读存储器还有 E^2PROM、FLASH 等。

RAM 用于随机存储 PLC 内部的输入、输出信息，并存储内部继电器、移位寄存器、数据寄存器、定时器/计数器以及累加器等的工作状态，还可以存储用户正在调试和修改的程序以及各种暂存的数据、中间变量等。RAM 是一种高密度、低功耗的半导体存储器，可用锂电池作为备用电源，一旦断电就可通过锂电池供电，保持 RAM 中的内容。

（3）输入、输出模块（I/O）　输入、输出模块是 PLC 与工业现场控制或检测元件和执行元件连接的桥梁。现场控制或检测元件给 PLC 输入各种控制信号，如限位开关、操作按钮、选择开关以及其他一些传感器输出的开关量或模拟量等，通过输入接口电路将这些信号转换成 CPU 能够接收和处理的信号。输出接口电路将 CPU 送出的弱电控制信号转换成现场需要的强电信号输出，以驱动电磁阀、接触器等被控设备的执行元件。

（4）编程器　编程器的作用是编制和调试 PLC 的用户程序、设置 PLC 系统的运行环境、在线监视或修改运行状态和参数。

编程器有简易编程器和图形编程器两种。简易编程器体积小，携带方便，但只能用语句形式进行联机编程，适合小型 PLC 的编程及现场调试。图形编程器既可用语句形式编程，又可用梯形图编程，同时还能进行脱机编程。

目前 PLC 制造厂家大都开发了计算机辅助 PLC 编程支持软件，当个人计算机安装了 PLC 编程支持软件后，可用图形编程器进行用户程序的编辑、修改，并通过个人计算机和 PLC 之间的通信接口实现用户程序的双向传送、监控 PLC 运行状态等。

(5) 电源 PLC 一般配有工业用的开关式稳压电源供内部电路使用。与普通电源相比，通常要求电源模块的输入电压范围大、稳定性好、抗干扰能力强。许多 PLC 电源还可向外部提供直流 24V 稳压电源，用于向输入接口上的接入电气元件供电，从而简化外围配置。

4.4.2.2 工作原理及过程

PLC 通过编程器编制用户的控制程序，即将 PLC 内部各种逻辑及运算部件按控制工艺进行组合，以求达到一定的逻辑和运算功能。PLC 将输入信息采集到 PLC 内部，之后，执行组态后的逻辑运算功能，最后输出达到控制功能。这就是 PLC 的基本工作原理。

如图 4-18 所示，PLC 的工作过程可分为三个阶段：输入采样、程序执行和输出刷新。

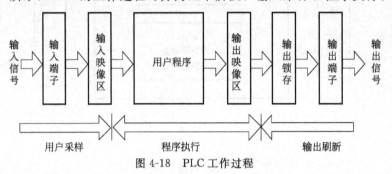

图 4-18　PLC 工作过程

PLC 采用循环扫描的工作方式。在输入采样阶段，PLC 以扫描的工作方式按顺序对所有输入端的输入状态进行采样，并存入输入映像寄存器中，此时输入映像寄存器被刷新。接着进入程序处理阶段，在程序执行阶段或其他阶段，即使输入状态发生变化，输入映像寄存器的内容也不会改变，输入状态的变化只有在下一个扫描周期的输入处理阶段才能被采集到。由此可见，输入映像寄存器的数据完全取决于输入端子上各输入点在上一刷新期间的接通和断开状态。在程序执行阶段，PLC 按从左到右、从上到下的步骤顺序执行程序。当指令中涉及输入、输出状态时，PLC 就从输入映像寄存器中"读入"采集到的对应输入端子状态，从元件映像寄存器"读入"对应元件（软继电器）的当前状态。然后，进行相应的运算，运算结果再存入元件映像寄存器中。对元件映像寄存器来说，每一个元件（软继电器）的状态会随着程序执行过程而变化。在输出刷新阶段，PLC 将输出映像寄存器中与输出有关的状态（输出继电器状态）转存到输出锁存器中，并通过一定方式输出，驱动外部负载。

前面三个阶段的工作过程称为一个扫描周期，然后 PLC 又重新执行上述过程，周而复始地进行扫描。扫描周期一般为几毫秒至几十毫秒。

因此，PLC 在一个扫描周期内，对输入状态的采样只在输入采样阶段进行。当 PLC 进入程序执行阶段后输入端将被封锁，直到下一个扫描周期的输入采样阶段才对输入状态进行重新采样。这种方式称为集中采样，即在一个扫描周期内，集中一段时间对输入状态进行采样。

在用户程序中如果对输出结果多次赋值，则最后一次有效。在一个扫描周期内，只在输出刷新阶段才将输出状态从输出映像寄存器中输出，对输出接口进行刷新。在其他阶段中输出状态一直保存在输出映像寄存器中。这种方式称为集中输出。

对于小型 PLC，其 I/O 点数较少，用户程序较短，一般采用集中采样、集中输出的工作方式，虽然在一定程度上降低了系统的响应速率，但使 PLC 工作时大多数时间与外部输入/输出设备隔离，从根本上提高了系统的抗干扰能力，增强了系统的可靠性。对于大、中型 PLC，其 I/O 点数较多，控制功能强，用户程序较长，为提高系统响应速率，可以采用定期采样、定期输出方式，或中断输入、输出方式以及采用智能 I/O 接口等多种方式。

4.4.3 可编程序控制器的编程语言

PLC 作为一种工业控制器，其主要使用者是各类工业控制方面的技术人员。为了满足他们的习惯要求，通常 PLC 不采用通用计算机中所使用的高级编程语言，而是专为 PLC 而设计的面向现场、面向问题、简单直观的自然语言。PLC 目前常用的编程语言有以下几种：梯形图语言、语句表语言、逻辑功能图和某些高级语言。原来使用的手持编程器多采用助记符语言，现在多采用梯形图语言，也有语句表语言。

4.4.3.1 梯形图语言

梯形图语言是 PLC 中最常用的编程语言之一。它是一种将 PLC 内部等效成由许多内部继电器的线圈、常开触头、常闭触头或功能程序块等组成的等效控制线路。如图 4-19 所示是 PLC 梯形图常用的等效控制元件符号。

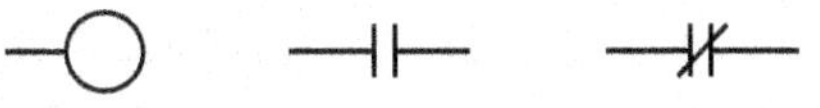

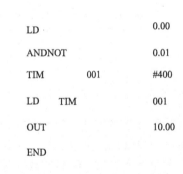

图 4-19 PLC 梯形图常用的
等效控制元件符号

梯形图从上至下按行编写，每一行则按从左至右的顺序编写。CPU 将按自左到右、从上而下的顺序执行程序。梯形图的左侧竖直线称为母线（源母线）。梯形图的左侧安排输入触点（如果有若干个触点相并联的支路应安排在最左端）和中间继电器触点（运算中间结果），最右边必须是输出元素。

例如某一过程控制系统，工艺要求开关 1 闭合 40s 后，指示灯亮，按下开关 2 后灯熄灭。如图 4-20 所示的梯形图程序（OMRON PLC），是由若干个梯级组成的，每一个输出元素构成一个梯级，而每一个梯级可由多条支路组成。

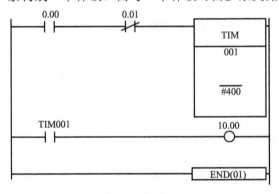

图 4-20 梯形图程序

LD	0.00
ANDNOT	0.01
TIM 001	#400
LD TIM	001
OUT	10.00
END	

图 4-21 对应的用助记符表示的指令表

PLC 梯形图的特点体现在以下几个方面。

① 梯形图的符号（输入触点、输出线圈）不是实际的物理元件，而只是对应于存储器中的某一位。

② 梯形图不是硬接线系统，但可以借助"概念电流"来理解其逻辑运算功能。

③ PLC 根据梯形图符号的排列顺序，按照从左到右、自上而下的方式逐行扫描，前一逻辑行的计算结果，可被后面的程序所引用。

④ 每个梯形图符号的常开、常闭等属性在用户程序中均可以被无限次地引用。

4.4.3.2 语句表语言

它是一种类似汇编语言的助记符编程语言，其特点是面向机器、简单易学、编程灵活方便。它由一系列指令组成，每条指令均占一行，并执行一条命令。如图 4-21 所示为对应的

用助记符表示的指令表

4.4.4 可编程序控制器的应用场合

近年来，随着大规模集成电路的发展，以微处理机为核心而组成的 PLC 也得到了迅速的发展。PLC 的应用范围非常广泛，在现代化生产过程中，从继电器控制系统到过程控制系统都可以使用 PLC，实现自动化控制，提高产品的质量和数量。随着 PLC 性能价格比的不断提高，其应用范围也不断扩大。目前，其应用范围可归纳为以下几个方面。

(1) 开关量逻辑控制 所有 PLC 均具有"与"或"非"等逻辑处理指令，以及定时、计数和基本顺序控制等指令，可组合完成各种逻辑控制、定时控制及顺序控制。开关量控制既可以用于单台设备的控制，又可以用于自动生产线的控制，其应用领域已遍及各种行业。

(2) 过程控制 过程控制通常是指对温度、压力、流量、液位等连续变化的模拟量进行闭环控制。PLC 通过模拟量 I/O 通道，将各种外部模拟量信号转换为内部数字量，并可按照各种控制规律（如 PID 等）对被控变量进行控制，其各种处理功能已能满足一般的闭环控制系统的需要。

(3) 运动控制 许多 PLC 提供专门的指令或运动控制模块，对直线运动、圆周运动等的位置、速度和加速度进行控制，可实现单轴、双轴和多轴联动控制，可将运动控制与顺序控制有机地结合到一起。PLC 的运动控制已在加工机械、装配机械、机器人、电梯控制等场合广泛应用。

(4) 数据处理 PLC 具有数据传送、数据转换、四则运算、逻辑运算、取反、循环、移位等处理功能，许多 PLC 还具有浮点运算、矩阵运算、函数运算、排序、查表等功能，可以完成数据否认采集、分析和处理。

(5) 分布式控制 PLC 的通信联网功能日益增强，可实现 PLC 与远程 I/O 之间的通信、PLC 与 PLC 之间的通信、PLC 与其他数字设备（如计算机、分散控制系统、智能仪表等）之间的通信，可以组合成各种结构的分布式控制系统。

习题与思考题

1. 控制仪表按结构形式分类可以分为哪几类？各有什么特点？

2. 控制的控制规律是指什么？常用的控制规律有哪些？

3. 何谓比例度、积分时间、微分时间？它们对过渡过程有什么影响？

4. 为什么说比例控制有余差？而积分控制能消除余差？

5. 为什么在过程控制中不单独使用微分控制作用？

6. 某电动比例控制器的输入量程范围为 $100 \sim 200℃$，其输出为 $0 \sim 10mA$。当温度从 $140℃$ 变化到 $160℃$ 时，控制器的输出从 $3mA$ 变化到 $7mA$。试求该控制器的比例度。

7. 某台 DDZ-Ⅲ 比例积分控制器，比例度为 80%，积分时间为 $2min$。稳态时，输出为 $5mA$。某瞬间，输入突然增加 $0.4mA$，试问经过 $5min$ 后，输出将由 $5mA$ 变化到多少？

8. DDZ-Ⅲ 控制器有哪些特点？

9. 简述数字式控制器的基本构成以及各部分的主要功能。

10. 简述可编程序控制器（PLC）的主要特点。

11. PLC 主要有哪几部分构成？

12. 简述 PLC 的工作过程。

13. PLC 采用的编程语言主要有哪些？

第 5 章

执 行 仪 表

5.1 概　　述

　　执行仪表，简称执行器，是构成自动控制系统不可缺少的重要部分。例如一个最简单的控制系统就是由被控对象、测量仪表、控制器及执行器组成的。执行器在系统中的作用是根据控制器的命令，直接操纵能量或物料等介质的输送量，达到控制温度、压力、流量等工艺参数的目的。由于执行器代替了人的操作，人们常形象地将其称为实现自动化的"手脚"。

　　由于执行器的原理比较简单，人们往往轻视这一环节。其实，执行器安装在生产现场，长年与生产介质直接接触，工作在高温、高压、深冷、强腐蚀、易堵等恶劣条件下，要保持它的安全运行不是一件容易的事。事实上，它常常是自动控制系统中最薄弱的一个环节。由于执行器的选择不当或维护不善，常使整个控制系统不能正常工作，或严重影响控制质量。因此每个从事自动化工作的人员都必须对执行器加倍重视。

　　根据执行机构使用的能源种类，执行器可分为气动、电动、液动三种。其中，气动执行器具有结构简单、工作可靠、价格便宜、维护方便、防火防爆等优点，在自动控制中获得最普遍的应用。电动执行器的优点是能源取用方便，信号传输速度快和传输距离远；缺点是结构复杂、推力小、价格贵，适用于防爆要求不高及缺乏气源的场所。液动执行器的特点是推力最大，但较笨重，目前使用不多。

　　从结构来说，执行器一般由执行机构和控制机构两部分组成，如图 5-1 所示。执行机构是执行器的推动部分，它按照控制器所给信号的大小产生推力或位移，推动控制机构动作；控制机构即控制阀，是执行器的控制部分，它直接与被控介质接触，受执行机构的操纵，改变阀芯与阀座间的流通面积，控制流体的流量。如图 5-1 所示是常用气动薄膜执行器的结构示意。气压信号

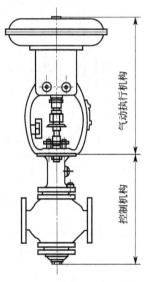

气动执行机构

控制机构

图 5-1　常用气动薄膜
执行器的结构示意

由上部引入，作用在薄膜上，推动阀杆产生位移，改变了阀芯和阀座之间的流通截面积，从而达到控制流量的目的。气动执行器与电动执行器的执行机构不同，但控制阀是相同的。

　　执行器还可以配备一定的辅助装置，常用的辅助装置有阀门定位器和手操机构。阀门定

位器利用负反馈原理改善执行器的性能，使执行器能按控制器的控制信号实现准确定位。手操机构用于人工直接操作执行器，以便在停电或停气、控制器无输出或执行机构失灵的情况下，保证生产的正常进行。

5.2 执 行 机 构

5.2.1 气动执行机构

气动执行器的执行机构和控制机构是统一的整体，它接受电/气转换器（或电/气阀门定位器）输出的气压信号，并将其转换成相应的输出力和阀杆的直线位移，以推动控制阀动作。其执行机构有薄膜式和活塞式两类。活塞式比薄膜式的行程长，但价格较贵。适用于要求有较大推力的场合，而薄膜式行程较小，只能直接带动阀杆。

5.2.1.1 薄膜式

气动薄膜式执行机构分为正作用和反作用两种形式。信号压力增加时阀杆向下动作称为正作用式（ZMA）；信号压力增加时阀门向上运动称为反作用式（ZMB）。正作用机构的信号压力送入波纹膜片上方的薄膜气室内，而反作用执行机构的信号压力则通入波纹膜片下方的薄膜气室。下面以正作用式执行机构为例说明其工作原理。

薄膜式执行机构主要由弹性膜片、压缩弹簧和阀杆等组成，其结构原理如图 5-2 所示。当 20～100kPa 的标准气压信号通入由上膜盖 1 和膜片 2 组成的气室时，在膜片上产生向下的推力，使阀杆 8 产生位移，向下压缩压缩弹簧 3，直到压缩弹簧的反作用力与薄膜上的推力相平衡时，阀杆稳定在一个对应的位置。信号压力越大，作用在膜片上的作用力越大，弹簧的反作用力也越大，即阀杆的位移量也越大。因此，这种执行机构的特性属于比例式，即平衡时推杆的位移（又称行程）与输入气压大小成正比。

气动薄膜式执行机构的行程规格有 10mm、16mm、25mm、40mm、60mm、100mm 等。膜片的有效面积有 200cm^2、280cm^2、400cm^2、630cm^2、1000cm^2、1600cm^2 等，有效面积越大，执行机构的推力也越大。

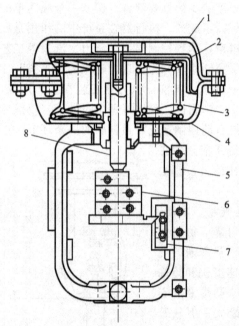

图 5-2 正作用气动薄膜式执行机构结构原理
1—上膜盖；2—膜片；3—压缩弹簧；
4—下膜盖；5—支架；6—连接阀杆螺母；
7—行程标尺；8—阀杆

5.2.1.2 活塞式

气动活塞式（无弹簧）执行机构如图 5-3 所示。其主要部件为汽缸和活塞，活塞在汽缸内随其两侧差压的变化而移动。汽缸允许操作压力高达 0.5MPa，且无弹簧抵消推力，因此输出推力很大。特别适用于高静压、高压差、大口径场合。它的输出特性有比例式及两位式两种。两位式是根据输入执行活塞两侧的操作压力的大小，活塞从高压侧推向低压侧，使阀

杆从一个位置移动到另一个极端位置。比例式是在两位式
的基础上加有阀门定位器，指阀杆的位移与输入压力信号
成比例关系。

5.2.2 电动执行机构

电动执行器的执行机构和控制机构是分开的两部分，
其中控制阀部分常和气动执行器是通用的，不同的只是电
动执行器使用执行机构，即使用电动机等电的动力来启闭
控制阀或调节控制阀（或调节阀）的开度。

电动执行机构有角行程和行程两种，都是以两相交流
电机为动力的位置伺服机构。作用是将输入的直流电流信
号线性地转换为位移量，将控制器传来的信号转变为控制
阀的开度。

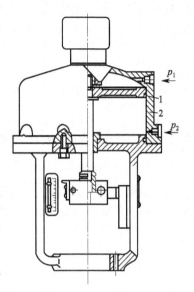

图 5-3　气动活塞式
（无弹簧）执行机构
1—活塞；2—汽缸

电动执行机构由伺服放大器、伺服电机、位置发送器
和减速器四部分组成，其组成框图如图 5-4 所示。从控制器
来的信号通过伺服放大器驱动电动机，经减速器减速后变
成输出力去带动控制阀，同时经位置发送器将阀杆位移转
换成相应的直流电信号，反馈给伺服放大器，组成位置随
动系统。依靠位置负反馈，保证输入信号准确地转换为阀杆的位移。

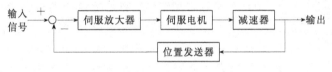

图 5-4　电动执行机构的组成框图

伺服放大器的作用是将输入信号和反馈信号相比较，得到差值信号，并将差值信号进行
功率放大去驱动电动机运转。该放大器具有体积小、反应灵敏、抗干扰能力强、性能稳定、
工作可靠等优点。

伺服电机的作用是将伺服放大器输出的电功率转换成机械转矩，并且当伺服放大器没有
输出时，电机又能可靠地制动。执行机构中的电机常处于频繁的启动、制动过程中，在控制
器输出过载或其他原因使阀卡住时，电机还可能长期处于堵转状态。为保证电机在这种情况
下不致因过热而烧毁，电动执行机构都使用专门的异步电机，以增大转子电阻的办法，减小
启动电流，增加启动力矩，使电机在长期堵转时温升也不超出允许范围。这样做虽使电机效
率降低，但大大提高了执行器的工作可靠性。

减速器的作用是把伺服电机高转速、小力矩的输出功率转换成执行机构输出轴的低转
速、大力矩的输出功率，以推动控制机构。它采用正齿轮和行星齿轮相结合的机械传动机
构。减速器常在整个机构中占很大体积，这是造成电动执行器结构复杂的主要原因。由于伺
服电机大多是高转速、小力矩的，必须经过近千倍的减速，才能推动控制机构。目前电动执
行机构中常用的减速器有行星齿轮和蜗轮蜗杆两种，其中行星齿轮减速器由于体积小、传动
效率高、承载能力大、单级速比可达 100 倍以上，获得广泛的应用。近年来，人们为简化减
速机构，努力研制各种低速电机，希望直接获得低速度、大推力小惯性的动力。

位置发送器的作用是将执行机构输出轴的转角（0°～90°）线性地转换成 4～20mA 的直

流电流信号，用以指示阀位，并作为位置反馈信号反馈到伺服放大器的输入端，以实现整机负反馈。

5.3 控制机构

5.3.1 控制阀的结构和类型

5.3.1.1 结构

控制机构又称控制阀（或调节阀），主要由阀盖、阀体、阀座、阀芯、阀杆、填料等零部件组成。其典型的直通单座控制阀结构如图 5-5 所示。控制阀通过阀杆上部与执行机构相连，下部与阀芯相连。在执行机构的推力下，当阀杆移动时，控制机构的阀芯产生位移，改变阀芯与阀座间的流通面积，从而改变被控介质的流量，以克服干扰对系统的影响，达到控制的目的。

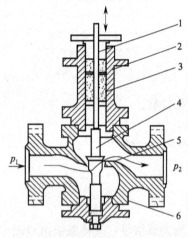

图 5-5　直通单座控制阀结构
1—阀杆；2—上阀盖；3—填料；
4—阀芯；5—阀座；6—阀体

5.3.1.2 类型

由于控制机构直接与被控介质接触，为适应各种使用要求，阀体、阀芯有不同的结构，使用材料也各不相同，现介绍其中常用的几种形式。

(1) 直通单座阀　如图 5-6(a) 所示，阀体内只有一个阀芯和阀座。其特点是结构简单、泄漏量小、不平衡力大。因此适用于泄漏量要求严格、压差较小的场合。

(2) 直通双座阀　如图 5-6(b) 所示，阀体内有两个阀芯和阀座。因为流体对上、下两阀芯上的作用力可以相互抵消，所以不平衡力小。但上、下两阀芯不易同时关闭，因此，双座阀适用于阀两端压差较大、泄漏量要求不高的场合。不适宜用于高黏度和含纤维的场合。

(3) 角型阀　如图 5-6(c) 所示，阀体为直角形。其流路简单，阻力小，不易堵塞，适用于高差压、高黏度、含有悬浮物和颗粒物质流体场合。

(4) 三通阀　阀体上有三个通道与管道相连，其流通方式有合流阀 [图 5-6(d)] 和分流阀 [图 5-6(e)] 两种。此阀适用于配比控制和旁路控制。

(5) 隔膜阀　如图 5-6(f) 所示，采用耐腐蚀衬里的阀体和隔膜。隔膜阀结构简单、流阻小、关闭时泄漏量极小，适用于高黏度、含悬浮颗粒的流体；其耐腐蚀性强，适用于强酸、强碱等腐蚀性流体。

(6) 蝶阀　又名翻板阀，如图 5-6(g) 所示，挡板以转轴的旋转来控制流体的流量。其结构紧凑、成本低、流通能力大，特别适用于低压差、大口径、大流量气体和带有悬浮物流体的场合。

(7) 球阀　如图 5-6(h) 所示，阀芯与阀体都呈球形体，只要转动阀芯使阀体处于不同的相对位置，就具有不同的流通面积，可达到控制流量的目的。

(8) 笼式阀　又名套筒阀，如图 5-6(i) 所示，阀内有一个圆柱形套筒。根据流通能力的大小，套筒的窗口可分为四个、两个或一个。利用套筒导向，阀芯可在套筒中上、下移动。由于这种移动改变了节流孔的面积，从而实现流量控制。

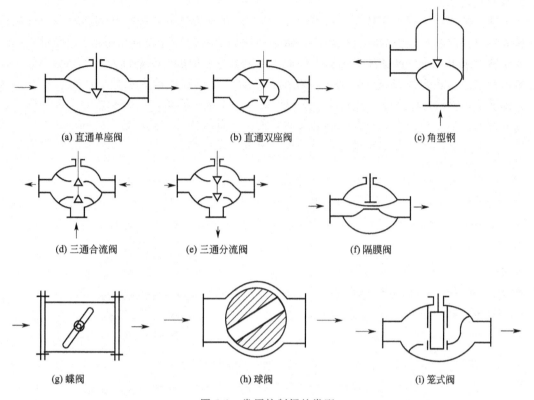

(a) 直通单座阀　　　　(b) 直通双座阀　　　　(c) 角型钢

(d) 三通合流阀　　　　(e) 三通分流阀　　　　(f) 隔膜阀

(g) 蝶阀　　　　(h) 球阀　　　　(i) 笼式阀

图 5-6　常用控制阀的类型

5.3.2　控制阀的流量特性

控制阀的流量特性是指介质流过控制阀的相对流量与相对位移（即阀的相对开度）之间的关系，数学表达式为：

$$\frac{Q}{Q_{max}} = f\left(\frac{l}{L}\right) \tag{5-1}$$

式中　Q/Q_{max}——相对流量，即某一开度流量与全开流量之比；

　　　l/L——相对位移，即控制阀某一开度时阀芯位移 l 与全开时阀芯位移 L 之比。

显然，阀的流量特性会直接影响到自动控制系统的控制质量和稳定性，必须合理选用。

一般情况下，改变阀芯和阀座之间的节流面积，便可控制流量。但当将控制阀接入管道时，其实际特性会受多种因素（如连接管道阻力）的影响。为便于分析，首先假定阀前后压差固定，然后再考虑实际情况，于是控制阀的流量特性分为理想流量特性和工作流量特性。

5.3.2.1　理想流量特性

所谓理想流量特性是指控制阀前后压差一定时的流量特性，它是控制阀的固有特性，由阀芯的形状所决定。

在目前常用的控制阀中，有三种典型的理想流量特性。第一种是直线特性，其流量与阀芯位移成直线关系；第二种是对数特性，其阀芯位移与流量成对数关系，由于这种阀的阀芯移动所引起的流量变化与该点原有流量成正比，即引起的流量变化的百分比是相等的，所以也称为等百分比流量特性；第三种典型的特性是快开特性，这种阀在开度较小时，流量变化比较大，随着开度增大，流量很快达到最大值，所以叫快开特性，它不像前两种特性可有一定的数学式表达。

上述三种典型的理想流量特性示于图 5-7，在作图时为便于比较，都用相对值，其阀芯位移和流量都用其最大值的百分数表示。由于阀常有泄漏，实际特性可能不经过坐标原点。从流量特性来看，线性阀的放大系数在任何一点上都是相同的；对数阀的放大系数随阀的开度增加而增加；快开阀与对数阀相反，在小开度时具有最高的放大系数。从阀芯的形状来说，如图 5-8 所示，快开特性的阀芯是平板形的，加工最为简单；对数和直线特性的阀芯都是柱塞形的，两者的差别是对数阀阀芯曲面较宽，而直线特性的阀芯较窄。阀芯曲面形状的确定，目前是在理论计算的基础上，再通过流量试验进行修正得到的。三种阀芯中以对数阀阀芯的加工最为复杂。

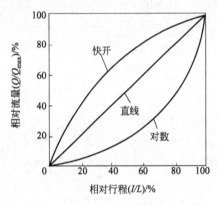

图 5-7　控制阀的典型流量特性

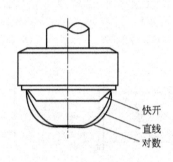

图 5-8　阀芯形状

5.3.2.2　工作流量特性

控制阀在实际使用时，其前、后压差是变化的，这时的流量特性称为工作流量特性。

在实际的工艺装置上，控制阀由于和其他阀门、设备、管道等串联或并联，使阀两端的压差随流量变化而变化。其结果使控制阀的工作流量特性不同于理想流量特性。串联的阻力越大，流量变化引起的控制阀前、后压差变化也越大，特性变化得也越严重。所以阀的工作流量特性除与阀的结构有关外，还取决于配管情况。同一个控制阀，在不同的外部条件下，具有不同的工作流量特性，在实际工作中，使用者最关心的也是其工作流量特性。

下面通过一个实例，看看控制阀是怎样在外部条件影响下，由理想流量特性转变为工作流量特性的。图 5-9(a) 表示的是控制阀与工艺设备及管道阻力串联的情况，这是一种最常见的典型情况。如果外加压力 p_0 恒定，那么当阀开度加大时，随着流量 Q 的增加，设备及管道上的压降 Δp_g 将随流量 Q 的平方增加，如图 5-9(b) 所示。随着阀门的开大，阀前、后的压差 Δp_T 将逐渐减小。因此在同样的阀芯位移下，此时的流量变化与阀前、后保持恒压差的理想情况相比要小一些。特别是在阀开度较大时，由于阀前后压差 Δp_T 变化严重，阀的实际控制作用可能变得非常迟钝。如果用理想特性是直线的阀，那么由于串联阻力的影响，实际的工作流量特性将变成图 5-10(a) 中表示的曲线。该图纵坐标是相对流量 Q/Q_{max}，Q_{max} 表示串联管道阻力为零时，阀全开时达到的最大流量。图上的参变量 $s = \Delta p_{Tmin}/p_0$ 表示存在管道阻力的情况下，阀全开时阀前、后最小压差 Δp_{Tmin} 占总压力的百分数。

从图 5-10 可看到，当 $s=1$ 时，管道压降为零，阀前、后的压差始终等于总压力，故工作流量特性即为理想流量特性；在 $s<1$ 时，由于串联管道阻力的影响，使流量特性产生两

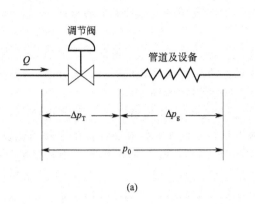

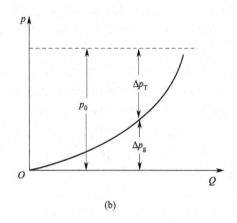

(a)

(b)

图 5-9 控制阀和管道阻力串联的情况

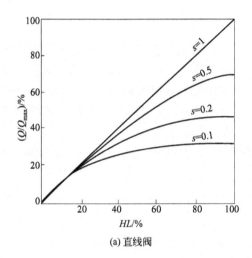

(a) 直线阀

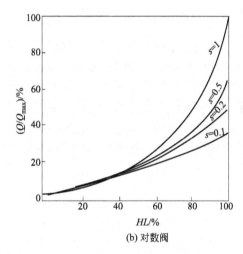

(b) 对数阀

图 5-10 串联管道中控制阀的工作流量特性

个变化:一个是阀全开时的流量减小,也就是阀的可调范围变小;另一个是使阀在大开度时的控制灵敏度降低。例如图 5-10(a)中,理想流量特性是直线的阀,工作流量特性变成快开特性。图 5-10(b)中,理想特性为对数的阀趋向于直线特性。参变量 s 的值越小,流量特性变形的程度越大。

在实际工作中,控制阀特性的选择是一个重要的问题。从控制原理来看,要保持一个控制系统在整个工作范围内都具有较好的品质,就应使系统在整个工作范围内的总放大倍数尽可能保持恒定。通常,变送器、控制器和执行机构的放大倍数是常数,但被控对象的特性往往是非线性的,其放大倍数常随工作点变化。因此选择控制阀时,希望以控制阀的非线性补

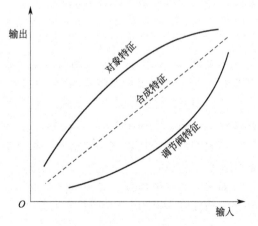

图 5-11 阀和对象特性的非线性互相补偿

偿调节对象的非线性。例如,在实际生产中,很多对象的放大倍数是随负荷加大而减小的,

这时如能选用放大倍数随负荷加大而增加的控制阀，便能使两者互相补偿，如图 5-11 所示，从而保证在整个工作范围内都有较好的控制质量。由于对数阀具有这种类型的特性，因此得到广泛的应用。

若被控对象的特性是线性的，则应选用具有直线流量特性的阀，以保证系统总放大倍数保持恒定。至于快开特性的阀，由于小开度时放大倍数高，容易使系统振荡，大开度时控制不灵敏，在连续控制系统中很少使用，一般只用于两位式控制的场合。

必须说明，按上述原则选择的控制阀特性是实际需要的工作流量特性。在确定控制阀时，必须具体地考虑管道、设备的连接情况以及泵的特性，由工作流量特性推出需要的理想流量特性。例如，在一个其他环节都具有线性特性的系统中，按上述非线性互相补偿的原则，应选择工作流量特性为线性的控制阀，但如果管道的阻力状况 $s=0.3$，则由图 5-10 知，此时理想流量特性为对数特性的阀，工作特性已经变形为直线特性，因此选用理想特性为对数特性的阀。

5.3.3 控制阀口径的确定

在控制系统中，为保证工艺操作的正常进行，必须根据工艺要求，准确计算阀门的流通能力，合理选择控制阀的尺寸。如果控制阀的口径选得太大，不仅会浪费资源，而且将使阀门经常工作在小开度位置，造成控制质量不好，容易使控制系统变得不稳定；如果口径选得太小，会使流经控制阀的介质达不到所需要的最大流量。在大的干扰下，系统会因介质流量（即操纵变量的数值）不足而失控，难以保证生产的正常进行。

根据流体力学，对不可压缩的流体，在通过控制阀时产生的压力损失 Δp 与流体速度 v 之间有：

$$\Delta p = \frac{\xi \rho v^2}{2} \tag{5-2}$$

式中　v——流体的平均流速；

　　　ρ——流体密度；

　　　ξ——控制阀的阻力系数，与阀门的结构形式及开度有关。

因流体的平均流速 v 等于流体的体积流量 Q 除以控制阀连接管的截面积 A，即 $v=Q/A$，代入上式并整理，即得流量表达式：

$$Q = \frac{A}{\sqrt{\xi}} \sqrt{\frac{2\Delta p}{\rho}} \tag{5-3}$$

由式(5-3) 可知，通过控制阀的流体流量除与阀两端的压差及流体种类有关外，还与阀门口径及阀芯、阀座的形状等因素有关。

控制阀的口径选择是由控制阀流量系数 K_V 值决定的。流量系数 K_V 的定义为：当阀两端压差为 100kPa，流体密度为 1g/cm³，阀全开时，流经控制阀的流体流量（以 m³/h 表示）。

控制阀的流量系数 K_V 表示控制阀容量的大小，是表示控制阀流通能力的参数。因此控制阀流量系数 K_V 也称作控制阀的流通能力。

对于不可压缩流体，且阀前后压差 p_1-p_2 不太大（即流体为非阻塞流）时，其流量系数 K_V 的计算公式为：

$$K_V = 10Q \sqrt{\frac{\rho}{p_1 - p_2}} \tag{5-4}$$

式中　ρ——流体密度，g/cm³；

$p_1 - p_2$——阀前后压差，kPa；

    Q——流经阀的流量，m³/h

例如，某一控制阀在全开时，当阀两端压差为 100kPa，如果流经阀的水的流量为 40m³/h 时，则该控制阀的流量系数 K_V 值为 40。

因此，控制阀口径的选择实质上就是根据特定的工艺条件（即给定的介质流量、阀前后的压差以及介质的物性参数等）进行 K_V 值的计算，然后按控制阀生产厂家的产品目录，选出相应的控制阀口径，使得通过控制阀的流量满足工艺要求的最大流量且留有一定的裕量，但裕量不宜过大。

K_V 值的计算与介质的特性、流动的状态等因素有关，当流体是气体、蒸汽或二相流时，上面的公式必须进行相应的修正。具体计算时请参考有关计算手册或应用相应的计算机软件。

5.4　电-气转换器及阀门定位器

5.4.1　电-气转换器

如上所述，由于气动执行器具有一系列的优点，绝大部分使用电动控制仪表的系统也都使用气动执行器。为了使气动执行器能够接收电动控制器的命令，必须把控制器输出的标准电流信号转换为 20～100kPa 的标准气压信号，即使用电-气转换器。

如图 5-12 所示是一种力平衡式电-气转换器的原理，由电动控制器送来的电流 I 通入线圈，该线圈能在永久磁铁的气隙中自由地上、下运动，当输入电流 I 增大时，线圈与磁铁产生的吸力增大，使杠杆进行逆时针方向转动，并带动安装在杠杆上的挡板靠近喷嘴，改变喷嘴和挡板之间的间隙。当挡板靠近喷嘴，使喷嘴挡板机构的背压 p 升高时，这个压力经过气动功率放大器的放大，产生输出压力 p，作用于波纹管，对杠杆产生向上的反馈力。它对支点 O 形成的力矩与电磁力矩相平衡，构成闭环系统。根据力平衡式仪表的工作原理，只要位移检测放大器灵敏度足够高，平衡时杠杆的位移必然很小，不平衡力矩可忽略不计，输入电流信号 I 必能精确地按比例转换成气压信号 p。

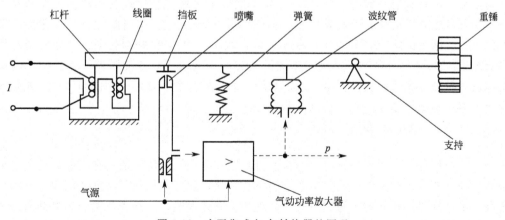

图 5-12　力平衡式电-气转换器的原理

喷嘴挡板机构是气动仪表中一种最基本的变换和放大环节，能将挡板对于喷嘴的微小位移灵敏地变换为气压信号。弹簧可用来调整输出零点。该转换器的量程调节，粗调可左右移动波纹管的安装位置，细调可调节永久磁场的磁分路螺丝。重锤用来平衡杠杆的重量，使其在各种安装装置都能准确工作。为减小支点的静摩擦，和压力变送器中的做法一样，支点都采用十字簧片弹性支承。一般情况下，这种转换器的精度为 0.5 级，气源压力为 (140 ±14)kPa，输出气压信号为 20~100kPa 时可用来直接推动气动执行机构，或进行较远距离的传送。

5.4.2 阀门定位器

5.4.2.1 阀门定位器

阀门定位器一方面具有电-气转换器的作用，可用电动控制器输出的 0~10mA DC 或 4~20mA DC 信号去操纵气动执行机构；另一方面还具有气动阀门定位器的作用，可以使阀门位置按控制器送来的信号准确定位（即输入信号与阀门位置呈一一对应关系）

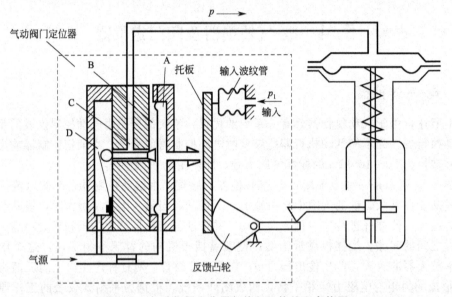

图 5-13　气动阀门定位器与执行机构的配合使用

如图 5-13 所示为气动阀门定位器与执行机构配合使用的原理图。定位器是一个气压-位移反馈系统，由控制器来的气压信号 p_i 作用于波纹管，使托板以反馈凸轮为支点转动，于是托板带着挡板靠近喷嘴，使其背压室，即气动放大器中气室 A 内压力上升。这种气动放大器的放大气路是由两个变节流孔串联构成的，其中一个是圆锥-圆柱形，称为锥阀；另一个是圆球-圆柱形，称为球阀。球阀用来控制气源的进气量，只要使圆球有很小的位移，便可引起进气量的很大变化。锥阀是用来控制排入大气的气量，这两个阀由阀杆互相联系成为一个统一体。当挡板移近喷嘴，使其背压室 A 中压力上升时，就推动膜片使锥阀关小，球阀开大。这样，气源的压缩空气就较易从 D 室进入 C 室，而较难排入大气，使 C 室的压力 p 急剧上升。C 室的压力 p 也就是阀门定位器的输出气压，此压力送往执行机构，通过薄膜产生推力，使推杆移动。此推杆的位移量通过反馈杆带动凸轮转动而反馈回来。凸轮的设计一般是使推杆行程正比地转变为托板下端的左右位移，这样就构成了位移负反馈。当执行机构推杆向下移动时，托板的下端向右移动，使挡板离开喷嘴，从而使气动放大器输出压力减小，最后达到平衡位置。在平衡时，由于气动放大器的放大倍数很高，喷嘴与挡板之间的距离几乎不变。根据位移平衡原理可推知执行机构行程必与输入信号气压 p_i 成比例关系。因此，使用这样的阀门定位器后，可保证阀芯按控制信号精确定位。

这里采用的气动放大器是一种典型的功率放大器，其气压放大倍数为 10～20 倍。它的输出气量很大，有很强的负载能力，故可直接推动执行机构。

阀门定位器除了克服阀杆上的摩擦力，消除流体作用力对阀位的影响，提高执行器的静态工作精度外，由于它具有深度位移负反馈，使用了气动功率放大器，增强了供气能力，因而也能提高控制阀的动态性能，大大加快执行机构的动作速率。此外，在需要的时候，还可改变定位器中反馈凸轮的形状来修改控制阀的流量特性，以适应调节系统的要求。

5.4.2.2　电-气阀门定位器

经过上面的讨论不难想到，可以把上述的电-气转换器与气动阀门定位器结合成一体，组成电-气阀门定位器。如图 5-14 所示，其基本原理是直接将正比于输入电流信号的电磁力矩与正比于阀杆行程的反馈力矩进行比较，并建立力矩平衡关系，实现输入电流对阀杆位移的直接转换。具体的转换过程是这样的：输入电流 I 通入绕于杠杆外的力线圈，它产生的磁场与永久磁铁相作用，使杠杆绕支点 O 转动，改变喷嘴挡板机构的间隙，使其背压改变，此压力变化经气

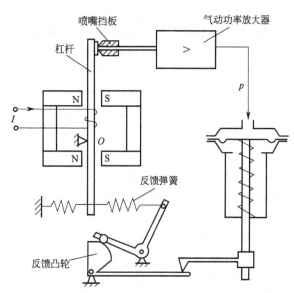

图 5-14　电-气阀门定位器结构原理

动功率放大器放大后，推动薄膜执行机构使阀杆移动。在阀杆移动时，通过连系杆及反馈凸轮，带动反馈弹簧，使弹簧的弹力与阀杆位移作比例变化，在反馈力矩等于电磁力矩时，杠杆平衡。这时，阀杆的位置必定精确地由输入电流 I 确定。由于这种装置的结构比分别使用电-气转换器和气动阀门定位器简单得多，所以价格便宜，应用十分广泛。

5.4.2.3　阀门定位器选型指南

在众多的控制应用场合中，阀门定位器是控制阀最重要的附件之一。尤其是对于某个特定的应用场合，如果要选择一个最适用的（或者说最佳的）阀门定位器，那么就应注意考虑下列因素。

(1) 阀门定位器能否实现"分程"？实现"分程"是否容易、方便？具备"分程"功能就意味着阀门定位器只对输入信号的某个范围（如 9～12mA 或 0.02～0.06MPa）有响应。

因此，如果能"分程"的话，就可以根据实际需要，只用一个输入信号实现先、后控制两台或多台控制阀。

(2) 零点和量程的调校是否容易、方便？是不是不用打开盒盖就可以完成零点和量程的调校？但值得注意的是，有时候为了避免不正确的（或非法的）操作，这种随意就可进行调校的方式需要被禁止。

(3) 零点和量程的稳定性如何？如果零点和量程容易随着温度、振动、时间或输入压力的变化而产生漂移的话，那么阀门定位器就需要经常地被重新调校，以确保控制阀的行程动作准确无误。

(4) 阀门定位器的精度如何？在理想情况下，对应某一输入信号，控制阀的内件（包括阀芯、阀杆、阀座等）每次都应准确地定位在所要求的位置，而不管行程的方向或者调节阀的内件承受多大的负载。

(5) 阀门定位器对空气质量的要求如何？由于只有极少数供气装置能提供满足 ISA 标准（有关仪表用空气质量的标准：ISA 标准 F7-3）所规定的空气，因此，对于气动（或电-气）阀门定位器，如果要经受得住现实环境的考验，就必须能承受一定数量的尘埃、水汽和油污。

(6) 零点和量程的标定是相互影响还是相互独立？如果相互影响，则零点和量程的调校就需要花费更多的时间，这是因为调校人员必须对这两个参数进行反复调整，以便逐步地达到准确的设定。

(7) 阀门定位器是否具备"旁路"，可允许输入信号直接作用于控制阀？这种"旁路"有时可简化或者省去执行机构装配设定的校验，如执行机构的"支座组件设定"和"弹簧座负载设定"——这是因为在许多情况下，一些气动控制器的气动输出信号与执行机构的"支座组件设定"完全吻合匹配，用不着对其再进行设定（其实，在这种情况下，阀门定位器完全可以省去不用。当然，如果选用了，那么也可利用阀门定位器的"旁路"使气动控制器的气动输出信号直接作用于控制阀）。另外，具备"旁路"有时也可允许在线地对阀门定位器进行有限度的调校或维修维护（即利用阀门定位器的"旁路"使控制阀继续保持正常工作，无需强制控制阀离线）。

(8) 阀门定位器的作用是否快速？空气流量越大（阀门定位器不断地比较输入信号和阀位，并根据它们之间的偏差，控制其本身的输出。如果阀门定位器对这种偏差响应快速，那么单位时间内空气的流动量就大），控制系统对设定点和负载变化的响应就越快——这意味着系统的误差（滞后）越小，控制品质越佳。

(9) 阀门定位器的频率特性（或称频率响应，系统对正弦输入的稳态响应）是什么？一般来说，频率特性越高（即对频率响应的灵敏度越高），控制性能就越好。但必须注意：频率特性应采用稳定的实验方法而非理论方法来确定，并且在评估测定频率特性时，应将阀门定位器和执行机构合并起来考虑。

(10) 阀门定位器的最大额定供气压力是多少？例如：有些阀门定位器的最大额定供气压力只标定为 61865kPa，如果执行机构的额定操作压力高于 61865kPa，那么阀门定位器就成了执行机构输出推动力的制约因素。

(11) 当调节阀与阀门定位器装配组合后，它们的定位分辨率如何？这对控制系统的控制品质有非常明显的作用，因为分辨率越高，控制阀的定位就越接近理想值，因控制阀过控而造成的波动变化就可以得到扼制，从而最终达到限制被控制量周期性变化的目的。

(12) 阀门定位器的正反作用转换是否可行？转换是否容易？有时这个功能是必要的。例如，要把一个"信号增加——阀门关"的方式改为"信号增加——阀门开"的方式，就可使用阀门定位器的正反作用转换功能。

(13) 阀门定位器内部操作和维护的复杂程度如何？众所周知，部件越多，内部操作结构越复杂，对维护（修）人员的培训就越多，而且库存的备品备件就越多。

(14) 阀门定位器的稳态耗气量是多少？对于某些工厂装置，这个参数很关键，而且可能是一个限制因素。

(15) 当然，在评价和选用阀门定位器时，其他因素也应考虑。譬如：阀门定位器的反馈连杆机构要能真实地反映阀芯的位置；另外，阀门定位器必须坚固耐用，具备抗环境保护和防腐能力，而且安装连接简易、方便。

5.5　执行器的选择、安装与校验

5.5.1　执行器的选择

执行器的选用是否得当，将直接影响自动控制系统的控制质量、安全性和可靠性，因此，必须根据工况特点、生产工艺及控制系统的要求等多方面的因素，综合考虑，正确选用。执行器的选择，主要是从三方面考虑：执行机构的选择、执行器的作用方式选择、控制机构的选择。

5.5.1.1　执行机构的选择

主要是对气动执行机构和电动执行机构的选择，根据能源、介质的工艺要求、安全、控制系统精度、经济效益及现场情况等多种因素，综合考虑选用哪一种执行机构。再根据执行机构的输出力必须大于控制阀的不平衡力来确定执行机构的规格品种。

对于气动执行机构来说，薄膜式执行机构的输出力，通常都能满足控制阀的要求，所以大多选用它。但当所选用的控制阀口径较大或压差较高时，要求执行机构有较大的输出力，此时可考虑选用活塞式执行机构，当然也可用薄膜式执行机构再配上阀门定位器。

气动和电动执行机构各有其特点，并且都包括各种不同的规格品种。选择时，可以根据实际使用要求，综合考虑确定选用哪一种执行机构。

另外对于控制机构是直行程类的，就要选择直行程执行机构；控制机构是角行程类的，就要选择角行程执行机构。如果控制机构产生的不平衡力较小，行程较短，可选薄膜执行机构；如果不平衡力较大，粗管径要求行程长，可选用活塞执行机构。如果选用了薄膜执行器又要有足够的推力，可安装阀门定位器；对于活塞执行机构，除作为两位式使用外都要配装阀门定位器。

5.5.1.2　执行器的作用方式选择

在采用气动执行机构时，还必须确定整个气动执行的作用方式。有信号压力时阀关、无信号压力时阀开，为气关式执行器（也称气关阀）；反之为气开式执行器（也称气开阀）。

气开、气关的选择要从工艺生产上的安全要求出发。考虑原则是：信号压力中断时，应保证设备和操作人员的安全，如阀门处于打开位置时危害性小，则应选用气关阀；反之，则选用气开阀。例如，加热炉的燃料气或燃料油应采用气开阀，即当信号中断时应切断进炉燃料，以避免炉温过高而造成事故。又如调节进入设备的工艺介质流量的调节阀，若介质为易爆气体，应选用气开阀，以免信号中断时介质溢出设备而引起爆炸；若介质为易结晶物料，则选用气关阀，以免信号中断时介质产生堵塞。

5.5.1.3　控制机构的选择

(1) 结构的选择　主要依据控制阀的阀形、阀盖、密封填料等要求和根据介质的性质、黏度、压力、散热情况、密封等要求进行选用，并参照各种控制机构的特点及其适用场合，同时兼顾经济性，来选择满足工艺要求的控制机构。

(2) 流量特性的选择　控制阀的流量特性直接影响到系统的控制质量和稳定性，所以必须正确选择其流量特性。

制造厂商提供的控制阀,其流量特性是理想流量特性,而在实际使用时,控制阀总是安装在工艺管路系统中,控制阀前、后的压差是随着管路系统的阻力改变而变化的。因此,选择控制阀的流量特性时,不但要依据对象特性,还应结合系统的配管情况来考虑。

依据被控对象的特性来选择控制阀的流量特性,两者相补偿,使得被控对象和控制阀所构成的广义对象具有好的线性。例如变送器特性为线性,对象特性也是线性时,应选择工作特性为线性的控制阀;若变送器特性为线性,而对象特性的放大系数 K 随操纵变量的增加而减小时,则应选择对数工作特性阀。

依据工艺配管情况确定配管系数 s 值后,可以从所选的工作特性出发,确定理想特性。当 $s=0.3\sim1$ 时,理想特性与工作特性几乎相同;$s=0.3\sim0.6$ 时,无论是线性或对数工作特性,都已选对数理想特性;当 $s<0.3$ 时,一般不适宜控制,但也可以根据低 s 值来选择其理想特性。

(3) 控制阀口径大小的选择 控制阀的口径是指入口法兰处管内径。按流量系数的表达式,显然额定流量系数与口径有关。口径选得过小,额定流量系数就小,不能满足生产要求的流通能力;口径选择过大,价格高,而且正常流量下处于小开度,不稳定,易振荡。选择口径之前先计算出生产所需的额定流量系数,按这个系数查控制阀的规格(表 5-1),以得到合适的口径。

口径计算可按下列步骤进行。

① 确定最大的计算流量 q_{max}。

② 确定最大流量的阀前、后压差 Δp_{min},这需要知道管道阻力配置情况,并可算出 s 值来。

③ 计算出最大开度下流量系数 K_V 值,依据选定的阀形查表选取额定流量系数 K_{Vg},注意选取 K_{Vg} 不应小于计算值 K_V,以确保流过最大流量。

④ 验算可调比。工艺上最大流量与最小流量之比要比全开全关时流量范围要小,一般取 $R=10$,按实际可调比看是否能满足需要。

如果 $s>0.3$,则 $R_{实}=10\sqrt{0.3}>5$,完全满足工艺需要,这种情况可不用验算可调比。

⑤ 按 K_{Vg} 查表 5-1 得到口径 D_g。

表 5-1　控制阀规格

阀口径/mm		20		25	32	40	50	65	80	100	125	150	200	250	300
阀座直径/mm		10 15	12 20	25	32	40	50	65	80	100	125	150	200	250	300
流量系数 K_{Vg}	单座阀	1.2 3.2	2.0 5.0	8	12	20	32	50	80	120	200	280	450	700	1100
	双座阀			10	16	25	40	63	100	160	250	400	630	1000	1600

5.5.2　执行器的安装

执行器能否在控制系统中起到良好作用,一方面取决于控制阀结构类型、流量特性及口径的选择是否正确;另一方面与控制阀的安装有关。一般应考虑以下几点。

① 控制阀应垂直、正立地安装在水平管道上,公称通径 $DN \geqslant 50\text{mm}$ 的控制阀,其阀前、后管道上最好有永久性支架。

② 控制阀应安装在环境温度不高于 60℃ 和低于 -40℃ 的地方,以防止气动执行机构的薄膜老化,并远离振动设备及腐蚀严重的地方。

③ 控制阀应尽量安装在靠近地面或楼板的地方，在其上、下方应留有足够空间，以便人员能进行维修和操作，必要时应设置平台。

④ 控制阀安装到管道上时，应使流体流动方向与控制阀箭头方向一致，不能装反。

⑤ 阀的公称通径与管道公称通径不同时，两者之间应加一段异径管。

⑥ 控制阀前、后一般要各装一个切断阀，以便修理时拆下控制阀。考虑到控制阀发生故障或维修时，不影响工艺生产的继续进行，一般应装旁路阀。

⑦ 在日常使用中，要对控制阀经常维护和定期检修。应注意填料的密封情况和阀杆上、下移动的情况是否良好，气路接头及膜片有否漏气等。

⑧ 控制阀在安装之前，应对管路进行扫线清洗，排除焊渣和其他污物；安装以后还应再次对管路和阀门进行清洗。

5.5.3　控制阀主要性能的现场检测

5.5.3.1　控制阀的检测和调校

控制阀性能指标很多，以下项目应进行重点检测和调校。

(1) 基本误差　将 20～100kPa 信号平稳地增大或减小输入气室（或定位器）内，测量各点所对应的行程值，计算出"信号-行程"关系与理论值之间的各点误差，其最大值即为基本误差。试验点应按信号范围的 0、25%、50%、75%、100% 五个点进行，测量仪表基本误差应限于被测试阀门基本误差限的 1/4。

(2) 回差　实验方法同上。在同一输入信号上测得的正反行程的最大差值即回差。

(3) 始终点偏差　实验方法同上。信号上限（始点）处的基本误差即为始点偏差；信号下限（终点）处的基本误差即为终点偏差。

(4) 泄漏试验　通常试验介质为常温水，当阀的压差小于 350kPa 时，实验压力按 350kPa 进行，当阀的工作压差大于 350kPa 时按允许压差进行。实验介质应按规定流向进入阀内，阀出口可直接连通大气或连接出口通大气的低压头测量装置，在确认阀和下游各连接管完全充满介质后，方可测取泄漏量。对主要阀门还要做强压试验。

(5) 配套定位器的阀　在安装、投运前，均应现场调试。

5.5.3.2　控制阀的现场维护

控制阀由于直接与工艺介质接触，其性能直接影响到系统质量和环境污染，所以对控制阀必须进行经常维护和定期检修，尤其对使用条件恶劣和重要场合更应重视维修工作，其重点检查维护部位如下。

① 对于使用在高压差和腐蚀性介质场合的控制阀，阀体内壁、隔膜经常受到介质的冲击和腐蚀，应重点检查耐压、耐腐情况。

② 固定阀座用的螺纹，内表面易受腐蚀而使阀座松动，应重点检查此部位；对高压差下工作的阀还应检查阀座密封面是否被冲蚀、汽蚀。

③ 阀芯受介质的冲刷、腐蚀最为严重，检修时要认真检查是否被腐蚀、磨损，特别是在高压差情况下阀芯因汽蚀现象磨损更为严重。

④ 检查膜片、"O" 形圈和其他密封垫是否裂化或老化。

⑤ 应注意聚四氟乙烯填料、密封润滑油脂是否老化、配合面是否被损坏，必要时应更换。

5.5.3.3　控制常见故障及现场处理

控制阀现场常见问题是关不死、打不开、回差大、泄漏大、振动、振荡等，其处理方法如下。

(1) 阀芯关不死　对气关阀解决办法是增大气源压力或调松弹簧预紧力（即降低气室外起点压力）。对气开阀的解决方法是增大弹簧预紧力，同时增大起源压力。

(2) 推杆动作迟钝或不动作　检验膜片、滚动膜片、垫片是否老化、破裂引起漏气。

(3) 回差大　推杆是否弯曲、填料压盖是否压得太紧，尤其是石墨填料、阀芯导向是否有伤。解决办法是换阀杆、换填料、增大导向间隙、换强力执行机构。

(4) 阀的全行程不够　松开阀杆连接螺母，将阀杆向外旋或向内伸。使全行程偏差值超过允许值再将螺母并紧。

(5) 阀小开度稳定性差　现场首先检查是否流向装反了，或阀选得太大，解决办法是改流开型安装、缩小阀芯尺寸。

(6) 阀的动作不稳定　定位器故障、输出管线漏气、执行机构刚度太小、流体压力变化造成推力不足。解决办法是维修定位器和管线，改用刚度大的执行机构。

(7) 泄漏量大　首先检查密封面是否有伤、阀座与阀杆连接螺纹是否松动、阀关闭时压差是否大于执行机构的输出力。解决办法是更换密封面并紧阀座、更换高输出力的执行机构。

(8) 振荡现象　此现象是由于阀处于小开度工作或流向为流闭型所致。解决办法是避免小开度工作，改流开型工作。

习题与思考题

1. 执行器在自动控制系统中的作用是什么？
2. 气动执行器主要由那两部分组成？各起什么作用？
3. 气动执行机构有哪两种？简述它们的工作原理。
4. 电动执行机构的构成原理和基本结构是什么？
5. 控制阀的结构有哪些主要类型？各使用在什么场合？
6. 什么是控制阀的理想流量特性和工作流量特性？理想流量特性有哪几种？
7. 何谓控制阀的流量系数 K_V？如何选择控制阀的孔径？
8. 阀门定位器的作用是什么？简述电-气阀门定位器的工作原理。
9. 什么叫气开阀和气关阀？其选择原则是什么？
10. 执行器在安装时应注意哪些问题？
11. 简述控制阀常见故障及现场处理办法。

第6章

自动控制系统

6.1 概 述

随着现代工业生产规模的不断扩大，生产过程的日益复杂，自动控制系统已经成为工业生产过程中必不可少的设备，它是保证现代工业生产安全、优化、低能耗、高效益的主要技术手段。自动控制系统的任务是根据不同的工业生产过程和特点，采用测量仪表、控制装置和计算机等自动化工具，应用控制理论，设计自动控制系统，来实现工业生产过程的自动化，保证生产过程良好、高效地操作运行。

从自动控制系统结构来看，已经经历了四个阶段。

(1) 20 世纪 50 年代是以基地式控制器等组成的控制系统，如自力式温度控制器、就地式液位控制器等，它们的功能往往限于单回路控制，时至今日，这类控制系统仍没有淘汰，而且还有了新的发展，但所占比重大为减少。

(2) 20 世纪 60 年代出现单元组合式仪表组成的控制系统，单元组合仪表有电动和气动两大类。所谓单元组合，就是把自动控制系统仪表按功能分成若干单元，依据实际控制系统结构的需要进行适当的组合。因此单元组合仪表使用方便、灵活。单元组合仪表之间用标准、统一信号联系。气动仪表（QDZ 系列）为 20～100kPa 的气压信号。电动仪表信号为 0～10mA 的直流电流信号（DDZ-Ⅱ系列）和 4～20mA 的直流电流信号（DDZ-Ⅲ系列）。单元组合仪表已延续 30 多年，目前在国内广泛应用。由单元组合仪表组成的控制系统，控制规律主要是 PID 控制和常用的复杂控制系统（例如串级、均匀、比值、前馈、分程和选择性控制等）。

(3) 20 世纪 70 年代出现了计算机控制系统，最初是直接数字控制（DDC）实现集中控制，代替常规控制仪表。由于集中控制的固有缺陷，未能普及与推广就被集散控制系统（DCS）所替代。DCS 在硬件上将控制回路分散化，数据显示、实时监督等功能集中化，有利于安全平稳生产。就控制规律而言，DCS 仍以简单 PID 控制为主，再加上一些复杂控制算法，并没有充分发挥计算机的功能和控制水平。

(4) 20 世纪 80 年代以后，随着计算机及网络技术的发展，DCS 出现了开放式系统，实现多层次计算机网络构成的管控一体化系统（CIPS）。同时，以现场总线为标准，实现以微处理器为基础的现场仪表与控制系统之间全数字化、双向和多站通信的现场总线网络控制系统（FCS）。它将对控制系统结构带来革命性变革，开辟控制系统的新纪元。

与其他工业生产一样，在石油和天然气开采和储运工艺过程中，也可以广泛地采用自动控制系统。比如，在采输工艺管线和站库上装有各种自动化仪表，对原油及天然气的压力、温度、流量、液位等参数进行自动检测和控制。也可采用"三遥"装置，对远距离泵站的单井的油气压力和温度进行遥测，对井口电动球阀进行遥控，对其阀位状态进行遥讯。

自动化系统是由自动检测系统、自动信号联锁保护系统、自动操作系统、自动控制系统组成的。自动控制系统在石油、天然气开采和储运中应用最多，也是最主要的系统，例如泵房自动化、油品管道自动调和、油品灌装等生产过程。在大型油气处理联合站，简单控制系统多达 100 个。以下将主要介绍简单控制系统、复杂控制系统和计算机控制系统。

6.2 简单控制系统

简单控制系统是使用最普遍、结构最简单的一种自动控制系统。随着工业技术的发展，控制系统的类型越来越多，复杂控制、计算机控制系统的应用也日趋广泛，但就目前而言，简单控制系统仍然占据着主要地位，其分析、设计方法是其他各类控制系统分析和设计的基础。在选择控制方案时，只有当简单控制系统不能满足控制要求时，才考虑采用其他较复杂的控制方案。简单控制系统研究的问题，在其他各类控制系统中也基本适用。本节先简要介绍简单控制的设计方法及主要内容，然后再对简单控制系统的一般设计原则、系统投运的过程、控制器参数的工程方法等作介绍。

6.2.1 简单控制系统的组成

简单控制系统由一个测量变送环节（测量元件及变送器）、一个控制器、一个执行器、一个被控对象组成。由于该系统中只有一条由输出端引向输入端的反馈路线，因此也称为单回路控制系统。

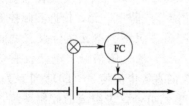

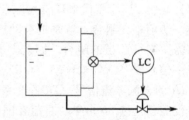

图 6-1 输油管道流量控制系统   图 6-2 液位控制系统

如图 6-1 所示为输油管道的流量控制系统。输油管道是被控对象，流量是被控变量，孔板流量计配合变送器将检测到的流量信号送往流量控制器 FC。控制器的输出信号送往执行器，通过改变控制阀的开度来实现流量控制。

如图 6-2 所示，储槽的液位控制系统中，储槽是被控对象，液位是被控变量，液位送器将反映液位高低的信号送往液位控制器 LC。控制器的输出信号送往执行器，改变控制阀开度使储槽输出流量发生变化以维持液位稳定。需要说明的是，按自控设计规范，测量变送环节是被省略不画的，但要注意在实际的系统中总是存在这一环节，只是在画图时被省略罢了。

如图 6-3 是简单控制系统的典型方块图。由图 6-3 可知，简单控制系统由四个基本环节组成，即被控对象（简称对象）、测量变送装置、控制器和执行器。对于不同对象的简单控制系统尽管其具体装置与变量不相同，但都可以用相同的方块图来表示，这是简单控制系统所具有的共性。

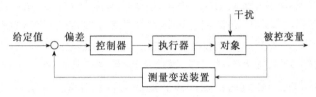

图 6-3　简单控制系统的典型方块图

由图 6-3 还可以看出，在该系统中有着一条从系统的输出端引向输入端的反馈路线，也就是说该系统中的控制器是根据被控变量的测量值与给定值的偏差来进行控制的，这是简单反馈控制系统的又一特点。

6.2.2　控制方案的设计

所谓控制方案的设计是指被控变量的选择、操纵变量的选择及控制器的选择。

6.2.2.1　被控变量的选择

自动控制系统是为生产过程服务的，自动控制的目的是使生产过程自动按照预定的目标进行，并使工艺参数保持在预先规定的数值上（或按预定规律变化）。因此，在构成一个自动控制系统时，被控变量的选择十分重要。它关系到自动控制系统能否达到稳定运行、增加产量、提高质量、节约能源、改善劳动条件、保证安全等目的。如果被控变量选择不当，将不能达到预期的控制目标。

被控变量的选择与生产工艺密切相关。影响生产过程的因素很多，但并不是所有影响因素都必须加以控制。所以设计自动控制方案时必须深入分析工艺，找到影响生产的关键变量作为被控变量。所谓"关键"变量，是指对产品的产量、质量以及生产过程的安全具有决定性作用的变量。

根据工艺生产要求选择被控变量有两个途径：一是以工艺控制指标（温度、压力、流量、液位等）为被控变量的，称为直接指标控制；二是以表征生产过程的质量指标作为被控变量，目前，按质量指标进行直接控制并不多见，因为目前对成分测量还有一定困难，即使能测量但信号微弱，而且还存在着较大的测量滞后。因而一般都采用温度、压力等作为间接指标，此时要注意间接指标与质量指标之间必须具有单值对应的数学关系和足够大小的间接指标测量信号。例如，在精馏过程中，要求产品达到规定的纯度，并希望在额定生产负荷下尽可能地节省能量。这样，塔顶馏出物或塔底残液的浓度应该选作为被控变量，因为它最直接地反映了生产过程的质量。由于缺乏直接测量产品浓度的工具，而且滞后时间较大，为此，常用塔顶、塔底或塔中某点的温度代替浓度作为被控变量。

此外，必须确定表征生产过程的独立变量数目。被控变量必须是独立变量，一般可根据物理化学中的相律关系进行鉴别。例如在精馏过程中，通常选用温度作为被控变量来反映塔顶或塔底产品的质量，但根据相律可知，只有在塔压恒定的情况下，并且只有两个组分时，塔板温度才与产品质量之间存在性的对应关系。对于多组分分馏则只有近似的关系。

最后必须注意控制系统之间的相互影响，亦即所谓相互关联问题。当一个装置或设备具有两个以上的独立变量，而且又分别组成控制系统时，则往往容易产生系统间的相互关联。

假如在精馏操作中，塔顶和塔底的产品纯度都需要控制在规定的数值，根据以上分析，可在固定塔压的情况下，塔顶与塔底分别设置温度控制系统。但这样一来，由于精馏塔各塔板上物料的温度相互之间有一定联系，塔底温度提高，上升蒸汽温度升高，塔顶温度相应也会提高；同样，塔顶温度提高，回流液温度升高，会使塔底温度相应提高。也就是说，塔顶的温度与塔底的温度之间存在关联问题。因此，以两个简单控制系统分别控制塔顶温度与塔底温度，势必造成相互干扰，使两个系统都不能正常工作。所以采用简单控制系统时，通常只能保证塔顶或塔底一端的产品质量。若工艺要求保证塔顶产品质量，则选塔顶温度为被控变量；若工艺要求保证塔底产品质量，则选塔底温度为被控变量。如果工艺要求塔顶和塔底产品纯度都要保证，则通常需要组成复杂控制系统，增加解耦装置，解决相互关联问题。

从上面的论述中可以看出，要正确地选择被控变量，必须了解工艺过程和工艺特点对控制的要求，认真分析个变量之间的相互关系。在多个变量中选择被控变量一般应遵循下列原则。

① 尽量采用直接指标作为被控变量。

② 当无法获得直接指标信号，或其测量和变送信号滞后很大时，单值关系的间接指标作为被控变量。

③ 作为被控变量，必须能够获得测量信号并有足够大的灵敏度。

④ 选择被控变量，必须考虑工艺合理性和国内仪表产品现状。

⑤ 被控变量应是独立的可控的。

6.2.2.2 操纵变量的选择

当被控变量确定以后，接着就要考虑影响被控变量波动的干扰因素有哪些，采用什么手段去克服，选用哪个变量去克服干扰最有效，最能使被控变量回到给定值上。人们经常把这个被选择用来克服干扰的变量称为操纵变量。操纵变量最多见的是流量。

在大多数情况下，使被控变量发生变化的影响因素往往有多个，而且各种因素对被控变量的影响程度也不同。现在的任务是从影响被控变量的许多因素中选择其中一个作为操纵变量，而其他未被选中的因素均被视为系统的干扰。究竟选择哪一个影响因素作为操纵变量，只有在对生产工艺和各种影响因素进行认真分析后才能确定。

导致被控变量变化的因素大致可分为两类：一类是可控的；另一类是不可控的。一个变量是否可控需从工艺角度去分析，主要从两方面考虑：一是看该变量在工艺上是否能够调节，即工艺的可实现性，比如在燃烧加热系统中，燃料的流量和成分都对被加热介质的温度有影响，但是燃料的成分在工艺上则无法调节；二是看该变量在工艺上是否允许调节，即工艺的合理性。有些变量在工艺上虽然可以调节，但是由于它们受到其他工序的制约，或者它们的频繁动作可能会造成整个生产的不稳定，因此，工艺上不允许对其进行调节。比如生产负荷直接关系到产品的质量和产量，希望它越稳定越好，一般情况下不适宜被选为操纵变量。因此，不可控因素不能作为操纵变量，只能作为干扰来影响被控变量。

当对工艺进行分析后仍然有几个可控变量可供选择时，下一步是从控制的角度进行分析，看哪一个可控变量能够更有效地对被控变量进行控制，即选择一个可控性良好的参数作为操纵变量。下面就从研究对象特性对控制质量的影响入手，讨论选择操纵变量的一般原则。

干扰变量是由干扰通道施加到对象上，起着破坏作用，使被控变量偏离给定值。操纵变量由控制通道施加到对象上，使被控变量回到给定值上，起着校正作用。这是一对矛盾的变量，它们都与对象特性有密切关系，如图 6-4 所示。所以，在操纵变量的选择时，要认真分析对象的特性。

首先来分析控制通道特性对控制质量的影响。

(1) 对象静态特性的影响　在选择操纵变量时，一般是希望控制通道的放大系系数 K_0 要大一些。因为 K_0 大，表示操纵变量对被控变量的影响大，控制作用灵敏，抑制干扰能力强；同时，K_0 大，过渡过程的余差也小，控制精度可得到提高。但是 K_0 数值过大，控制作用过于灵敏，易使调节过头，引起振荡。因此，当有多个操纵变量可供选择时，在工艺条件允许的情况下应选择控制通道放大系数 K_0 比较大的作为操纵变量。

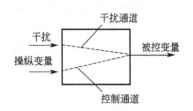

图 6-4　干扰通道与控制通道的关系

另外，对象干扰通道的放大系数 K_f 则越小越好。K_f 越小，表示干扰对被控变量的影响不大，过渡过程的超调量不大。

(2) 对象动态特性的影响

① 时间常数的影响　控制通道时间常数 T_0 越大，反应速率越慢，被控变量变化越缓和。但控制作用不及时，过渡过程的最大偏差加大，过渡时间加长，使控制质量差；相反，时间常数 T_0 较小时，反应灵敏，控制及时，过渡时间短。但当 T_0 太小时，容易引起控制作用过于频繁而造成控制过程振荡，稳定性变差。因此在 T_0 太大或太小的情况下，都比较难以控制，控制系统一般希望控制通道的时间常数 T_0 大小适当。

干扰通道的时间常数 T_f 越大，表示干扰对被控变量的影响越缓慢，所以干扰通道的时间常数大一些是有利于控制的。

② 纯滞后的影响　控制通道纯滞后 τ_0 的存在，会使控制作用落后于被控变量的变化，容易引起超调和振荡，使被控变量的最大偏差增大，过渡时间增加，控制质量变差。滞后越大，这种现象越严重，系统的控制质量也越差。因此，在设计自动控制系统时，应尽量避免或减小控制通道纯滞后 τ_0 的影响。

纯滞后对于扰动通道，相当于使扰动隔一段时间 τ_f 后再进入被控过程，结果只是使控制过程推迟一段时间 τ_f 后再开始。相当于整个过渡过程曲线推迟了时间 τ_f，不影响控制过程的品质。

根据以上分析，概括来讲，操纵变量的选择原则主要有以下几条。

① 操纵变量必须是可控的，即工艺上允许调节的变量。

② 操纵变量一般应比其他干扰对被控变量的影响更加灵敏。为此，应通过合理选择操纵变量，使控制通道的放大倍数适当大、时间常数适当小（但不宜过小，否则易引起振荡）、纯滞后时间尽量小。为使其他干扰对被控变量的影响尽可能小，应使干扰通道的放大系数尽可能小、时间常数尽可能大。

③ 在选择控制变量时，除了从自动化角度考虑外，还要考虑工艺的合理性与生产的经济性。一般来说，不宜选择生产负荷作为控制变量，因为生产负荷直接关系到产品的产量，是不宜经常波动的。另外，从经济性考虑，应尽可能地降低物料与能量的消耗。

(3) 测量变送环节对控制系统的影响　测量元件与变送器是控制系统的"眼睛"，也是系统进行控制作用的依据。所以，要求它能准确地、及时地反映被控变量的状况。如果测量不准确，则会产生失调或误调，影响之大，不容忽视。

变送器的量程选择，首先要根据生产工艺的要求，得到被控变量的给定值，然后取给定值的 1.5～2.0 倍为所选的变送器量程，最后查找有关厂家仪表产品目录来选定。

目前，工厂制造的变送器大多数是线性的，即变送器的输出与输入之间成正比例关系，惯性小，出厂时经过严格调整，所以测量变送的特性问题集中在测量元件上，在设计控制系统时，需认真考虑测量元件的特性及安装点的选择对控制过程的影响及解决办法。

测量元件安装点选择不合适会带来纯滞后，称为测量滞后。如图 6-5 所示为一个流量控制系统，由于测量点距离控制阀较远，控制阀调节管道流量的变化经 $\tau_0 = l/v$ 的时间，变送器才检测到，这种纯滞后使控制质量大大降低。

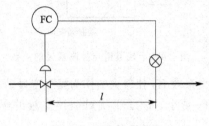

图 6-5　流量控制系统

① 传递滞后　在使用气动单元组合仪表时比较明显，对于电动单元组合仪表可忽略不计。实现集中控制后，控制器安装在控制室内，而变送器、控制阀安装在现场设备上。它们之间有相当远的距离，气压信号从变送器至控制器之间的传递就产生了滞后。

由于存在传递滞后，控制器接受信号不及时，使发出的控制信号也延迟，因而降低了控制质量。所以，一般气压信号管路不能超过 300m，否则改用电动单元组合仪表。

② 测量滞后　这里的测量滞后是指由测量元件时间常数所引起的动态误差，它是由测量元件本身的特性所决定的。例如，测温元件测量温度时，由于存在着热阻和热容，即其本身具有一定的时间常数 T_m，因而测温元件的输出总是滞后于被控变量的变化，从而引起幅值的降低和相位的滞后。测温元件时间常数对被控变量的影响如图 6-6 所示，若被控变量 y 做阶跃变化时，测量值 z 慢慢靠近 y，如图 6-6(a) 所示。显然，前一段两者差距很大；若 y 做递增变化，而 z 则一直跟不上去，总存在偏差，如图 6-6(b) 所示；若 y 做周期性变化，z 将落后一个相位，如图 6-6(c) 所示。假如把这种测量元件用于控制系统，那么，控制器接收到的是一个失真信号，它就不能正常发挥校正作用，因此控制系统的控制质量也将随之下降。需要减小时间常数，常采用快速热电偶代替工业用热电偶和温包。另外，可通过正确选择测量元件的安装位置、正确使用微分环节等途径来克服测量滞后。

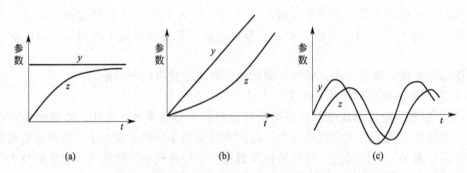

(a)　　　　　　　　　　(b)　　　　　　　　　　(c)

图 6-6　测温元件时间常数对被控变量的影响

测量滞后及传递滞后对控制系统的控制质量影响很大，尤其当过程的时间常数小，或其动态响应较信号管线的动态响应为快时，影响更为突出，这是在设计控制系统时必须注意的问题。

6.2.2.3　控制器的选择

在控制系统中，仪表选型确定以后，对象特性是固定的，不好改变；测量元件及变送器的特性比较简单，一般也是不可改变的；执行器加上阀门定位器可有一定程度的调整，但灵活性不大；主要可以改变参数的就是控制器。系统设置控制器的目的，也是通过它改变整个系统的动态特性，已达到控制的目的。

　　控制器的控制规律对控制质量影响很大。根据不同对象特性和要求，选择相应的控制规律，以获得较高的控制质量；控制器正、反作用的选择是关系到系统正常运行与安全操作的重要问题。

　　(1) 控制规律的选择　控制规律主要根据对象特性和要求来选择。

　　① 位式控制器一般适用于滞后较小、负荷变化不大也不剧烈、控制质量要求不高、允许被控变量在一定范围内波动的场合，如恒温箱、电阻炉等温度控制。

　　② 比例控制器适用于控制通道滞后较小、负荷变化不大、工艺上没有提出无静偏差的要求的系统、如中间储罐的液位、精馏塔液位以及不太重要的蒸汽压力控制系统等。

　　③ 比例积分控制器使用最多，应用最广泛。它适用于控制通道滞后较小、负荷变化不大、工艺参数不允许存在静偏差的控制系统，如流量、压力和要求严格的液位控制系统。

　　④ 比例积分微分控制器适用于容量滞后较大、负荷变化大、控制质量要求高的控制系统。目前较多地应用在温度控制系统中。

　　(2) 控制器的正、反作用选择　在第 1 章中介绍过自动控制系统稳定运行的必要条件之一是闭环回路形成负反馈。也就是说，被控变量值偏高，则控制作用应使其降低；相反，如果被控变量值偏低，控制作用使其增加。控制作用对被控变量的影响应与干扰作用对被控变量的影响相反，才能使被控变量回复到给定值。

　　在控制系统中，控制器、被控对象、测量元件及执行器都有各自的作用方向。它们如果组合不当，使总的作用方向构成正反馈，则控制系统不仅不能起作用，反而破坏了生产过程的稳定。所以，在系统投运前必须注意各环节的作用方向，以保证整个控制系统形成负反馈。选择控制器"正"、"反"作用的目的是通过改变控制器的"正"、"反"作用，来保证整个控制系统形成负反馈。

　　所谓作用方向，就是指输入变化后，输出的变化方向。当输入增加时，输出也增加，则称该环节为"正作用"方向；反之，当环节的输入增加时，输出减小，则称该环节为"反作用"方向。

　　对于测量元件及变送器，其作用方向一般都是"正"的，因为当被控变量增加时，其输出量一般也是增加的，所以在考虑整个控制系统的作用方向时，可不考虑测量元件及变送器的作用方向（因为它总是"正"的），只需要考虑控制器、执行器和被控对象三个环节的作用方向，使它们组合后能起到负反馈的作用。

　　对于被控对象的作用方向，则随具体对象的不同而各不相同。当操纵变量增加时，被控变量也增加的对象属于"正作用"的；反之，被控变量随操纵变量的增加而降低的对象属于"反作用"的。

　　对于执行器，它的作用方向取决于是气开阀还是气关阀（注意不要与执行机构和控制阀的"正作用"及"反作用"混淆）。当控制器输出信号（即执行器的输入信号）增加时，气开阀的开度增加，因而流过阀的流体流量也增加，故气开阀是"正"方向；反之，由于当气关阀接收的信号增加时，流过阀的流体流量反而减少，所以是"反"方向。执行器的气开或气关形式主要应从工艺安全角度来确定。

　　由于控制器的输出取决于被控变量的测量值与给定值之差，所以被控变量的测量值与给定值变化时，对输出的作用方向是相反的。对于控制器的作用方向是这样规定的：当给定值不变，被控变量测量值增加时，控制器的输出也增加，称为"正作用"方向，或者当测量值不变，给定值减小时，控制器的输出增加的称为"正作用"方向；反之，如果测量值增加（或给定值减小）时，控制器的输出减小的称为"反作用"方向。

控制器装有实现正、反作用的开关，当选正作用控制器时，将开关打向"正"，选反作用控制器时，将开关打向"反"即可。

控制器正、反作用的选择要与执行器气开或气关的选择以及被控对象作综合考虑，最终要构成一个负反馈系统。如图 6-2 所示的液体控制系统，在这个系统里，储槽是对象，液体流出量是操纵变量，储槽液位是被控变量。根据分析可知，当操纵变量液体流出量增加时，被控变量是降低的，故对象是"反"作用方向。如果从工艺安全条件出发，执行器选择气开阀（停气时关闭），以免当气源突然断气时，液体全部流走。所以执行器是"正"作用方向。为了保证由对象、执行器与控制器所组成的系统是负反馈的，控制器就应该选为"正"作用。这样才能当液位升高时，控制器的输出增加，从而打开出口阀门（因为是气开阀，当输入信号增加时，阀门是开大的），使液位降下来。

6.2.3 控制器参数的工程整定

一个控制系统的质量取决于被控对象的特性、干扰的形式和大小、控制方案以及控制器参数的整定等因素。然而，一旦系统按照设计方案安装就绪，对象各通道的特性已成为定局，这时系统的控制质量主要取决于控制器参数的设置。控制器参数的整定就是求取能够满足某种控制质量指标要求的最佳控制器参数（δ、T_D、T_I）。整定的实质是通过调整控制器参数使其特性与被控对象的特性相匹配，以获得最为满意的控制效果。例如，对于单回路的简单控制系统，一般希望过渡过程呈 4：1（或 10：1）的衰减振荡过程。

控制器参数整定方法分为两大类。

(1) 一类是理论计算整定法，如频率特性法、根轨迹法等。这些方法都要获得对象的动态特性，由于对象特征复杂，其理论推导和实验测定都比较困难；有的不能得到完全符合实际对象特性的资料；有的方法烦琐，计算麻烦；有的采用近似方法而忽略了一些因素。因此，最后所得数据可靠性不高，还需要拿到现场去修改。这类方法在工程上多不采用。

(2) 另一类是工程整定的方法。就是避开对象特性曲线和数学描述，直接在控制系统中进行整定。其方法简单，计算简便，容易掌握。用这类方法所得控制器的参数不一定是最佳参数，但是相当实用，可以解决一般实际问题。

下面介绍几种常用的工程整定方法。

6.2.3.1 临界比例度法

临界比例度法是目前应用较多的一种方法。它是先通过试验得到临界比例度 δ_k 和临界周期 T_k，然后根据经验总结出来的关系式求取控制器的各参数值。具体如下。

在闭环的控制系统中，将控制器变为纯比例作用，即将 T_I 放在"∞"位置上。T_D 放在"0"位置上。加干扰后，逐渐减小比例度使过渡过程曲线产生等幅振荡时，记下控制器此时临界比例度 δ_k，由曲线上求取临界周期 T_k，如图 6-7 所示。取得 δ_k 和 T_k 以后，根据表 6-1 的经验公式计算出控制器各参数值。

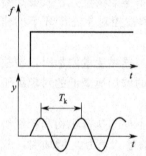

图 6-7 临界振荡过程

表 6-1 经验关系式

调节作用	比例度 δ/%	积分时间 T_I/min	微分时间 T_D/min
比例	$2\delta_k$		
比例积分	$2.2\delta_k$	$0.85T_k$	
比例积分微分	$1.7\delta_k$	$0.5T_k$	$0.125T_k$

　　临界比例度法比较简单方便，容易掌握和判断，适用于一般的控制系统，但是对于临界比例度很小或不存在临界比例度的系统不适用。因为临界比例度很小，则控制器输出的变化一定很大，被控变量容易超出允许范围，影响生产的正常进行。

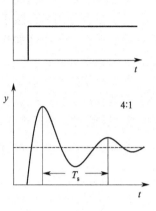

　　临界比例度法是要使系统达到等幅振荡后，才能找出 δ_k 与 T_k，对于工艺上不允许产生等幅振荡的系统不适用。

6.2.3.2　衰减曲线法

　　衰减曲线法是通过使系统产生衰减振荡来整定控制器的参数值的，在闭环的控制系统中，先将控制器变为纯比例作用，并将比例度预置在较大的数值上。在达到稳定后，用改变给定值的办法加入阶跃干扰，观察被控变量记录曲线的衰减比，然后从大到小改变比例度，直至出现 4∶1 衰减曲线的过渡过程，如图 6-8 所示，记下控制器此时比例度 δ_s，在过渡过程曲线上取得振荡周期了 T_s，根据表 6-2 的经验公式，求出相应的 δ、T_I、T_D 值。

图 6-8　4∶1 衰减振荡过程

表 6-2　经验关系式

调节作用	$\delta/\%$	T_I/min	T_D/min
比例	δ_k		
比例积分	$1.2\delta_k$	$0.5T_s$	
比例积分微分	$0.8\delta_k$	$0.3T_s$	$0.1T_s$

　　衰减曲线法适用于一般情况下各种参数控制系统。但对于干扰频繁、记录曲线不规则且呈锯齿形的控制系统不适用，因为不能得到正确的衰减比例度 δ_s 和衰减周期 T_s。必须指出，工艺操作条件改变，负荷有变化很大时，被控对象的特性则改变。因此，控制器的参数必须重新整定。

6.2.3.3　经验凑试法

　　经验凑试法是在长期的生产实践中总结出来的一种整定方法。它是根据经验先将控制器参数 δ、T_I、T_D 放在一个数值上，直接在闭合控制系统中，通过改变给定值施加干扰，在记录仪上看过渡过程曲线。运用 δ、T_I、T_D 对过渡过程的作用为指导，按照规定顺序，对比例度 δ、积分时间 T_I 和微分时间 T_D 逐个整定，直到获得满意的过渡过程为止。此方法又称为看曲线调参数法。

　　各类控制系统中控制器参数的经验数据见表 6-3。特殊系统的控制器参数可适当超出此范围。

表 6-3　各类控制系统中控制器参数的经验数据

控制系统	$\delta/\%$	T_I/min	T_D/min	特　　点
温度	20～60	3～10	0.5～3	比例度小，积分时间长，加微分
流量	40～100	0.1～1		比例度大，积分时间短
压力	30～70	0.4～3		比例度略小，积分时间略大
液位	20～80	1～5		比例度小，积分时间长

　　凑试的顺序有两种。

　　第一种认为比例作用是基本的控制作用，首先把比例度凑试好，待过渡过程已基本稳定后再加入积分作用去消除余差，最后加入微分作用是为了改善动态特性，提高控制质量。在整定中，观察到曲线振荡很频繁，必须把比例度增大以减小振荡；当曲线波动较大时，应增大积分时间，曲线偏离给定值后，长时间回不来，则需减少积分时间；如果曲线振荡得厉害，需把微分作用减到最小，或者暂时不加微分作用，以免加剧振荡；曲线最大偏差大，而衰减慢，需把微分时间加长，一直到调到过渡过程振荡两个周期基本达到稳定，品质指标也达到工艺要求为止。

第二种整定顺序的出发点是：比例度和积分时间可以在一定范围内匹配，所得的过渡过程中衰减情况一样。也就是说，减小比例度时，可用增加积分时间来补偿，因而可根据表6-3的经验数据，确定积分时间数值，调整比例度由大到小凑试到满意的过渡过程为止。如果需要加入微分作用，可取 $T_D = \left(\frac{1}{4} \sim \frac{1}{3}\right) T_I$。先放好 T_I 和 T_D，整定好 δ 以后，再改动一下 T_I 和 T_D，直到得出满意的过渡过程为止。

经验凑试法的特点是方法简单，适用于各种控制系统，特别是外加干扰作用频繁，记录曲线不规则的控制系统，采用此法最为合适。但是此法主要是靠经验，在缺乏实际经验或过渡过程本身较慢时，往往较为费时。尤其对比例积分微分三作用控制器的三个参数不容易找出最佳的数值。为了缩短整定时间，可以运用优选法，使每次参数改变的大小和方向都有一定的目的性。对于同一个系统，不同的参数匹配有时会得到衰减情况极为相近的过渡过程。

在一个自动控制系统投入运行时，控制器的参数必须整定，才能获得满意的控制质量。同时，在生产进行的过程中，如果工艺操作条件改变，或负荷有很大变化，被控对象特性就要改变，控制器的参数也必须重新整定。所以，整定控制器参数是经常要做的工作，对工艺人员与仪表人员来说，都是需要掌握的。

最后还有两点必须指出。

(1) 控制器参数的整定不是"万能"的，它只能在一定范围内起作用。如果设计方案不合理，仪表选择不当，安装质量不高，被控对象特性不好等，仅仅想通过整定控制器参数来满足工艺生产的要求是不可能的。只有在系统设计合理、仪表选择得当和安装正确的条件下，控制器参数的整定才有意义。

(2) 控制器参数的整定不是一劳永逸的。工艺条件的改变、负荷的变化、催化剂的老化以及传热设备的结垢等因素都会使对象特性发生变化。只有根据工艺情况的变化及时调整控制器参数，使其与对象特性相匹配，才能保证控制系统获得稳定而良好的控制质量。

6.2.4 控制系统的投运

控制系统的投运是控制系统投入生产实现自动控制的最后一步工作。无论选用什么样的仪表装置，控制系统的投运步骤都大致如下。

6.2.4.1 投运前的准备

系统的投运准备工作应由工艺人员、自控设计人员以及施工人员共同合作完成，一般要求做到下面几点。

(1) 熟悉整个过程 了解主要工艺流程及主要设备的功能、工艺介质性质及各工艺变量间的关系；熟悉控制方案，了解设计意图，明确控制指标；对检测元件、变送器、控制阀等的安装位置和管线走向等都要心中有数；熟悉各种自动化装置的原理、结构及其调校技术，掌握控制器手动-自动切换操作的要求和方法；全面检查电源、气源、管路和线路等的连接是否正确，气压管线是否堵塞或漏气等，保证整个系统的每一个组成环节都处于完好状态。

（2）现场校验　安装完毕投运之前，必须对检测元件、变送器、控制器、显示仪表和控制阀等进行现场校验。校验仪表的零点、工作点、满刻度，校验记录调节仪的指示值和控制点偏差等。

（3）检查控制器的内外设定、正反作用方向及执行器的气开、气关形式　控制器的内外设定位置、正反作用方向和执行器的气开、气关形式是关系到控制系统能否正常运行和安全操作的重要问题，投运前必须仔细检查。

6.2.4.2　投运工作

掌握自动控制系统的投运过程方法，才能使系统无扰动、平稳而迅速地投入运行。系统投运过程一般要经过现场人工操作、手动遥控、自动控制等若干步骤。

（1）检测系统投入运行　根据工业生产过程的实际情况，将温度、压力、流量、液位等检测系统投入运行，观察测量指示是否正确等。

（2）现场人工操作　控制系统中的控制阀在安装时，一般应设置旁路阀。如图 6-9 所示，在控制阀的前、后各装有一截止阀 1 和截止阀 2，旁路管线上装有旁路阀 3。在自动控制系统投入运行时，先进行现场人工操作，即先将截止阀 1 和截止阀 2 关闭，用人工操作旁路阀 3，待工况稳定后，转入控制室内手动遥控。也可以省去现场人工操作，直接手动遥控。

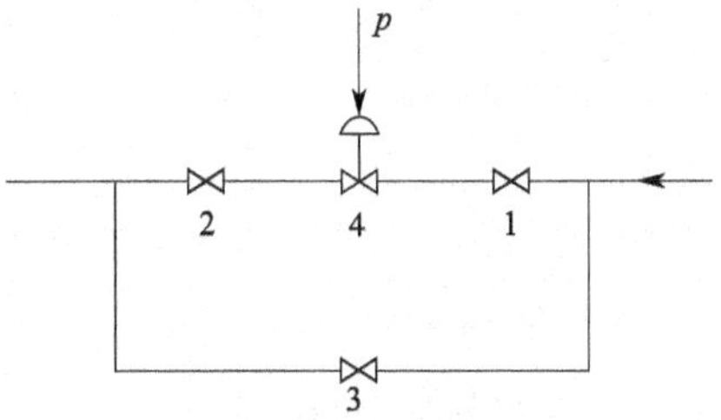

图 6-9　控制阀安装图

1,2—截止阀；3—旁路阀；4—控制阀

（3）手动遥控　在控制室内通过控制器的手动操作旋钮，对控制阀门的开度进行人工遥控。一般在自动控制系统投入运行以前的调试阶段，在生产过程不稳定或负荷大幅度变化等情况下，都需要对系统进行手动遥控，以便掌握生产状况和操作条件的变化。

（4）自动控制　待手动遥控使工况稳定、被控变量接近或等于设定值并稳定一段时间后，即可将系统由手动遥控无扰动切换到自动运行，实现生产过程的自动控制。

6.2.4.3　运行中控制系统常见的问题

顺利开车之后，说明控制方案设计合理，系统之间关联问题处理妥当，仪表装置及管线都畅通无阻，工艺过程也正常。但是长期运行中还会出现各种问题。这里只从自控方面举几种情况作为分析问题的启发。

假如运行当中过渡过程变差了，可以分析一下对象特性有无变化。例如换热器管壁有无结垢而增大热阻降低传热系数。如果对象的时间常数增大，则应重新整定控制器参数，一般仍能获得较好的过渡过程。

假如运行中被控变量指示值变化不大，由参考仪表或其他参数判断出测量不准确时，则必须检查测量元件有无被结晶或被黏性物包住。另外，工作介质中的结晶或粉末堵住孔板或引压管，引压管中不是单相介质，如液中带气、气中带液而未及时排放等，都可造成测量信号失灵。在生产中对于重要的温度参数往往采用双支测量元件和两个显示仪表，用于防止测量元件出现故障，造成因测量错误带来错误操作。

控制阀在使用中也会出现很多问题。有腐蚀性的介质会使阀芯、阀座变形，特性变坏，造成系统的不稳定。气压信号管路漏气、阀门堵塞等也是常见故障。

工艺操作的不正常，会给控制系统带来很大影响，情况严重时，只能转入手动遥控。例如控制系统原来设计在中负荷条件下运行，而在大负荷或很小负荷条件下则不适应。

6.3 复杂控制系统

虽然在大多数情况下，简单控制系统能够满足工艺生产的要求，并且具有广泛的应用，约占全部自动控制系统的 80%。但是在某些被控对象的动态特性比较复杂或控制任务比较特殊的场合，简单控制系统就显得无能为力。尤其是生产过程向着大型、连续和集成化方向发展，对操作系统的要求更加严格，参数之间关系也更加复杂，对控制系统的精度和功能提出许多新的要求，对能源消耗和环境污染也有明确的限制。这些问题的解决都是简单控制系统所不能胜任的，因此，相应地就出现了一些与简单控制系统不同的其他控制形式，这些控制系统统称为复杂控制系统。

所谓复杂，是相对简单而言的。它通常包含两个以上的变送器、控制器或者执行器，构成的回路数也是多于一个，所以，复杂控制系统又称多回路控制系统。显然，这类系统的分析、设计、参数整定与投运比简单控制系统要复杂一些。复杂控制系统种类繁多，根据系统的结构和所担负的任务来说，常见的复杂控制系统有串级、均匀、比值、分程、前馈、取代、三冲量等控制系统。

6.3.1 串级控制系统

串级控制系统是所有复杂控制系统中应用最多的一种，当要求被控变量的误差范围很小，简单控制系统不能满足要求时，可考虑采用串级控制系统。

6.3.1.1 组成原理

为了对串级控制系统有一个初步认识，首先分析一个具体实例。管式加热炉是炼油、化工生产中的重要装置之一。无论是原油加热或重油裂解，对炉出口温度的控制都十分重要。将温度控制好，一方面可延长炉子寿命，防止炉管烧坏；另一方面可保证后面精馏分离的质量。为了控制炉出口温度，可以设置如图 6-10 所示的温度控制系统，根据加热炉出口温度的变化来控制燃料阀门的开度，即改变燃料量来维持加热炉出口温度，保持在工艺所规定的数值上，这是一个简单控制系统。

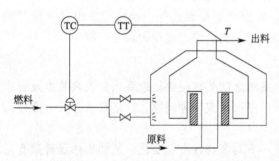

图 6-10 管式加热炉出口温度单回路控制系统

乍看起来，上述控制方案是可行的、合理的。但是在实际生产过程中，影响炉出口温度的因素很多，主要有被加热物料的流量和初始温度；燃料热值的变化、压力的波动、流量的变化等。如图 6-10 所示系统的特点是所有对被控变量的扰动都包含在这个回路之中，可由温度控制器进行克服。但是控制通道的时间常数和容量滞后较大，控制作用不及时，系统克服扰动的能力较差。特别是当加热炉的燃料压力或燃料本身的热值有较大波动时，上述简单控制系统的控制质量往往很差，因为从燃料的波动到炉出口温度的变化，要经历燃料雾化、炉膛燃烧、管壁传热和物料传输等一系列环节，而且每个环节都存在不同程度的测量滞后或纯滞后，通道总的时间常数长达 15min 左右，待温度变送器感受到出口温度的变化再去调节燃料量时已经为时过晚，结果必然是动态偏差大，波动时间长，原料油的出口温度波动较大，难以满足生产上的要求。

　　加热炉对象是通过炉膛与被加热物料之间的温差进行热传递的，燃料量的变化或燃料热值的变化首先要反映到炉膛温度上。为此，选择炉膛温度为被控变量，燃料量为操纵变量，设计如图 6-11 所示的单回路控制系统，以维持炉出口温度为某一定值。该系统的特点是控制通道的时间常数缩短为 3min 左右，对于燃料和燃烧条件方面的主要干扰具有很强的抑制作用。但是炉膛温度毕竟不能真正代表炉的出口温度。如果炉膛温度控制好了，其炉的出口

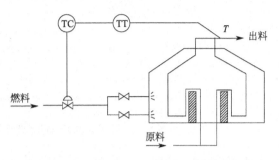

图 6-11　管式加热炉出口温度间接控制方案

温度并不一定就能满足生产的要求，这是因为即使炉膛温度恒定的话，原料油本身的流量或入口温度变化仍会影响炉的出口温度，所以该方案仍然不能达到生产工艺的要求。

　　综上分析，为了充分应用上述两种方案的优点，选取炉出口温度为被控变量，选择炉膛温度为中间辅助变量，把炉出口温度控制器的输出作为炉膛温度控制器的给定值，而由炉膛温度控制器的输出去操纵燃料量的控制方案。这样就构成了如图 6-12 所示的炉出口温度与炉膛温度的串级控制系统。

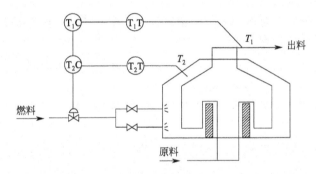

图 6-12　管式加热炉出口温度与炉膛温度串级控制系统

　　其工作过程如下：在稳定工况下，加热炉的出口温度和炉膛温度都处于相对稳定状态，控制燃料油的阀门保持在一定的开度。假定在某一时刻，燃料油的压力和/或热值（与组分有关）发生变化，这个干扰首先使炉膛温度 T_2 发生变化，它的变化促使控制器 T_2C 进行工作，改变燃料的加入量，从而使炉膛温度的偏差随之减少。与此同时，由于炉膛温度的变化，或由于原料油本身的进口流量或温度发生变化，会使加热炉的出口温度 T_1 发生变化。T_1 的变化通过控制器 T_1C 不断地去改变控制器 T_2C 的给定值。这样，两个控制器协同工作，直至加热炉出口温度重新稳定在给定值时，控制过程才告结束。

　　如图 6-13 所示是管式加热炉出口温度与炉膛温度串级控制系统方块图。从图 6-12 或图 6-13 可以看出，在这个控制系统中，有两个控制器 T_1C 和 T_2C，分别接收来自不同对象、不同部位的测量信号 T_1 和 T_2。其中一个控制器 T_1C 的输出值作为另一个控制器 T_2C 的给定值，而后者的输出去控制执行器以改变操纵变量。从系统的结构来看，这两个控制器是串接工作的，因此，这样的系统称为串级控制系统。

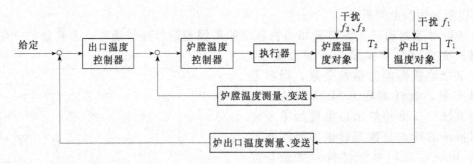

图 6-13　管式加热炉出口温度与炉膛温度串级控制系统方块图

为了更好地阐述和研究问题，这里介绍几个串级控制系统中常用的名词。

(1) 主变量　在串级控制系统中起主导作用的被控变量，是生产过程中主要控制的工艺指标，如上例中的炉出口温度

(2) 副变量　串级控制系统中为了稳定主变量而引入的辅助变量，如上例中的炉膛温度。

(3) 主对象　为主变量表征其主要特征的工艺生产设备，如上例中从炉膛温度控制点到炉出口温度检测点之间的工艺生产设备及管道。

(4) 副对象　为副变量表征其主要特征的工艺生产设备，如上例中由执行器至炉膛温度检测点之间的工艺生产设备及管道。

(5) 主控制器　按主变量的测量值与给定值而工作，其输出作为副变量给定值的那个控制器，如上例中的温度控制器 T_1C。

(6) 副控制器　其给定值来自主控制器的输出，并按副变量的测量值与给定值的偏差而工作的那个控制器，如上例中的温度控制器 T_2C。

(7) 主回路　是由主变量的测量变送装置、主控制器、副回路等环节和主对象组成的闭合回路，也称外环或主环。

(8) 副回路　是由副变量的测量变送装置，副控制器、执行器和副对象所组成的闭合回路，也称内环或副环。

根据前面所介绍的串级控制系统的专用名词，各种具体对象的串级控制系统都可以画成典型形式的方块图，如图 6-14 所示。图中的主测量、变送和副测量、变送分别表示主变量和副变量的测量、变送装置。

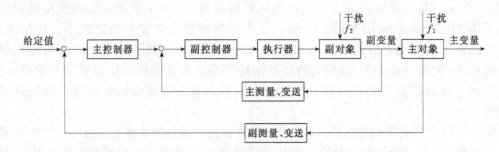

图 6-14　串级控制系统典型方块图

从图 6-14 可以看出，该系统中有两个闭合回路，副回路是包含在主回路中的一个小回路，两个回路都是具有负反馈的闭环系统。

6.3.1.2 工作过程

以管式加热炉出口温度与炉膛温度的串级控制系统为例来分析该系统的工作过程。

(1) 干扰作用于副对象 当系统的干扰只是燃料油的压力或组分波动时，首先影响炉膛温度，于是副控制器立即发出校正信号，控制控制阀的开度，改变燃料量，克服上述干扰对炉膛温度的影响。如果干扰量不大，经过副回路的及时控制一般不影响炉出口温度；如果干扰的幅值较大，其大部分影响被副回路克服，小部分影响炉出口温度的干扰则由主回路来消除。此时副控制器的测量值与给定值两方面的变化加在一起，控制作用加强，从而加速了克服干扰的控制过程，使主变量尽快地恢复到给定值上来。

由于副回路控制通道短，时间常数小，所以当干扰进入回路时，可以获得比单回路控制系统超前的控制作用，有效地克服燃料油压力或热值变化对加热炉出口温度的影响，从而大大提高了控制质量。

(2) 干扰作用于主对象 当炉膛温度相对稳定，而进入加热炉的原料油流量发生变化时，必然引起炉出口温度变化。在主变量偏离给定值的同时，主控制器开始发挥作用，并产生新的输出信号，使副控制器的给定值发生变化。因而副控制器开始作用，副回路也随之投入到克服干扰的过程并使燃料量发生相应的变化，以克服干扰对炉出口温度的影响。这样两个控制器协同工作，直到炉出口温度重新稳定在给定值为止。在整个过程中，副回路虽不能直接克服干扰，但由于副回路的存在而改善了过程特性，缩短了控制通道，因此控制质量有所提高。

在串级控制系统中，如果干扰作用于主对象，由于副回路的存在，可以及时改变副变量的数值，以达到稳定主变量的目的。

(3) 干扰同时作用于副对象和主对象 若干扰作用使主、副变量按同一方向变化，即主、副变量同时升高或同时降低，此时主、副控制器对执行器的控制方向是一致的，加强控制作用，有利于提高控制质量。

若干扰作用使主、副变量朝相反方向变化（即一个增加，另一个减小），则此时主、副控制器对执行器的控制方向是相反的，阀门开度只进行小小变动就能符合控制要求。例如，原料量减小使炉出口温度升高，而燃料压力降低使炉膛温度降低，炉膛温度的降低正好符合出口温度要求降低的需要。

通过以上分析可以看出，串级控制系统在本质上是一个定值控制系统，系统的最终控制目标是将主变量稳定在给定值上。副回路的引入大大提高了系统的工作性能，它在克服干扰的过程中起先调、粗调、快调的作用，主回路则完成后调、细调、慢调的任务，并最终保证主变量满足工艺要求。因此，在串级控制系统中，由于主、副回路相互配合、相互补充，充分发挥了控制作用，大大提高了控制质量。

6.3.1.3 串级控制系统特点及应用场合

由上所述可知串级控制系统有以下几个特点。

① 从在系统结构来看，串级控制系统有主、副两个闭合回路；有主、副两个控制器；有分别测量主变量和副变量的两个测量变送器。串级控制系统中，主、副控制器是串联工作的。主控制器的输出作为副控制器的给定值，系统通过副控制器的输出去控制执行器，实现对主变量的定值控制。所以，在串级控制系统中，主回路是定值控制系统，而副回路是随动控制系统。

② 在串级控制系统中，有主、副两个变量。

一般来说，主变量是反映产品质量或生产过程运行情况的主要工艺变量。控制的目的在于使这一变量等于工艺规定的给定值。所以，主变量的选择原则与简单控制系统中介绍的被控变量选择原则是一样的。关于副变量的选择原则后面再详细讨论。

③ 从系统特性来看，串级控制系统由于副回路的引入，改善了对象的特性，使控制过程加快，具有超前控制的作用，从而有效地克服滞后，提高了控制质量。

④ 串级控制系统由于增加了副回路，因此具有一定的自适应能力，可用于负荷和操作条件有较大变化的场合。

在前面已经讲过，对于一个控制系统来说，控制器参数是在一定的负荷、一定的操作条件下，按一定的质量指标整定得到的。因此，一组控制器参数只能适应一定的负荷和操作条件。如果对象具有非线性，那么，随着负荷和操作条件的改变，对象特性就会发生变化。这样，原先的控制器参数则不再适应，需要重新整定。如果仍用原先的参数，控制质量就会下降。这一问题，在单回路控制系统中是难以解决的，在串级控制系统中，主回路是一个定值系统，副回路却是一个随动系统。当负荷或操作条件发生变化时，主控制器能够适应这一变化，及时地改变副控制器的给定值，使系统运行在新的工作点上，从而保证在新的负荷和操作条件下，控制系统仍然具有较好的控制质量。

由于串级控制系统的特点和结构，它主要适合于被控对象的测量滞后或纯滞后时间较大，干扰作用强而且频繁，或者生产负荷经常大范围波动，简单控制系统无法满足生产工艺要求的场合。此外，当一个生产变量需要跟随另一个变量而变化或需要相互兼顾时，也可采用这种结构的控制系统。但也不能盲目地套用串级控制系统，否则，不仅造成设备的浪费，而且用得不对还会引起系统的失控。

6.3.1.4 串级控制系统的设计

要构成一个行之有效的串级控制系统，必须要确定好三个问题，即主、副变量的选择，主、副控制器控制规律的选择，以及主、副控制器正、反作用的选择。

(1) 主、副变量的选择 主变量的选择与简单控制系统相同，应该选取一个最能直接、正确、迅速地反映控制要求的工艺变量，如无直接变量，则应选择与之有一一对应关系的间接变量，而且所选择的主变量要便于测量、变送。

副变量的选择，从串级控制系统的特点出发，主要考虑以下三点。

① 应当考虑工艺上的合理性。从方框图看，操纵变量必定是先影响副变量，再由副变量去影响主变量，主、副变量间必须有这样的串联对应关系。例如，在加热炉出口温度与炉膛温度串级控制系统中，燃料油流量变化先影响炉膛温度，再影响炉出口温度。

② 副回路内必须包括主要干扰和尽量多的干扰。从串级控制系统的特点可知，当干扰进入副回路时，副回路能迅速而强有力地克服它，起到超前控制作用，因此在选择副变量时，一定要把主要干扰包括在副回路内，并力求把尽量多的干扰包含在副回路中，以充分发挥串级控制的最大优点，把对主变量影响最严重、最剧烈、最频繁的干扰因素抑制到最低程度，以确保主变量的控制质量。例如在管式加热炉中，如果主要干扰是燃料油成分的波动，可以设置如图 6-15 所示的加热炉出口温度与燃料油压力串级控制系统。这样，副对象的控制通道很短，时间常数很小，因此控制作用非常及时。但是，当燃料油压力比较稳定时，以炉膛温度作为副变量的方案还是较好的，因为副回路包括的干扰较多，如烟囱抽力、燃料情

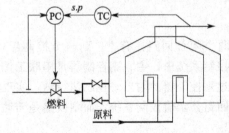

图 6-15 加热炉出口温度与燃料油压力串级控制系统

况、燃料热值的变化都会反映在炉膛温度上，可充分发挥副回路克服干扰的作用。

③ 适当分割主、副过程，在时间常数和滞后上适当匹配。

在主、副过程两部分中，如果副过程的时间常数和纯滞后比主过程小得多，虽然反应灵敏，控制起来快一点，但是副回路包含的扰动少了，而且过程特性的改善也减少；反之，如果副过程的时间常数和纯滞后大于或接近主过程，这样虽然副回路对改善过程特性的效果较为显著，但副回路比较迟钝，不能及时克服干扰，因为干扰在影响副变量的同时也将明显地影响主变量。例如，某厂氨合成塔的热点-敏点串级控制系统，由于敏点离热点很近，当扰动发生后，两点温度几乎同时变化，这样的串级控制系统是没有意义的；而且当主、副过程的时间常数相近时，主、副回路间的动态联系十分密切，当一个变量出现振荡时，会使另一个变量也产生振荡，这种现象称为"共振"，对系统运行是很不利的。故通常副过程的时间常数和滞后的选取比主过程小。

(2) 主、副控制器控制规律的选择　在串级控制系统中，主、副控制器所起的作用是不同的。主控制器起定值控制作用，副控制器起随动控制作用，这是选择控制规律的基本出发点。

主变量是工艺操作的主要指标，允许波动的范围很小，一般要求无余差，因此，主控制器应选 PI 或 PID 控制规律。副变量的设置是为了保证主变量的控制质量，可以允许在一定范围内变化，允许有余差，因此副控制器只要选 P 控制规律即可。一般不引入积分控制规律。因为副变量允许有余差，而且副控制器的放大系数较大，控制作用强，余差小，若采用积分规律，会延长控制过程，减弱副回路的快速作用。一般也不引入微分控制规律，因为副回路本身起着快速作用，再引入微分规律会使控制阀动作过大，对控制不利。

串级控制系统需要主、副两个控制器。在采用常规控制器时，可用两个控制器串接。采用计算机控制时，用软件实现串级控制算法。

(3) 主、副控制器正、反作用的选择　正如简单控制系统一样，主、副控制器的正、反作用必须选择正确，这样才能达到其控制目的。副控制器的正、反作用方向的选择与简单控制系统的情况一样，使副环为一个负反馈控制系统即可。

主控制器作用方向的选择可按下述方法进行：当主、副变量增加（或减小）时，如果由工艺分析得出，为使主、副变量减小（或增加），要求控制阀的动作方向是一致的时候，主控制器应选"反"作用；反之，则应选"正"作用。从上述方法可以看出，串级控制系统中主控制器作用方向的选择完全由工艺情况确定，与执行器的气开、气关形式及副控制器的作用方向完全无关。因此，串级控制系统中主、副控制器的选择可以按先副后主的顺序，即先确定执行器的开、关形式及副控制器的正、反作用，然后确定主控制器的作用方向；也可以按先主后副的顺序，即先按工艺过程特性的要求确定主控制器的作用方向，然后按一般单回路控制系统的方法再选定执行器的开、关形式及副控制器的作用方向。

例如图 6-15 所示的串级控制系统，从加热炉安全角度考虑，控制阀选气开阀，即如果控制阀上的控制信号（气信号）中断，阀门处于关闭状态比较安全。副对象为输入信号时，燃料流量增加，输出信号阀后燃料压力也增加，所以副对象也是正作用。要使副环构成一个负反馈的系统，则副控制器选择反作用。燃料压力增加，需要关小阀门，减少燃料的流量，才能降低压力；炉出口温度增加，关小阀门，减少燃料的流量，才能降低炉出口温度。它们对控制阀动作方向的要求是一致的，所以主控制选择反作用。

需要注意的是，当由于工艺过程的需要，执行器由"正"作用改为"反"作用，或由"反"作用改为"正"作用时，只需改变副控制器的"正"、"反"作用而不需改变主控制器的"正"、"反"作用。在有些生产过程中，要求控制系统既可以进行串级控制，又可以实现单回路控制，即切除副回路，由主控制器的输出直接控制执行器，此时系统的闭环回路必须形成负反馈。

6.3.1.5 控制器参数的工程整定

串级控制系统的整定都是先整定副控制器，然后再整定主控制器，主要有两步整定法和一步整定法。

(1) 两步整定法 在系统投运并稳定后，将主控制器设置为纯比例方式，比例度放在 100%，按 4：1 的衰减比整定副控制器，找出相应的副控制器比例度 δ_{2s} 和振荡周期 T_{2s}；然后在副控制器的比例度 δ_{2s} 的情况下整定主控制器，使主变量的过渡过程的衰减比为 4：1，得到主控制的比例度 δ_{1s} 和振荡周期 T_{1s}；最后按照简单控制系统整定时介绍的衰减曲线法的经验公式，由 δ_{1s}、T_{1s}、δ_{2s}、T_{2s} 计算主控制器的比例度、积分时间和微分时间。

将上述整定得到的控制器参数设置于控制器中，观察主变量的过渡过程，如不满意，再做相应调整。

(2) 一步整定法 根据经验先将副控制器一次放好，不再变动，然后按一般单回路控制系统的整定方法直接整定主控制器参数。使主变量的过渡过程到满意的状况为止。控制器在不同的副变量情况下的经验比例值见表 6-4。

表 6-4　控制器在不同的副变量情况下的经验比例值

副变量类型	温　度	压　力	流　量	液　位
比例度/%	20～60	30～70	40～80	20～80

6.3.2　均匀控制系统

6.3.2.1 均匀控制问题的提出

在连续生产过程中，每一装置或设备都与其前后的装置或设备有紧密的联系。前一个装

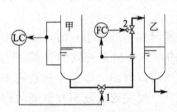

图 6-16　前、后精馏塔的
物料供求关系

置或设备的出料量就是后一装置或设备的进料量。各个装置或设备相互联系，相互影响。如图 6-16 所示的连续精馏塔的多塔分离过程就是一个典型示例，甲塔的出料量即为乙塔的进料量。对甲塔来说，为了稳定操作，需保持塔釜液位稳定，必然频繁地改变塔底的排出量。为此设计了液位控制系统；而对乙塔来说，从操作的要求出发，希望进料量保持不变，为此设计了流量控制系统。这样两套控制系统始终相互矛盾，无法同时工作。

为了解决前、后两塔供求之间的矛盾，可在两塔之间增加一个中间缓冲罐，这样既能满足甲塔液位控制的要求，又缓冲了乙塔进料流量的波动。但由此却增加了设备投资且使生产流程复杂化。而且在个别生产过程中，某些化合物易于分解或聚合，不允许储存时间过长，所以这种方法不能完全解决问题。但是，从这种方法中可以得到启发，是否可以利用自动控制来模拟中间储罐的缓冲作用呢？

从工艺和设备上分析，甲塔的塔釜有一定容量，尽管不如缓冲罐那样大，但是液位并不要求保持在定值上，允许在一定的范围内波动。至于乙塔的进料，如不能做到定值控制，但能使其缓慢变化也是可以的。要做到这一点并不难，用串级控制就能实现，只不过由于控制的目的不同，在控制器的选择和参数整定上也有所不同。人们把能够实现前后设备在物料供

求关系上相互协调、统筹兼顾的控制系统称为均匀控制系统。由此可见，均匀控制的名称，不是从系统的结构得来的，而是从系统所实现的目的得到的。

6.3.2.2 均匀控制的特点

均匀控制的特点是在工艺允许的范围内，前后装置或设备供求矛盾的两个参数都是变化的，其变化是均匀缓慢的。

（1） 表征前后供求矛盾的两个变量都应该是缓慢变化的。如图 6-17 所示是反映液位流量的三种变化状况：（a）是单纯的液位定值控制；（b）是单纯的流量定值控制；（c）是兼顾液位和流量的均匀控制，两个变量都作缓慢变化。

对于均匀控制系统，过去人们有不少误解。有人要求液位和流量的变化曲线都为直线，这是不可能的，因为对于作为被控变量的液位来说，流量是操纵变量，所以要使液位恒定，
在扰动下流量必须变动；反之，流量恒定，则液位必定变动。还有人把均匀控制系统看成一般的液位定值控制系统，只重视液位，不重视流量，把液位的变化曲线调得很直，而流量却波动很厉害，这对生产过程并无必要，失去了均匀控制的意义。但是必须指出均匀并不是绝对平均的意思，可按工艺要求，对被控变量的控制分出主、次。

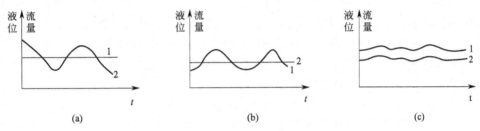

图 6-17　反映液位流量的三种变化状况
1—液位变化曲线；2—流量变化曲线

（2） 前后互相联系又互相矛盾的两个变量应保持在工艺操作所允许的范围内。均匀控制要求在最大干扰作用下，液位能在上、下限内波动，而流量应在一定范围内变化，避免对后道工序产生较大的干扰。

6.3.2.3 均匀控制方案

（1）简单均匀控制系统 如图 6-18 所示是一个简单均匀控制系统，可以实现基本满足甲塔液位和乙塔进料流量的控制要求。从系统结构上看，它与简单液位控制系统一样。为了实现"均匀"控制，在整定控制器参数时，要按均匀控制思想进行。通常采用纯比例控制器，且比例度放在较大的数值上，要同时观察两个变量的过渡过程来调整比例度，以达到满意的"均匀"。有时为防止液位超限，也引入较弱的积分作用。微分作用与均匀思想矛盾，不能采用。

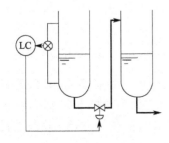

图 6-18　简单均匀控制系统

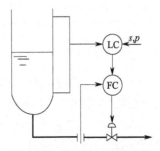

图 6-19　串级均匀控制系统

（2）**串级均匀控制系统**　串级均匀控制系统如图 6-19 所示，从结构上看，它与液位-流量串级控制系统完全一样，串级控制中副变量的要求不高，这一点与均匀控制的要求类似。在串级均匀中，副回路用来克服塔压变化；主回路中，不对主变量提出严格的控制要求，采用纯比例，一般不用积分。整定控制参数时，主、副控制器都采用纯比例控制规律，比例度一般都比较大。整定时不是要求主、副变量的过渡过程呈某个衰减比的变化，而是要看主、副变量能否"均匀"地得到控制。

6.3.3　比值控制系统

在炼油、化工、制药等诸多生产过程中，经常需要两种物料或者两种以上的物料保持一定的比例关系。否则，将影响正常生产，发生事故或浪费原料量等。例如聚乙烯醇生产中，树脂和氢氧化钠必须以一定比例混合，否则树脂将发生自聚而影响生产的正常进行；又如造纸过程中，浓纸浆与水要以一定的比例混合，才能制造出合格的纸浆。这种用来实现两个或两个以上物料之间保持一定比值关系的控制系统称为比值控制系统。这种系统使得一种物料跟随另一种物料的变化而变化。

比值控制系统中，需要保持比值关系的两种物料，必然有一种处于主导地位，称为主物料，又称为主动量或主流量，用 Q_1 表示。另一种物料按主物料进行配比，称为从物料，又称为从动量或副流量，用 Q_2 表示。例如在燃烧过程中，当燃料量增大或减小时，空气的流量也随之增大或减小，在此过程中，燃料量就是主流量，处于主导地位，空气就是副流量，处于配比地位。Q_1 和 Q_2 之间应满足关系：

$$Q_2 = KQ_1 \tag{6-1}$$

式中　K——副流量与主流量的流量比值。

上式表明，副流量 Q_2 按一定比例关系随主流量 Q_1 的变化而变化。

常见的比值控制系统有开环比环、单闭环比值、双闭环比值三种。

6.3.3.1　开环比值控制系统

开环比值控制系统是最简单的比值控制方案，比值器发挥控制器的作用，使副流量流路上的阀门开度由主流量的大小决定，副流量跟随主流量变化，完成流量配比操作，如图 6-20 所示。

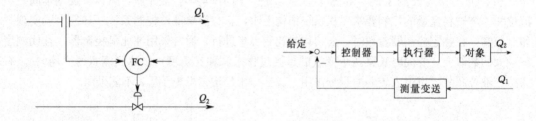

图 6-20　开环比值控制　　　　　　　　图 6-21　开环比值控制方块图

图 6-20 中 Q_1 是主流量，Q_2 是副流量。当 Q_1 变化时，通过控制器 FC 及安装在从物料管道上的执行器来控制 Q_2，以满足 $Q_2 = KQ_1$ 的要求，其方块图如图 6-21 所示，从图 6-21 中可以看到，该系统的测量信号取自主物料 Q_1，但控制器的输出却控制从物料的流量 Q_2，整个系统没有构成闭环，所以是一个开环系统。

开环比值控制系统的优点是结构简单，操作方便，投入成本低。因其为开环特性，副流量没有反馈校正，在副流量本身存在干扰时，系统不能予以克服，无法保证两流量间的比值关系。因此开环比值控制系统适用于副流量比较平稳，且对比值要求不严格的场合。在生产中很少采用这种控制方案。

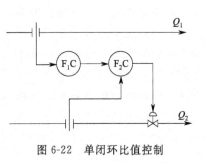

图 6-22　单闭环比值控制

6.3.3.2　单闭环比值控制系统

为了克服开环比值控制方案的不足，可以在副流量的流路上设计一个闭合回路，如图 6-22 所示，在副流量 Q_2 上设计流量副回路，用来稳定副流量，当副流量受到干扰时，仍然能保证副流量按比例准确地跟随主流量变化。

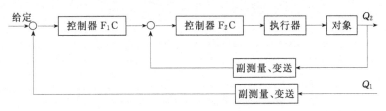

图 6-23　单闭环比值控制的方块图

如图 6-23 所示是该系统的方块图。从图中可以看出，单闭环比值控制系统与串级控制系统具有相类似的结构形式，但两者是不同的。单闭环比值控制系统的主流量 Q_1 相似于串级控制系统中的主变量，但主流量并没有构成闭环系统，Q_2 的变化并不影响到 Q_1。尽管它也有两个控制器，但只有一个闭合回路，这就是两者的根本区别。

在稳定情况下，主、副流量满足工艺要求的比值，$Q_2/Q_1 = K$。当主流量 Q_1 变化时，经变送器送至主控制器 F_1C（或其他计算装置）。F_1C 按预先设置好的比值使输出成比例地变化，也就是成比例地改变副流量控制器 F_2C 的给定值，此时副流量闭环系统为一个随动控制系统，从而 Q_2 跟随 Q_1 变化，使得在新的工况下，流量比值 K 保持不变。当主流量没有变化而副流量由于自身干扰发生变化时，此副流量闭环系统相当于一个定值控制系统，通过控制克服干扰，使工艺要求的流量比值仍保持不变。

单闭环比值控制系统的优点是比值控制比较精确，能较好地克服进入副流量回路的干扰，并且结构形式也较为简单，实施方便，在生产中得到了广泛应用，尤其适用于主物料在工艺上不允许进行控制的场合。但是当主流量波动幅度较大时，该方案无法保证系统处于动态过程的流量比。

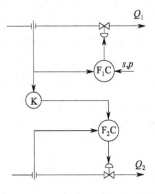

图 6-24　双闭环比值控制

6.3.3.3　双闭环比值控制系统

双闭环比值控制系统是为了克服单闭环比值控制系统主流量不受控制，生产负荷（与总物料量有关）在较大范围内波动的不足而设计的。它是在单闭环比值控制的基础上，增加了主流量 Q_1 控制回路而构成的。如图 6-24 所示，当主流量 Q_1 变化时，一方面通过主流量控制器 F_1C 对它进行控制，另一方面通过比值控制器 K 乘以适当的系数后作为副流量控制器的给定值，使副流量跟随主流量的变化而变化。

如图 6-25 所示是双闭环比值控制系统的方块图。由图可以看出，该系统具有两个闭合回路，分别对主、副流量进行定值控制。同时，由于比值控制器 K 的存在，使得主流量由受到干扰作用开始到重新稳定在给定值这段时间内，副流量能跟随主流量的变化而变化。这样不仅实现了比较精确的流量比值控制，而且也确保了两物料总量的基本不变，这是双闭环比值控制的一个主要优点。双闭环比值控制系统的另一个优点是提降负荷比较方便，只要缓慢地改变主流量控制器的给定值，就可以提降主流量，同时副流量也就自动跟随提降，并保持两者比值不变。

但是双闭环比值控制系统所用设备较多，设计成本较高。此方案在比值控制要求较高，主流量干扰频繁，工艺上不允许主流量有较大的波动，经常需要升降负荷的场合适宜采用。

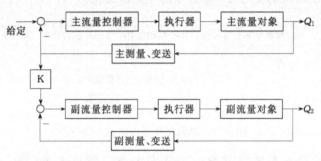

图 6-25 双闭环比值控制系统的方块图

6.3.3.4 变比值控制系统

前面所述的三种比值控制方案属于定比值控制，即在生产过程中，主、从物料的比值关系是不变的。而有些生产过程却要求两种物料的比值根据第三个参数的变化而不断调整以保证产品质量，这种系统称为变比值控制系统。

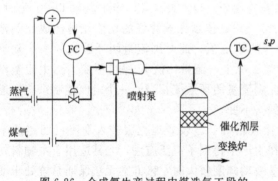

图 6-26 合成氨生产过程中煤造气工段的变换炉比值控制系统示意

如图 6-26 所示是合成氨生产过程中煤造气工段的变换炉比值控制系统示意。在生产过程中，半水煤气与水蒸气的量需保持一定的比值，但其比值系数要能随一段催化剂层的温度变化而变化，才能在较大负荷变化下保持良好的控制质量。水蒸气与半水煤气的实际比值 K（$K = Q_2/Q_1$）可由水蒸气流量、半水煤气流量经测量变送后计算得到，并作为流量比值控制器 FC 的测量值。而 FC 的给定值来自温度控制器 TC，最后通过调整蒸汽量（实际是调整了蒸汽与半水煤气的比值）来使变换炉催化剂层的温度恒定在工艺要求的设定值上。如图 6-27 所示是该变比值控制系统的方块图。由图 6-27 可见，从系统的结构上来看，实际上是变换炉催化剂层温度与蒸汽、半水煤气的比值串级控制系统。系统中温度控制器 TC 按串级控制系统中主控制器的要求来选择，比值系统按单闭环比值控制系统的要求来确定。

6.3.4 前馈控制系统

6.3.4.1 前馈控制原理

在前面所讨论的控制系统中，控制器都是按照被控变量与给定值的偏差进行控制的，这就是所说的反馈控制，是闭环的控制系统。反馈控制中，当被控变量偏离给定值时产生偏差，然后才进行控制，这就使得控制作用总是落后于干扰对控制系统的影响。

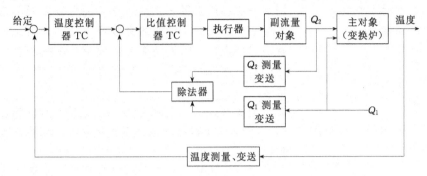

图 6-27　变比值控制系统的方块图

前馈控制系统是一种开环控制系统，它是在前苏联学者所倡导的不变性原理的基础上发展而成的。20 世纪 50 年代以后，在工程上，前馈控制系统逐渐得到了广泛的应用。前馈控制系统是根据干扰或给定值的变化按补偿原理而工作的控制系统，其特点是当干扰产生后，被控变量还未变化以前，根据干扰作用的大小进行控制，以补偿干扰作用对被控变量的影响。前馈控制系统运用得当，可以使被控变量的干扰消灭于萌芽之中，使被控变量不会因干扰作用或给定值变化而产生偏差，或者降低由于干扰而引起的控制偏差和产品质量的变化，它比反馈控制能更加及时地进行控制，比反馈控制要及时，并且不受系统之后的影响。

6.3.4.2　前馈控制与反馈控制的比较

热交换器是应用前馈控制较多的场合，换热器有滞后大、时间常数大、反应慢的特性，前馈控制就是针对这种对象特性设计的，故能很好发挥作用。在如图 6-28 所示的换热器的反馈控制中，所有影响被控变量 θ 的因素，如进料流量、温度的变化，蒸汽压力的变化等，它们对出口物料温度 θ 的影响都可以通过反馈控制来克服。但是，在这样的系统中，控制信号总是要在干扰已经造成影响，被控变量偏离给定值以后才能产生，控制作用总是不及时的。特别是在干扰频繁、对象有较大滞后时，使控制质量的提高受到很大的限制。在如图 6-29 所示的换热器前馈控制中，当进料流量变化时，通过前馈控制器 FC 按一定的规律运算后输出去开大蒸汽阀或关小加热蒸汽阀，以克服进料流量变化对出口物料温度的影响。例如当进料流量突然阶跃增加 ΔQ 后，进料流量的变化经检测变送后，送入前馈控制器 FC，由于加热蒸汽量增加，通过加热器的控制通道会使出口物料温度 θ 上升，其变化趋势如图 6-30 中曲线 2 所示。由图可知，干扰作用使温度 θ 下降，控制作用使温度 θ 上升。只要干扰通道和控制通道的特性相匹配，控制规律选择合适，则前馈控制完全有可能抵消进料量的影响，使

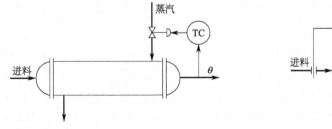

图 6-28　换热器的反馈控制

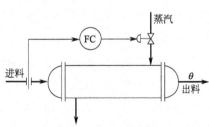

图 6-29　换热器的前馈控制

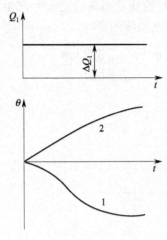

图 6-30 前馈控制系统的补偿过程
1—调节作用曲线；2—干扰作用曲线

出口温度稳定。可见，前馈控制实现了对干扰的全补偿。也就是说，当进口物料流量变化时，可以通过前馈控制，使出口物料的温度完全不受进口物料流量变化的影响。显然，前馈控制对于干扰的克服要比反馈控制及时得多。干扰一旦出现，不需等到被控变量受其影响产生变化，就会立即产生控制作用，这个特点是前馈控制的一个主要优点。

图 6-31(a)、(b) 分别表示反馈控制与前馈控制的方块图。由图 6-31 可以看出，反馈控制与前馈控制有如下不同的特点。

(1) 前馈是"开环"控制系统，反馈是"闭环"控制系统。

从图 6-31 可以看出，两种控制系统都形成了环路，但反馈控制系统中，在环路上的任意一点，沿信号线方向前行，可以回到出发点形成闭合环路，称为"闭环"控制系统。而在前馈控制系统中，被控变量没有被测量。当前馈控制器按干扰量产生控制作用后，对被控变量的影响并不返回来影响控制器的输出。也就是说在环路上的任一点，沿信号线方向前行，不能回到出发点，不能形成闭合回路，因此称其为"开环"控制系统。这是前馈控制的不足之处。

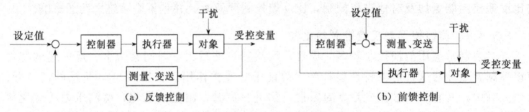

(a) 反馈控制　　　　　　　　　　(b) 前馈控制

图 6-31 反馈控制系统与前馈控制系统方块图

(2) 前馈控制及时，反馈控制滞后。

前馈控制根据干扰来控制，所以控制及时，而反馈控制根据偏差来控制，即干扰作用下被控变量产生偏差后才进行控制，控制不及时，有滞后。

(3) 前馈只能克服所测量的干扰，反馈可克服所有干扰。

前馈控制系统中，若干扰量都不可测量，前馈就不能加以克服。而反馈控制系统中，任何干扰，只要它影响到被控变量，都能在一定程度上加以克服。

(4) 前馈控制采用控制器，反馈控制采用通用 PID 控制器。

前馈控制器的控制规律是根据对象特性确定的。由于大多数对象的特性是不同的，所以在前馈控制中，需要采用各种形式的专用前馈控制器，而不是采用通用的 PID 控制器。反馈控制采用通用 PID 控制器。

6.3.4.3 前馈控制系统的结构形式

(1) 静态前馈控制 在静态前馈控制系统中，前馈控制器的输出只是输入干扰量的函数，而与时间因子无关，此时的控制规律反映的是在稳态工况下生产过程的某种物质或能量的平衡关系。现在仍以换热器对象为例，研究它的静态前馈控制规律。如果忽略热损失，换热器的热量平衡关系可以表示为：

$$Q_2 L = Q_1 c_p (\theta_2 - \theta_1) \tag{6-2}$$

式中　θ_1，θ_2——被加热物料的入口温度、出口温度；

　　　Q_1，Q_2——进料流量和蒸汽流量；

　　　　　L——蒸汽冷凝热；

　　　　c_p——被加热物料的比热容。

如果令 $K = c_p / L$，则根据式(6-2)可以得到静态前馈控制方程。

$$Q_2 = KQ_1(\theta_2 - \theta_1) \tag{6-3}$$

式(6-3)表明，为了把物料 Q_1 从温度 θ_1 加热到给定温度 θ_2，所需要的蒸汽量 Q_2 可以通过简单的计算来确定。按照这一方程构成的静态前馈控制方案如图 6-32 所示。在方案实施过程中，如果出口温度不能达到给定值，说明蒸汽流量对物料量的比值关系不正确，此时，不必细加追究，只要调整 K 值就可以加以校正，直到残差消除为止。由于该方案将主、次干扰 Q_1、θ_1 和 Q_2 都列入系统中，控制质量比单反馈控制系统将大大提高。

静态前馈系统简单易行，实施方便，只需单元组合仪表便可满足使用要求，并且可以实现稳态下对干扰的全补偿。但是，它不能消除系统的动态误差。这是由于对象干扰通道和控制通道的动态特性不同所引起的动态偏差，这种偏差是静态前馈控制无法避免的。

(2) 动态前馈控制　静态前馈控制只能保证被控变量的静态偏差等于零或接近于零，而不能保证在干扰作用下，控制过程中的动态偏差等于或接近于零。对于那些需要严格控制动态偏差的场合，用静态前馈控制方案就不能满足要求，因而应考虑采用动态前馈控制方案。在如图 6-32 所示的静态前馈控制方案的基础上加上动态前馈补偿环节，便构成了如图 6-33 所示的动态前馈控制实施方案。

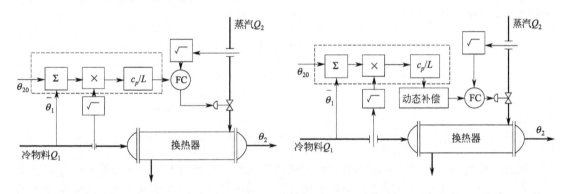

图 6-32　静态前馈控制方案　　　　　　图 6-33　动态前馈控制方案

动态前馈控制在静态前馈控制的基础上，加上延迟环节或微分环节，以达到干扰作用的近似补偿。按此原理设计的一种前馈控制器，有三个可以调整的参数 K、T_1、T_2。K 为放大倍数，是为了静态补偿用的。T_1、T_2 是时间常数，都有可调范围，分别表示延迟作用和微分作用的强弱。相对于干扰通道而言，控制通道反应快的给它加强延迟作用，反应慢的给它加强微分作用。根据两通道的特性适当调整 T_1、T_2 的数值，使两通道反应合拍，便可以实现动态补偿，消除动态偏差。

动态前馈控制方案虽然能显著地提高系统的控制品质，但动态前馈控制的结构往往比较复杂，需要专用的控制装置，且系统运行和参数整定也较复杂，尤其是设计高精度的动态补偿规律是一项难度很大的工作。因此，只有当工艺对控制精度要求特别高，其他控制方案难以满足要求时，才需要考虑采用动态前馈控制方案。

(3) 前馈-反馈复合控制系统　前馈控制系统虽然具有很多突出的优点，但是它也有不足之处。首先是静态准确性问题。由于系统中没有对补偿效果进行自动检验的手段，当前馈控制作用没有实现对干扰的全部补偿而产生偏差时，系统无法再作进一步的校正。其次，前馈控制只是对具体的干扰进行补偿，而在实际工业对象中，干扰因素往往很多，而且有些干扰是不可测量的（如换热器的散热损失），不可能对所有的干扰都加前馈补偿。此外，前馈补偿模型的精度受到对象特性的变化等诸多因素的影响，可能会产生不匹配现象。

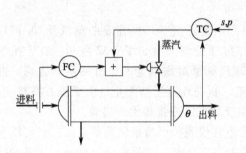

图 6-34　换热器对象的前馈-反馈控制系统示意

若将前馈控制与反馈控制结合起来，利用前馈控制作用及时的优点，以及反馈控制能克服所有干扰和前馈控制规律不精确带来的偏差的优点。两者取长补短，可得到较高的控制质量。

如图 6-34 所示是换热器对象的前馈-反馈控制系统示意。该方案中控制器 FC 起前馈控制作用，专门用来克服进料量这一主要干扰对被控变量 θ 的影响，而温度控制器 TC 则起反馈控制作用，用来克服其他干扰对被控变量 θ 的影响。前馈和反馈作用相加，共同改变加热蒸汽量，使出料温度 θ 保持在给定值上。

如图 6-35 所示是前馈-反馈控制系统的方块图。从图可以看出，前馈-反馈控制系统虽然也有两个控制器，但在结构上与串级控制系统是完全不同的。串级控制系统是由内、外（或主、副）两个反馈回路所组成；而前馈-反馈控制系统是由一个反馈回路和另一个开环的补偿回路叠加而成。

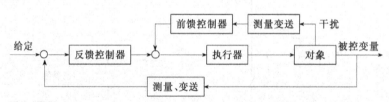

图 6-35　前馈-反馈控制系统的方块图

从以上实例可以看到，系统在前馈控制基础上增加了反馈控制后，不仅使前馈控制方案大大简化，而且也降低了对前馈控制器补偿规律的精度要求；而在反馈控制系统中增加了前馈控制，又增加了系统对主要干扰的抑制作用。两者取长补短，协调工作，使整个系统的控制精度更高，稳定速率更快，控制质量必然得到提高。正因为如此，前馈-反馈复合控制系统在生产过程中得到了广泛应用。

最后需要指出的是，虽然前馈-反馈复合控制系统与串级控制系统相比都是测取对象的两个信息，都采用两个控制器，在结构形式上又具有一定的共性，但是在本质上它们属于两类不同的控制系统，千万不要在设计和应用时将两者混淆。

6.3.4.4　前馈控制系统的应用

前馈控制主要的应用场合有下面几种。

① 系统中存在频繁且幅值大的干扰，这种干扰可测但不可控，对被控变量影响较大，采用反馈控制难以克服，但工艺上对被控变量的要求又比较严格，可以考虑引入前馈回路来改善控制系统的品质。

② 当采用串级控制系统仍不能把主要干扰包含在副回路中时，采用前馈控制系统可比

串级控制系统获得更好的控制效果。

③ 当对象的惯性滞后或纯滞后较大（控制通道长），反馈控制系统难以满足工艺要求时，可以采用前馈控制系统，以提高控制质量。

6.4　计算机控制系统

20 世纪 60 年代以后，随着工业生产过程的大规模化，要求控制系统既能处理大量数据，又能实现高级控制，于是，自动化技术和计算机技术相结合产生了计算机控制系统。

自从微型计算机问世以来，计算机控制系统得到了飞速发展。目前，从简单的工业装置到大型的工业生产过程和装置，都希望采用计算机进行控制和管理，其应用的广泛性，已经渗透到各个工业部门和生产过程，使工业自动化技术发展到一个崭新的阶段。

6.4.1　概述

用模拟控制器等常规自动化工具实现的自动化系统称为常规控制系统，也叫模拟式控制系统。以计算机为主要控制装置的自动化系统称为计算机控制系统。其原理方框图如图6-36所示。

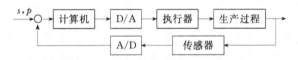

图 6-36　计算机控制系统原理方框图

在计算机控制系统中，计算机的输入和输出信号都是数字信号，因此在这样的控制系统中，需要有将模拟信号转换为数字信号的模拟数字转换器 A/D，以及将数字信号转换成模拟信号的数字模拟转换器 D/A。

从本质上看，计算机控制系统的控制过程可以归纳为以下三个步骤。

① 实时数据采集　对被控参数的瞬时值进行检测并输入。

② 实时决策　对采集到的表征被控参数状态的量进行分析，并按已定的控制规律进一步控制过程。

③ 实时控制　根据决策，适时地对控制阀发出指令。

上述过程不断重复，使整个系统能够按照一定的品质指标进行动作，并且对被控参数和设备本身出现的异常状态及时监督并做出迅速处理。

6.4.2　计算机控制系统的组成和特点

6.4.2.1　计算机控制系统的组成

计算机控制系统一般由硬件部分和软件部分组成。

（1）硬件部分　硬件部分是控制系统的躯体，主要由传感器、过程输入输出通道、计算机及其外设、操作台和执行器等组成，如图 6-37 所示，生产工艺参数的信号经传感器变换成电信号，由多路开关、采样保持器进行巡回检测，再经模/数转换器（A/D）变换成数字量，然后送到控制计算机，由控制计算机对这些数据进行分析和处理，并按照操作要求进行屏幕显示、制表打印或越限报警，或者将该输出量经数/模转（D/A）送给执行器用于生产工艺参数的控制。

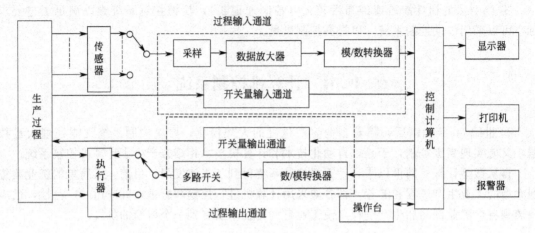

图 6-37　计算机控制系统组成的方框图

下面简述一下计算机控制系统中各组成部分的主要作用。

① 传感器　将被控变量转换成计算机所能接受的信号，如 4～20mA 或 1～5V。

② 过程输入通道　包括采样器、数据放大器和模数转换器。接收传感器传送来的信号进行相关的处理（有效性检查、滤波等）并转换成数字信号。

③ 控制计算机　根据采集的现场信息，按照事先存储在内存中的、依据数学模型编写好的程序或固定的控制算法计算出控制输出，通过过程输出通道传送给相关的接受装置。控制计算机可以是小型通用计算机，也可以是微型计算机。计算机一般由运算器、控制器、存储器以及输入、输出接口等部分组成。

④ 外围设备　外围设备主要是为了扩大主机的功能而设置的，它们用来显示、打印、存储及传送数据。一般包括光电机、打印机、显示器、报警器等。

⑤ 操作台　进行人机对话的工具。操作台一般设置键盘与操作按钮，通过它可以修改被控变量的设定值，报警的上、下限，控制器的参数 K_P、T_I 和 T_D 值，以及对计算机发出指令等。

⑥ 过程输出通道　将计算机的计算结果经过相应的变换送往执行机构，对生产过程进行控制。

⑦ 执行机构　接受由多路开关送来的控制信号，执行机构产生相应的动作，改变控制阀的开度，从而达到控制生产过程的目的。

(2) 软件部分　计算机控制系统的硬件只是控制系统的躯体，而各种程序则是控制系统的大脑和灵魂，通称为软件。它是人的思维与机器硬件之间联系的桥梁。软件的优劣关系到计算机的正常运行，硬件功能的充分发挥和推广运用。程序系统一般包括操作系统、监控程序、程序设计语言、编译程序、检查程序及应用程序等。软件通常为两大类：一类是系统软件；另一类是应用软件。

不同的控制对象和不同的控制任务在软件组成上有很大差别。在确定系统硬件以后才能确定如何配置软件。在计算机控制系统中，每个控制对象或控制任务都一定要配有相应的控制程序，用这些控制程序来完成对各个控制对象的不同要求。这种为控制目的而编制的程序，通常称为应用程序。应用程序一般是由用户自己编写的。用户到底用哪一种语言来编写应用程序，主要取决于控制系统软件配备的情况和整个系统的要求。计算机控制系统中的软件，虽然看起来不像硬件那样直观，但从发展趋势来看，随着硬件技术的日趋完善，构成计算机控制系统的大量工作将在软件方面。因此，软件，特别是应用软件的发展将更加丰富计算机控制系统的内容。

6.4.2.2　计算机控制系统的特点

以计算机为主要控制设备的计算机控制系统与常规控制系统比较，其主要特点如下。

① 随着生产规模的扩大，模拟控制盘越来越长，这给集中监视和操作带来困难；而计算机采用分时操作，用一台计算机可以代替许多台常规仪表，在一台计算机上操作与监视则方便许多。

② 常规模拟式控制系统的功能实现和方案修改比较困难，常需要进行硬件重新配置调整和接线更改；而计算机控制系统，由于其所实现功能的软件化，复杂控制系统的实现或控制方案的修改可能只需修改程序、重新组态即可实现。

③ 常规模拟控制无法实现各系统之间的通信，不便全面掌握和调度生产情况；计算机控制系统可以通过通信网络而互通信息，实现数据和信息共享，能使操作人员及时了解生产情况，改变生产控制和经营策略，使生产处于最优状态。

④ 计算机具有记忆和判断功能，它能够综合生产中各方面的信息，在生产发生异常的情况下，及时做出判断，采取适当措施，并提供故障原因的准确指导，缩短系统维修和排除故障的时间，提高系统运行的安全性，提高生产效率，这是常规仪表所达不到的。

6.4.3　计算机控制系统的典型形式

6.4.3.1　集中控制系统

在计算机控制系统的发展过程中，集中控制系统起到了积极的作用，它是用一台计算机实现对众多被控对象或参数进行控制的计算机控制系统，如图 6-38 所示。在这种控制系统中，计算机不但完成操作处理，还可直接根据给定值、被控变量和过程中其他的测量值，通过 PID 运算实现对执行机构的控制，以调整执行器的阀门位置。这种控制即常说的直接数字控制（DDC）。DDC 是计算机控制技术的基础。从本质上来说，DDC 控制的基本思想是使用一台计算机代替若干个调节控制回路的功能。最初发展时希望能够至少可以控制50 个回路以上，这在当时对小规模、自动化程度不高的系统，特别是对具有大量顺序控制和逻辑判断操作的控制系统来说，收到了良好的效果。

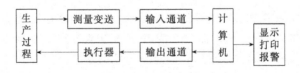

图 6-38　集中型计算机控制系统原理

由于在整个控制系统中只有一台计算机，可以有机和系统地进行处理工作，因而控制集中，便于各种运算的集中处理；各通道或回路间的耦合关系在控制计算中可以得到很好的反映；同时由于系统没有分层，所有的控制规律均可直接实现。但要完成应有的控制任务，对计算机的性能要求必然苛刻，例如必须要求运算速度要快、容量要大等；由于生产过程的复杂，在实现对几十、几百个回路的控制时，可靠性难以保证；系统危险性的过于集中，使系统时常处在瘫痪的边缘，难以确保系统的正常运行。因此，这种计算机控制系统主要应用在中、小型控制系统中。

6.4.3.2 集散控制系统

集散控制系统源自英文 total distributed control system，它是以微处理器为基础，借助于计算机网络对生产过程进行分散控制和集中管理的先进计算机控制系统。国外将该类系统取名为分散控制系统（distributed control system，DCS）。该系统将若干台微机分散应用于过程控制，全部信息通过通信网络由上位管理计算机监控，实现最优化控制，通过 CRT 装置、通信总线、键盘、打印机等，进行集中操作、显示和报警。整个装置继承了常规仪表分散控制和计算机集中控制的优点，克服了常规仪表功能单一、人-机联系差以及单台微型计算机控制系统危险性高度集中的缺点，既在管理、操作和显示三方面集中，又在功能、负荷和危险性三方面分散。集散系统综合了计算机技术、通信技术和过程控制技术，在当今现代化生产过程控制中起着重要的作用。

(1) 结构组成　集散控制系统的基本组成通常包括现场监控站（监测站和控制站）、操作站（操作员站和工程师站）、上位机和通信网络等部分，如图 6-39 所示。如图 6-40 所示为横河 CENTUM-CS 系统的外观图，图中前排为操作站，即操作员站和工程师站；后排立柜为现场监控站。操作员站、工程师站和上位计算机构成集中管理部分；现场监测站、现场控制站构成分散控制部分；通信网络是连接集散系统各部分的纽带，是实现集中管理、分散控制的关键。

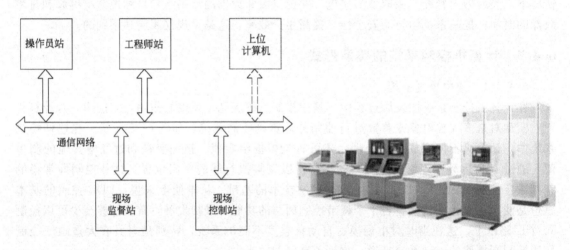

图 6-39　集散控制系统基本构成　　　　　图 6-40　CENTUM-CS 系统的外观

从控制机理看，集散控制系统适度地考虑了各子系统之间控制要求的协调关系，具有控制作用的分级递阶结构，如图 6-41 所示。其主导思想是将整个系统划分成若干个子系统，由第一级局部控制器直接控制被控对象，即进行系统的水平分解。各子系统之间的协调则由处于第二级的协调控制器完成，它负责使各子系统协调配合，共同完成系统的整体控制任务。随着生产规模的扩大，用户不仅仅关心单纯的控制效果，同时还强调对工厂生产效益、能源损耗和利润指标等整体信息的管理，于是系统无论从结构、性能和应用功能上都要求达到新的水平，因此在系统结构复杂时，如图 6-41 所示的集散控制系统也可变化成多级系统，如三级系统或四级系统。

为保证系统整体的控制效果，集散控制系统在进行系统分解时适当考虑了各子系统间的耦合关系。由于在分解过程中没有采用固定的算法，而只是相对地将各子系统间的关联关系进行了协调，因而分解后的系统在寻求整体控制目标时一方面简化了控制算法；另一方面却无法保证最优，最多只能达到次最优。此外，控制系统的分解使得系统可靠性有所提高，对计算机的性能要求有所下降，因而系统整体投资也有所减少。

（2）软件体系　集散控制系统的软件体系包括计算机系统软件、过程控制软件（应用软件）、通信管理软件、组态生成软件、诊断软件。

系统软件与应用对象无关，是一组支持开发、生成、测试、运行和程序维护的工具软件。过程控制软件包括过程数据的输入/输出、实时数据库、连续控制调节、顺序控制、历史数据存储、过程画面显示和管理、报警信息的管理、生产记录报表的管理打印、人-机接口控制等，其中前四种功能是在现场控制站完成的。

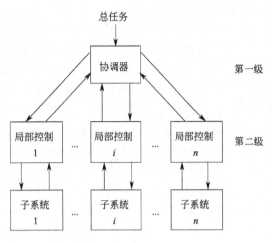

图 6-41　集散控制系统分级递阶结构

集散控制系统组态功能的应用方便程度、用户界面友好程度、功能的齐全程度是一个集散控制系统是否受用户欢迎的重要因素。集散控制系统的组态功能包括硬件组态（又称配置）和软件组态。

硬件组态包括的内容：工程师站、操作员站的选择和配置，现场控制站的个数、分布，现场控制站中各种模块的确定、电源的选择等。

软件组态中首先要确定控制系统配置的基本信息，如各种站的个数、内存配置信息、最大点数、最短执行周期等。而应用软件的组态则包括实时数据库的生成和控制回路、控制方案及图形、报表功能的实现。这是集散控制系统组态的核心。软件组态通常由 DCS 生产厂家提供一个功能很强的软件工具包（组态软件）来完成。

（3）集散控制系统的特点　与一般的计算机控制系统和常规仪表控制系统相比，集散控制系统具有以下主要特点。

① 功能齐全　集散控制系统可以完成从简单的单回路控制到复杂的多变量最优化控制；可以实现连续反馈控制，也可以实现离散顺序控制；可以执行从常规的 PID 运算到 Smith 预估、三阶矩阵乘法等各种运算；可以实现监控、显示、打印、报警、历史数据存储等日常全部操作要求。用户通过选用集散控制系统提供的控制软件包、操作显示软件包和打印软件包等，就能达到所需控制目的。

② 实现分散控制　集散控制系统将控制与显示分离，现场过程受现场控制单元控制，每个控制单元可以控制若干个控制回路，完成各自功能。各个控制单元又有相对独立性。一个控制单元出现故障仅仅影响所控制的回路，而对其他控制单元控制的回路无影响。各个现场控制单元本身也具有一定的智能，能够独立完成连续控制、逻辑控制、批量控制等工作。因此集散系统负荷均匀分散，功能分散，在本质上将危险性分散。

③ 实现集中监视、操作和管理，人-机联系好　集散控制系统中 CRT 操作站与现场控制单元分离。操作人员通过 CRT 和操作键盘可以监视现场部分或全部生产装置乃至全厂的生产情况，按预定的控制策略通过系统组态组成各种不同的控制回路，并可调整回路中任一常数，对机电设备进行各种控制。CRT 屏幕显示信息丰富多彩，除了类似于常规记录仪表显示参数、记录曲线外，还可以显示各种流程图、控制画面、操作指导画面等，各种画面可以切换。这一切比起常规仪表控制来说，仪表显示屏和操作台可以大大减小，但是功能增

强，操作、管理方便。

④ 采用局部网络通信技术　各个现场控制单元、过程输入/输出接口与 CRT 操作站及上位管理计算机等都是通过工业局部网络进行通信联系，达到信息传输、控制管理目的。

⑤ 系统扩展灵活方便，安装调试方便　由于集散控制系统采用模块式结构和局部网络通信，因此用户可以根据实际需要方便地扩大或缩小系统规模，组成所需要的单回路、多回路系统。在控制方案需要变更时，只需重新组态编程，与常规仪表控制系统相比，省去了许多换表、接线等工作。集散控制系统的各个模件都安装在标准机柜内，模件之间采用多芯电缆、标准化接插件相连，与过程的连接采用规格化端子板，到中控室操作站只需要铺设同轴电缆进行数据传递，所以布线量大大减少。系统采用专用调试软件，方便、省时。

⑥ 安全可靠性高　由于采用了多台微处理机的分散控制结构，使危险性分散，各个关键设备采用冗余技术、容错技术，还有完善的自诊断技术，因此集散系统平均无故障时间已达 10^5 天，平均修复时间为 10^{-2} 天，整个系统的利用率达到 99.9999%。

⑦ 具有良好的性能价格比　集散控制系统技术先进，功能齐全，特别适用于具有较为复杂的运算和控制系统。而集散控制系统在价格方面，目前国外 80 个控制回路的生产过程采用集散控制系统的投资已经与采用常规仪表的投资费用相当。如果规模越大，则单个回路的投资将更低。

(4) 集散控制系统的发展概况　随着大规模集成电路的问世，微处理器技术和控制技术、显示技术、计算机技术、通信技术（即所谓 4C 技术）的发展，在继承常规模拟仪表和 DDC 优点的基础上，进一步提高控制系统安全性和可靠性，降低成本。

1975 年推出第一套集散控制系统以来，集散控制系统的结构和性能日臻完善，其发展大体分三个阶段。

① 1975～1976 年，集散控制系统的诞生时期。

② 1977～1984 年，集散控制系统飞速发展时期。

③ 1985 至今，综合信息管理系统时期。

集散控制系统还将继续发展，表现为：系统小型化和微型化；现场检测变送仪表智能化；现场总线标准化；通信网络标准化；DCS 与 PLC、SCADA 等的相互渗透；系统软件智能化等。集散控制系统将适应各种过程控制需要，取得更好的技术和经济效益。

6.4.3.3　现场总线控制系统

现场总线控制系统（fieldbus control system，FCS）是 20 世纪 90 年代发展起来的新一代工业控制系统。它是计算机技术和网络技术发展的产物，是在智能化测量与执行装置的基础上发展起来并逐步取代 DCS 控制系统的一种新型自动化控制装置。

根据国际电工委员会和现场总线基金会对现场总线的定义，现场总线是连接智能现场装置和自动化系统的数字式、双向传输、多分支结构的通信网络。现场总线在本质上是全数字式的，取消了原来 DCS 系统中独立的控制器，避免了反复进行 A/D、D/A 的转换。它有两个显著特点：一是双向数据通信能力；二是把控制任务下移到智能现场设备，以实现测量控制一体化，从而提高系统固有可靠性。对于厂商来说，现场总线技术带来的效益主要体现在降低成本和改善系统性能，对于用户来说，更大的效益在于能获得精确的控制类型，而不必定制硬件和软件。

当前，现场总线及由此而产生的现场总线智能仪表和控制系统已成为全世界范围自动化技术发展的热点，这一涉及整个自动化和仪表的工业"革命"和产品全面换代的新技术在国际上已引起人们广泛的关注。

(1) 现场总线系统的特点　现场总线除具有集散控制系统的一般特点外，还有以下主要特点。

① 采用总线方式可以集中、实时获取大范围内各个测控点数据和故障信息，便于整个系统的优化操作和管理，并且可以把控制、报警、趋势分析等功能分在现场级装置中。分散于现场的检测、控制信息与控制室的通信联系完全数字化，而不是传统的 $4\sim20$mA 模拟信号。这可以提高数据传输的可靠性和准确性，提高测量和控制精度。

② 采取开放式结构，取消了计算机中的 I/O 模板，将 I/O 通过现场总线延伸到机外。任何 I/O 点，包括传感器、执行器、控制器甚至显示器等，只要符合现场总线标准都可以挂在现场总线上。现场仪表智能化，可以独立完成就地测量和控制功能。控制室内的仪表装置主要完成数据处理及监督、优化、协调、管理等功能。

③ 现场总线都能实现节点到节点通信，无需系统计算机调度与中转。每个节点上都可以进行数据采集和输出、PID 运算等处理。这样降低了现场仪表对系统计算机的依赖性，一旦系统计算机发生故障，现场总线上的模块仍能按组态要求正常工作，增加了整个系统的可靠性。

④ 现场总线系统网络结构简单，且通信线缆比集散系统少，布线简单，节省材料和费用，减少了维护工作量。

⑤ 为适应危险环境，现场总线有本质安全防爆措施。

⑥ 现场总线按统一标准设计和工作，各个厂家的产品可以交互操作，用户使用方便。

(2) 现场总线控制系统的发展过程　现场总线的思想产生于 20 世纪 80 年代中期，但其后的研究工作进展缓慢，同时又由于没有统一的国际标准可遵守，使得现场总线系统的发展和应用收效甚微。直到 90 年代初期，才有相应的标准推出，供设计和产品使用。如美国仪表协会从 1984 年即开始制定现场总线的标准，到 1992 年国际电工委员会才批准了 SP50 物理层标准。又如 1986 年德国开始制定过程现场设备的标准，到 1990 年完成了最初的 Profibus 总线标准，1994 年才推出用于过程自动化的实用型现场总线 Profibus-PA（Process Automation）。

在现场总线的开发和研究过程中，出现了多种实用的系统，每种系统都有自己特定的应用背景，因而其结构、特性和应用各有差异。在这一发展过程中，较为突出的现场总线系统有 HART、CAN、LonWorks、ProfiBus 和 FF。

最早的现场总线系统 HART（highway addressable remote transducer）是美国 Rosemount 公司于 1986 年提出并研制的，它在常规模拟仪表的 $4\sim20$mA DC 信号的基础上叠加了 FSK（frequency shift keying）数字信号，因而既可以用于 $4\sim20$mA DC 的模拟仪表，也可以用于数字式通信仪表。它是过渡性的现场总线系统。

CAN（controller area network）是由德国 Bosch 公司提出的现场总线系统，当初是专为汽车的检测和控制而设计的，随后再逐步发展应用到其他的工业部门。目前它已成为国际标准化组织（International Standard Organization）的 ISO 11898 标准。

Lon Works 是美国 Echelon 公司推出的一种功能全面的测控网络，主要用于工厂及车间的环境、安全、保卫、报警、动力分配、给水控制、库房和材料管理等。目前，Lon Works 在国内应用最多的是电力行业，如变电站自动化系统等；而楼宇自动化也是其主要应用行业之一。

Porfibus（process field bus）是面向工业自动化应用的现场总线系统，由德国于 1991 年正式公布，其最大的特点是具有在防爆危险区内连接的本征安全特性。Porfibus 具有几种改进型，Porfibus - FMS 用于一般自动化，Porfibus -PA 用于过程控制自动化，Porfibus -

DP 用于加工自动化，适用于分散的外围设备。

FF（fieldbus foundation）是现场总线基金会推出的现场总线系统。该基金会是国际公认的唯一不附属于任何企业的，公正的，非商业化的国际标准化组织，由世界著名的仪表、DCS 和自动化设备制造商、研究机构及最终用户组成，现有成员 120 余家。FF 的最后标准已于 2000 年年初获得现场总线基金会通过并正式公布，而其相关产品和系统在标准制定的过程中已得到一定的发展，目前已在相应的行业和系统中得到了应用。

(3) 现场总线控制系统构成原理

① 现场总线控制系统的硬件构成　现场总线控制系统的硬件主要由测量系统、控制系统、管理系统和通信系统等部分组成，其系统结构如图 6-42 所示。

现场总线控制系统将各种控制功能下放到现场，由现场仪表来实现测量、计算、控制和通信等功能，从而构成了一种彻底分散式的控制系统体系结构。

a. 智能变送器　近年来，国际上著名的仪表厂商相继推出了一系列的智能变送器，有压力、差压、流量、物位、温度变送器等。它们具有许多传统仪表所不具有的功能，如测量精度高，检测、变换、零点与增益校正和非线性补偿等，还经常嵌有 PID 控制和各种运算功能。

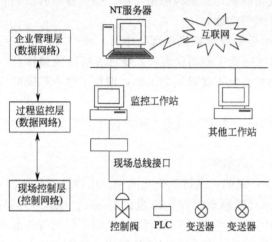

图 6-42　现场总线控制系统体系结构

b. 控制阀　常用的现场总线控制阀有电动式和气动式两大类，主要是指带有智能阀门定位器或阀门控制器的控制阀。它除具有驱动和执行两种基本功能外，还具有控制器输出特性补偿、PID 控制与运算以及对阀门的特性进行自诊断等功能。

c. 可编程控制器　现代的可编程控制器（PLC）与其他现场仪表实现互操作，并可与监控计算机进行数据通信。

② 现场总线控制系统的软件　现场总线控制系统的软件包括操作系统、网络管理软件、通信软件和组态软件。用户把应用程序与这些由生产厂商提供的驱动或服务程序连接起来，如图 6-43 和图 6-44 所示。

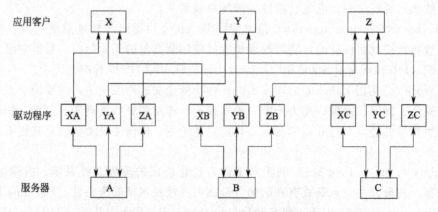

图 6-43　不用 OPC 技术时的连接关系

由组态软件开发的应用程序可完成数据采集与输出、数据处理与算法实现、图形显示与人机对话、报警与事件处理、实时数据存储与查询、报表生成与打印、实时通信以及安全管理等任务。

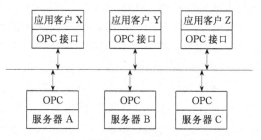

图 6-44　采用 OPC 技术时连接关系

（4）现场总线控制系统的结构　现场总线控制系统 FCS 是在集散控制系统 DCS 的思想上，集成了新一代的网络技术而产生的。FCS 将传统的仪表单元微计算机化，并用现场总线网络的方式代替了点对点的传统连接方式，从根本上改变了控制系统的结构和关联方式。

传统的计算机控制系统广泛采用模拟仪表系统中的传感器、变送器和执行机构等现场设备，现场仪表与位于控制室的控制器之间均采用一对一的物理连接。一个现场仪表需要一对传输线来单向传送一个模拟信号。这种传输方式一方面要使用大量的信号线缆；另一方面模拟信号的传输和抗干扰能力低，如图 6-45 所示。

现场总线控制系统与传统计算机控制系统在系统构成、功能、控制策略等方面有许多类似之处。不过现场总线系统的最大特点是，它的控制单元在物理位置上可与测量变送单元及操作执行单元合为一体，因而可以在现场构成完整的基本控制系统。从物理结构上来说，现场总线控制系统主要由现场设备（智能化设备或仪表、现场 CPU、外围电路等）与形成系统的传输介质（双绞线、光纤等）组成。现场总线采用数字信号传输取代模拟信号传输。现场总线允许在一条通信线上挂多个现场设备，而不需要 A/D、D/A 等 I/O 组件，如图 6-46 所示，这与传统的一对一的连接方式是不相同的。

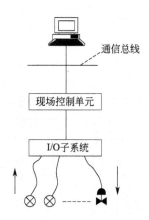

图 6-45　传统计算机控制系统结构示意

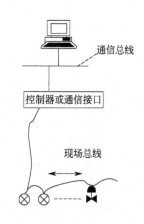

图 6-46　现场总线控制系统结构示意

现场总线是一种计算机网络，这个网络上的每个节点都是智能化仪表中的物理层。在现场总线的标准中，一般只包括 ISO 参考模型数据链路层和应用层，如同 Mini MAP 一样，有的现场总线还具有网络层的功能。

现场总线控制系统 FCS 是在 DCS 系统的基础上发展而成的，它继承了 DCS 的分布式特点，但在各功能子系统之间，尤其是在现场设备和仪表之间的连接上，采用了开放式的现场网络，从而使系统现场设备的连接形式发生了根本的改变，具有自己所特有的性能和特征。

（5）Delta V 现场总线控制系统简介

① Delta V 系统简介　Delta V 系统是在传统 DCS 系统基础上，结合现场总线技术开发

而成的新一代控制系统。Delta V 系统的控制网络采用了 FF 规定的拓扑结构，由工作站和控制站构成网络节点，任何两个节点之间都可以进行对等信息直接交流。目前，Delta V 系统的控制网络传输速率可达到 100Mbps。另外，Delta V 系统还具有开放的网络结构与 OPC 标准、模块化结构设计、所有卡件均可带电插拔等特点。

a. 系统构成　Delta V 系统由控制器、I/O 卡件、工作站及其软件系统组成，其结构如图 6-47 所示。Delta V 系统的控制器用于提供现场设备与控制网络中其他节点之间的通信和控制，可完成从简单到复杂的监视、联锁及回路控制。所有 I/O 卡件均为模块化设计，可即插即用、带电插拔，以便于系统的在线维护和扩展。Delta V 的 I/O 卡件分为传统 I/O 卡件和现场总线接口卡件两大类，在系统中可混合使用。

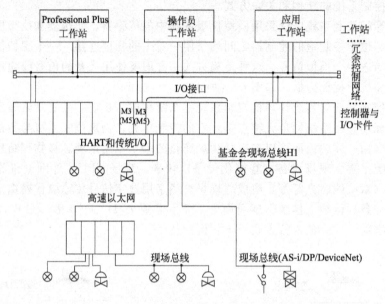

图 6-47　Delta V 系统结构

b. 系统组态及操作软件　Delta V 系统的组态主要包括以下几个部分：构置网络、定义 I/O 通道并下装到卡件，建立区域，组态回路，下装 Module（模块）到控制器，制作流程图画面并进行参数链接以及离线调试等。由于组态软件大量地使用功能块，组态只需从 Library（用户库）中移动或复制需要的功能块，并进行输入、输出的链接以及参数和属性的定义，即可完成相应的组态工作。

Delta V 系统具有较好的互可操作性，各种 FF（基金会现场总线）现场设备都可以直接集成到系统中。该系统也使用多种不同厂家的现场仪表，包括 3051 系列的 FF 变送器、8711 系列的 FF 电磁流量计、3244 系列的 FF 温度变送器、DVC5000 系列的 FF 电气阀门定位器等。

另外，由于该装置中开关量较多，现场所有的开关量信号均与传统 DCS 一样全部用电缆送入控制室的机柜，并未真正体现现场总线的优越性。但这种结果也恰恰体现出了 FCS 系统的通用性和灵活性。

② Delta V 系统在工业生产过程控制中的应用　某石化公司年产 30 万吨聚丙烯装置挤压风送单元采用 Delta V 现场总线控制系统。系统共使用 2 个现场总线网段，采用 Emerson 公司的温度变送器 848T 来检测风机轴承温度，8 台风机共 64 个温度监控点。正式开车以来，系统运行平稳。

a. 系统结构　聚丙烯装置挤压风送单元共有 8 台风机，每台风机有 8 个电机绕组及轴承温度需要在操作站上显示并报警。一旦某台风机轴承温度超过 120℃，联锁系统将动作而使某台风机停车。系统的第 7 个控制器的第 24 卡设置为 H1 卡，并设两个冗余网段，每个网段配置 4 个 848T，每个 848T 带 8 个温度点，系统构成如图 6-48 所示。

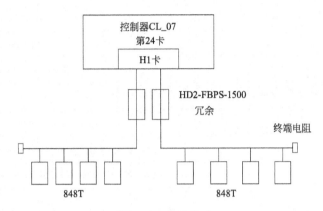

图 6-48　系统构成

图 6-48 中 H1 卡为现场总线通信卡，符合基金会现场总线标准，H1 卡下带有 2 个 port（端口），每个端口带 1 个网段，即 2 个网段（Segment），通过冗余的 P＋F 安全栅模块（HD2-FBPS-1500）与现场总线仪表连接。848T 是安装在现场的基于现场总线的 8 通道温度变送器，其工作环境温度为 $-40\sim85$℃。每个 848T 占用 FF 总线网段上的一个站点地址，在一个网段上可以连接多个 848T，也可以混合连接其他现场总线仪表、阀门。

b. 系统硬件设计时需要注意的问题

ⓐ 每个总线网段上 FF 设备数量规定。

ⓑ 每根总线电缆长度规定。

ⓒ 每个总线网段电源的规定。

ⓓ FF 总线电缆连接的规定。

c. 组态过程　下面以 801A（风机设备位号）为例，说明 Delta V 现场总线控制系统组态的方法和步骤。

ⓐ 848T 组态步骤　在 Delta V Explorer 中将 P＿CL07→C24→P01→Decommissioned 拖到 P01 下，改名 C-801A→Download→Fieldbus Device→P01→Download→Fieldbus Port。

ⓑ 848T 的定义　在 Delta V Explorer 下：P01→C801A→传感器→Field→Config all next→PT100 A385→3 Wire→Exit→Next→C801A→右键选 Configer→Sensor mode 必须为 auto 模式。

ⓒ 建立 Module　先建立一个空的 Module，打开 Module，然后在 I/O 选项中选择 MAI（multiplexed analog input function block）模块→右键→Assign I/O→To Field→Browse→ C801A→改量程单位→存盘→Download。

ⓓ 确认 848T 工作状态　在 Delta V Explorer 下：P-CL07→I/O→C24→P01→C801A→ 右键→Status/Conditions 则出现以下三种状态。

Failed：故障报警，表示现场总线设备无法正常工作，并指明原因。

Maintenance：维护报警，表示现场总线设备需要马上维护，并指明原因。

Advisory：建议报警，表示现场总线设备有轻微故障，并指明原因。

通过以上四步就将 801A 组态完毕，若需要在系统其他地方显示这 8 个温度点，可以在第三步 Module 组态中加入输出参数，则在系统其他地方即可引用。

    d. 现场总线回路的测试

    ⓐ 检查绝缘电阻的要求。

    ⓑ 检查导线间的电容。

    ⓒ 波形测试。

习题与思考题

  1. 简单控制系统由哪几部分组成？各部分的作用是什么？

  2. 什么是直接指标控制？什么是间接指标控制？

  3. 被控变量的选择原则是什么？

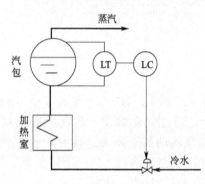

图 6-49　锅炉汽包液位控制系统的示意

  4. 操纵变量的选择原则是什么？

  5. 测量纯滞后对控制量有何影响？造成测量纯滞后的原因有哪些？如何克服？

  6. 被控对象、执行器及控制器的正、反作用各是怎样规定的？

  7. 如图 6-49 所示为锅炉汽包液位控制系统的示意，要求锅炉不能烧干。试画出该系统的方块图，试确定执行器的气开、气关形式和控制器的正、反作用，并简述当加热室温度升高时导致蒸汽蒸发量增加时，该控制系统是如何克服扰动的？

  8. 试确定如图 6-50 所示两个系统中执行器的正、反作用及控制器的正、反作用。如图 6-50(a) 所示为加热器出口物料温度控制系统，要求物料温度不能过高，否则容易分解。如图 6-50(b) 所示为冷却器出口物料温度控制系统，要求物料温度不能太低，否则容易结晶。

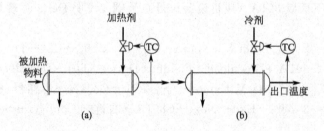

图 6-50　温度控制系统

  9. 什么是控制器参数的工程整定？常用的控制器参数工程整定的方法有哪几种？

  10. 临界比例度的意义是什么？为什么工程上控制器所采用的比例度要大于临界比例度？

  11. 简单控制系统的投运步骤是什么？

  12. 何谓串级控制系统？画出串级控制系统的方块图。

  13. 与简单控制系统相比，串级控制系统有哪些特点？

  14. 串级控制系统中的副被控变量如何选择？

  15. 串级控制系统中主、副控制器的正、反作用如何选择？

16. 在串级控制系统中，如何选择主、副控制器的控制规律？其参数整定有哪两种主要方法？

17. 如图 6-51 所示为聚合釜温度控制系统。试问：

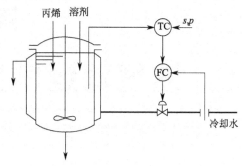

图 6-51　聚合釜温度控制系统

(1) 这是一个什么类型的控制系统？试画出他的方块图。

(2) 聚合釜温度不允许过高，否则易发生事故，试确定执行器的气开、气关形式，及主、副控制器的正、反作用。

(3) 简述当冷却水压力变化时的控制过程。

(4) 如果冷却水的温度是经常波动的，上述系统应如何改进？

(5) 如果选择夹套内的水温作为副变量构成串级控制系统，试画出它的方块图，并确定主、副控制器的正、反作用。

18. 均匀控制系统的目的和特点是什么？

19. 简单均匀控制系统与简单控制系统有何异同点？

20. 什么是比值控制系统？常用的比值控制系统有哪些类型？各有何特点？

21. 某化学反应器要求参与反应的 A、B 两种物料保持一定的比值，其中 A 物料供应充足，而 B 物料受生产负荷制约有可能供应不足。通过观察发现 A、B 两物料流量因管线压力波动而经常变化。该化学反应器的 A、B 两物料的比值要求严格，否则易发生事故。根据上述情况，要求：

(1) 设计一个比较合理的比值控制系统，画出原理图与方块图；

(2) 确定执行器的气开、气关形式；

(3) 选择控制器的正、反作用。

22. 什么是前馈控制系统？它有什么特点？主要应用在什么场合？

23. 前馈控制系统的主要形式有哪些？

24. 在什么情况下要采用前馈-反馈控制系统？试画出它的方块图。

25. 简述计算机控制系统的基本组成及各自的作用。

26. 简述计算机控制系统的特点。

27. 什么是直接数字控制系统（DDC）？与模拟控制系统相比较有什么优点？

28. 什么是集散控制系统？简述集散控制系统的特点。

29. 什么是现场总线控制系统？在结构与技术上，它与 DCS 相比有什么特点？

30. 现场总线控制系统的软件主要包括哪几种？

第 7 章
油气储运常见的系统控制方案

7.1 流体输送设备的自动控制

在油气储运过程中，各种石油和天然气大多数是在连续流动的状态进行输送和处理的。因此。流体的输送是一个动量传递过程，流体在管道内流动，从泵或压缩机等输送设备获得能量，以克服流动阻力。泵是液体的输送设备，压缩机则是气体的输送设备。

流体输送设备的基本任务是输送流体和提高流体的压头。应用最广泛的输送设备是泵和压缩机。以下主要介绍离心泵、压缩机的控制方案和机泵的遥控启停，此外，还包括保护输送设备本身不致损坏的一些控制方案，如离心压缩机的"防喘振"问题。

7.1.1 离心泵的控制方案

离心泵是最常见的输油设备，它的压头是由旋转叶轮作用于液体的离心力而产生的。离心泵的特点是结构简单，流量均匀，且易于调节和自控。对离心泵流量控制的目的是要将泵的排出流量恒定于某一给定数值上，主要有三种控制方法。

7.1.1.1 控制泵的出口阀门开度

这种方案是将控制阀安装在泵的出口，通过控制阀的开度来控制流量。如图 7-1 所示，当干扰作用使被控变量（出口流量）发生变化偏离给定值时，控制器发出控制信号，阀门动作，使流量回到给定值上。

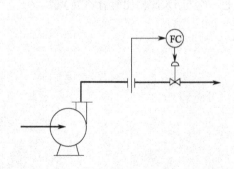

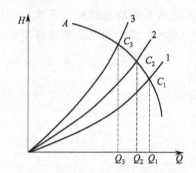

图 7-1　改变泵出口阻力控制流量　　　　图 7-2　泵的流量特性曲线与管路特性曲线

通过控制阀的节流而改变管道中介质的流量，实际是改变了管路的阻力。在一定的转速下，离心泵的排出量 Q 与泵产生的压头 H 有一定的对应关系，如图 7-2 中曲线 A 所示。在不同的流量下，泵所能提供的压头是不同的，曲线 A 称为泵的流量特性曲线。为了使管路流量稳定，必须使泵所提供的压头和管路上阻路相平衡才能进行操作。克服管路阻力需要的压头大小随流量的增加而增加，如曲线 1 所示。它与曲线 A 的交点就是泵的工作点，所对应的流量 Q_1 就是泵的实际出口流量。

当控制阀开启度发生变化时，由于转速是恒定的，所以泵的特性没有变化，即图 7-2 中的曲线 A 没有变化。但管路上的阻力却发生了变化，即管路特性曲线不再是曲线 1，随着控制阀的关小，可能变为曲线 2 或曲线 3。工作点就由 C_1 移向 C_2 或 C_3，出口流量也由 Q_1 变为 Q_2 或 Q_3，以上就是通过控制泵的出口阀开启度来改变排出流量的基本原理。

采用这种控制方案时，控制阀应装在泵的出口管线上，而不装在泵的入口管线上。这是因为，由于压头的存在，使泵的入口端压力比无阀时的压力更低，有可能使液体部分气化，使泵丧失排送能力，这叫气缚；另外，液体在泵的入口端气化后，到排出端受压，急速冷凝，产生汽蚀，汽蚀严重时甚至会损坏翼轮和泵壳。另外，在泵的出口管线上如果同时装有流量检测元件（如孔板等），则控制阀宜装在测量元件的下游，这样可提高流量的测量精度。

这种控制方案的优点是简便易行，缺点是在小流量的情况下总的机械效率较低，所以在低于正常排出量的 30% 场合不宜采用。

7.1.1.2　控制泵的转速

泵的流量特性会随泵的转速改变，如图 7-3 所示，曲线 1、2、3 表示转速分别为 n_1、n_2、n_3 下的流量特性，且 $n_1 > n_2 > n_3$。在管路特性曲线 B 一定的情况下，转速越高，流量越大。

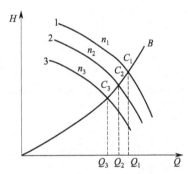

图 7-3　改变泵的转速控制流量

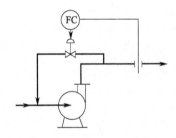

图 7-4　改变旁路阀控制流量

泵的驱动设备有调速电机、燃气轮机、柴油机、蒸汽透平等。如果是调速电机，流量控制的实现是通过控制驱动电机的转速实现的，比较常见的是使用变频调速。如果泵的驱动设备是燃气轮机或柴油机，可通过改变燃料量的方法实现转速控制。如果采用蒸汽透平，则通过控制蒸汽量控制转速。

采用这种控制方案，在液体输送管线上不需要安装控制阀，阻力损失较小，机械效率较高，但结构都比较复杂，因此多用于较大功率的场合。

7.1.1.3　控制泵的出口旁路

如图 7-4 所示，这种方案是将部分排出量重新送回到泵的吸入口，用改变旁路阀开启度的方法控制泵的实际排出量。

这种控制方案也是十分简便的，而且控制阀的口径比第一种方案所用的要小得多。但也不难看出，对旁路通过控制阀的部分液体而言，由泵提供的能量完全消耗在控制阀上，回流量越大，泵所做的虚功也越大，因此这种控制方案总的机械效率较低，很少采用。

7.1.2 压缩机的控制方案

压缩机主要用来输送气体，与泵的区别在于压缩机是提高气体的压力。其出口流量（压力）控制方案与泵类似，被控变量同样是流量或压力，其控制方案主要有三种。

7.1.2.1 直接控制流量

对于低压压缩机，可在出口管路上安装控制阀控制流量。由于气体的可压缩性，同时也为防止出口压力过高，通常在入口处安装控制阀进行流量控制。在控制阀关小时，会在压缩机入口端产生负压，这就意味着，吸入同样容积的气体，其质量流量减少了。负压严重时，压缩机效率大大降低。这种情况下，可采用分程控制方案，如图 7-5 所示。加一个旁路，当入口流量过低时，可打开旁路，以免入口端负压严重。分程阀的特性如图 7-6 所示。

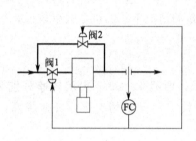

图 7-5 分程控制方案

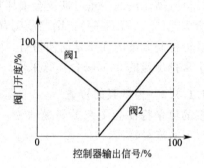

图 7-6 分程阀的特性

7.1.2.2 控制旁路流量

与泵的旁路控制一样，这种控制方案也是将部分排出量送回入口端，利用控制阀的节流作用控制旁路流量的大小，如图 7-7 所示。在多机串联的情况下，要考虑到入口和出口压差，压差太大，损耗也很大，一般只在压差相对较小的压缩机上使用。

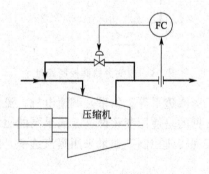

图 7-7 控制旁路流量方案

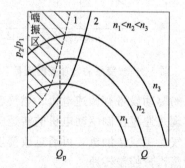

图 7-8 离心式压缩机的特性曲线

1—喘振线；2—控制线

7.1.2.3 调节转速

转速的改变同样可以改变压缩机的流量特性，通过改变原动机的转速达到改变压缩机转速的目的。这种方案经济节能，但设备较以上两种方案复杂。

7.1.3　离心式压缩机的防喘振控制

喘振是离心式压缩机固有的特性，由于入口负荷太低，使压缩机工作点反复迅速突变，气体在压缩机内忽进忽出，使机体和管网振动，发出噪声。喘振会严重损坏机体，进而产生严重后果，压缩机在喘振状态下运行是不允许的。因此，在离心式压缩机的控制中，防喘振控制是一个重要的课题。

如图 7-8 所示是离心式压缩机的特性曲线，即压缩机的出口与入口的绝对压力之比 p_2/p_1，与压缩机入口体积流量 Q 之间的关系曲线。根据压缩机的特性曲线可知，当压缩机工作在一定的转速下，必然存在一个介于喘振区和安全区的临界工作点，该点对应的入口流量称为临界吸入流量或极限流量 Q_p。如果压缩的实际入口流量 Q 大于临界吸入流量 Q_p，系统就会工作在安全区中，不会发生喘振。因此，要保证 Q 大于 Q_p，即可防止压缩机出现喘振现象，这也就是压缩机防喘振控制的关键所在。目前，工业上常用的防喘振控制主要有固定极限流量法和变极限流量法两种方案。

7.1.3.1　固定极限流量的防喘振控制

这种防喘振控制方案是使压缩机的入口流量始终保持大于某一固定值，即正常可以达到最高转速下的临界流量 Q_p，从而避免进入喘振区运行。显然压缩机不论运行在哪一种转速下，只要满足压缩机入口流量大于 Q_p 的条件，压缩机就不会发生喘振，其控制方案如图7-9所示。压缩机正常运行时，如果测量值大于设定值 Q_p，则旁路阀完全关闭；如果测量值小于 Q_p，则旁路阀打开，使一部分气体返回到压缩机的入口，直到入口流量达到 Q_p 为止，从而防止发生喘振现象。

这种控制方案与压缩机的旁路流量控制（图 7-7）是不同的，固定极限流量的防喘振控制回路中需要检测的是压缩机的入口流量。

固定极限流量的防喘振控制方案简单，系统可靠性高，投资少，但这种方法主要适用于固定转速的场合。当压缩机的转速变化时，如按高转速取给定值，势必在低转速时给定值偏高，能耗过大；如按低转速取给定值，则在高转速时仍有因给定值偏低而使压缩机产生喘振的危险。因此，当压缩机的转速不恒定时，一般不宜采用这种控制方案

7.1.3.2　可变极限流量的防喘振控制

当压缩机的转速可变时，进入喘振区的极限流量也是变化的。为了减少能耗，在压缩机的负荷可能经常波动的场合，可以采用变极限流量的防喘振控制方案。

由如图 7-8 所示的压缩机特性曲线可知，只要压缩机的工作点在临界喘振线 1 的右侧，就可以避免喘振发生。但为了安全起见，实际工作点往往控制在安全操作线 2 的右侧。通常安全操作线可以近似为抛物线，其方程可用下式表示：

$$\frac{p_2}{p_1} = a + b\frac{Q^2}{T_1} \tag{7-1}$$

式中　p_1，p_2——压缩机的入口、出口的绝对压力；

　　　　Q——入口流量；

　　　　T_1——入口的热力学温度；

　　　　a，b——系数，该系数一般由压缩机制造商提供。

如果 $\dfrac{p_2}{p_1} \leqslant a + b\dfrac{Q^2}{T_1}$，表示压缩机系统工作在安全区；如果 $\dfrac{p_2}{p_1} > a + b\dfrac{Q^2}{T_1}$，则系统有可能产生喘振。

变极限流量的防喘振控制就是通过控制系统来确保压缩机工作在 $\frac{p_2}{p_1}\leq a+b\dfrac{Q^2}{T_1}$ 的工况。

经过换算，上述不等式可写成如下形式。

$$\Delta p\geq\frac{r}{bk^2}(p_2-ap_1) \tag{7-2}$$

式中　Δp——与流量 Q 对应的压差；

　　　r——一个常数。

如图 7-9 所示为固定极限流量的防喘振控制。如图 7-10 所示是根据式（7-2）所设计的一种防喘振控制方案。压缩机入口、出口压力 p_1、p_2 经过测量器、变送器以后送往加法器 Σ，得到 (p_2-ap_1) 信号，然后乘以系数 $\frac{r}{bk^2}$，作为防喘振控制器 FC 的给定值。控制器的测量值是测量入口流量的压差经过变送器后的信号。当测量值大于给定值时，压缩机工作在正常运行区，旁路阀是关闭的；当测量值小于给定值时，这时需要打开旁路阀以保证压缩机的入口流量不小于给定值。这种方案属于可变极限流量法的防喘振控制方案，这时控制器 FC 的给定值是经过运算得到的，因此能根据压缩机负荷变化的情况随时调整入口流量的给定值，而且由于这种方案将运算部分放在闭合回路之外，因此可像单回路流量控制系统那样整定控制器参数。

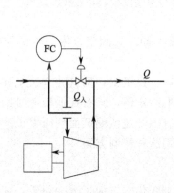

图 7-9　固定极限流量的防喘振控制

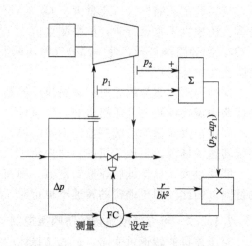

图 7-10　变极限流量的防喘振控制

7.1.4　机泵组的控制

泵站内的输送设备是由多个大型电机带动的大型泵串联而成的机泵组，其控制除了流量控制外，为保证设备运行安全还需要对机泵组的其他参数进行监控。

7.1.4.1　机泵组的遥控启停

在管道流量控制时，小排量的控制可由前面所述方法来实现，大排量的控制就需要启动或停止某一台或几台机泵；在遇到某种报警而停泵，当报警停止时需要重启机泵。机泵的启停对长输送管道安全非常重要，启动时不仅要考虑机泵本身的安全，还要考虑可能会造成的水击波危及安全输油。

目前储运系统输送油品用得较多的电动离心泵大多由普通（或防爆）三相交流异步电动机直接拖动。这种电动机的启动过程比较简单，即内控制回路使接触器或启动器吸合，电动机馈电而直接启动。

（1）离心泵的启动　泵启动前，出口管道内的介质可能未被充满，再次启动泵时，随着转速的增加，泵出口流量迅速达到最大值，在充满出口管道的同时，管内压力也渐渐升高。如果这时泵入口管道的阀门开启度不合适，满足不了泵出口突然增大的流量，泵就会出现抽空现象。一旦抽空，进口管内介质在低于介质饱和蒸汽压力下产生汽化，会使泵产生汽蚀现象，使离心泵不能正常运转，严重时还能使泵损坏。同时在泵启动的瞬间，出口流量达到最大，会使电机满载启动，启动电流过大会影响电机的寿命，这些现象都是不允许的。因此，离心泵的遥控必须满足下列过程。

启动操作时一定要先全开泵入口阀门，关闭出口阀门；泵启动后，先使其在零流量状态下运转，等压力升高到一定值后再缓慢开启出口阀，逐渐增大流量，充满出口管道，升高管道压力。待压力升至额定值时，全开出口阀进入正常运转。这一过程称为离心泵的启动过程。

在人工就地启动泵时，操作员根据泵出口压力，调节出口阀门的开度，保证这一过程的正确进行。进行遥控操作时必须采用一套能自动进行压力、流量控制的设备，才能使泵正常启动

（2）离心泵遥控启动的自动控制方案

① 采用汽缸阀的泵出口压力控制系统　这是改变泵出口汽缸阀的开度来控制泵出口压力的控制系统，如图 7-11 所示。在泵出口管道上装一个压力继电器或电接点压力表。它有两对上、下限电接点（P_{y2} 和 P_{y1}），分别与两个三通电磁阀 L_1、L_2 连接。当下限接点 P_{y1} 闭合时，L_1 通电激磁，三通阀直通，使压缩空气进入汽缸上部，与此同时 L_2 失电，相应的三通阀将气源切断，并使汽缸下部通大气，所以活塞下移。当上限接点 P_{y2} 闭合时，L_2 激磁，则情况相反，使活塞上移。泵停止运转时，其出口压力低于设定的压力下限 p_1，P_{y1} 闭合，汽缸阀处于关闭状态。泵刚启动时，由于阀是关闭的，流量为零，压力将迅速增大，达到设定的压力下限后使 P_{y1} 断开，L_1 失电，切断气源通路并使活塞上部气体排空，此时上限接点 P_{y2} 尚未闭合，L_2 未激磁，活塞下部还是通大气的。所以活塞不动，汽缸阀仍然关闭。压力继续升高达到设定的压力上限 p_2 时，P_{y2} 接通，L_2 激磁，压缩空气进入活塞下侧，使活塞上移，汽缸阀开启。随着阀开度增加，流量增大，压力将下降。当它低于设定的上限后，P_{y2} 断开，L_2 失电，又使活塞下侧通大气，于是汽缸阀开度不再变化。泵出口压力则可能在 p_1 和 p_2 之间略有波动，然后达到一个稳定的工作点（由泵特性

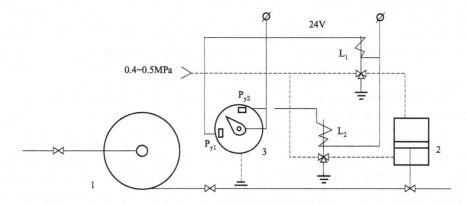

图 7-11　泵出口汽缸阀控制系统

1—泵；2—出口汽缸阀；3—压力继电器（电接点压力表）；L_1，L_2—电磁三通阀

和管路特性决定）。

② 自力式调压单向阀　目前对于泵出口压力启动过程的自动控制，已生产一种自力式调压单向阀。它是将泵出口单向阀（逆止阀）和压力控制阀结合成一个整体；既可起单向阀的作用，阻止介质倒流和泵倒转，又可以在泵启动时自动控制泵的压力和流量，保证泵正常启动，不需外界能源和附加控制系统。如果是对已有的机泵组进行改造，则可将原来的单向阀加以改装，而不需要在管道上增加其他附件。其结构如图 7-12 所示。

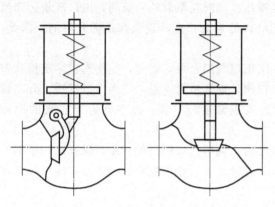

图 7-12　自力式调压单向阀

这种阀实际上是在泵出口的单向阀上加一个油缸和活塞。利用介质对活塞（阀关闭时对阀芯）的作用力与弹簧平衡，自动保持一定开度，正常运行时，在操作压力下，阀应全开。

自力式调压单向阀的工作过程如下：当机泵不运转时，管道压力较低，甚至为零。作用在阀芯上的压力不足以克服弹簧的"预紧力"F_1'（该力靠调节螺钉预先调整），单向阀关闭。弹簧的预紧力决定了阀的开启压力。泵启动后，当泵出口压力低于阀的初始开启压力 p_1 时，阀仍然关闭。当压力 p 升高到 $p > p_1$ 时，作用在阀芯上的力 $F_1 > F_1'$（$F_1 = p_1 S$，S 为阀芯面积）使阀开启，随后在阀后建立起压力 p_2。随着阀后管道逐渐被介质充满，压力 p_2 升高，活塞上的作用力 F_2（$F_2 = p_2 S_1$，S_1 为活塞面积）逐渐上升，压缩弹簧，直至阀芯前、后压力平衡，达到正常的工作开度。

泵启动后，调压单向阀尚未打开（即流量为零），使电机的电流逐渐增大。如调压单向阀仍不打开，则随着电机电流的迅速增大可能将电机烧坏。但随着泵流量的增加，调压单向阀必随之开启（如阀无故障的话），电机电流下降。调压单向阀的这一过程起着自动控制泵压和电机电流的作用。

当调压单向阀开启后，泵流量增大，但由于阀后出口管道未充满介质，因此泵压力仍较低。直至出口管道充满介质后，泵压才增高。此时调节单向阀全开（阀前、后的压力基本平衡），达到正常操作条件。这一过程的时间取决于泵出口管道的总容积、介质充满管道的程度以及泵的最大流量。

如果出口管道是充满的，从阀开启到正常操作的过程很短，需 1～3s。此时调压单向阀的作用仍然是限制启动时的瞬间流量，以保证在泵启动时电机不处于过电流情况下运转。

③ 电机的遥控启停　电动机一般都有电气控制回路，遥控时只需在控制回路中加进瞬时动作的常开接点 J_1 和常闭接点 J_2，分别用作启停即可，如图 7-13 所示。启动常开接点并联在原来的启动按钮 N_1 上，停止常闭接点串联在控制回路中，由三根遥控线 A、B、C 接入。另外再利用交流接触器 ZJ 的辅助接点（常开）接入信号系统作为电机运行的信号。这样遥控操作 J_1、J_2 和就地手动操作按钮 N_1、N_2 都可对电机实现启停。如果交流接触器无多余的辅助接点，则要在电机的三相端子（接触器接点后）与零线间加一个继电器（220V），用其接点作为电机运行信号。

控制回路额定电流一般为 5A。附加的遥控接点 J_1、J_2 应有足够容量，以免烧毁接点。

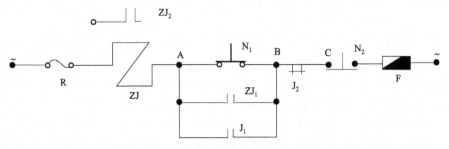

图 7-13　电机遥控启停线路

增加的遥控线及接点电阻总和不得超过 5Ω。如因距离较远或导线截面积不够，可加中间继电器控制。

7.1.4.2　机泵运行的监测

保证泵房自动化正常运行的重要环节是机泵运行的监测。当机泵实现遥控启停后，其运行工况要通过监测系统传递到远距离的操作室，供操作员随时监视。当出现越限等故障时就要启动警报系统提醒操作员注意，必要时自动切断有关运行设备。机泵运行监测的内容包括以下方面。

（1）泵入口压力过低　泵的入口压力低会引起汽蚀现象，严重时会导致叶轮的损坏。通常用压力开关检测，并进行过低保护。

（2）泵出口压力过高　泵出口压力高会破坏机械密封，有时也会超过设备的承受能力，引起设备及管道损坏。采用压力开关过高报警。

（3）泵壳温度过高　采用热电偶或热电阻测量温度，对其进行报警或超高温停车。

（4）泵和压缩机轴温过高　通常使用热电偶或热电阻检测温度，同时对其变化进行监控、报警或过高停车。

（5）电机定子绕组温度　定子三相绕组 A、B、C 上分别都有温度检测，当绕组的温度升高到一定程度，进行报警或停车。

（6）泵壳振动量　当泵壳振动严重时，泵本身机械磨损会较为严重。利用振动传感器测量振动的频率或振幅进行报警或停车保护。

（7）电机电流超高　功率在几十千瓦以上的电动机都配有电流表，通过电流变送器将信号传至控制室，电流过高则进行报警控制。

另外，对机组的润滑油系统、冷却系统、泵轴密封泄漏量过高也需要监控报警。

7.2　储存设备的自动控制

7.2.1　储油罐、缓冲罐的液位控制方案

储油罐也称储罐，是油气储运管道中的重要设备，主要用于调节供需均衡计量及缓冲。储油罐是长输油管道上常用设备，在生产管理上有其相应的监控及保护系统。

输油管道的首站、末站和中间站大都设置储油罐。首站、末站储油罐分别用来调节油田与首站、末站收泊（或转运）单位间输量的不均衡。在计量系统不完善情况下，储油罐还可供原油交接计量之用。首站、末站的储油罐容量一般都较大。非密闭（旁接）输油的中间站

设置储油罐是为了平衡中间站进出油的输差。密闭输送的中间站可以只设置供水击泄放的储油罐。

储油罐种类很多，按材质分为金属罐和非金属罐。金属罐一般为钢质罐，这类罐应用最广泛。常用的金属罐有立式圆柱形罐和卧式圆柱形罐。金属罐常用于储存各种油品，也可以用做盛水等非腐蚀性介质。还有一些特殊形状的金属罐，如球形罐、水滴形罐等，它们主要用来储存低沸点油品和油气集施过程的受压容器，金属罐大部分为地上罐。非金属罐是用非金属作为建造罐主要材料的油罐，常见的有砖油罐、石砌油罐、钢筋混凝土油罐等。这类油罐大部分建造在地下或半地下，多用于储存原油或重油。还有容积小、便于折叠搬迁、储存各种军用油料的耐油橡胶油罐、塑料油罐等非金属油罐。

缓冲罐又称脉冲阻尼器，实质上是储存流体的腔室，靠气体的可压缩性使不可压缩的流体脉冲得以缓冲。流体在输送管路中，当系统压力升高时，介质压缩气体而进入缓冲脉冲器；当系统压力降低时，压缩气体膨胀，并迫使介质流回管路。选择合适型号的缓冲罐可以减少系统 90%或者更多的脉冲，使输送液体产生接近于层流的状态时，可适当减小管路的直径，从而降低安装成本。

缓冲罐被广泛应用于中央空调、锅炉、热水器、变频、恒压供水设备中。在系统内水压轻微变化时，缓冲罐气囊的自动膨胀收缩会对水压的变化有一定缓冲作用，能保证系统的水压稳定，水泵不会因压力的改变而频繁地开启。

在生产过程中，除了对油罐进行计量、油水界测量、油位测量以及非安全油位的联锁保护等外，储油罐和缓冲罐的液位控制也非常重要。

7.2.1.1　油罐的安全高度

收发油时，要准确测定罐内油位，防止溢罐和抽空。同时，油罐的安全高度要根据不同的油罐进行具体确定。在确定安全高度时一般涉及油罐的容量、灭火时所需要的泡沫厚度、所存油品的闪点、油罐量油孔的高度、泡沫发生器进罐口最低位置等。

油罐操作时的安全高度，可用下面公式计算。

$$H = h_总 - (h_1 + h_2 + c) \tag{7-3}$$

式中　$h_总$——量油孔顶面距罐底的高度；

　　　h_1——量油孔顶面距罐壁顶面的高度；

　　　h_2——泡沫箱进罐孔最低位置距罐顶的高度；

　　　c——常数，考虑不同油品闪点不同，消防泡沫所需的厚度不同（一般闪点越低，要求泡沫厚度越大，c 值也就越大），另外考虑到油品进出油罐的排量大小，进出油管直径大小（一般排量大，管径大，c 值就大），根据经验 c 值取 20~40cm。

油罐的最低操作油位，主要应考虑油罐的出油管线位置、出油管直径、输油泵的排量、油品性质、油品温度等。油罐操作时的最低油位，可用下面公式简单计算。

$$h = h_总 - h_3 - c \tag{7-4}$$

式中　h_3——量油孔距出油管顶面的高度。

7.2.1.2　储油罐、缓冲罐的液位控制

储油罐、缓冲罐的液位控制采用单回路控制方案，如图 7-14 和图 7-15 所示。被控变量

为油罐的液位，对象为油罐，操作变量为输入流量 q_1。选用差压变送器测液位，控制器选正作用，执行器选气关式。

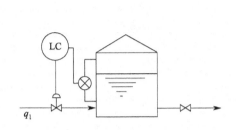

图 7-14　储油罐的液位控制方案

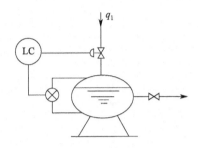

图 7-15　缓冲罐的液位控制方案

7.2.2　储气罐、分离器的压力控制方案

天然气储存粗分可分为地面储存和地下储存；细分可分为容器储存和低温溶剂储存，天然气液化储存和天然气水合物储存（固态储存），地下储气库储存。

用户用气量随时间不同而变化，而气源供气一般变化不大。尤其对长距离输气管，为求得最高的效率，总希望管线在某一最佳输量下工作。这样，供气和用气经常发生不平衡。为此在输气管线中，可采用不同储气方法（地下储气，气罐储气，液态或固态储气，输气管道末段储气等），均衡这个矛盾。而在输气管线上通常采用储气罐。

利用长输气管线末段起、终点的压力变化，从而改变管道中的存气量，达到储气的目的。用气低峰时，多余气体存入管道中，起、终点压力提高；用气高峰时，由管道中积存的气体弥补起、终点压力降低。因此对储气罐的控制主要是对其压力的控制。

分离器也是油气储运中的一个重要设备。对于天然气处理而言，从气流中分离掉液体、固体及机械杂质；对于原油处理而言，从油流中分离掉气体、固体以及游离水。主要分为卧式分离器和立式分离器。一般处理高气油比的原油选卧式分离器（有乳状液）；处理低气油比的原油或油气比非常高的原油选立式分离器（气体洗涤器）。以下主要介绍立式油气分离器的控制方案。

7.2.2.1　储气罐的压力控制方案

储气罐的压力控制是一个单回路控制系统，如图 7-16 所示。采用回流控制方案，目的使储气罐的压力稳定，保证储气罐的安全。被控变量为压力 p，被控对象为左侧储气罐，操纵变量为回流量 q。采用压力变送器测压力，控制器选正作用，执行器选气关式。

7.2.2.2　分离器的压力控制方案

如图 7-17 所示为分离器的控制方案。图中 PC 为分离器顶部气体的压力控制系统。被控变量为分离器顶部的气体压力，被控对象为分离器，操纵变量为分离器输出的气体流量。采用压力变送器测压力，控制器选反作用，执行器选气关式。

LC 为分离器内液位控制系统，被控变量为分离器的液位，被控对象为分离器，操纵变量为分离器底部液体排出流量。采用差压变送器测液位，控制器选正作用，执行器选气开式。

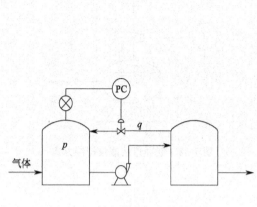 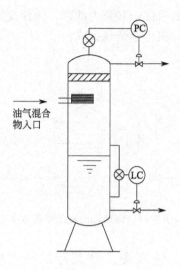

图 7-16　储气罐的压力控制方案　　　　　图 7-17　分离器的压力控制方案

7.3　加热装置的自动控制

7.3.1　概述

　　我国生产的原油，绝大部分具有高凝固点与高黏度的特性。这种原油在输送时，若加热输送，可降低原油黏度，减少输送所耗压力能。加热输送是在加热后输送。一般情况下，总是尽量把加热站与泵站建在一起称热泵站，有时加热站独立存在。由于加热装置不同，其监控系统的监控点数和控制方法也不同。监控系统也可简单也可复杂，但其对保证加热装置的安全运行、降耗节能等是非常重要的。

　　加热站加热原油所用设备有加热炉和换热器两类。换热器把来自锅炉的蒸汽、热水与原油进行换热，操作安全，但设备庞大，热效率低，造价高，很少采用。不论国内或国外，一般都使用加热炉作为加热输送的加热设备。

7.3.1.1　加热方式

　　按照原油是否通过加热炉炉管，可分为直接加热和间接加热两种方式。

　　(1) 直接加热方式　原油直接通过炉管为直接加热。除近几年引进少量间接加热式加热炉外，我国输油管道一直以直接加热式加热炉作为管道的主要加热设备。我国输油管道使用的加热炉主要有方箱形加热炉、圆筒形加热炉和卧式圆筒形加热炉。此外，还有小型活动式加热炉作为输送的临时加热之用。

　　(2) 间接加热方式　利用另外一种介质——热媒通过加热炉炉管使其提高温度，并在换热器内与被加热原油进行换热的称为间接加热。间接加热系统由加热炉、换热器、热媒、膨胀罐、热媒循环泵、检测控制仪表与管道附件等组成，如图 7-18 所示。热媒经加热炉加热升温后，与膨胀罐旁接，并由热煤循环泵抽送回加热炉继续加热。

　　这两种加热方式在我国管道上都被采用。加热炉设备是热输管道的关键设备，也是主要耗能对象，在管道建设和生产管理上占有重要地位。

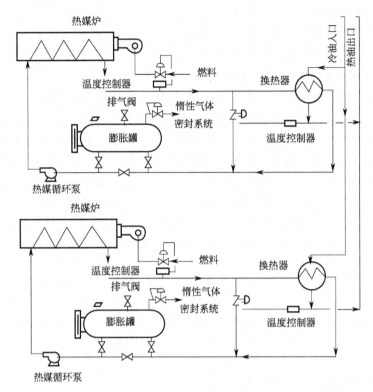

图 7-18 间接加热系统

7.3.1.2 两种加热方式的对比

由于原油不通过加热炉炉管，间接加热方式具有操作安全的优点。它不会发生直接加热方式中因受热不均、偏流而可能发生的重大事故。同时，热媒进出加热炉温度较高，减少了低温腐蚀的危险性，延长了加热炉的使用寿命。其他如炉效较高、自动化程度高等特点则并不是间接加热方式独有的。

现在我国输油站上使用的旧式方箱形加热炉在进行了系列技术改造（例如增设流炉管、空气预热器和除灰装置，采用掺水乳化燃烧，加热炉炉墙堵漏等）之后，热效率可提高到接近 80%。

近年来新设计建造的圆筒形和卧式圆筒加热炉，采用了余热回收等各种新技术，热效率提高到 85%。这虽然尚比国外热煤炉热效率低约 5%，但经过进一步改进，完全可以达到90%。间接加热系统的热媒既消耗额外的动力，二次换热又将影响热效率，因此，在理论上直接加热的热效率将高于间接加热。自动化水平取决于是否能提供必需的仪表与设备。提高自动化水平以后，加热炉的热效率和安全程度都会得到进一步提高。

间接加热系统的主要缺点是设备复杂，占地面积大，造价高。美国 20 世纪 60 年代修建的科林加—阿文原油热输管道采用间接加热方式加热原油；当前全世界最长的原油热输管道——美国西东管道，使用直接加热炉。前苏联的热输管道则一直采用直接加热炉。

以下主要介绍直接加热方式中的管式加热炉的自动控制、间接加热方式中的换热器的自动控制以及锅炉的自动控制。

7.3.2 加热炉的控制方案

在生产过程中有各式各样的加热炉，在石油化工生产中常见的加热炉是管式加热炉。对于加热炉，工艺介质受热升温，其温度的高低会直接影响后一工序的操作情况，同时当炉子温度过高时会使物料在加热炉内分解甚至结焦。加热炉的平稳操作可以延长炉管的使用寿命，节约能源，因此加热炉出口温度应有效控制。

7.3.2.1 加热炉的单回路控制系统

加热炉主要的控制指标是出口原油的黏度，但考虑测量的成本和精度，通常选择出口原油的温度。此温度是控制系统的被控变量，而操纵变量是燃料的流量。对于加热炉来说，温度控制指标要求相当严格，例如允许波动范围为 $\pm(1\sim2)℃$。影响出口温度的主要干扰因素有：工艺介质进料的流量、温度、组分；燃料油（或气）的压力、成分；燃料油的雾化情况；空气过量情况；燃烧嘴的阻力；烟囱抽力等。在这些干扰因素中，有的是可控的，有的是不可控的。为了保证炉出口温度稳定，对于干扰因素应采取必要的措施。

加热炉出口温度单回路控制系统如图 7-19 所示，其主要控制系统是以炉出口温度为被控变量，燃料油（或气）的流量为操纵变量的单回路控制系统。其辅助控制系统是进入加热炉工艺介质的流量控制系统。

采用单回路控制系统往往很难满足工艺要求，因为加热炉需要将工艺介质从几十摄氏度升温至几百摄氏度，其热负荷很大。当燃料油（或气）的压力或组分有波动时，就会引起出口温度的显著变化。采用单回路控制系统时，当加热量改变后，由于控制通道滞后大，控制作用不及时，而使炉出口温度波动较大，满足不了生产的要求。因此，单回路控制系统仅适用于下列情况。

① 对炉出口温度要求不十分严格。
② 外来干扰缓慢而较小，且不频繁。
③ 炉膛容量较小，滞后不大。

7.3.2.2 加热炉的串级控制系统

由于干扰作用及炉子的形式不同，加热炉的串级控制方案可以选用不同副变量组成、不同的串级控制系统，主要有以下方案。

① 加热炉出口温度与炉膛温度的串级控制，如图 7-20 所示。

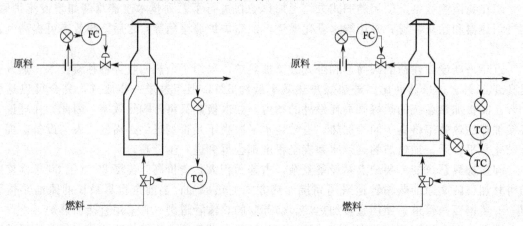

图 7-19 加热炉出口温度单回路控制　　　图 7-20 加热炉出口温度与炉膛温度的串级控制

② 加热炉出口温度与燃料油（或气）流量串级控制，如图 7-21 所示。
③ 加热炉出口温度与燃料油（或气）阀后压力的串级控制，如图 7-22 所示。
④ 加热炉温度控制（浮动阀），如图 7-23 所示。

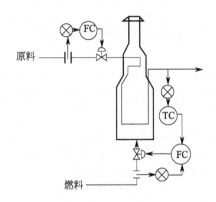

图 7-21　加热炉出口温度与燃料油（气）流量串级控制

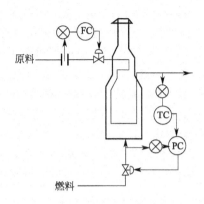

图 7-22　加热炉出口温度与燃料油（气）阀后压力的串级控制

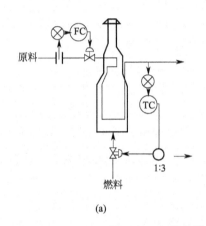

(a)

(b)

图 7-23　加热炉温度控制（浮动阀）

　　如果主要干扰发生在燃料的阀前，压力发生变化，炉出口温度与燃料油流量的串级控制似乎是一种很理想的方案。但是燃料油流量测量比较困难，而压力测量比较方便，所以以炉出口温度与燃料油（或气）阀后压力的串级控制系统应用较广泛。值得指出的是，燃烧嘴部分阻塞也会使阀后压力升高，此时副控制器的动作将使控制阀关小，这是不合适的，运行中必须防止这种现象。

　　当主要干扰是燃料值变化时，上述②、③串级控制的副回路无法控制，此时采用炉出口温度与炉膛温度串级控制方案为好。但是，选择具有代表性、反应较快的炉膛温度检测点较困难，测温元件及保护套管必须耐高温。

　　当燃料是气体时，采用浮动阀的方案也很具特色，如图 7-23（b）所示。这里浮动阀代替了一般控制阀，节省了压力变送器，浮动阀本身具有控制器的功能，实现了串级控制。这种阀不用弹簧，不用填料，所以它没有摩擦，没有机械间隙，故工作灵敏度高，反应迅速，能获得较好的效果。采用这种方案时，如燃料气阀后压力小于 0.04MPa 或大于 0.08MPa 时，为了满足平衡的要求，则在温度控制器的输出端要串接一个倍数为 1 的继电器。

7.3.2.3　加热炉的安全控制

为了保证加热炉的安全生产，防止生产事故发生，应有必要的安全联锁保护措施。在以燃料气为燃料的加热炉中，主要危险是：

① 被加热介质流量过低或中断，此时必须切断燃料气控制阀，停止燃烧，否则会将加热炉管烧坏，使其破裂，造成严重的生产事故；

② 当火焰熄灭时，会在燃烧室里形成危险的燃料气-空气温合物；

③ 当燃料气压力过高时，喷嘴会出现脱火现象，以致造成灭火，甚至会在燃烧室里形成大量燃料气-空气混合物，造成爆炸事故。

④ 当燃烧气压力过低时，会出现回火现象，故要保证最小燃气流量。

以燃料油为燃料时的主要危险是：进料流量过低或中断；燃油压力过高会脱火，过低会回火；雾化蒸气压力过低或中断，会使燃油得不到良好雾化，甚至无法燃烧。

7.3.3 换热器的控制方案

换热器是间接加热系统的一部分，有些厂家提供的换热器及其相应的控制系统是独立于热媒炉的就地控制系统（与热媒炉控制系统独立且在现场）。

换热器的自动控制系统有三部分：换热器热媒流量控制系统；换热器出口原油温度控制系统；燃油加热器温度控制系统。这几部分均为简单控制系统。

7.3.3.1 换热器热媒流量控制系统

热媒流量给定值与测量值在 TIC 中进行比较和计算（如 PI 运算）后，通过控制阀改变热媒总管道中热媒介质的流量，以使进入多个并联的换热器的热媒介质总流量恒定，如图 7-24 所示。

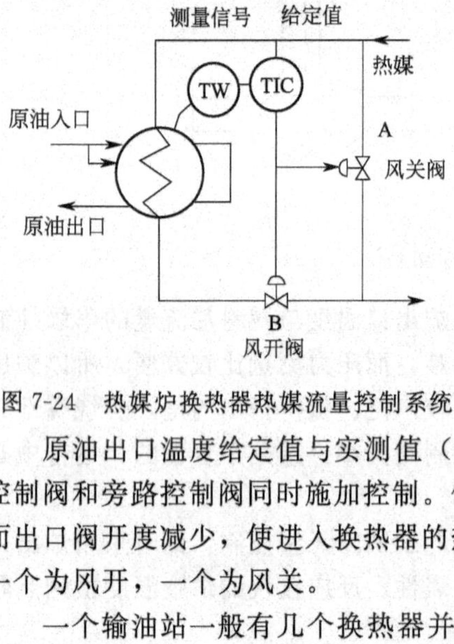

图 7-24 热媒炉换热器热媒流量控制系统

7.3.3.2 换热器出口原油温度控制系统

换热器有时候几组并联使用，每一组都有相同的控制系统（图 7-24）。考虑到加热原油所需热量及热媒介质所具有的热量，增加旁路球阀 A，控制其旁通流量的大小。当然，大部分热媒介质是进入换热器的。

进入换热器的主要热媒量来自热媒流量控制系统的出口，其总流量是恒定的。被加热的原油分两路进入换热器，在换热器中进行热交换后的原油汇总成一路出来。

原油出口温度给定值与实测值（TW 测定）在 TIC 中进行比较运算后，对换热器出口控制阀和旁路控制阀同时施加控制。例如，若原油出口温度偏高，则希望旁路阀开度加大，而出口阀开度减少，使进入换热器的热媒流量小一些。因此，两个控制阀的工作方式相反，一个为风开，一个为风关。

一个输油站一般有几个换热器并联工作（假设有 3 个），原油进入热交换站时分几股，最后又汇总一股流出，热媒介质也有类似情况。因此在这种系统中要特别注意流量平衡问题，也就是 $Q_总=Q_{1分}+Q_{2分}+Q_{3分}$。如果不相等，就会出现问题，发生振荡。解决的办法是适当改变有关系统的给定值，尽可能不让其出现振荡。

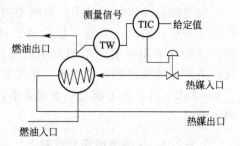

图 7-25 燃油加热器温度控制系统

7.3.3.3 燃油加热器温度控制系统

燃油温度的高低会影响炉子的加热快慢。为提高燃油温度，更好地进行点火，利用一部分热媒的温度和燃油进行热交换，其控制回路如图 7-25 所示（图中控制阀采用反作用方式）。

7.3.4　锅炉的控制方案

锅炉是热立、电力、石油、化工生产中必不可少的动力设备。在石油、化工生产中靠锅炉产生的蒸汽作为全厂的动力源和热源。因此，为了工厂安全、高产，必须确保锅炉的安全生产，保证锅炉产生的蒸汽压力和温度的稳定。

锅炉也是发电厂及其他工业企业中最普遍的动力设备之一，它的功能是把燃料中的储能通过燃烧转化为热能，以蒸汽或热水的形式输向各种设备。

如图 7-26 所示的是锅炉设备主要工艺流程示意。由图可知，燃料和空气混合后在炉膛内燃烧形成高温烟气，加热进入汽包的预热过的水，水受热后沸腾汽化，成为饱和蒸汽，经过过热器成为过热蒸汽送出，其余经省煤器预热锅炉结水和空气预热器预热燃烧空气，最后经引风机送往烟囱排入大气。因此可以说锅炉内有着保持水的物料平衡和热量平衡的关系。

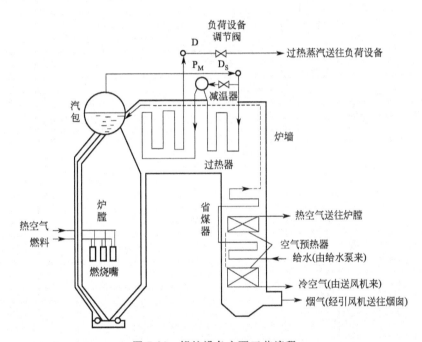

图 7-26　锅炉设备主要工艺流程

在这个过程中，控制系统要保证工艺安全进行，主要的要求是：保证蒸汽量适应负荷的要求，蒸汽压力保持在一定范围内，过热蒸汽的温度要保持一定，汽包水位在一定范围内，保持燃烧的经济性和安全性，炉膛保持在一定的负压。根据这样的要求，锅炉的控制系统分成三个部分：水位控制、过热蒸汽控制和燃烧控制。图 7-27 是锅炉控制系统的总图，从中可以了解各控制系统的组成与其间的联系。

7.3.4.1　水位控制系统

汽包水位的测量采用差压变送器，其输出经低通滤波器 $f(t)$ 滤除水位的高频脉动。另外，汽包压力 p_b 经过变送器测出并转换成标准输出信号，经过非线性函数单元 $f(x)$ 和乘法器的作用对水位信号进行压力校正，使水位信号更为准确，减少虚假水位的影响。校正后

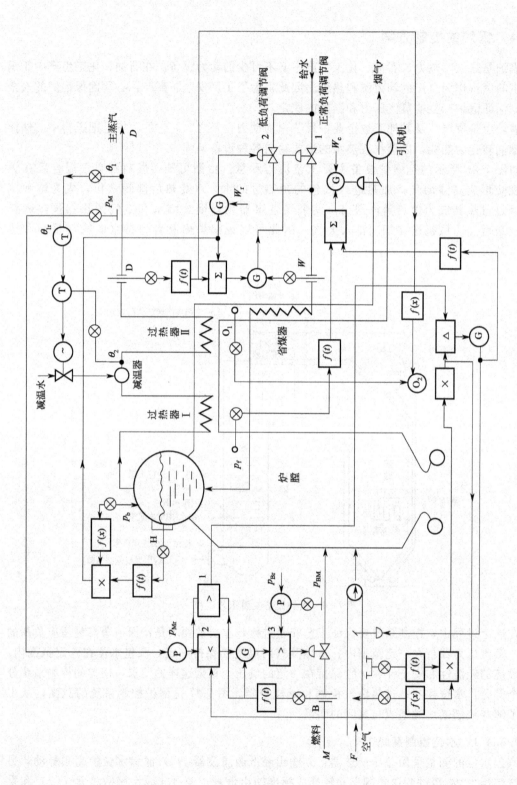

图 7-27 锅炉控制系统的总图

的水位信号分为两路：一路送至低负荷运行时给水控制器 G；另一路送至正常负荷控制系统的加法器，作为三冲量给水控制的主信号。锅炉给水量通过并行的两个大小控制阀门即正常负荷控制阀 1 和低负荷控制阀 2 分别进行控制的。当锅炉在低负荷（<30%额定负荷）运行时，正常负荷控制阀门 1 关闭，锅炉水位信号通过低负荷控制器 G 控制低负荷控制阀 2 的开度以控制给水量。这时，只是以锅炉水位为被控变量的单回路控制系统。当锅炉负荷大于 30%额定负荷时，低负荷控制阀已经开至最大，则自动切换到以水位 H 为主变量、给水流量 W 为副变量、蒸汽流量 D 为前馈量的前馈-反馈串级控制系统，即通常称为三冲量给水控制系统。

这时主要通过控制正常负荷控制阀门 1：当给水流量由小到大时，先开小阀后开大阀；反之，减少结水流量，先关大阀后关小阀。这种控制方式称为分程控制。使用两个阀门是为了克服用大阀门控制小流量难以精确的困难。

7.3.4.2 过热蒸汽控制系统

过热器是在高温下工作的，锅炉出口的过热蒸汽温度是整个系统中温度最高的。若蒸汽温度过高会烧坏设备，若温度偏低则影响热效率，因此要保证过热器出口温度在一定范围内。

图 7-27 中主蒸汽出口气温 θ_1（过热器出口温度）为主变量，经测量和变送后送至主控制器 T；副变量是减温器后的气温 θ_2，经测量、变送后送至副控制器，其输出控制减温水的电动控制阀，以改变减温水流量。这个系统是典型的串级控制系统。

7.3.4.3 燃烧控制系统

锅炉燃烧系统的控制目的是使燃料燃烧产生的热量适应蒸汽负荷的需要并维持锅炉出口蒸汽压力 p_M 稳定；使燃料和空气保持一定的比值，以保证燃烧的经济性；使引风量和送风量相适应，以保证炉膛负压 p_f 稳定。为此设置如下三个相互关联的控制系统。

主蒸汽压力与流量的串级交叉限幅控制系统是以主变量为出口蒸汽压力 p_M，副变量为燃料流量及空气流量所组成的。这个系统带有燃料阀后压力选择性控制。为了保证燃烧器的正常运行，当燃烧器前（控制阀后）的压力 p_{BM} 低于某数值时，压力控制器 P 发出较大值信号，通过高值选择器 3 的切换动作，取代正常工况的蒸汽压力控制器去控制阀门开度，从而使 p_{BM} 保持在一定数值，不致过低而产生熄火。当锅炉带固定负荷时，锅炉负荷由定值器给定。此时，燃料流量取决于定值器的输出信号，而与气压控制器的输出无关。

为了保证燃料在动态过程中完全燃烧，在系统中应用了高值选择器 1 和低值选择器 2′以实现加负荷时先加风，后加燃料，减负荷时先减燃料，后减风，目的是不使烟囱冒黑烟。燃烧控制系统的构成：主蒸汽出口压力 p_M 的信号送至压力控制器，与给定值 p_{Mr} 比较运算后，其输出分别送给高值选择器 1 及低值选择器 2 的比较信号一端。燃料流量信号被测出并经阻尼器 $f(t)$ 平滑后送至高值选择器 1，另一端与压力控制器的输出进行比较，选择信号高者作为输出。空气流量 F 经测量、阻尼平滑后送至乘法器，乘法器的另一个信号来自空气温度函数变送器 $f(x)$，用以校正空气因温度变化而引起的膨胀效应。校正后的空气流量信号送至第二个乘法器，这个乘法器是由烟气氧含量控制器的输出来改变空气流量比例系数的。第二乘法器输出分两路：一路送至低值选择器 2 端；另一路送至综合比较器的左端。综合比较器的右端是接收高值比较器 1 的输出信号，将这两个信号综合比较后，其差值信号送空气流量控制器 G，去控制空气流量的翻板阀门。

当要增大负荷时，首先压力主控制器 p_M 的输出增大，这将使高值选择器 1 动作，选择主控制器的信号输出到综合比较器，然后再通过空气控制器去开大空气阀门，增加空气流量。当空气流量增大后，其信号送至低值选择器 2，由其输出至控制燃料控制器并逐步加大燃料流量。若空气流量信号增至大于主控制器输出信号时，则低值选择器切换到由主调节器输出控制燃料量；反之，当减少负荷时，低值选择器首先动作，由主控制器的输出控制以降低燃料流量，然后再通过高值选择器 1 降低空气的流量。这样就实现了加负荷时先加风、后加燃料；减负荷时先减燃料、后减风的交叉限幅控制。

以烟气含氧量作为燃烧经济性指标，燃烧的经济性以燃料流量与空气流量有最佳的配比来实现的。空气的不足，使燃烧不充分；空气过量，使排烟带走热量过多，两者都不经济。以检测烟气含氧量作为燃烧经济性指标是一种普遍采用的方法。通过控制 O_2 可改变第二乘法器的系数，从而改变空气流量的比例系数，实现燃料与空气的配比最佳。由于锅炉在负荷不同时，烟气含量的最佳值是有变化的，所以，氧气控制器的给定值应由蒸汽流量信号通过函数变换单元来校正，烟气含氧的定值随锅炉负荷而改变。

炉膛负压 p_f 控制系统以炉膛负压 p_f 为被控变量，并带有送风控制器输出为前馈量，通过加法器综合后去控制引风量控制器，组成前馈-反馈复合控制系统。

系统中为了消除蒸汽气流量、燃料流量、空气流量、锅炉汽包水位和炉膛负压等被测信号的脉动，采用阻尼器 $f(t)$ 以平滑高频脉动干扰，使整个控制系统工作平稳。

7.4　油品管道自动调和控制

把两种或两种以上基础组分油或各种添加剂按固定比例均匀混合而成为一种新产品的过程称为调和。例如石油炼制中的汽油、煤油、柴油、润滑油等的调和。

目前，调和工艺主要有两种方式，即批量的罐式调和和管道自动调和。

批量的罐式调和法是把待调和的组分油、添加剂等，按所规定的调和比例，分别送入调和罐内，再用泵循环、风搅拌等方法将它们均匀混合成为一种产品。这种调和方法除需要昂贵的调和罐外还有其他缺点，如调和时间长，油品损耗大，能源消耗多，调和作业必须分批进行，调和比不精确，有时调和产品出现不合格等现象。

管道自动调和法是利用自动化仪表控制各个被调和组分流量，使其合乎规定的调和比，并将各组分油与添加剂等注入同一管线，使各组分油在管线中混流均匀，调和成为合乎质量指标的成品油。这种调和方法的优点是：能连续作业，调和时间短，物料损耗少，调和比精确，节省调和罐，占地面积少，节省能源，在操作中容易改变调和方案，并可避免对有毒添加剂的直接操作。因此，各炼厂都在积极推广采用管道自动调和。

7.4.1　油品自动调和控制方案

调和系统需要保持两种或两种以上的物料比值关系。在设计调和系统时，要选择某一种物料作为主物料，即为主流量，而其他物料则按主物料来进行配比，在调和过程中使其流量跟随主物料而变化，因此称为从物料，即为从流量。选择主流量一般应遵循以下原则：

① 选择调和油品中的主要油品；
② 选择可测量而不可控的物料；

③ 选择物料中最大的组分量；

④ 若有特殊的工艺要求时，应服从安全生产的要求。

这里介绍几种常见的调和方案。

7.4.1.1　单闭环比值调和系统

对于两组分的调和，典型的比率控制系统可用如图 7-28 所示的单闭环比值调和系统构成。

主流量等于给定值时，主控制器 T_1 的输出稳定并作为副控制器 T_2 的给定值。副流量由闭环控制系统来稳定，而且两个流量保持一定的比值。

当 G_1 因干扰发生变化时，主控制器 T_1 的输出去改变副控制器 T_2 的给定值。如果 G_2 也受干扰影响而波动时，T_2 就按变化的 G_2 测量信号与变动中的给定值之差进行控制并发出相应的信号去改变控制阀的开度，使两个流量在新的数值下重新保持原定的比值关系。

此处主流量是开环的，主控制器 T_1 只接收信号而对 G_1 没有反馈作用，亦即主流量是可以任意变化而不受控制的。而

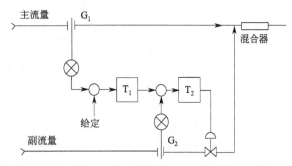

图 7-28　单闭环比值调和系统

副控制回路是闭环的，在主流量发生变化时，副流量通过控制要按比例变化。因此，在此系统中主控制器实际上是一个比例控制器。如图 7-29 所示，T_1 用一个比值器 K 来代替，副环的功能是快速而且精确地（无余差）随动于主参数而动作，通常都采用比例积分控制器。

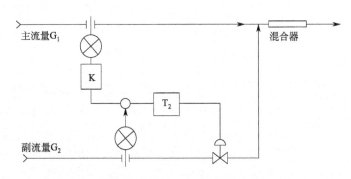

图 7-29　比值器 K 代替 T_1 的单闭环比值调和系统

这种方案由于主流量没有设流量控制器，其流量可能变化较大，副流量也随之变化较大，两个组分的流量不易保持稳定平衡，总流量也不固定。这一类的比值控制系统结构简单、实现容易，改变调和比方便。

7.4.1.2　两组分闭环比值调和系统

在组分罐一类的自动调和中，往往要求各自的流量能比较稳定。如果其中主流量经常出现干扰，采用双闭环比值控制系统比较合适。

如图 7-30 所示，在单闭环比值调和系统的基础上，在主流量上设置了流量控制器，主流量和副流量各自构成一个单独的闭环控制系统，但其给定值 G_B 与主流量 G_1 成比例。

$$G_B = KG_1 \tag{7-5}$$

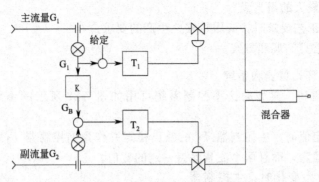

图 7-30　两组分闭环比值调和系统

当主流量受干扰变化时，一方面主控制器 T_1 按流量定值控制；另一方面经比值器 K 改变副控制器 T_2 的给定值，实现比值控制。经过自动控制两个流量都可以重新回到给定值并保持原有比值不变。为了达到都重新回到给定值的目的，两个控制器都应采用比例积分规律并按各自的单回路进行整定。

比值控制作用只是在主流量受干扰作用时才开始发生，到重新稳定在给定值这段时间内发挥作用。因此只有当主流量经常扰动的情况才采用。

这种方案的优点是结构简单，所用比值器的精度可达 1‰，性能稳定，使用可靠，可在很宽的范围方便地改变调和比。特别适用于主流量是馏出口直接引出加入其他组分或添加剂的情况。

7.4.1.3　在线质量目标值闭环控制调和系统

各种不同的油品按照不同的质量指标进行调和，若能采用质量闭环调和则是较理想的方法。在线质量目标值闭环控制调和系统就是直接由在线分析器组成的单参数闭环控制系统。

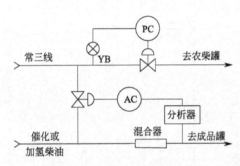

图 7-31　凝固点在线调合系统

国内有的炼油厂采用自己研制的连续式在线凝固点分析仪和常用的 PID 电子控制器组成的单闭环定值控制系统用于轻柴油的调和，克服了没有中间组分罐的困难，实现了馏出口送出的组分直接按凝固点调和进入成品罐，如图 7-31 所示。

催化或加氢柴油组分作为基础组分，调入常三线重组分。两组分经混合器后进入成品罐，混合器自动采样进入凝固点分析仪，测量信号与 XDD-400 的给定值比较。有偏差时，0~10mA 的输出信号经电/气转换器改变气动薄膜控制阀的开度，即改变常三线重组分的调入量，从而保持成品的凝固点符合规格要求。

为防止馏出口产量变化造成的干扰以及防止常三线出装置泵时憋压，在常三线多余组分线上设有一个压力控制器，通过改变送往农柴组分罐的流量，维持凝固点控制阀的压力稳定。

7.4.2　调和控制系统的应用实例

7.4.2.1　馏出口直接调和实例

为了节约投资，有些燃料型的炼油厂中间罐较少甚至没有，难于考虑罐式组分调和，在这种情况下则只能采取馏出口直接调和的工艺。有些油品加添加剂，如汽油加铅、加抗氧化剂，航空煤油加 33 号添加剂，润滑油加降凝剂、稠化剂，以及多效添加剂，等就可以采用这种方式。

实际方案如图 7-32 所示。它是一个单闭环比值控制系统。在主流量发生变化时，副流量的给定值按比例变化，比例积分控制器的输出改变控制的开度，使副流量跟踪给定值变化。由于是跟踪系统，加入的组分是随着馏出口的流量不断变化的，每一瞬间的测量值与给定值不可能完全相等，但由于积分作用，两者的余差最终是可以消失的，因而在馏出口产量相对稳定时，调和误差是比较小的。而在产量变化的情况下，调和的累积误差也是较小的。

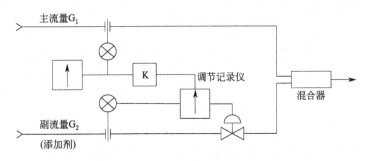

图 7-32　馏出口直接调和工艺

7.4.2.2　汽车添加剂调和系统

某炼油厂为提高催化裂化汽油的抗氧化稳定性，需加抗氧化添加剂 2,6-二叔丁基对甲酚或 N、N'-二仲丁基对苯二胺。添加剂采用催化汽油，以稀释为母液的形式加入。汽油添加剂调和系统如图 7-33 所示。

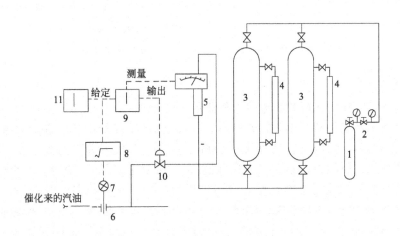

图 7-33　汽油添加剂调和系统

1—成品罐；2—探头；3—母液罐；4—氮气减压阀；5—气远传转子流量计；6—泵；
7—孔板差压变送器；8—气动开方器；9—质量分析仪；10—控制阀；11—控制器

催化汽油由孔板-气动差压变送器测量，最大刻度为 1000m³/h，母液流量用气远传转子流量计 5 测量，最大刻度为 160L/h。调和质量比为十万分之六。控制阀装在母液线上，母液罐 3 为两个体积不等的立式罐。为了保持控制阀前的压力稳定，母液罐上端空间充以氮气，由氮气减压阀控制压力并保持在 4.0kg/cm²。为了使两种流量变送器的信号在控制器中相对应，孔板差压变送器 7 输出信号经气动开方器后作为给定。两个流量计的量程匹配是通过配置母液浓度来达到的。

上述两组分跟踪调和系统尽管采用的模拟式仪表的精度不高，但系统简单可靠、易于实现，跟踪也较及时，多年的运行证明累计误差不大，能满足生产的需要。当使用不同添加剂变更质量调和比时，不需改变仪表，只要配置母液时改变浓度即可，因此实施是很方便的。

如果还需同时再加入第二种添加剂时，工艺流程再增加一套母液罐及控制系统。将现有的汽油流量变送器的信号开方，再引作第二套控制器的给定值就可以实现。更简便的方法是任何设备都不增加，计算好第二种添加剂的浓度，在配置母液时，将第一种和第二种添加剂同时加入，稀释为混合母液。

7.5 原油稳定装置的控制方案

由分离器分离出的液相原油中常常带有大量的甲烷、乙烷、丙烷等挥发性轻烃，进入储油罐后，压力降为常压时，这些轻烃就从原油中挥发出来，与此同时，又会携带走大量戊烷、己烷等轻质汽油组分，发生闪蒸损耗，造成大量能源损失。

通过原油稳定工艺，比较完全地从原油中脱除所含的 $C_1 \sim C_4$ 等挥发性轻烃，并进行轻油回收。稳定工艺的目的是降低原油挥发性和饱和蒸气压，减小原油在输送和储运过程中的蒸发损耗。

原油稳定方法有大罐密闭抽气、闪蒸稳定、分馏稳定、负压稳定等。负压稳定的工艺控制流程如图 7-34 所示。

负压稳定就是使稳定塔保持一定的真空度，由于压力低，所以在同样温度下，轻烃的回收更彻底。因此，负压稳定法是目前在油田上应用最广泛的原油稳定方法。

下面，以图 7-34 为例，介绍负压稳定的工艺流程及控制方案。

7.5.1 工艺流程

由油气分离器、压力沉降罐、电脱水器来的净化原油经 1# 换热器换热后，进入原油稳定塔。稳定后的原油进油罐后由外输泵外输。轻油经 3# 冷却器冷却后进行回收。塔顶气体经 1# 冷却器冷却后，进入 1# 分离器进行三相分离。1# 分离器分离的污水进入徘污总管外排，气体由负压压气机抽出送至脱 C_5 塔，轻油由凝液泵送到脱 C_5 塔内，一部分回流到 1# 分离器，进行再分离和液面控制。脱 C_5 塔顶部气体进入 2# 冷却器进行冷却，冷却后进入 2# 分离器再次分离，脱 C_5 塔底部轻油进入 3# 冷却器冷却后回收。2# 分离器的气体一方面外输，一方面回流至 1# 分离器，目的是进行回流控制。轻油由回流泵回输脱 C_5 塔内，污水进入排污总管。

7.5.2 自动检测部分

7.5.2.1 流量测量

FI-101——测量进入稳定塔的原油流量，采用罗茨流量计。

FI-102——测量外输气体的流量，采用涡轮流量计。

FI-103——测量加热蒸汽的流量，采用孔板式差压流量计

FI-104——测量轻油的流量，采用涡轮流量计。

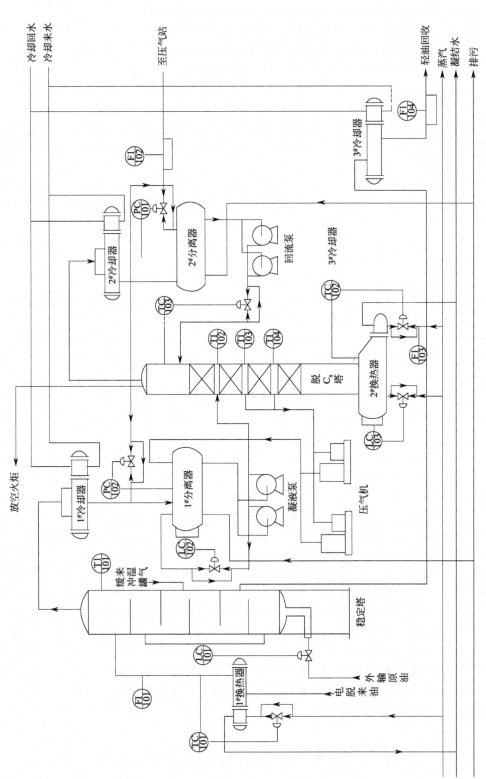

图 7-34　负压稳定的工艺控制流程

7.5.2.2 温度的测量

TI-101——测量稳定塔顶部气体的温度，采用热电阻温度计。

TI-102——测量脱 C_5 塔上部的温度，采用热电阻温度计。

TI-103——测量脱 C_5 塔中部的温度，采用热电阻温度计。

TI-104——测量脱 C_5 塔下部的温度，采用热电阻温度计。

7.5.3 自动控制部分

(1) TC-101　为温度控制系统。被控参数为 1# 换热器原油出口温度，工艺给定值为 85℃。被控对象为 1# 换热器，操纵变量为蒸汽输入流量。采用热电阻温度变送器，控制器选正作用，控制阀选气关式。

(2) TC-102　被控变量为 2# 换热器内轻油温度，被控对象为 2# 换热器，操作变量为蒸汽流入流量。工艺给定值为 170℃，采用热电阻温度变送器，控制器选正作用，控制阀选气关式。

(3) TC-103　被控变量为脱 C_5 塔顶部气体温度，工艺给定值为 53℃，被控对象为脱 C_5 塔，操纵变量为四流泵的回流量。

(4) LC-101　被控变量为稳定塔内原油液位，工艺给定值为 15m，目的是保证外输泵吸入压力，又不干扰塔顶的气体压力。被控对象为稳定塔，被控参数为外输原油的流量。采用差压变送器测液位，控制器选反作用，控制阀选气关式。

(5) LC-102　被控变量为 1# 分离器轻油液位，工艺给定值为 0.6m，被控对象为 1# 分离器，操纵变量为凝液泵的回排流量。采用差压变送器测液位，控制器为正作用，控制阀为气关式。

(6) LC-103　被控变量为脱 C_5 塔内轻油液位，被控对象为脱 C_5 塔，操纵变量为脱 C_5 塔的轻油排出量，工艺给定值为 0.5m。采用差压变送器侧液位，控制器选反作用，控制阀选气关式。

(7) PC-101 被控变量为 2# 分离器内部气体压力，工艺给定值为 0.18MPa，被控对象为 2# 分离器，操纵变量为外输气体流量。采用压力变送器侧压力，控制器选反作用，控制阀选气关式。

(8) PC-102　被控变量为 1# 分离器内气体压力，工艺给定值为 -0.035MPa，被控对象为 1# 分离器，操纵变量为 2# 分离器气体的回流量。采用压力变送器，控制器为正作用，控制阀为气关式。由于稳定塔出口至 1# 分离器入口的气体压降仅为 0.005MPa，所以控制 1# 分离器内气体压力等于控制稳定塔内气体压力。稳定塔内气体的负压控制大小要根据所在地区原油性质和要求的原油稳定的深度要求而定。负压过低，拔出轻烃过多，造成原油中轻质组分过少，会降低外输原油的质量。负压过高，轻烃回收又不彻底，在输送中仍发生蒸发损耗。所以，此系统是原油稳定的核心系统，要求此系统调节精度高，抗干扰能力强。

图 7-34 中原油稳定工艺流程还有三个特点：一是采用负压螺杆压气机和采用回流控制方案，稳定塔内的负压控制较准确，负压压气机前串有冷却器和分离器，使压气机不易串油，运行正常；二是采用二极分离器，轻油回收率较高；三是安装脱 C_5 塔后，回到的 C_5 等轻质油较多，原油稳定程度较深。

7.6　联合站的自动化

如图 7-35 所示为胜利油田新建的一座大型联合站的工艺控制流程（局部）。该站占地

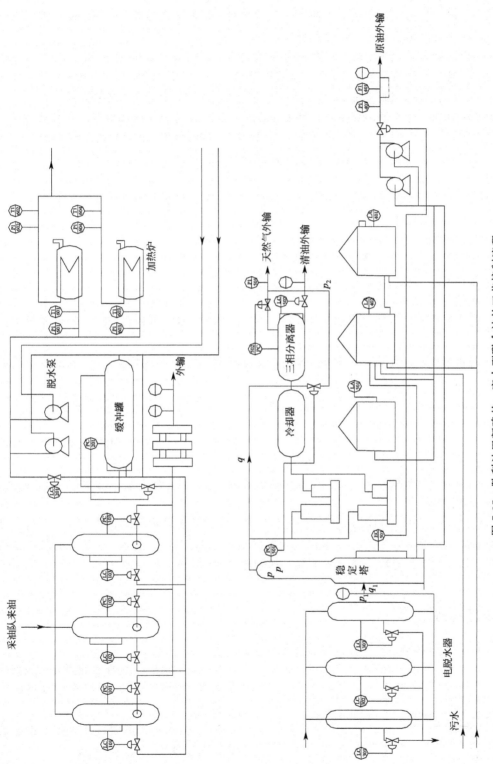

图 7-35　胜利油田新建的一座大型联合站的工艺控制流程

139 亩 (1 亩 $\approx$ 666.67m^2)，原油年处理量为 150 万吨。设有油气分离、原油脱水、原油稳定、轻油回收、原油外输、污水处理、油气计量等工艺流程。

联合站的工艺流程：采油队来油→三相分离器→采油队来油计量→缓冲罐→脱水泵→加热炉→电脱水→原油稳定→原油计量外输。

联合站的自动化程度较高，共设有自动检测点 77 个；其中温度检测点 33 个、压力检测点 9 个、液位测量及报警点 19 个、流量测量点 9 个、火焰报警 5 个、密度 1 个、含水测量 1 个。共设有自动控制系统 29 个；其中液位控制系统 17 个，压力控制系统 12 个。

为了提高油气分离器的分离效果和安全正常运行，每台分离器都设有压力和液位控制系统。电脱水器水层控制很重要。水层过高，易发生水淹电极，发生短路跳闸事故。水层过低，不仅削弱辅助电场，还可能造成脱水器跑油事故。因此，每台脱水器都设有液位自动控制系统。

现以图 7-35 中稳压塔的负压控制系统 PC-501 为例，分析此系统的控制方案。

(1) PC-501 的控制方案

① 被控变量为稳定塔内气体压力。

② 操纵变量为三相分离器的气体回流量。

③ 被控对象为稳定塔。

④ 系统的干扰如下。

a. 脱水器进入稳定塔的原油流量 q_1 大，稳定塔内气体压力必然增加，是该系统的主要干扰。

b. 脱水器外输净化原油压力 p_1 增大，稳定塔内气体 p 必然增大，p_1 也是该系统的主要干扰。

c. 稳定塔内液体液位高度 H 上升，p 必然增加，也是该系统的主要干扰，已由 LC-501 去控制 H，排除了 H 对 p 的干扰。

d. 进入稳定塔内的原油温度 t 升高，挥发气体多，p 必然增加，由加热炉出口进行温度控制去解决，使 t 恒定。

e. 三相分离器外输压力 p_2 上升，p 必然增加，p_2 是主要干扰，已由 PC-502 去控制，排除对 p 的干扰。

(2) PC-501 系统的控制原理　当干扰 q_1 增大时，稳定塔内气体挥发多，p 上升，经压力变送器后，测量信号 Z 增大，正作用控制器输出控制信号 p 增加，气关式控制阀开度变小，回流量 q 减小，使被控变量 p 下降，达到控制目的。

习题与思考题

1. 离心泵的控制方案有哪几种？各有什么特点？

2. 试述如图 7-36 所示的离心式压缩机的两种控制方案的特点，它们在控制目的上有什么不同？

3. 何谓离心式压缩机的喘振？离心式压缩机在什么情况下会产生喘振？

4. 机泵运行监测主要包括哪些方面的内容？

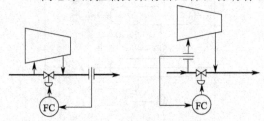

图 7-36　离心式压缩机的控制方案

5. 试分析当进气压力变化时，如图 7-36 所示控制方案的控制过程。

6. 原油的加热方式主要有哪两种？各有什么特点？

7. 某加热炉系统如图 7-37 所示，工艺上要求介质出口物料的温度稳定，无余差，已知燃料入口的压力波动频繁，是该系统的主要干扰。试根据上述要求设计一个温度控制系统。假定介质温度不允许过高，否则容易分解。

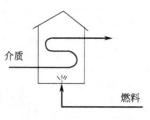

图 7-37　加热炉的温度控制

（1）试确定控制方案。

（2）画出控制系统原理图和方块图。

（3）确定执行器的作用形式，选择合适的控制规律和控制器正反作用。

8. 油品自动调和控制中主流量的选择应遵循什么原则？

9. 两组分闭环比值调和系统相比于单闭环比值调和系统有什么不同？适用于什么场合？

10. 试分析图 7-35 中 PC-501 控制系统的主要干扰。

第 8 章

油气田及管道自动化

8.1 概 述

8.1.1 油气田及管道自动化的基本内容

油气田及管道自动化是指采用合适的自动化设备对生产过程进行监测、分析和控制。以油田生产为例，一般它包括采油、注水、集输、油气水处理和油气储运这几个过程。这些过程的完成首先需要借助于安装在油水井、采注计量站、接转站、脱水站、含油污水处理站、原油稳定站、天然气处理站、注水站、油库中的工艺设备，以及连接这些站间的管线来实现。但要很好地完成生产任务仅靠这些工艺设备还是不够的，还需要有各种自动化设备以及生产的操作和管理人员。

当代的自动化技术是在传统的自动化技术的基础上发展起来的，并已建立在微电子学和计算机技术的基础上。按照功能的不同自动化设备可分为以下 5 类。

① 信息监测设备 如各种压力、温度、液面、流量、含水率仪表和传感器，这是人的五官功能的延伸。

② 信息传输设备 如各种通信网络和计算机网络设备，这是人的神经功能的延伸。

③ 信息储存及处理设备 如各种计算机，这是人的脑功能的延伸。

④ 信息反馈操作设备 如各种阀门开关及开度调节设备、电机启停及转速调节设备，这是人的四肢功能的延伸。

⑤ 信息显示和输入设备 如各种屏幕、打印机、键盘、鼠标，这是各种自动化设备与生产操作管理人员间起交互作用的设备。

随着自动化技术的发展及各种新型自动化设备的采用，信息的监测将越来越齐全、准确，信息传输、储存、处理及反馈所需的时间将越来越短，生产的效率和效益将越来越高，而所需的操作和管理人员却会越来越少。

8.1.2 主要应用领域和实例

自动化技术已广泛用于油气田及管道生产各领域，下面就采油厂、天然气处理厂、输油管道、气田、输气管道五个方面各选一个实例加以介绍。

(1) 新疆彩南油田自动化 彩南油田在 1994～1995 年内共建成 160 口抽油机井、130

口注水井、34 座采注计量站、1 座集中处理站、1 座油田中心控制室，年产油 150 万吨。

彩南油田在抽油井上安装了美国 BAKERCAC 公司生产的抽油机控制器 RPC，以及与其配套的抽油机载荷传感器、位移传感器、电机控制箱、井口回压和出油温度传感器，实现了抽油机遥开、遥关、上下超限报警停机、电机过载、缺相报警停机以及井场资料，包括井口回压、出油温度、抽油泵示功图信息等的自动录取。按照不同的井组及层位，选择布置了 10 口资料井，各安装了 1 套美国产的永久式井下压力计，实现了井底流压的实时监测，为油藏数值模拟提供了真实可靠的第一手资料。

在采注计量站上安装了美国 BAKERCAC 公司生产的远程终端装置 RTU，以及选井控制箱、可控三通阀和带有美国产可视液位计的两相计量分离器、气体漩涡流量计、含水分析仪，实现了油井油、气、水三相产量的自动计量，在其配水间安装了压力传感器，完成了注水井注入压力的检测。

在集中处理站同样安装了两套美国产的 RTU，一套用于原油处理系统和污水处理系统，实现了对三台多功能处理器和两台热稳定器的温度、压力、流量、液位的数据采集和监控。还采用了美国 Honywell 公司的燃烧控制装置，根据油温的高低控制气动调节阀开度，调整燃气流量大小，保持油温的相对稳定，保证油、气、水三相分离达到合格的质量指标。如果炉膛火焰突然熄灭，电磁阀立即切断电路，保证生产安全。外输交接原油采用美国罗斯蒙特公司生产的高精度的质量流量计；外输原油的输量采用了变频调速器，根据外输油罐液位变化调节外输泵的转速，改变扬程，合理控制，大量节约了电能。另一套 RTU 用于清水处理系统和注水系统的监控与数据采集。

井场 RPC 和采注计量站 RTU 采用无线半双工方式向中心控制室发送数据，通信速率为 4800baud；集中处理站 RTU 以有线通道向中心控制室发送数据，通信速率为 1200baud；中心控制室通过主站短波电台和有线 MODEM 向各现场终端发送命令和接收数据。在中心控制室安装了 IBM 工业控制计算机网络。这套中心控制计算机网络和井场的 RPC、采注计量站的 RTU、集中处理站的 RTU，以及彼此间的通信系统共同构成了彩南油田监控与数据采集系统 SCADA 系统。

在中心控制计算机网络上配有多种系统监控软件，提供对系统各数据采集点和控制点的轮询、监测和控制功能，建立历史数据库的功能，以及实时显示、声音和图像报警、报表报告的生成打印功能；还配有抽油泵示功图的生成、诊断软件和空抽控制软件，用以生成井下抽油泵示功图，求得有效冲程和泵排量等结果，输出包括地面示功图和地下示功图的诊断报告，作为提出抽油井措施建议的依据，以及在泵即将进入空抽状态前，通过 RPC 自动发出指令停止抽油机工作，进入液面恢复时间阶段，该阶段结束时 RPC 发出指令重新启动抽油机，依次往复完成空抽控制。

彩南油田开发的调整方案是在距彩南油田 110km 外的准东开发公司的数据中心，利用油藏数值模拟、动态分析及试井解释方法，进行综合研究后编制的。为了能及时利用彩南油田 SCADA 系统取得的动态数据，以及将综合研究成果及时反馈到彩南油田指导油田开发，利用准东开发公司数据中心的计算机网络和彩南油田的 SCADA 系统网络及信息网络相联，构成了 3 个局域网互联的广域网络，这样由 SCADA 系统采集到的数据不是到中心控制室就截止，而是把当天采集到的数据继续送往准东开发公司数据中心的油田开发数据库，以便研究人员进行更高层次的油藏工程研究，编制出油田开发调整方案，并将它送往彩南油田，大大加快了油藏工程的研究和应用，为油田的高效开发提供了条件。彩南油田 SCADA 系统提供的丰富、准确的资料还大大提高了日常的地质管理水平。油、气、水产量的三相自动计量大大提高了日常动态分析的及时性和有效性，依据流压变化的情况可以更合理地确定油井工作制度，依据油井产量、流压、含水的变化可以指导相关注水井更合理地注水。

（2）大庆天然气公司杏九站自动化 大庆石油管理局天然气公司杏九站的生产装置分两大部分：一部分是原油稳定系统，即对由原油脱水站来的原油进行负压分离，脱除原油中包括天然气在内的轻组分，稳定后的原油送油库；另一部分是轻烃回收系统，即对原油稳定分离出的气体和由集气站来的油田伴生气进行浅冷分离，产出轻烃和天然气，轻烃送乙烯厂作化工原料，天然气送化肥厂生产化肥。杏九站处理原油 1 万吨/天，日产轻烃 $200 \sim 300t$，天然气 40 万立方米。由原油脱水站来的原油进到原油稳定塔，进行负压闪蒸脱气，将原油中的轻馏分，特别是 $C_1 \sim C_5$ 组分，从较重的原油中分离出来，以气态从顶部抽出，稳定后的原油从底部经原油外输泵输至油库。围绕原油稳定塔有压力控制、流量控制、液位控制以及一些数据监测采集和工艺参数越限报警等。

原油稳定塔顶部气体出口接到真空罐，然后接至负压压缩机。真空罐的主要作用是保护压缩机，防止其中进液产生液击而损坏。在真空罐中脱出的气体由于流速的急剧下降，使得其中的液体分离出来并聚集到罐的底部，并分成水和轻烃两部分。其中下部积存的水由界面控制系统调节，由排水泵排到排污系统，轻烃由液位控制系统调节，由轻烃排放泵送至三相分离器。

由于采用的压缩机为离心式压缩机，为了防止它在低流速下喘振，设有防喘振回流系统。回流量由回流阀控制，当压缩机出口流量低到喘振流量时，回流阀开始打开，使压缩机出口的一部分气体返回到入口，并控制回流阀开度大小来保证压缩机的出口气量始终在喘振流量之上。由于压缩机出口气体温度很高，回流的气体要经过空气冷却器降温，在空气冷却器上设有温度控制回路，可根据压缩机出口气体的温度来控制冷却风扇的角度，以改变冷却量。

压缩机出口的另一路高温气体经水冷却器送到三相分离器进行气、轻烃、水的分离。分离出的水由界面控制回路调节，并经排水调节阀送至工业排污系统；轻烃由液面控制回路调节，并由轻烃外输泵送至轻烃储罐，气体由压力控制回路调节，并经外输气量调节阀送至轻烃回收装置。

在原油稳定的过程中，为了保证生产设备的安全运行，还设有紧急停车系统；压缩机及电机各点的温度、振动和位移的监测系统；塔罐的压力、液位保护系统；天然气及原油漏失检测系统。这些系统共同组成装置的安全逻辑程序控制系统，各台设备的停运都由它来指挥。

由集气站来的油田伴生气和由原油稳定装置分离出的气体首先进入轻烃回收装置的入口分离器，在其中进行气液分离以保证进入压缩机不带液。入口分离器分离出的液体经液面控制回路调节，并经液体排放调节阀排至工业排污系统。分离出的气体经压缩机入口调节阀进入压缩机一段入口，同时经文丘里管进行总进料计量，在进料的同时进行温度压力补偿。

经一段压缩机压缩后的气体进入级间空冷器冷却，该冷却器带有电加热器，可以在冬天开车前做热空气循环，保证出口温度恒定。空冷器设有控制回路，由空冷器出口温度来调节风扇角度，改变其制冷量，空冷器百叶窗开度调节回路由大气温度控制，用来自动调节空冷器的进风量。从空冷器出来的气体进入级间分离器，在其中进行气液分离，分离出的水通过液位控制回路调节排放至工业排污系统。

分离后的气体经两段压缩机再一次压缩后分为两路：一路去冷凝液稳定塔的再沸器作加热源；另一路去节流调节阀。温度调节回路通过控制再沸器的温度来调节节流阀的开度，使阀前、后产生一定的压差来保证流过加热用的气体再沸器。从再沸器流回的气体同节流调节阀后的气体汇成一股，进入水冷却器冷却，再进入分离器进行气液分离。分离出的水由界面控制回路调节，通过调节阀排放到工业排污系统。轻烃则通过液面控制回路调节，通过调节阀送到轻烃储罐。分离出的气体分两部分：一部分作为防止压缩机低流量时喘振而需补气的回流，由防喘振回流控制回路，调节回流量，通过防喘振回流调节阀将这部分气体送回压缩机入口；另一部主流气体去贫富气换热器换热，由于经换热后温度降到1℃，极易结冰，所以在进入换热器前，在入口喷注了乙二醇水溶液以防止结冰，换热后的气体再进入氨制冷装置的氨蒸发器，其出口的温度由氨制冷系统中的调节回路来控制。从氨制冷系统中出来的贫天然气、轻烃、乙二醇水溶液进入三相分离器分离，下部出来的乙二醇水溶液经界面控制回路调节，去乙二醇再生系统进行再生循环使用，分离出的液态烃由液态泵输至稳定塔进行稳定，再进入轻烃储罐，之后由轻烃外输泵送往乙烯厂，三相分离器中的液位由液位控制回路来调节。上部分离出的贫天然气进入贫富气换热器升温，再经带温度压力补偿的计量装置计量后输往化肥厂。杏九站自动化设备由安装在现场的常规仪表和安装在两个控制室内由美国ME公司生产的分布式控制系统DCS系统组成，原油稳定及轻烃回收系统各1套。原油稳定系统（DCS）由1套中央过程控制站和2个界面站组成。轻烃回收系统（DCS）由1套中央过程控制站和4个界面站组成。中央过程控制站由2台工业级386微机工作站、2台工业级监视器及打印机组成。它与界面站之间采用RS 422/485串行通信线路连接。界面站内安装有局部控制器、开关量/模拟量接口板及电源，它与现场仪表间用常规信号电缆连接。

（3）东北铁岭—大连输油管道自动化　东北输油管理局铁岭　大连输油管道北起东北输油管网的枢纽站铁岭输油站，南到大连的新港油库，全长434.87km，干线管道直径为720mm。沿线设有沈阳、鞍山、大石桥、熊岳、瓦房店5座中间热泵站和位于大连石油七厂分输支线上的金州计量站。设计的输油量是2000万吨。各输油站主要工艺设备有由美国引进的热媒炉，由德国引进的串联泵机组，在沈阳、大石桥和瓦房店3站，4#泵机组的电机为变频调速电机，截断阀配用的是美国的电动头，高压泄压阀选用的是美国的柔性水击泄压阀，压力调节阀选用的是美国球形调节阀配电液执行器。输油工艺采用串联密闭、先炉后泵及清管球中转等技术。通信设备选用的是法国的数字微波和瑞典的数字程控交换机。自动化系统是由美国FLUOR公司设计的以计算机为核心的监控与数据采集SCADA系统。它由设置在沈阳控制中心的中控系统和设置在铁岭、沈阳、鞍山、大石桥、熊岳、瓦房店等站的站控系统及专用微波通信信道构成。中控设备是由美国GSE公司提供的以DEC公司ALPHA工作站为核心的产品，配有SCADA应用软件，站控设备中的远程终端设备RTU和彩控台OCM为美国EMC公司的产品，机泵监视器为美国RIS公司的产品。

SCADA系统的主要监控功能有：

① 泵机组的启停控制；

② 泵机组的运行监控；

③ 电动阀的开、关控制；

④ 原油换热器三通调节阀的阀位控制；

⑤ 压力调节阀的阀位控制；

⑥ 变频调速电机的转速控制；

⑦ 水击保护（包括泄压保护和减量或停输保护）。

各站工艺设备除可全部由沈阳控制中心监控外，也可根据需要由泵站站控室监控或现场监视操作。

SCADA 系统的投运保证了铁岭—大连输油管道安全、平稳、高效、低耗地输油。

(4) 四川大天池气田集输自动化 四川石油管理局川东开发公司所属大天池气田集输工程包括两大部分：一是五百梯气田集气工程；二是由讲治到渡舟的输气工程。五百梯气田集气工程又包括 17 座单井、2 座双井、2 座干线集气站，以及集气支线、集气干线等工程，集气站设在南雅和讲治。输气工程又包括 4 座输气站：首站设在讲治，末站设在渡舟，向长寿净化厂供气，在七桥设有 1 座中间站，在卧龙河设有 1 座分输站，向卧龙河净化厂供气；8 座单井集气站分布于输气干线两侧，所产天然气分别从任市、龙门、沙坪、新民 4 个地点进入输气干线；9 座脱水站分设于讲治、任市、龙门、七桥、沙坪、新民。大天池气田集输自动化系统包括两大部分：现场监测、控制仪表及 SCADA 系统。SCADA 系统由美国 MO-TOROLA 公司引进，由三级组成：监控中心、站控中心、远程终端装置。监控中心设在七桥，即川东开发公司主管大天池气田生产的采输四队所在地。监控中心的主要职能是大天池气田范围内的数据采集、分析、监视以及调度指令的下达，此外还要将气田的主要工艺参数和相关监控数据送往重庆大石坝川东开发公司，为整个气田的生产决策提供动态数据。站控中心分设于南雅、讲治、任市、龙门、七桥、沙坪、新民、卧龙河和渡舟，站控中心的主要职能是对所属 RTU 地区的生产进行监控，同时将重要的监控数据传送到监控中心，接受并执行监控中心下达的指令。

RTU 分设于单井、双井、干线集气站、输气站、脱水站现场，并与各现场监测与控制仪表连接，完成对现场各种工艺设备，如单双井集气站上的降压、加热、分离、计量、注醇、清管、紧急切断，脱水站上的吸收、再生，输气站上的进气、出气、计量、清管的有关参数的自动监测与控制。各 RTU 与站控中心、各站控中心与监控中心、监控中心与川东开发公司间的数据分别用无线电台、一点多址微波系统、微波接力系统来传输。

大天池气田集输自动化系统保证了大天池气田安全生产、适时的运行调度管理和开发生产动态数据实时地自动采集，为气田开发生产方案的决策优化提供了依据。

(5) 陕-京输气管道自动化 陕-京输气管道西起靖边首站，东至北京末站，全长 853.23km，支线长 65.19km。其 SCADA 系统主要监控对象为：4 座有人值守的计量站，包括靖边首站、北京末站、琉璃河分输站、去天津的永清支线分输站；9 座沿线无人值守的遥控阀室；7 座无人值守的清管站（含阴极保护）；3 个输气管理处设有远程监视系统可对其管辖段进行监视。管道调度控制中心设在北京。北京调度控制中心对全线运行实行统一调度管理，监视管道各站的运行参数和状态，如温度、压力、流量以及阴极保护、供配电等有关参数；对所有阀门的开、关和故障状态，通信线路运行状态进行监测；对可燃气体检测、火灾报警。参数的设定值和各项操作命令能从调度中心传输到有关站。干线上带 RTU 的截断阀，当管道破裂或维修时需要紧急截断气源，可从调度中心发出关闭命令。调度中心能将所监视的数据送到各输气管理处。4 座计量站均配有站控系统，装有流量计算机，首末两站还装有新型全组分气体分析仪、H_2S 检测仪和水分分析仪。站控系统能自动采集温度、压力、流量等数据，监视站内现场设备运行状态，控制相应的阀门实现超压紧急截断及压力自动调节，能按照流量量程的变化对站内流程自动切换。各站的关闭也可由调度中心远程操作，但不能由调度中心远程开启。调度中心至各站采用美国休斯通信公司的卫星通信系统作为主通信信道。调度中心以多台计算机组成网络作为 SCADA 系统的操作平台，主要设备有 SCADA 主机 2 台、操作员站 2 台、工程师站 1 台、模拟工作站 1 台、培训站 2 台、前后投影工作站各 1 台、事件报告报表打印机多台，与各站的通信信道的连接处设有前端处理机，与各输气管理处的信道的连接处设有路由器，与陕-京输气管道公司各经理办公室 PC 局域网之间的连接采用 1 台 Windows NT 网络服务器作为网关。站控系统的 RTU 采用的是 Modicon 公司的 QTM PLC，通过它对现场设备进行控制。调度中心采用德国公司的 SCADA 核心软件包和丹麦公司的实时管道模拟软件 PSS。管道模拟软件包括实时模型、培训模型和离线模型三大部分。在线实时模型用于优化输气管道的运行调度和实时操作，它有以下 10 种功能：

① 计算那些不在监控位置上的压力、温度、密度和流量的过程变量；

② 计算管段的压力、温度、流量、密度剖面和储气量；

③ 根据当前输气状态和将来设备状态的变化预测供气量和管道运行状态；

④ 预测管道中气量残存时间，优化以后的操作；

⑤ 批量跟踪并进行控制；

⑥ 根据天气变化和用户需要，预报供气量；

⑦ 对管道模型自动调降，以改进计量和管线运行的操作性能；

⑧ 检测仪表精度的下降与飘移；

⑨ 压差检测；

⑩ 管道泄漏检测。

陕-京输气管道 SCADA 系统保证了管道安全平稳供气，同时还为管道的优化操作和调度管理提供了科学指导和决策。

8.1.3 油气田及管道自动化的作用

从以上举的 5 个应用领域的实例，可以看出自动化在提高生产管理水平和经济效益方面的作用是十分明显的，特别是在减少生产管理人员、提高劳动生产率、节能降耗、降低生产成本、实时数据采集以及为管道、油气田生产和油田地下动态分析提供准确的基础资料方面的作用十分突出。然而，自动化所起的作用还不止这些方面。综合多年来自动化在各油气田及管道应用中所起的作用，概括起来可举出 11 个方面：

① 减少生产人员，提高劳动生产率；

② 降低能耗、物耗，包括电能、燃料和化学助剂；

③ 提高产品质量，包括商品原油、天然气、液化气和轻油；

④ 降低油、气、水资源的损耗，提高产品收率；

⑤ 减少停产时间，增加生产时率；

⑥ 提高油、气、水、电交接的计量精度；

⑦ 为生产管理和油田地下动态分析及时提供了齐全、准确的生产数据；

⑧ 提高生产的安全性；

⑨ 改进对环境的保护；

⑩ 保证处于沙漠、高原、滩海、泄洪道上地面环境条件恶劣的油田正常生产；

⑪ 降低生产成本，提高销售收入。

8.2 油气田及管道自动化系统与其他信息系统的结合

8.2.1 与油藏研究和机采井诊断系统的结合

油气田及管道自动化系统与其他各类信息系统的结合能大幅度提高双方的效能，彩南油田生产自动化系统与油藏管理及综合研究系统和抽油井工况诊断系统的结合是在这方面取得明显效果的实例。彩南油田生产自动化系统所采集的油藏工程信息，不是到油田中心控制室就终止，而是继续送往公司数据中心进入油田开发数据库，并进行油藏数值模拟、动态分析及试井解释等综合研究，再将研究成果反馈回彩南油田以指导油田开发。

油藏工程动态数据是油藏研究的主要数据，虽然数据类型没有静态数据那么多，但数据量非常大并且随着时间成倍增加。彩南油田自动化系统的建成使油藏工程动态数据自动采集成为可能。油藏工程动态数据主要有油井油、气、水三相产量及油层中部压力、注水井注水量及注水压力。彩南油田中心控制室和准东公司数据中心的信息交换是通过计算机广域网实现的。彩南油田中心控制室的 SCADA 系统网络与彩南油田开发生产信息网络，通过准东公司到彩南油田的 540 路数字微波与准东公司数据中心的计算机网络相联，构成了包括相隔 110 km 的 3 个局域网络的广域网络。从油田中心控制室 IBM 工业控制计算机数据分两路到 3630 智能终端出 RS232 接口。上微波占用两个话路；一路用于公司数据中心 DELL 计算机实时监测；另一路用于文件的相互传送，到准东公司下微波至 3630 智能终端，再出 RS232 接口到公司数据中心以太网上的 DELL 计算机上，数据传输速率为 19.2 kb/s。公司数据中心的局域网为 TCP/IP 细缆以太网，传输速率为 10 Mb/s，它与 Cisco 1000 路由器的 Eo 路相连，路由器的广域网 So 与转换器相联，将 V.35 转换到 G703，上微波占用一路 2 Mb 信道，至彩南油田下微波经转换器和 Cisco 1000 路由器连到彩南油田开发生产信息网络上。微波数据传送速率为 2.048 Mb/s，这样油田中心控制室和公司数据中心的距离可视为零，能保证高质量的双向图文信息的交换。

来自彩南油田的油藏工程动态数据自动录入准东公司油田开发数据库的动态库。油田开发数据库主要包括 6 个库：静态数据库、动态数据库、监测数据库、作业数据库、规划数据库、管理数据库。数据库的物理结构是在 SUN 工作站的 Sybase c/s 数据库管理系统环境下严格按设计要求建立的，将数据库与其事务日志分别安装在两个物理设备上以提高运行效率。根据工作需要设立了 35 个数据库用户，并对查询频率较高的表建立了一批索引，以提高检索效率。查询检索的结果可以通过屏幕显示，也可以用绘图机绘出曲线图表，还可以打印输出采油、注水的日报、日志等。数据库的逻辑结构根据需要设定，按功能主要分两大类。第一类为管理类，油田中心控制室把当天采集的数据输往公司数据中心并自动录入油田开发数据库，有关人员可以检索当天的油田生产信息。系统以图形的方式显示当前的生产动态，系统具备辅助编制生产计划的功能，可以协调跟踪计划的执行，为决策提供依据。第二类为科研类，数据库可以为油田开发综合研究提供齐、全、准的数据，进行油藏描述、油藏数据模拟、油田动态分析和试井解释等综合研究，辅助编制油田调整方案并对方案进行评价和优选。

油层中部压力的实时监测具有重大意义。永久式井下压力计的使用，可随时方便地进行压降试井、不稳定试井和稳定试井等，因而可方便地获取大量的油藏工程信息，如准确的地层压力、随含水上升而变化的生产压差、采液（油）指数、流动系数等。另外，因下压力计的井可随时自动测取流压、套压、含水、生产油气比等数据，依据这些资料就可较准确地计算出套管内流体的密度，以用于计算与其相邻井的流压。由下压力计的井可推算到一大批井，不仅大幅度提高了资料覆盖面，也大大节约了测试费用和测试时间。又由于试井解释工作的原始数据是自动录入的，不仅大大缩短了处理时间，还避免了手工录入可能出现的数据错误。

历史数据十分方便地查询和统计计算为提高油田动态分析的效率打下了基础。油田开发数据库不仅是彩南油田自动化采集到的油藏工程动态数据的存放处，还作为一个数据源服务于彩南油田的生产和动态分析。在彩南油田可以通过终端上的数据库管理系统实现以日、月、季、年为单位的历史数据查询、统计计算，包括数据检索表、各类开发曲线、图幅编绘等，极大地提高了油田动态分析的效率和质量。几年来彩南油田根据动态分析，对西山窑组低渗透非均质油藏，按不同井组的动态反应进行合理注水，随时调控，注采比由投注初期的 0.5 逐步上调至 0.9 左右，将对应程度高、连通性好的大部分井组注采比提至 1.0 左右，使油藏的注水见效范围逐步扩大，累计有 70% 以上的油井不同程度地见到注水效果，使全油藏以 2.6%～2.8% 的采油速率高速度地开采了 4 年，含水率始终控制在 3.5% 左右，创出了低渗透油藏开发的高水平。

油田生产自动化系统和油藏综合研究系统的结合使油藏跟踪数值模拟成为可能。在油藏跟踪数值模拟工作中，每天增加的数以千计的动态数据的录入是一项巨大、繁杂的工作，费时费事。彩南油田在公司数据中心有了实时更新的油田开发数据库，无需手工输入动态数据，使一个单元的数值模拟工作由原来的 10～12 个月缩短到 1 个月左右，使数值模拟工作更及时、更有效地指导油田科学开发成为现实。几年来依据油藏跟踪数值模拟的不断分析计算，认为三工河组油藏天然能量比原认识的更为充足，不仅注水时机可进一步推后，而且投注井数也可大大减少，即在大部分地区可长期利用天然能量进行开发。实行这个方案后，极大地提高了油田开发的经济效益。

示功图数据的实时采集和抽油井工况诊断技术的紧密结合，使采油工程技术人员能实时、准确掌握抽油井工况，及时指导现场人员采取针对性措施，提高措施成功率成为现实。彩南油田所装的抽油机控制器可连续采集示功图，并通过无线电台把示功图信息传回中心控制室，在油田管理系统 FMS 软件的处理下可以查看、打印和存储示功图。示功图诊断软件 RODDING FOR WINDOWS 可以接收存储的示功图文件，通过解波动方程得到井下泵示功图，并输出包括地面示功图和井下泵功图等内容的诊断报告。技术人员可根据诊断报告提供的数据和信息，提出抽油井措施建议。按常规管理，要完成 360 多口抽油井示功图的例行测试和故障诊断，必须有一定规模的人员、设备来保证，而彩南油田仅设一个由两名工程师组成的诊断岗位，室内采集一次示功图仅需 2 min，且能实时跟踪油井生产动态，诊断分析时间由常规的 3d 缩短至 0.5d，彩南油田已利用该技术诊断约 300 井次，诊断符合率由常规诊断的 65% 提高至 95% 以上，不仅大大节约了劳动力和测试费用，同时也为提高措施成功率、缩短诊断周期提供了先决条件。

8.2.2　与地面生产设施运行优化系统的结合

油田生产中油气集输、油田注水、原油稳定、伴生气轻烃回收，气田生产中的天然气脱水、天然气脱硫、硫黄回收等过程都是一些由分离、换热、加压等环节构成的生产过程。这些油气生产系统就是由各种能完成分离、换热、加压功能的塔、器、炉、机、泵等设备按照一定工艺流程组成的系统。油气在其中进行着动量、热量、质量的传递，以完成预定的处理要求。如何使这些系统在规划、设计、建设、运行的每一阶段均处于最佳状态，尽可能降低工程建设的投资和生产运行的成本，这就是系统优化方法及其工具所要解决的问题。

系统优化方法的理论基础是系统工程及运筹学。按照我国著名科学家钱学森的定义，系统工程是一种组织管理系统的规划、研究、设计、制造、试验和使用的科学方法，是一种对所有系统都具有普遍意义的科学方法。在系统工程中把系统看成是由相互联系、相互作用的若干部分结合成的具有特定功能的总机体。它具有的特点：一是系统很大且由若干子系统结合而成，因此为了研究它可以采用分解的方法；二是系统很复杂，即构成系统的子系统之间的相互关系错综复杂，因此为了使系统处于最佳状态，就必须协调好子系统之间的关系；三是系统具有目的性，人们为实现某种特定的目的组成子系统，因此为了评价该系统处于的状态，应采用能表示其实现特定目的程度的评价指标；四是系统存在于环境之中，它与环境进行物质、能量、信息的交换以维持生存和发展，因此建造系统时必须使系统对环境具有一定的适应性。系统可以分为若干类，油气生产系统只是其中的一小部分。系统工程所要解决的问题是如何使系统处于最佳状态，即整体优化，这是系统工程最重要的思想或称系统思想。定性的系统思想由来已久，人皆有之，但要能指导工作并产生经济效益，重要的是系统思想的定量化，包括定量化的方法与定量化的工具。比较简单的定量化的优化方法是多方案比选，较复杂但更有效的定量化的优化方法是运筹学方法。运筹学是一整套系统定量优化方法的总称，它包括规划论、排队论、对策论、优选法等，我国著名数学家华罗庚在这方面做出了重大贡献，20 世纪 80 年代中期华罗庚小分队和大庆油田设计院合作完成了大庆油田地面工程建设规划方案优化软件的开发。该软件一直应用至今，取得了极大的经济效益。

采用上述优化方法进行优化工作的步骤一般如下。

① 建立或选择合适的工艺计算模型，包括各种塔、器、炉、机、泵的数学模型。

② 选择各种适用的方程求解算法。

③ 在上两部分工作的基础上编写计算机应用程序，构成一个流程模拟系统，利用这个流程模拟系统，即可实现对工艺过程的模拟，进行多个不同方案的比选。

④ 在模拟基础上的优化：列出需要优化的目标函数和应满足的约束条件，构成数学中的条件极值问题，再从运筹学中选择适用的优化方法，并编写出解题的计算机应用程序，利用这个优化程序求取目标函数的最优解和最佳控制策略，实施对过程的优化。应该说这一步有相当的难度，主要的困难是不一定能找到合适的解题算法。

由此可见系统整体优化定量化的方法没有计算机作为工具是无法实现的。完成这类工作的计算机系统就称为计算机优化系统。

在大庆油田地面工程建设规划方案优化软件成功开发和应用的带动下，各油气田设计院陆续引进和开发了一大批流程模拟软件和方案优化软件流。流程模拟软件有 ASPEN 软件、HYSIM 软件、Design-Ⅱ软件、TGNET 软件，这些都是从国外引进的；方案优化软件有大庆设计院开发的油气集输系统设计优化软件、胜利设计院开发的油田注水系统设计优化软件、大庆石油学院开发的油田注水系统运行优化软件。进入 20 世纪 90 年代中期，中石油石油规划设计总院进一步把油田地面工程建设规划方案优化软件的开发发展到地面、地下一体化的规划方案优化软件，先后开发了低渗透油田和稠油油田地面、地下一体化规划方案优化软件。这些流程模拟软件的引进及优化软件的开发和应用均取得了明显的经济效益。

规划方案的优化和设计方案优化的目的是优选出技术上先进、经济上优惠、生产上可行的最佳建设方案，包括最佳的工艺流程、设备选型和运行参数。在投运初期，一般来说这个最佳建设方案也就是最佳的运行方案，但经过一段时间运行后由于下列原因，需对运行方案重新优化。

　　① 生产系统的进料，如各油井的产物，其数量、组成及性质发生了变化。

　　② 生产设施的性能经过一段时间运转后发生了变化。

　　③ 生产系统进行了技术改造，采用了一些新工艺、新技术、新设备。

　　④ 出现了一些新的、效果更好的流程模拟软件和方案优化软件。

　　⑤ 对生产系统及其设施的运行规律有了更深入的认识，积累了更多的操作及控制经验。

　　⑥ 为适应市场需求，生产计划、生产任务有了重大变化。

　　在进行运行方案优化时，要充分利用已积累的生产数据并加以深入地分析，以加深对优化对象的认识，要认真研究工程技术人员、生产操作及管理人员所积累的实践经验，将定性的经验上升为方案优化时所需遵循的原则，要对各种最新专利文献、有关的论文和报道进行调查研究，作为优化工作的参考。优化方案确定和实施后，还应注意做好检验、总结和鉴定工作。

　　油气田地面生产自动化系统和运行优化系统是相辅相成的两个系统。自动化系统的各种操作指令和各个调节回路的设定值是根据运行方案确定的，运行方案的好坏对自动化系统所能发挥的作用至关重要，而运行方案的好坏又依赖于对自动化系统所采集和积累的大量生产数据的分析及利用自动化系统所作的各种方案优化试验，最终优化的运行方案还要通过自动化系统来实施。生产自动化系统与运行优化系统的结合、集成、一体化将使双方的作用得到更进一步的发挥，使生产取得更大的效益。

8.2.3　与生产销售管理信息系统的结合

　　与生产销售管理信息系统的结合是生产自动化系统与其他信息系统结合的最重要的发展方向，已成为世界性的发展潮流，这种结合构成的系统称为计算机集成生产系统，简称CIMS ，或称为管理控制一体化系统。

　　CIMS 的基本概念是美国的哈灵顿于 1973 年提出的，其基本要点为：① 从产品生产到销售服务这一生命周期是一个不可分割的整体；② 这个生产周期也是一个信息的生成、传输、分析、加工、修正的过程；③ 应充分利用信息资源，在动态、多变的环境中寻求过程的最优化。

　　从管理的观点看，CIMS 要求将传统的分阶段管理上升到现代化的集成管理，即将传统生产过程的规划设计的优化、操作控制的优化、生产销售管理的优化集成，形成一个统一的计算机集成生产系统，实现全过程的整体优化，使企业从市场分析研究到作出经营决策，从接受订货到售后服务的全部工作均纳入一个优化的系统之中，充分利用人、财、物、信息等资源，提高企业竞争力。

8.3　油气田及管道自动化工程建设

　　由于自动化在油气田及管道生产中的作用越来越大，当代油气田及管道工程建设与本身的自动化工程建设是同步进行的，自动化工程建设同样要按照规定的基本建设程序进行并遵守有关的标准规范。除此之外，根据自动化工程的特点及近年来工程实践的经验，已总结出不少自动化工程在建设中应注意的若干问题。

8.3.1 工程可行性研究及设计中应注意的事项

可行性研究和设计是建设项目决策阶段和前期工作阶段中重要的工作。如何做好可行性研究和设计应注意以下几个问题。

① 自动化系统总体方案的需求分析必须由建设项目负责人组织与自动化有关人员共同进行。例如，油田工程建设项目就需要组织油藏工程、采油工程、地面工程、自动化工程和生产管理人员共同进行。自动化技术虽然在各方面都能起很大的作用，但是对一个具体的项目到底要它发挥哪些作用，即对它有什么具体需求，还必须在项目负责人的主持下由上述几方面的人员共同商定。组织需求分析，最终确定对自动化的具体需求，应是项目负责人的责任。新疆彩南油田自动化系统在各方面都发挥了很好的作用就是因为需求分析是按上述方法做的。在共同进行需求分析的基础上就可以比较好地选定自动化系统的监测量、操作量和被控量。这些量选得不准确，自动化系统就起不到应起的作用，最终不能给生产带来好的效益和效率。

② 自动化系统结构方案的拟订和自动化设备的选型。包括监测设备、操作设备、中心信息收发处理设备的选型和它们之间的连接，必须把充分发挥它们自身的特长和生产的实际需求结合起来，例如压力、温度、液位、流量的监测，其可供选用的仪表、传感器、变送器很多，而阀门和电机的操作设备可供选用的也不少。中心信息收发处理设备究竟用可编程序控制器、集散控制系统，还是监控与数据采集系统，需要用心斟酌，不能仅满足于可用，而应从技术、经济各个方面进行优选，只有这样去做，设计出来的自动化系统的水平才可能是高的。

在拟定所选设备的技术条件时，除需按照实际情况提出工作环境条件的要求外，还应特别注意对所选设备开放性的要求（或互换性的要求），即当所选设备需要更换时，不一定非要采用原生产厂家的产品，可以选用其他厂家的产品，接入系统同样可以正常工作。为此就应注意提出在这方面应符合的通用标准，最好是国际标准。当厂家推出新产品的时候尤其应注意这个问题。前面提到的现场总线设备的国际标准目前还在制定过程中，尚未正式推出。因此若选用现场总线设备就要提出尽可能与国际标准靠近的标准。

③ 控制方法的选择。自动化专业人员必须与工艺人员（包括地面工程的油气集输、处理、储运、注水工艺专业人员和采油工艺专业人员）以及有经验的生产操作、管理人员结合，征求他们的意见再作决定：一台工艺设备如何控制；一套工艺系统如何控制。工艺人员和生产人员在理论上、实践上有着丰富的经验，自动化专业人员常常不如他们，自动化专业人员的优势在于决定一旦控制方法选定后如何选择最优的方式、设备和系统来实现。

④ 操作人员计算机屏幕显示图形的样式和需打印出的报表格式应当由自动化专业人员与生产管理人员共同商定。屏幕显示的图形是生产操作人员进行操作时与自动化系统和生产系统交互的主要界面，如何方便操作人员操作是设计人员首先应考虑的问题。打印出报表是生产操作人员和管理人员了解生产现状、分析生产中存在的问题和发生的事故、进行措施选择的根据，因此报表格式的设计形式上应便于使用，内容应精选，必要的信息应齐全准确，不必要的信息不要列入，避免烦琐，造成不好的效果。

8.3.2 工程设备采购中应注意的事项

自动化设备采购的依据是初步设计中对各种需采购的设备所提出的性能规格、工作条件、标准规范等。设备采购一般的原则是货比三家，从质量、价格、服务等方面进行比选。除此之外在自动化设备的采购中还有一个应注意的问题就是同一单位所用设备应统筹考虑，相对统一。如油田工程建设，地面和地下常是不同单位负责，所用的自动化设备若不统筹考虑，常常出现接口不合，无法接入系统。另外，大型工程建设常常分期进行，这时若不统筹考虑，前后所建系统也可能无法连接。对设备供应厂家的选择在一段时间内也宜于稳定在几家，相对统一，这对于管理、技术交流、服务、价格各方面都会有好处。

在自动化设备的采购中 DCS 系统和 SCADA 系统比较特殊，由于国内尚无比较合适的生产厂家，所以一般都是采用向国外公司招标的方式采购的，其过程比较复杂，除质量、价格方面的要求外，对服务方面的要求比对其他自动化设备有更多的内容要考虑，其中有许多应注意的事项。

DCS 系统和 SCADA 系统的采购对厂家的要求不能只限于供货，还包括设计、出厂验收、安装调试、人员培训几个方面。所有这些在和供货厂家签订的合同中都应有明确的说明。

在自动化系统初步设计时，由于 DCS 系统或 SCADA 系统尚未选定，缺乏应有的技术资料，所以初步设计的深度一般很浅，控制回路的设计、安全报警系统的设计、高速数据通道的设计、控制中心计算机网络的设计等一般先不考虑，只是限于对它们提出要求。这一部分的工作往往推迟至供货厂家选定后由设计单位和供货厂家采用联合设计的方式完成。联合设计除这一部分内容外，还应包括应用软件的组态，主要是控制策略和显示画面、报表的组态；还应包括施工图设计，如设备布置图、设备安装图、电缆沟及桥架图、电缆敷设图、各种接线图等；还有和各种监测设备、操作设备的接口图等。此外，对中心控制室的设计也应该关心，因为要求它满足控制中心计算机网络的工作条件及电源的要求。所以与土建专业、电气专业的设计人员有许多设计、协调的工作要做。由此看来自动化系统的工程设计有很大一部分是在联合设计中完成的，这是自动化工程设计和其他工程设计有区别的地方。

对于 DCS 系统或 SCADA 系统，供货厂家要进行出厂验收，这也是和其他自动化设备采购很不同的做法。这是因为它们很复杂，为了保证产品质量和减少施工中的麻烦，必须采取此项措施。出厂验收不仅对所包括的各种软硬件要进行各种检验，还要注意备品备件、随机文档资料是否齐全。

8.3.3　工程施工中应注意的事项

油气田及管道自动化工程的施工主要是设备安装和电缆敷设。应注意的是施工的主要目的是为设备，最终为系统创造符合它们需要的工作条件，包括机械方面的、电气方面的和环境方面的，不仅仅是把它们安装就位就行了。目前我国油气田及管道自动化工程施工队伍还比较年轻，许多是从电气工程施工队伍转过来的，但是强电和弱电工程的施工有很多不同之处。

在机械方面，除箱体、管缆应横平竖直固定牢靠外，还应注意各类设备特别是监测设备的安装要求。这些要求都是设备正常工作所必需的，一定要做到。如各类流量计对其前后的直管段一般都有专门的要求，这是为流量计的检测部分造成所需要的流态所必需的，若不满足，将会给计量带来误差。

在电气方面，除接线应连接牢固外应注意防干扰的影响。特别是在电缆敷设时应注意和供电电缆按要求分开走线。在自动化电缆中不论在桥架上还是电缆沟中都要按要求将信号电缆、控制电缆和仪表供电电缆隔开。接地也很有讲究，如对接地电阻的要求就有不同，不能笼统地来做，甚至把它们都接到一处。

在环境方面，各类设备对环境的温度、湿度、腐蚀性、尘埃、可燃性气体的浓度、振动都有一定的要求，在安装时应注意设法满足这些要求，如电缆敷设时附近有热力管道，绝不能将电缆置于热力管道上方，以免电缆长期受烤。

自动化设备比较精密，特别是监测设备的敏感元件部分，施工中应注意保护，切忌野蛮施工造成损坏。在现场安装前最好再测试一遍，避免有故障的设备装上现场，给后续的调试工作带来麻烦。

8.3.4　油气田及管道自动化生产准备中应注意的事项

自动化生产操作、维护人员的培训以及为自动化生产建立必要的规章制度是油气田及管道自动化工程生产准备工作中两项重要的内容。

在自动化生产中，操作维护人员起着十分重要的作用。当出现事故报警时，操作人员就要分析、判断引起报警的原因，采取相应的措施，下达操作指令；当发现不能完成预定的生产计划或产品质量达不到要求时或从趋势图分析发现有可能出现这种情况时，操作人员都应分析原因采取措施；还有当生产计划改变时，或工艺设备需要维修时，操作人员也要发出指令启停部分工艺设备。由此可见，尽管自动化系统代替操作人员完成了大量现场监测和控制工作，但是还有另一些工作需要操作人员来完成，实际上此时实行的是人机联作，把生产推到了更高的水平。在生产中自动化系统维护人员的工作也不少，尽管对自动化系统和设备的质量、可靠性已严格把关，但在生产中仍会出现一些故障，此时就需要维护人员及时排除。再有自动化系统设计和调试时选定的一些参数，如 PID 控制的比例、积分、微分系数是否合适，也需要根据自动化系统在生产中运行的情况进一步加以调整，甚至随着生产的发展和变化还要做一些完善、改进和扩充，不具备一定素质的操作维护人员，即使安装了性能良好的自动化系统，也很难运转好，因此人员培训在自动化系统工程建设中是一个十分重要、不能忽视的工作。培训内容应注意不能只限于自动化，还应包括生产工艺和生产管理，因为操作的对象不仅是自动化系统，还包括生产工艺系统，自动化生产系统必须要满足生产工艺和生产管理要求。因此，在一些油田已把自动化生产的操作人员和调度人员合二为一，选用一些具有大学学历、经培训具有工艺、自动化、生产管理三方面知识的人员担任。维护人员虽然维护的对象是自动化系统，但是他同样需要具有一定的生产工艺和生产管理知识，因为最终要保证的是应用这套自动化系统，使生产能取得预定的效率和效益。培训时间的安排，对于骨干人员最好从设计一开始就让他们参加，让其了解设计、设备采购、软件组态、安装调试全过程，再加上专门的培训，就能打下良好的基础，再经过一段实际工作的锻炼就能成为好的能胜任工作的操作、维护人员。

自动化生产的油气田及管道系统在我国近年来虽然已建了不少，但总体来说还是不多。生产操作、维护、管理的规章制度还不太成熟，因此把建立有关的规章制度，包括岗位职责、操作规程等作为生产准备工作中一项重要内容，使操作、维护、管理人员开始一工作就有章可循。

习题与思考题

1. 油气田及管道自动化的主要包括哪些内容？
2. 试述油气田及管道自动化的作用。
3. 工程可行性研究及设计中应注意哪些事项？
4. 什么是 CIMS？CIMS 的基本思想是什么？
5. 简述油气田及管道自动化工程施工中应注意的事项。
6. 简述油气田及管道自动化生产准备中应注意的事项。

第 9 章

油气长输管道 SCADA 系统及数字化管道发展趋势

迄今为止，管道运输在世界上已有 130 多年的历史。我国虽然是世界上最早利用管道运输的国家之一，但其发展却比较缓慢。1949 年以前，我国的管道运输几乎是空白。经过几十年的发展，初步形成了东北、华北、华东输油管网及西南输气管网、西北一带油气管网已初具规模。全国石油、天然气产量的 90% 通过长输管道源源不断地输向炼油厂、化工厂及海运码头。作为油气长输管道自动化系统同样经历了循序渐进的发展过程。早期主要采用就地通用指示仪表为主，主要设备的控制（如阀门的开、关；输油泵的启、停等）均由手动控制，输油工人通过巡视记录主要参数（如温度、压力、流量等）。20 世纪 70 年代末，由于当时国内的自动化控制设备与国外相比处于严重落后的地步，国内企业纷纷通过技术转让、合资合作、集团经营等形式改善设备。例如在长输管道上广泛应用 1151、2088 等压力变送器、瑞士 SAAB 雷达液位计等，流量计量方法已由原始的计量仪表检测、手工计算产生报告发展成为由流量计产生信号远传至流量计算机或 RTU、DCS、PLC 等站级控制系统进行流量累计计算并自动生成相应报告。80 年代末，计算机硬件、软件，特别是网络、通信的发展，管道运输行业均配置了先进的 SCADA 系统，如"东营—黄岛输油管道"是我国第一条实现全线自动化技术的输油管道，该管道是与加拿大努法公司联合设计的，代表了当时世界先进水平。进入 90 年代后，通过对世界先进技术的消化和吸收，运用国内自己的技术力量先后设计和编制了以站控为主的花土沟—格尔木输油管道；轮南—库尔勒输油管道；鄯善—乌鲁木齐输气管道；陕甘宁气田—西安输气管道；陕甘宁气田—北京输气管道；陕甘宁气田—银川输气管道等。

9.1 油气长输管道 SCADA 系统概述

9.1.1 SCADA 系统的基本概念

近 20 年来，随着 4C（computer，control，communication，CRT）技术的发展，先进的监控和数据采集系统（supervisory control and data acquisition，SCADA），广泛用于电网、水网、输油气管网、智能建筑等领域，通过主机和以微处理器为基础的远程终端装置 RTU、PLC（或其他输入/输出设备的通信收集数据），实现整个工业网络的监控，从而保证系统的安全运作及优化控制。

　　监控和数据采集（SCADA）系统的主要组成部分是：远程终端设备（RTU）、主站计算机（包括硬件和软件）、操作人员数据显示和控制盘及有关的外围设备。目前 SCADA 系统突出的特点是具有集散控制功能和自我诊断、冗余、备用计算机。SCADA 系统已由集中控制、集中管理发展成集散控制、集中管理的方式。主机更多地用作数据采集与分析，常常不必以实时的方式运行。而由"智能"远程终端装置（RTU）配上先进的软件在现场进行集散式控制。如图 9-1 和图 9-2 所示分别为传统和新型 SCADA 系统。

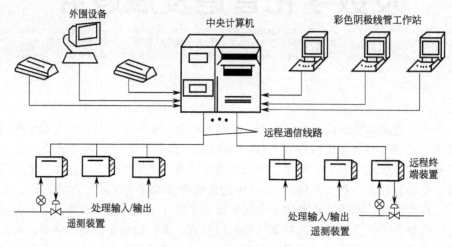

图 9-1　传统 SCADA 系统

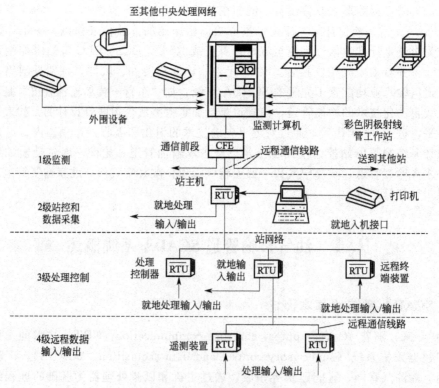

图 9-2　新型 SCADA 系统

SCADA 系统的基本部分是远距离终端设备（RTU）。它是系统中的关键性装置，是对运行着的生产现场进行监控的最通用的设备，具有对现场工况进行最佳控制的能力，目前正朝着分散型智能方向发展。这是实现管道自动监控的首要突破点，是一项重要的硬件开发任务。

SCADA 系统是用工业上普遍接受的标准所制约的组件块组合起来的，其组合构成因工程而异，因对工程控制功能的要求而异，因对计算机系统的建立方式而异。这个系统是不能够购买定型的，对任何一条管道都存在一个新开发的过程，包括它的硬件组成及软件系列。SCADA 技术的研究开发应由专业性的机构来进行，这是一项重要的系统软硬件开发业务。

建立 SCADA 系统的整套计算机系统，所用的微型计算机是一种大规模集成电路技术，功能齐全，使用方便，易于扩展。用一台小型计算机作为主机，配备多台以微处理机为基础的远程终端装置，即组成具有远距离数据采集和显示的、人机对话的、远程控制及数据处理功能的 SCADA 系统。

计算机硬件组成之后，与之配套使用的系列软件开发，即成为该管道独具特点的 SCADA 系统所必需；系列软件的主要部分包括：基本 SCADA 软件、支持软件和应用软件。而具体管道的应用软件又可以包罗万象，用来体现该管道所特有的复杂要求。

SCADA 系统的构成有检测装置、数据采集与就地控制装置（RTU）、中央主控站、通信系统及软件。SCADA 系统的控制过程是由设在控制中心的主控计算机对远程终端装置 RTU 进行定时询问，把分散在各个站的情况通过通信线路传送给中央主控计算机进行全线的统一管理和监视控制。而各个站的监视控制一般由 RTU 或可编程序控制器来独立完成，泵站可以无人值守，从而形成可靠的计算机网络式分布控制系统。

SCADA 系统的控制功能：监测流量、压力和温度；启/停泵；开、关调节阀；执行逻辑/顺序控制；泄漏检测及清管控制等。一些较先进的 SCADA 系统还具有偶然事故分析、费用风险管理、流体质量/组分跟踪、合同监督、销售时机分析以及仪器校正等功能。

管道自动监控系统所能达到的水平：基本为站内无人值守，全线经 SCADA 系统进行远距离集中监视与控制。管道全线通常按三级设计：第一级，控制中心集中监视与控制；第二级，站控；第三级，就地手动控制。在一般情况下，使用第一级控制（站内无人值守），这是 SCADA 系统设计的目的控制级。但是，当通信（如微波通信。光纤通信等）出现故障或控制中心主计算机发生故障时，可使用第二级控制，这是一种后备手段。当发生紧急事故或设备检修时，可使用第三级控制。

9.1.2　SCADA 系统的构成方式

输油管道所采用的现代 SCADA 系统的配置形式如图 9-3 所示。SCADA 系统的指挥中枢——主机或中央处理机（CPU）通常是按冗余（双机）配置形式提供的。利用已编制成的程序，主机可与从控制中心的操作员控制台到安装在现场的 RTU（或 PC，下同）的所有系统组成设备进行通信。控制中心的操作人员能够在安装有一台或几台彩色 CRT 和键盘的控制台上，监视该系统运行的实时数据信息，并向 RTU 发出操作命令，实现远方控制。该系统的外部设备，如彩色 CRT 显示终端、打印机等，均可为两台主机共享。一旦在线（联机）监控的主机发生故障，外部设备即可自动地切换到备用的主机上。

系统中还安装有一台或几台以微处理机为核心的工程师/程序员终端，配有 CRT、键盘和打印机，用以完成"多重任务"，如程序编制、修改和工程计算、管理等，它与备用主机共用文件。

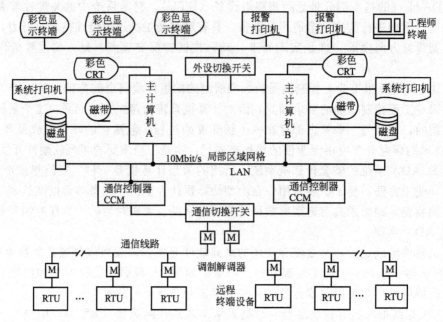

图 9-3　输油管道所采用的现代 SCADA 系统的配置形式

现在，一台主机能与上百台或更多的 RTU 通信并对其进行控制。现代的 SCADA 系统则采用以微处理机为基础的通信控制器，通过调制解调器（MODEM）及通信媒质（如电话线、微波线路、光纤或卫星线路）来控制系统的通信。主机监控 RTU 的数量，取决于控制中心主计算机处理、存储能力的大小。

SCADA 系统中，无论是控制中心的主机系统，还是现场的 RTU，通常采用不间断电源设备（UPS），以保证无论在电网正常供电或者短期故障停电情况下，整个供电系统都能可靠地工作，从而确保 SCADA 系统的正常运转。

9.1.3　SCADA 系统的功能

在管道运输中，管道的自动监控系统尤为重要，它直接关系到管道的正常运行，为解决这些特殊工艺要求，并适应现代管理方式，管道自动监控系统通常采用先进的 SCADA 系统对全线进行监视、控制和管理，以达到安全输送、科学管理、降低消耗、提高经济效益的目的。

(1) 控制中心主计算机功能。　控制中心主计算机按顺序对每一台 RTU 定期进行查询，其主要功能如下。

① 监视各站的工作状态及设备运行情况，采集各站主要运行数据和状态信息，包括如下内容。

a. 检测量　进出站油温、油压；首站、末站和分输站流量；输油泵机组（包括原动机及辅机）的有关数据；油罐液位、油温及储油量，泵机组进出口油温、油压及流量，燃料油压力及流量；泵站出站压力调节间的开度及阀前、后压差；站母线电压、输油泵电机电流等。

b. 报警信号　油品进站压力过低，出站压力过高；油罐液位（高、低）超限；停电。输油泵机组故障停运；出站调节间故障；输油泵机组轴承温度过高，振动量过大；安全阀。泄压阀动作等。

c. 状态量　输油泵机组、出站调节阀和主要阀门的运行状态。

② 向 RTU 发布命令，通过 RTU 进行远方操作、控制，主要有如下。

a. 从远方各输油站 PLC 采集数据，监视各输油站工作状态及设备运行情况。记录重要事件的发生，工艺参数及设备运行状态参数超限报警，显示、打印报警报告。

b. 给远方各输油站的 PLC 发送指令（同时进行指令记录），程序自动启停机组、开关阀门及自动切换工艺流程。

c. 对需要调节的主要参数如压力、油温、流量进行远方给定和自动调节，对各输油站的工艺参数及设备运行状态参数的报警值及停机（跳闸）设定值可进行远方修改。

d. 显示管道全线的工作状态，打印管道全线运行报告。

e. 对管道全线密闭输送进行水击超前保护控制。

f. 对管道全线进行实时工艺计算和优化运行控制。

g. 对管道全线进行清管控制。

h. 对管道全线及各站运行的设备状态及工艺参数进行现行趋势显示和历史趋势显示。

i. 对系统设备的故障与事件等具有自检功能。

j. 用系统的外围辅助设备进行数据库编制和显示图像编制。

(2) 就地控制系统 RTU 的主要功能

① 过程变量巡回检测和数据处理。

② 向控制中心报告经选择的数据和报警。

③ 提供画面、图像显示。

④ 除执行控制中心的控制命令外，还可独立进行工作，实现 PID 及其他控制。

⑤ 实现流程切换。

⑥ 进行自诊断程序，并把结果报告给控制中心。

⑦ 提供给操作人员操作记录和运行报告。

(3) 数据传输系统功能　SCADA 系统的数据传输系统是一个重要的环节。它利用各种通信线路，把主计算机与分散在远处的 RTU 有机地连接起来，实时进行数据信息的交换和处理。

9.2　SCADA 自动监控系统软件

9.2.1　软件构成

自动控制系统必须有软件的支持才能进行工作。现代 SCADA 系统能否运行成功，将取决于软件。SCADA 系统软件分为控制中心软件和站控系统软件，它们通常又可分为系统软件、过程软件和应用软件。系统软件包括操作系统、诊断系统、程序设计系统以及与计算机密切相关的程序。系统软件质量的好坏对过程软件、应用软件能否正常工作及编制程序、调制程序的方便性有直接影响。

过程软件一般由计算机系统供应厂家提供，用户有时可根据需要进行修改，通常是模块化，采用填空式或对话式进行编制。

应用软件是在过程软件的基础上编制出来的，是面向用户本身的程序。它由用户、咨询公司或系统供应厂家研制开发。应用软件是 SCADA 系统最重要的组成部分。

(1) 控制中心软件

① 系统软件 包括如下内容：数据库管理软件，管理和监视主计算机系统实时多功能软件，系统安全保护软件，故障检测及恢复软件，主计算机网络软件，系统生成和初始化软件，用于维护和修改软件系统的实用程序软件，程序开发，编译用户编写的高级语言程序等。

② 过程软件 包括如下内容：数据库管理软件，网络通信控制软件，信息采集系统软件，报警显示生成、趋势显示软件，报告生成软件，系统重新启动软件等。

③ 应用软件 包括如下内容：管道操作监视、控制软件，报告、检测及实时管道模拟软件，水击控制软件等。

(2) 站控系统软件 站控系统软件一般包括下列内容：操作系统软件，数据采集、记录、处理、显示、监视、趋势显示软件，报警和正常停机控制软件，站压力闭环控制软件，泵机组或设备控制软件，故障诊断软件，与控制中心和其他站的通信控制软件，其他控制及站应用软件等。

9.2.2 软件介绍

目前，国际上开发、研制的用于长输管道自动监控的系统软件比较丰富，使数据采集与监控系统和应用水平不断提高。在此，简要介绍几种目前在自动监控领域较先进的系统软件。

9.2.2.1 目前在自动监控领域中占有领先地位的 Window NT 操作系统下的 S/3 SCADA 系统

美国 GSE 公司开发、研制的 Window NT 操作系统下的 S/3 SCADA 系统软件（Version 4.1）（以下简称 S/3 SCADA NT 系统软件）是一个比较成熟的系统软件，它集现代控制技术、管理技术、计算机技术、数据库技术、网络技术、通信技术和视频技术于一身，紧跟新技术的发展，特别适用于输油长输管道。S/3 SCADA NT 系统软件是在传统的 S/3 SCADA 系统软件的基础上，为了适应不断发展的市场需要而开发的新型软件。

(1) S/3 SCADA NT 系统软件的功能 S/3 SCADA NT 系统软件是一个具有良好界面的信息管理和监控系统软件，它将传统的 S/3 SCADA 系统与先进的图形操作、信息管理和事件应用软件相结合，可以实现广泛的商业信息共享的开放式环境。S/3 SCADA NT 系统软件是信息技术与 SCADA 技术的集中体现。S/3 SCADA NT 系统软件提供了很多的系统服务和强有力的交互功能，这些功能由后台软件模块和图形软件模块接口组成，它允许与 S/3 SCADA 系统直接连接，例如，与 S/3 Inst Alarm（事件显示软件）连接。S/3 Inst Alarm 软件可以在 PC 或工作站的控制台上实施管理、显示和打印所有系统软件及报警信息。S/3 SCADA NT 系统软件的主要功能如下。

① 通信服务 专用的 NXS 通信服务软件是 S/3 SCADA NT 系统软件的核心，它提供了 SCADA 系统与 IED（智能电气设备）之间的连接。同样，NXS 提供从 IED 获得用户配置的数据，并且有用户可以从 SCADA 系统和应用中存取数据的功能。

② 系统配置 S/3 SCADA 系统的配置是通过 S/3 Architect 图形接口软件来实现的。该接口软件允许用户以图形方式配置整个 S/3 SCADA 系统。它使用了精美的窗口技术和下拉菜单技术，也可以单步使用接口进行系统配置。从最基础的点数据的输入到整个系统服务器的配置，全部都是使用同一工具软件来完成。S/3 Architect 软件是用于定义和配置全部 S/3 SCADA 系统的单体结构，它可以为 S/3 SCADA 系统按树形拓扑结构配置全部节点、

通道、设备以及输入模块。它可以建立和维护系统数据库，分配现场设备与 I/O 点间的地址。系统数据库是 S/3 SCADA 系统的核心，它可以定义系统的节点、进行数据查询、访问控制表，并产生事件及报警信息。S/3 SCADA 系统数据库按其拓扑结构可分为四层，即节点层、通道层、设备层和输入模块层。S/3 SCADA NT 系统软件既没有配置数据库通信通道数的限制，也没有分配给 SCADA 系统服务器节点的通信通道数的限制。每个通道有一个相关的 XMS 通信服务通道驱动程序来完成 IED 的集成。

③ 事件管理系统　事件管理系统（event management system，EMS）是 S/3 SCADA 系统的主要功能之一。EMS 可以提供遍及 SCADA 系统与管理，显示和事件处理有关的能力。

④ 图形管理系统　图形管理系统（total vision）是基于 SL-GMS 图形库用于建立图形显示的多平台的工具库，是当今在工业领域最有力的用户接口之一。它为系统管理人员提供了多窗口、丰富的标准显示元素和精美的图形目标库，并大大地简化了显示设计，可以自由、快速地以所需的格式存取、组织当前的信息。

⑤ 历史信息　S/3 历史信息数据记录程序（S/3 Information Historian）是一个事件驱动的历史记录软件。S/3 历史信息软件记录了点数据在变化时数据的值和状态，它可以捕获全部短暂的值和状态，而不管它的频率变化的多快，也不像传统的方式以时间轴作为记录方式。该软件还可以完成数据的归并、分解和向上滚动等进入标准的关系数据库表。此表可以通过标准的 SQL 程序调用。

⑥ 分配数据服务　这是 S/3 SCADA 系统的 DCE（分布式运算环境）用户配置，分配数据服务程序（DDS），为用户提供了系统范围内命令的自动定位功能，而不需要知道其物理位置。在服务器和网络故障的情况下，DDS 可以作为冗余服务。DDS 使用了用户结构的开放式系统建立分布式运算环境标准。

(2) S/3 SCADA 系统的兼容　S/3 SCADA 系统是一个完整的系统，它可以在不同的计算机上运行 Window NT 操作系统，也就是说在品牌机上 SCADA 软件是可以运行的，在兼容机上 SCADA 软件同样可以运行。在一种硬件配置上运行的（例如：lutel）S/3 SCADA NT 软件，同样在其他硬件配置（例如：DECR 的 Alpha-AXP）也可以运行。由于 SCADA 系统的规范设计，目前可以支持 1000 I/O 点的 SCADA 系统软件，同样也可以支持未来的 100000 I/O 点的 SCADA 系统软件。S/3 SCADA 系统将随着时代的发展而发展。

(3) S/3 SCADA NT 系统的硬件平台和软件环境

① 硬件平台

a. 计算机：80486　pentium、Pentium Pro 或 DEC Alpha-AXP 个人计算机工作站；3.5 in（1.44MB）高密软盘驱动器。

b. 存储器（RAM）：SCADA 系统服务器最小要有 64MB 内存，操作员工作站最小要有 32MB 内存。

c. 硬盘：1.2GB 以上容量。

d. 监视器：已安装的具有 Microsoft Window NT 版的 VGA 或高清晰度的适配器。

e. CD ROM 驱动器。

② 软件环境

a. 操作系统工程　Microsoft Window NT 工作站或服务器。

b. 数据库　可选择工业标准的关系型数据库管理系统。例如 Oracle、Sybase 或 Microsoft SQL-Server 等。

c. 系统软件 分布式运算环境，它为 SCADA 系统的用户提供了全方位的服务。

(4) S/3 SCADA NT 系统的评价

① 先进性 该系统的硬件部分没有依赖性，全部采用市场上流动的标准产品。例如：太平洋输油管道控制中心的服务器为 Millennia PC 微机，网络产品以 3COM 的居多，易于系统的集成和维护。RTU 可以根据用户的需要随意配置。网络协议是多方面的，编制语言以 C 语言为主。数据库的采用与 MIS 系统是一致的，有 Oracle、Sybase 和 Microsoft SQL-Server 等工业标准的关系型数据库管理系统供选用，它们是开放式的记录格式，可供系统享用。对于 S/3 SCADA 系统来讲，节点与通道的配置是不受限制的。S/3 SCADA NT 系统软件可与在线仿真系统联用。

② 可靠性 提高 SCADA 系统的可靠性，SCADA NT 软件有分层限权保护功能。可为每一名系统管理人员和调度操作规程人员赋予一个口令和操作名。主要系统软件可采用冗余结构，系统出现故障时，数据可以自动重新定位。

③ 实用性 数据库与应用程序的维护可以远程与现场两种方式进行，这取决于所选用的 RTU 设备。随着应用的改变，系统可以进行升级。系统共可管理工程点达 10 万个。具有窗口式会话功能。是否采用冗余系统完全取决于用户的需要。在 PCI 作站与 S/3 SCADA 服务器之间提供了 DDSLink 数据通信软件，可与 Microsoft Word 和 Microsoft Excel 连接，实现实时报表的自动生成与更新功能。DDSLink 软件可以利用 DDE（dynamic data exchange，动态数据交换）和 DCE（distributed computing environment，分布运算环境）通信协议建立实时的动态数据，并可以实现对系统的配置和数据的管理与维护。

(5) 系统存在的问题 汉化方式分成内核汉化和界面汉化两种，目前该系统只有界面汉化并且处于考机阶段，有待于进一步做工作。

9.2.2.2 具有良好界面和兼容性的 OASYS 5.2 系统软件

该软件是加拿大 VALMET 自动化系统公司开发的。OASYS 5.2（以下简称 OASYS）系统具有良好的界面，能很好地与其他软件兼容。应用该系统可实现全线启停高度自动化，在管道自动化管理方面可达到世界先进水平。

(1) OASYS 系统的结构 开放式 OASYS 系统具有良好的界面，能方便地与其他公司的软件兼容，更加完善了 SCADA 系统的功能。分散式 OASYS 系统将 SCADA 系统分成若干功能块，再将这些功能块放在不同的计算机上，每个计算机需完成相应的 SCADA 功能，如此整体完成全部的 SCADA 系统功能，其特点是具有较高的可靠性。

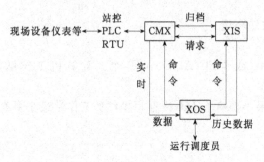

图 9-4 OASYS 系统的组成

① OASYS 系统的组成 OASYS 系统主要由 CMX 实时数据库软件包、XOS 运行调度人机界面和 XIS 历史数据库软件包组成，如图 9-4 所示。

a. CMX 实时数据库软件包 CMX 实时数据库软件包主要负责对现场设备、仪表的监视与控制，是 OASYS 系统的核心，为开放式结构。该软件包主要功能如下：

ⓐ 定时运行程序和打印报表（告）；

ⓑ 双机冗余切除；

ⓒ 主机与 RTU 或 PLC 间的数据通信；

ⓓ 系统信息记录；

ⓔ 为 XIS、XOS 等提供实时数据；

ⓕ 可对 CMX 数据库中的实时数据进行在线运算处理；

ⓖ 实时趋势图。

b. XIS 历史数据库软件包　XIS 历史数据库软件包为关系型数据库，是 SYBASE 公司的产品，VALMET 公司仅作了少量的改动。XIS 主要用来将 CMX 数据库中的实时数据归档存储起来，以备历史趋势图和打印报表之用。XIS 提供大容量冗余切换的外部存储器，如同 CMX，两个冗余切换的 XIS 运行在不同的计算机上，保证了系统的可靠性。

c. XOS 运行调度人机界面　XOS 为另一公司（KNESIX 公司）所开发的图形软件包，VALMET 公司对其作了较大的改动，使其适合于 SCADA 系统的要求，该软件包的作用是绘制控制流程图并将绘制好的控制流程图动态显示出来，提供给运行调度作为人机界面。调度员通过 XOS 完成 SCADA 功能。用鼠标在屏幕上轻击功能键，调出一幅画面，也可以轻击控制键，控制现场设备。

② OASYS 系统的启动　OASYS 系统启动可分为两部分，即 IJNIX 系统的启动和 OASYS 系统的启动。整个系统被设置成自动启动过程，一旦开启电源，便进入 UNIX 的多用户、网络状态，随后自动启动 OASYS。OASYS 的启动又分三步：CMX、XIS、XOS，每一步都有相应的处理文件来自动完成。另外，在两台冗余切换机的工作站上，通常先启动工作站上的 CMX、XIS 为工作状态，后启动的工作站上 CMX、XIS 为备用状态。

③ OASYS 系统停机　系统停机也可分成两部分，OASYS 系统停机和 UNIX 系统停机。类似于系统启动，系统停机也被设置成一些处理文件。所不同的是，停机必须人为发出停机命令，且停机次序与启动次序正好相反，即先停 XOS，再停 XIS、CMX，最后停 UNIX，关机。

④ OASYS 系统的安全性　系统安全保护分为两部分，UNIX 系统安全保护和 OASYS 系统安全保护。UNIX 将系统中的用户分成两类，即根用户和一般用户。一般用户分成许多小组，根据用户拥有的权利，将系统中的资源按拥有者、同组用户、其他用户分三类来确定对系统的使用权，即对该资源的拥有者权利最高，同组的次之，其他用户权利最低。在定义用户的同时，也就指定了用户对系统资源的使用权利。

OASYS 系统将用户定义在 CMX 数据库中，分为 5 个等级：系统管理员、值班长、运行调度员、局部运行调度员和只能看不能控制的人员，这 5 级中系统管理员权限最高，值班长次之，依次下排。

(2) OASYS 系统存在的缺点

① 制作和修改报表非常困难，必须用程序修改，修改一条表格线也必须在程序中修改。

② 绘图比较困难，不如 AutoCad 方便。

③ 人机界面不如 Windows 方便。

鉴于以上问题，VALMET 公司已经于 1995 年底开发出了在 Windows NT 下使用的 OASYS 6.0 版本，基本解决了以上问题，因而在今后的管道设计和自动化系统的采用上均考虑以上因素。

9.2.2.3 新的计算机管理软件

作为未来管道工业新技术之一的新的计算机管理软件在管道上的应用，将使其成为高科技产业并为其发展起到一定的推动作用，就管道行业而言，计算机技术已在许多领域得到广泛应用，如管道自动控制（AM）、GPS系统（地理信息系统）、管道实时控制等。

随着各种管理软件的飞速发展，预计几年之后远距离实时控制技术将以技术标准形式被确定下来。此后，以电子流量测量、先进的SCADA系统（监视控制和数据采集系统）、完善的GPS系统以及自动制图、自动记录工况和历史过程的数据库为特征的管道实时控制技术都将相继问世，从而使管道运行费用降低到最低限。

9.3 SCADA在我国油气管道的应用

长输管道SCADA系统是通过采用仪表、控制装置及电子计算机等自动化工具，对管道生产过程进行自动检测、监视、控制和管理，以保证安全、平稳、经济地输油、输气。管道SCADA系统的实现，能够达到各种最优的技术经济指标，提高经济效益和劳动生产率，节约能源，改善劳动条件，保证环境及生产安全。目前，美洲、欧洲、中东等地区的输油/气管道已广泛采用SCADA系统进行全线监控。

20世纪80年代以前，我国长输管道基本上是常规仪表检测、就地控制。80年代中期以来，在铁岭—大连输油管线和东营—黄岛输油管道复线上引进了国外先进技术，填补了我国管道应用SCADA系统的空白，达到国外80年代水平。在铁岭—秦皇岛输油管线和轮南—库尔勒输油管线上采用了我国自行设计的SCADA系统。

目前，具有计算机监测控制与数据采集功能的SCADA系统已广泛应用，成为管道自控系统的基本模式。

9.3.1 SCADA系统在陕京输气管道工程的应用

9.3.1.1 自动控制方案

陕京输气管道SCADA/POAS系统主要监控对象为：4座有人值守的计量站，包括靖边首站、北京末站、琉璃河分输站及去天津的支线分输站——永清站。沿线9座无人值守的带RTU的遥控阀室、7座无人值守的清管站（含阴极保护）、3个输气管理处设有远程监视系统，可对其管辖段实现系统监视。该系统对全线的控制分为三级。

(1) 从调度控制中心实现监视和控制 北京调度控制中心对全线运行实行统一调度管理，监视管线沿线各站的运行参数和状态，如温度、压力、流量以及阴极保护，供配电等系统的有关参数；对所有阀门的开、关和故障状态，火灾报警，可燃气体检测，通信线路运行状态等进行监测。关键参数可从调度中心远程调控，如干线上带RTU的截断阀室，当管道破裂或维修时需要紧急截断气源，可从调度中心发出命令关闭需要关闭的阀门。设定值和各项操作命令能够从调度中心准确地下到有关站，并能将所监视的数据从调度中心送到输气管理处（GTD），从GTD能监视到所管辖区段的管线运行状态和所有数据，但GTD不具备任何控制功能。

(2) 站控系统ACS的集中监视、分散控制 ACS采用PLC为主的集中监视、分散控制方案。4个计量站均配有人机界面MMI和单回路的流量计算机。首末两站还配备了全组分新型气体分析仪，硫化氢检测仪和水分分析仪用于全组分分析与计算，测量硫化氢含量、水露点，计算气体密度和组分含量。4 座计量站只需少数人员值班，从而达到了无人操作、有人值守的水平。ACS 系统能够自动采集温度、压力、气体流量等数据，能够自动控制相应的阀门，从人机界面 MMI 监视站内的现场设备运行。ACS 系统能适应不同的流量变化及压力控制要求，进行流量及量程自动切换操作，使供气系统具有超压紧急截断及自动压力监控、调节、切换功能，保证安全平稳地供气。

(3) 就地手动控制 现场阀门可由现场人员就地进行开、关操作。站控系统操作方式定义如下。

① 站远程操作 站上设备由调度中心实现远程操作，如全线各站的关闭和干线上带 RTU 阀室的气液联动阀的关断，但这些设备不能由调度中心进行远程开启控制。

② 站就地操作 站上设备如电动阀等，由站控系统的 MMI 来控制，调度中心不能对其控制。如果当站 PLC 与人机界面 MMI 发生故障时间超过 30s，就地方式自动转换成远程操作方式。

(4) 设备维护 设备维护分为阀维护和变送器维护两种方式。处于阀维护方式时，调度中心与站控系统均不能对其进行控制，由维护人员到现场对阀进行手动操作。处于变送器维护方式时，对模拟输入卡上接收到的 4~20 mA 信号不进行处理，但需切换到维护状态时，最近测量值才被保留。

9.3.1.2 系统配置

陕京管道 SCADA/POAS 系统是由法国 CEGEL EC 跨国电气公司下属的德国 CEGEL EC AEC 自动化工程公司作为系统集成的主要承包商，提供该公司自己的产品 View Star 750（简称 VS750）作为调度中心的 SCADA 系统软件及 PC Views 输气管理处监视系统的软件，以 Modicon PLC 作为站控系统的 RTU，Factory Link 软件作为站控系统的 MMI。美国休斯通信公司提供的卫星通信系统实现从调度中心到各站输气管理处主通信线路的通信，备用通道为公用电信网 PSTN。整个系统的配置如图 9-5 所示。

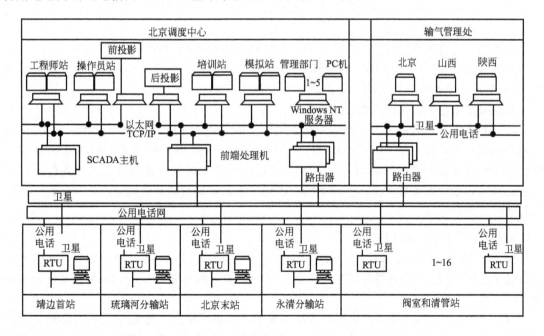

图 9-5 陕京输气管道 SCADA/POAS 系统配置

9.3.1.3 调度中心硬件和网络设计

VS750 是以网络计算机为操作平台的远程过程监视与控制系统，运行在由多台高性能的具有交换互联结构的 Sun Ultra1 工作站、奔腾 PC 工控机、奔腾 PC 机、打印机、投影系统组成的 10 Base-T 网络环境中，支持 TCP/IP 异种网互联协议。

硬件设备包括以 64 位 Sun Ultra1 图形工作站为平台的冗余主机两台、冗余的操作站两台、模拟工作站一台、工程师站一台、培训工作站两台、前投影工作站和后投影工作站各一台。两台工控机为平台前端处理机（FEP），并配有多台事件和报告打印机、一台打印服务器及彩色打印机、A3 幅面激光打印机、中文 PC 机及报表打印机一套、用于离线管道模拟的 PC 机一台和用于工程开发编程组态的 PC 机一台。

一台 Windows NT 网络服务器充当调度中心 SCADA 局域网与分布在经理办公室的 5 台 PC 机连在一起的 PC 局域网之间的网关，通过 Microsoft 公司的 ODBC（开放数据库连接）软件来实现从 SCADA 系统将管道运行参数、状态、事件、归档报告实时下载到经理办公室的 PC 机上，为领导决策提供科学依据。

到输气管理处（GTD）的广域网之间的互联是通过连在网络上的路由器到三个输气管理处的路由器来实现的，主通道采用卫星通信线路，备用通道采用公用电话网。

主站、前端处理机（FEP）和操作站之间采用一台全球卫星定位系统（GPS）来实现时间同步。

调度中心到远程各站的通信，通过前端处理机（FEP）及连在 FEP 上的 BM85 多路复用网桥来实现。

以上设备分别集中在控制室、工程师室、硬件室、培训室和接待室。

两台操作员站、一台管道模拟站、网络打印服务器、中文 PC 机及打印机全装在控制室，每台操作员站分别与两台报警/事件打印机和报告打印机相连，彩色打印机通过局域网上的打印服务器相连，大屏幕后投影墙安在控制室墙上，面对操作员站。

主机、前端处理机、多路复用网桥、集线器、路由器、调制解调器等网络设备及 NT 服务器、后投影工作站安装在硬件室。

工程师站、离线管道模拟 PC 机及 SCADA 编程组态的 PC 机安装在工程师室。

两台培训工作站，一台用于管线模拟软件培训，另一台用于 VS750 操作培训，培训RTU 和进行站控系统操作培训，以上设备安装在培训室。

前投影及前投影工作站安装在接待室。

后投影系统是采用德国 Dr Seufert 公司研制的新一代数字式液晶显示系统（LCD），由 8 块透明的屏幕组成，4m 长，115m 宽，带 LCD 发光的镜头和带反射的灯管，一台中央MX-终端和两台发光的 MX-终端，支持 X11 协议，操作人员可以控制台上直接操作图形和自由图形画面在投影屏幕上显示图形画面，该后投影系统具有高清晰度、不受光线影响、省电和维护方便的特点。

9.3.1.4 站控系统设计

ACS 自动控制系统的 RTU 是采用 Modicon Quantun PLC，即 QTM-PLC，通过它对现场设备进行控制。4 个计量站还配有基于 PCI 控机的人机界面 Factory-Link 来实现对现场设备的监视。

(1) 计量站　4 座计量站都配有单回路的流量计算机，靖边首站和北京末站还配有对气体质量检测的色谱分析仪。色谱分析仪和流量计算机之间的通信是采用一种广泛应用于现场控制用的 Modbus 协议。

为保证大站系统的容错性和可靠性，计量站的 RTU 全采用双机热备和冗余的通信路由。主通道是卫星通道，备用通道是公用电话网。

每座计量站的 RTU 是由两个具有热备功能、相同组态的 PLC 控制器组成。控制器热备组态简单，安装容易，当发生故障或电源中断时提供无扰动的后备控制。两个 PLC 通过位于 PLC 上的热备模块实现两个 CPU 从主到备的通信，每个控制器还可以识别两台控制器之间的数据传输区域的大小。正常情况下备用 CPU 不执行控制功能，只是监视主 CPU 的工作。一旦主 CPU 发生故障，备用 CPU 在 48ms 内切换过去，备用 CPU 能够以完全无间隙的方式承担 I/O 链路的控制。

从 RTU 接收和传输数据的设备有气体色谱分析仪、UPS 系统、流量计算机、阀门、火灾检测系统、紧急截断控制。

RTU 与调度中心 VS750 系统，流量计算机和色谱分析仪之间的通信是通过多路复用网桥 BM85 来实现的。一个多路复用网桥带 4 个 Modbus 端口和 1 个 Modbus Plus 端口。所有程序和对 RTU 的控制都是用 Modsoft 软件来实现的。

（2）带 RTU 的阀室　安装在干线阀室上的 RTU 包括 CPU 模块、直流电源模块、数字输入/输出模块和网络模块，没有配备热备模块。带 RTU 的阀室只能从调度中心进行远程控制操作。所有模块都集成在一个 RTU 机架中，通过卫星线路与调度中心进行通信。与阀室上的 RTU 实现数据通信的现场设备有温度测量元件、压力变送器、气-液联动阀门、热-电发生器和供电系统等。

（3）清管站　安装在沿线的 7 座清管站上的 RTU 提供了远程清管功能，以 CPU 模块直流供电，由网络模块、数字输入/输出和模拟输入/输出模块组成，所有模块都集成在一个机架中，通过 BM85 多路复用网桥连接卫星线路（主通道）和公用电话网（备用通道）实现与调度中心通信。

与清管站 RTU 实现数据通信的现场设备有温度测量元件和压力变送器、电动和气液联动阀门、热-电发生器、供电系统、清管控制器及其他 I/O 模块。

9.3.1.5　SCADA 系统的核心软件 VS750

VS750 软件包是德国 CEGEL EC AEG 公司自己开发、用于调度中心的监视与控制系统，运行在基于网络操作系统 Solaris 的不同系列 SUN 工作站上，可以根据用户要求、规模大小，方便、灵活地按模块进行组态和集成。

VS750 软件包是一个基于 X-Windows 的图形操作界面，可提供高分辨率的三维图形显示，在不同窗口中显示各种画面，包括陕京输气管道全线走向图、全国陆上油气管网图、各站控系统的工艺流程图，并能动态显示管道和设备当前运行的状态，实时地显示温度、压力、流量等数据、报警信息等，通信线路的运行状态，通过鼠标方便地操作各种屏幕菜单，控制整个系统的运行。陕京管道的 VS750 版本还提供了各站场、管道黄河跨越、现场管道施工等图片画面显示，画面中多种字体的汉字显示，管道模拟软件实时模型计算结果的显示。VS750 主要功能如下：

① 基于多窗口的人机对话多种菜单、对话框、滚动条等操作；
② 从控制中心向各个被测点发送遥测、遥调、遥控、遥计（量）指令；
③ 现场设备和整个管线运行状态，实时参数和报警栏显示；
④ 各种操作、报警、事件及系统信息记录和打印；
⑤ 各种事件、报警、系统状态归档，实时趋势和平衡周期性归档；
⑥ 各种报表、曲线及图形的生成和打印；

⑦ 对管道阴极保护电位进行在线检测，在检测管地电压时，对全线的阴极保护站以 12s 通、3s 断的方式同步进行控制；

⑧ 站的火灾检测，可燃气体检测；

⑨ 余局域网，冗余主机，冗余前置机的运行和主、备切换；

⑩ 信号故障的检测，主、备通信线路的切换；

⑪ 统的重新配置和组态；

⑫ 模拟工作站接收数据，向模拟工作站传输数据，显示供气负荷，预测管道中气体残留时间等模拟结果，支持调度优化。

9.3.1.6 实时管道模拟软件 LIC PSS

陕京管道 SCADA/POAS 系统的应用软件是由德国 CEGEL EC AEG 公司的技术合作伙伴——丹麦的 LIC Consult 公司提供的管道模拟系统（LIC PSS）。LIC PSS 共分为在线实时模型 RTS、培训模型 TRS、离线动态和静态模拟系统 LIC GAS 三大部分。其中在线实时模型和培训模型运行在调度中心的 SCADA 局域网上的模拟工作站和培训工作站上，离线模型运行在离线的 PC 机上。

在线实时模型用于优化输气管道运行操作和实时处理，并提供以下功能：

① 数据接收和传送，应用现场数据来确定以时间为自变量，计算那些不在监控位置上的压力、温度、密度和流量的过程变量；

② 计算管段的压力、温度、流量、气体密度剖面和储气量；

③ 根据当前输气状态和将来管线的设备状态变化，预测储气量和压力、温度、流量、密度等剖面，模拟过程变量，确定预测周期并对将来 24h 的用气量和管线运行状态进一步预测；

④ 根据当前气体消耗情况和设备状态，预测管道中气量残存的时间，优化以后的操作；

⑤ 批量跟踪，并进行控制；

⑥ 根据天气变化和用户需要，预报供气量；

⑦ 对管道模型的自动调峰，以便改进计量和管线运行的操作性能；

⑧ 仪表分析，检测仪表的精度下降与漂移；

⑨ 压差检测；

⑩ 管道泄漏检测。

除管道泄漏检测模块准备在第二期工程配备外，上述模块全配置在陕京输气管道 SCADA/POAS 系统中。并且将实时模拟，超前模型，批量跟踪，对供气量预测的控制和监视等功能均已集成在 VS750MMI 中，在线实时模型的运行是通过 VS750 的人机界面 MMI 来实现的，操作人员可以从就地操作站上通过 SCADA 局域网对在线实时模型的计算过程和结果进行透明的访问，将模拟工作站上实时在线模型计算的结果显示在就地操作站上。另外，从现场来的数据也通过网络传给模拟站上的实时在线模型，对现场的工况进行模拟，每 60s 更新一次数据。模拟结果及时并准确地送到操作站上，指导调度中心的调度人员操作，为整个管道的调度管理提供科学的决策。

为了能控制管道模拟功能，允许操作人员改变 LIC PSS 数据库中的对象来控制管道模拟功能。

培训模型 TRS 安装在一台培训工作站上，取在线的实时数据作为培训系统的初始条件，使接受培训的人员在接近实际操作的环境中逐步学会实时在线模型的开发、应用和实际操作，而不影响管道实际运行操作，从而使受训人员能在很短时间内独立地模拟和诊断管线运行中出现的各种情况，受训人员还可以改变初始条件，对整个管道的压力、温度、流量值进一步模拟，对比多个工况条件下系统的操作性能，培训系统能自动记录整个培训模拟的过程。

培训模型是一个在线、支持网络环境的培训系统，培训模型的运行也是通过连在网络上的另一台用于 VS750 的培训工作站上的 VS750 的 MMI 来完成的，在模拟培训站上还提供网络高层协议，如 FTP、Telnet 等，用户可以根据环境的要求，灵活配置通信协议，传输速率和奇偶校验方式。

9.3.2　SCADA 系统在克拉玛依—独山子输油管道中的应用

克拉玛依—独山子线原油管道是我国第一条长距离原油输送管道，始建于 1958 年，隶属于新疆油田分公司油气储运公司。全线总长 148.6km，南北横穿准噶尔盆地西部戈壁，共设 4 个泵站，一个调度监测中心，其中末站为原油计量交接站，其他首站、4 站、6 站均为热泵站，首、末站高差 524.37m。采用开式旁接罐工艺流程交替输送克拉玛依 0#、彩南和石西油田原油。为满足管道密闭输送的需要、降低能耗、提高输油生产管理水平，保证管道安全运行，该公司在 1998 年工艺改造的基础上，开发了该管道 SCADA 系统，并于 1999 年底投入使用。

9.3.2.1　系统介绍
系统总体方案如图 9-6 所示。

该 SCADA 系统由工业 PC 机加 PLC 及微波信道构成，其中各站和调度中心为物理结构，是 10BASE-T 的 Ethernet 局域网，工业 PC 机与 PLC 通过以太网进行数据通信，控制室 PLC 与远程（加热炉区）PLC 通过 AB 公司的 DH+ 网相联。全线利用微波信道组成广域网，提供 4 条点对点的透明专用数据传输微波信道，以实现各泵站与调度中心的数据交换，以及各泵站间的数据交换。系统通讯速率≤64kbps，误码率≤1×10^{-6}。系统采用 3 级控制，1 级为现场就地手动，2 级为站控，3 级为调度中心全线自动控制。由于这次是老管线改造，投入资金有限，加之操作人员的技术水平提高要有一个过程。因此，系统采用以站控和调度中心全线自控相结合的控制方式。

（1）站控功能
① 显示动态工艺流程图、主要设备的运行参数及运行状态，显示历史趋势曲线和实时数据曲线。
② 显示控制图，实现泵站压力、输量及流程的自动控制，进行泵效、加热炉热效率、燃油及耗电量等的计算。
③ 利用微波通信信道，向调度中心发送数据、水击报告、批输信息及接受调度中心的指令，进行水击保护控制、批输管理和生产调度管理，站与站之间可通过调度中心互相调用数据。
④ 记录报警信息、重要事件及主要工艺参数。
⑤ 打印生产报表和报警事件。

（2）调度中心的功能
① 利用微波通信信道，接收各站发送的数据、水击报告和批输信息；向各站发送水击控制令、批输指令和调度指令。
② 判定水击源，生成相应的决策表，进行全线水击控制。
③ 对全线各站受控设备进行控制及对各站参数进行集中监视、调度和管理。
④ 与公司办公自动化管理网进行通信。

9.3.2.2　系统硬件
（1）工业监控计算机　每站设监控计算机两台，1 台为网络服务器（工程师站），1 台为操作站。

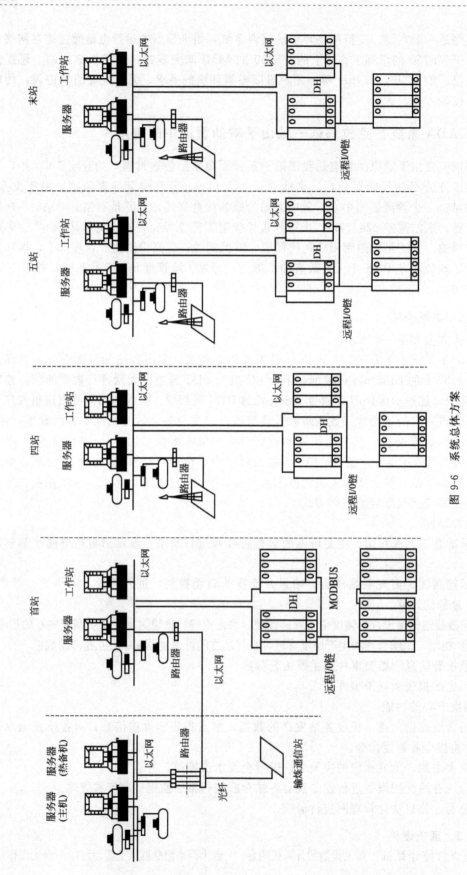

图 9-6 系统总体方案

(2) 主控 PLC 采用美国 AB 公司的 PLC25/40E 处理器作为控制器，用以完成站内的数据采集、计算及现场控制。它具有丰富的指令集和强有力的软件功能，具备嵌入的 TCP/IP 通信能力，使用内置的 Ethernet 处理器和标准指令可与工控计算机建立通信。I/O 容量（任意组合）可达 2048 点，支持的最大远程物理设备数为 60 个。

为提高控制系统的可靠性和安全性，主控 PLC 采用了热备用系统，两块 PLC25/40E 处理器并行工作，当主控制器出现故障时，可切换到备用控制器继续运行控制程序。

(3) PLC 系统硬件配置

① 系统 I/O 点数　系统 I/O 点分布在 4 个泵站。其中首站 67 点，四站 139 点，六站 140 点，末站 83 点，合计 429 点。

② 系统各站 I/O 框架及 I/O 模块配置　系统选用模块及框架如下。

a. 1785-L40E　PLC25/40E 控制器，带以太网口。

b. 1785-BCM　冗余通信模件，提供两种通信链接，即远程输入/输出和 DH+ 链接的切换控制。当主控制器发生故障时，在 50ms 以内，将 DH+ 和远程 I/O 的控制切换到辅助 PLC25 处理器。

c. 1771-P6S　电源，8A，220V　AC。

d. 1771-P7　电源，16A，220V　AC。

e. 1771-ASB　远程输入/输出适配模块，提供 PLC25/40E 处理器与加热炉区远程 I/O 框架中的 I/O 模块之间的通信。

f. 1771-IFE　12 位模拟量输入模块，16 点。

g. 1771-OFE2　模拟量输出模块。

h. 1771-VHSC　高速计数模块，接受来自现场流量计的脉冲信号。

i. 1771-IBD　输入模块，10～30V　DC，16 点。

j. 1771-DB　数据通信模块，可独立于 PLC 处理器运行 BASIC 和 C 程序，在此处与首站电动阀门控制器及原有 UBG 型光导液位仪进行通信。

k. 3100-MCM　Modbus 接口模块，与首站原有自控系统的 PLC 进行数据交换。

l. 1771-IM　输入模块，220/240V　AC，8 点。

m. 1771-OM　输出模块，220/240V　AC。

n. 1771-OBD　输出模块，16 点，30V　DC。

o. 1771-A1B　I/O 框架，4 槽。

p. 1771-2A2B　I/O 框架，12 槽。

q. 1771-A3B　I/O 框架，12 槽。

r. 2771-K9A1　PANELVIEW900 操作终端，加热炉区操作员使用。

根据现场信号类型和数量的不同，各站 PLC 的 I/O 模块配置不尽相同，具体如图9-7～图9-9 所示。

(4) I/O 寻址方式　I/O 组是一个寻址单元，它对应于一个输入映像字（16 位）和一个输出映像字（16 位）。一个 I/O 组可包含多达 16 个输入和 16 个输出，并且可以占用 2 个、1 个或半个模块槽。I/O 机架是一个寻址单元，它包含 8 个 I/O 组。一个 I/O 机架可以占用一个 I/O 框架的一部分；一个满 I/O 框架或多个 I/O 框架。

PLC 的寻址方式有 2 槽、1 槽或半槽 3 种方式。当选择 2 槽寻址时，处理器 2 个 I/O 模块槽作为 1 个 I/O 组来寻址。每个物理的 2 槽 I/O 组对应于输入映像表中的 1 个字（16 位）

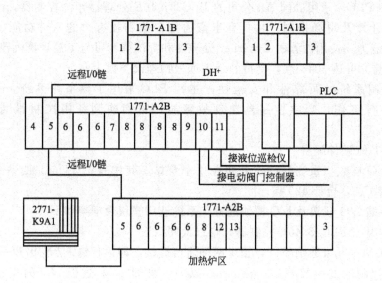

图 9-7　首站 I／O 模块配置

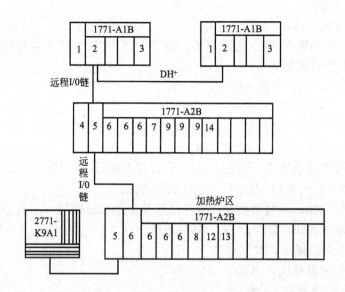

图 9-8　四站及六站 I／O 模块配置

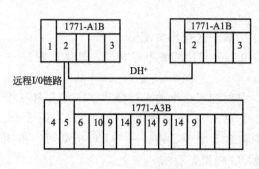

图 9-9　末站 I／O 模块配置

和输出映像表中的 1 个字（16 位）。同样，当选择 1 槽寻址时，处理器把 1 个 I/O 模块槽作为 1 个 I/O 组来寻址。在框架中的每个物理的 1 槽 I/O 组对应于输入映像表中的 1 个字（16 位）和输出映像表中的 1 个字（16 位）。当选择半槽寻址时，处理器把半个 I/O 模块槽作为 1 个 I/O 组来寻址，在框架中的每个物理的 1 槽 I/O 组对应于输入映像表中的 2 个字和输出映像表中的 2 个字。

本系统 I/O 选择的是 8 点和 16 点 I/O 模块，采用 1 槽寻址方式，处理器把 1 个 I/O 模块槽作为 1 个 I/O 组寻址。由于对每个 I/O 槽在处理器映像表中有 16 个输入位和 16 个输出位，因此能用任何次序混用 8 点或 16 点模块。

9.3.2.3　系统软件

（1）主控机编程软件　采用 Honeywell 公司的 SCAN3000 软件，该工控软件专门针对油气行业开发，运行在 WindowsNT 系统，开放性好且支持中文。

① 软件的特点

a. 结构灵活。可在线组态，包括在线建点；建用户流程图；建趋势点；生成新报表；增加操作站、控制器。

b. 易于操作和维护。有着先进且灵活的报告、报警、报表、数据采集、组态、趋势等功能，许多标准画面均已自动生成，用户只需制作工艺流程操作画面。

c. 可运行其他专业公司提供的管道自控应用软件，如管线检漏、水击保护软件等。

d. 对通信的通道要求不高，几乎适用于任何介质（无线电、卫星、微波、光缆）。因为 SCAN3000 与通信有着良好的接口，故可以自动统计通信误码率，当误码率升高时，SCAN3000 会自动报警，实现远方紧急关断，且很容易判断出是 SCAN3000 的问题还是通信的问题。

② 泵站 SCAN3000 系统的主要任务

a. 为操作员提供在图形窗口上观察采集到的动态实时数据和趋势曲线，将数据写入 SCAN3000 数据库，数据库定义了采集数据的报警限，可提供先进的报警特性，并自动用于产生生产报表。

b. 利用直观、简洁的人机界面完成站内工艺过程的控制，如泵、加热炉等设备的启停，流程的自动切换。

c. 监视 PLC 的通信状态（如通道正常、通道靠近报警极限、通道故障）。

d. 将有关数据上传至调度中心，同时接收调度中心发来的控制信号。

③ 调度中心 SCAN3000 系统的主要任务

a. 采集 4 个站的数据，并运行水击、清管球运行等应用软件，同时向各站发送水击、批输和调度命令。

b. 提供下列数据库。

ⓐ 实时数据库：存放各站的模拟量、数字量和脉冲量信号。

ⓑ 历史数据库：存放各站的历史数据。

ⓒ 事件数据库：存放 SCADA 系统，包括站控系统所有控制器、计算机和外围设备的运行情况以及现场仪表、控制设备的运行状态等。

ⓓ 应用软件数据库。

c. 将所有数据库数据存放在硬盘上，供公司管理网有关用户享用，为其提供不同的生产数据。

（2）PLC 主控程序设计　PLC 采用 AB 公司的 Rslogix5 梯形图软件编程，其电路符号和表达方式与继电器电路原理图很接近，控制过程形象、直观，系统维护人员容易掌握。PLC 控制程序的 4 个站分别编制，每个站的 PLC 控制程序包括站控主程序及流程切换、启停加热炉、启停泵、报警总汇、收发球、热备控制、变频器操作、计算等子程序。

以中间站四站为例，其 PLC 站控主程序共有 89 个梯级，PLC 按照梯级递增的方向逐个梯级扫描、执行主控程序，直至程序结束并重复执行。当遇到子程序跳转指令时，则扫描在该指令处跳转，执行完相应的子程序后再返回跳转处继续扫描，同时子程序可以嵌套使用。如图 9-10 所示是主控程序的第 30 个梯级，代表独立启动泵房的 2# 泵；如图 9-11 所示是启动 2# 泵的子程序，该子程序中还嵌套有变频器操作子程序（略）。表 9-1 为启停泵程序变量。

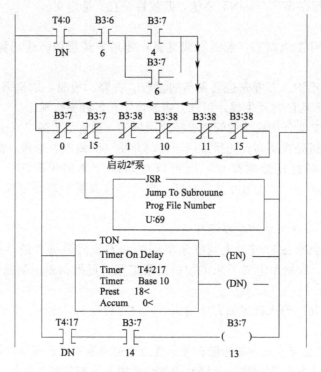

图 9-10   主控程序的独立启动 2# 泵梯级

表 9-1   启停泵程序变量

变量名称	信号说明	变量名称	信号说明
T4：0/DN	上电延时	B3：7/14	2# 泵阀全部准备好
B3：6/6	单独执行命令	T4：31/DN	开 2# 泵进口阀计时器完成位
B3：7/4	2# 泵定速启动准备好	B6：24/3	开进口阀 ZV-2204
B3：7/6	2# 泵调速启动准备好	B6：24/1	2# 泵进口阀开到位状态指示
B3：7/0	2# 泵异常	B3：7/10	2# 泵进口阀全开指示
B3：7/15	停泵命令	T4：101/TT	启动 2# 泵命令及变频启动计时器计时位
B3：38/1	顺序停泵		
B3：38/10	站控信号	0：021/4	启动 2# 泵（PLC 输出）
B3：38/11	调度中心停输信号	B3：7/10	2# 泵进口阀全开指示
B3：38/15	六泵站来的停电信号	B3：8/10	2# 泵进出口差压＞2MPa
T4：217/DN	启动 2# 泵延时计时器完成位	T4：32/TT	开 2# 泵出口阀延时计时器计时位
B3：7/14	2# 泵启动完成	B6：25/3	出口阀 ZV-2205 开到位状态指示
B3：7/13	2# 泵超时故障	B6：25/1	出口阀 ZV-2205 开到位状态指示
J SR	跳转到子程序	B3：7/12	中间变量
TON	延时接通计时器	T4：171/DN	2# 泵启动延时计时器完成位
I020：7	2# 泵电机在自动控制方式	B3：7/14	2# 泵启动完成
		T4：171/RES	2# 泵启动延时计时器复位

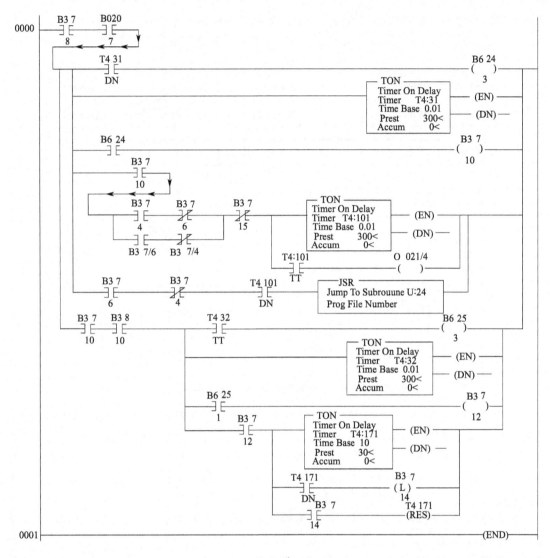

图 9-11　启动 2# 泵的子程序

9.3.3　SCADA 系统在陕银输气管道工程中的应用

9.3.3.1　陕银输气管道概况及 SCADA 系统组成

（1）陕银输气管道概况　陕甘宁气田至银川（陕银）输气管道工程是宁夏回族自治区在"九五"期间的一项重点工程，主要为宁夏化工厂 2 套化肥装置提供用气，并可以解决临近县市和银川城市用气问题。管线总长度 291km，设计管径小于 426mm，输气压力为 6.127MPa，年输气量为 4 亿～6 亿立方米（一期工程）。全线设 2 座黄河岸边阀室，8 座线路紧急截断阀室，9 座阴极保护站，2 个计量站（靖边首站、银川末站），1 个盐池清管站，以及设在银川市里的控制中心，整个线路采用埋地敷设方式。

（2）陕银输气管道 SCADA 系统组成

陕银线 SCADA 系统的设计是依照可行性研究和工艺要求进行的，以安全可靠、技术先进、经济实用为原则。为确保管道系统的安全性、可靠性和输送效率，由设在银川市内的控制中心对靖边首站、盐池清管站、银川末站等站控系统的生产运行及操作进行远距离的数据采集、监视和管理。控制中心与各站之间租用光缆通信线路，采用点对点、半双工、异步串行通信，通信速率为 19200bps，误码率 1.0×10^{-6}。其系统配置如图 9-12 所示。

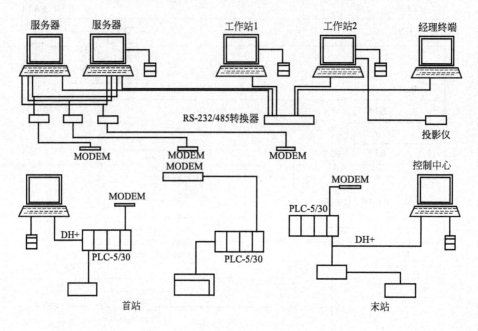

图 9-12　陕银线 SCADA 系统配置

① 硬件配置　银川控制中心的硬件核心是主从热备服务器，负责对各站的生产过程变量进行实时数据采集和控制。系统通过 3CI6405 型集线器和五类双绞线网络电缆将主从服务器、操作员终端和经理终端连接在一起组成 10BASE - T 网，共享信息资源。控制中心 10BASE-T 网通过 3 个 RS-232/485 转换器分别与 MODEM 相连，RS-232/485 转换器与主从服务器内设置的研华 485 卡之间用 RS-485 网络屏蔽电缆相连。

站场控制系统网络较为简单，各站场的 MODEM 与 PLC-5/30 之间均采用串口电缆相连。靖边首站的计算机内置 KTX 板与 PLC-5/30 之间、PLC- 5/30 与 PowerMonitor 之间、盐池中间站的 PLC-5/30 与 DTAMPLUS 之间、银川末站的计算机内置 KTX 板与 PLC-5/30 之间、PLC-5/30 与 ASB 之间、ASB 与 PowerMonitor 之间均采用 DH$^+$ 电缆相连。靖边首站、盐池清管站和银川末站站控系统的硬件核心是 AB 公司的 PLC-5/30 可编程逻辑控制器，分别负责对各站的生产过程变量进行实时数据采集和控制。各站输入、输出均采用通用模块并安装在远程 I/O 框架中。以银川末站 PLC 为例，其主要模块目录号列于表 9-2。

表 9-2　银川末站 PLC 主要模块型号及规格数量一览

模块目录号	名称及规格	数量/个	模块目录号	名称及规格	数量/个
1785-L30B	处理器模板	1	1771-OBD	开关量输出板	3
1771-IFE	模拟量输入板	3	2100-AGA	流量计模板	1
1771-IR	热电阻输入板	2	1771-P7	电源模板	2
1771-IBD	开关量输入板	7			

银川控制中心控制室内放置 4 台上位监控微机和 1 台 24 点阵式打印机、1 台激光黑白

打印机、1 台激光彩色打印机，另有数台经理终端分别放在各经理室内。上位机分别运行相同的监控程序，供控制中心操作人员监控全线生产运行情况。靖边首站和银川末站分别放置 1 台上位监控微机和 1 台 24 点阵式打印机，上位机运行各自的监控程序，供操作人员监控各站生产运行情况。

②软件配置　据陕银输气管道 SCADA 系统的要求，全线上位监控软件均采用澳大利亚 CI 公司的 Citect5.1，其运行平台为 Windows NT 410 server/workstation。Citect 与 AB 公司的 PLC-5/30 之间由 Citect 提供的驱动程序来实现通信。下位控制功能利用 AB 公司的 6200 软件对 PLC 编程实现。

Citect 是澳大利亚 CI 公司研制开发的一套功能强大的工业过程控制应用软件，由于它具有良好的开发环境、强大的 PLC 接口通信协议支持、实时的网络数据以及高效完整的 Cicode 监控语言和函数集，使其在数据采集、实时监测和过程控制等系统中得到了广泛的应用。

9.3.3.2　陕银输气管道 SCADA 系统特点及功能

(1) 系统特点　陕银输气管道 SCADA 系统设计为三级控制，一般情况下都执行第一级控制：银川控制中心集中监控。站场和控制中心均可记录各自的操作行为、突发事件和报警信息，并能查询阀门的开启关闭、流量、温度和压力等参数的数值。对于所有画面，只有当鼠标移动，出现双线框的对象（如电动阀等）时方可操作。所有操作画面均为中文显示，全部操作均由鼠标即可完成，并可在线修改 Citect 的实时系统，使用简单、方便、快捷。本系统采用通用、高性能的 PLC 和冗余控制设计，装配灵活、组态方便、移植性及适应性好。

(2) 系统功能

①冗余功能　陕银输气管线数据通信量较少，没有复杂的逻辑控制要求。因此，在控制中心计算机系统中将各分项服务器的功能集中于 1 台服务器，此服务器担负全线的数据采集和控制任务，任何时刻，保证服务器与站控系统之间的正常数据传输是整个 SCADA 系统网络正常运行的关键所在。

综合考虑系统可靠性和经济合理性，决定对控制中心进行服务器全冗余配置及主从服务器热备运行。在系统运行时，由主服务器行使控制权。主服务器将所有采集到的数据及状态信息通过局域网传送给后备服务器，后备服务器此时可暂时充当显示终端。一旦主服务器发生故障，后备服务器按预先给定时间间隔从动态数据库中读取数据、做出判断，并立刻接管主服务器的控制权，执行监控功能。当主服务器排除故障、恢复正常工作后，后备服务器又将控制权交回主服务器，并确保无数据丢失。

为实现这种冗余结构并充分利用工控软件特有的功能，在上位机组态软件中设置 3 个磁盘变量：ComTestP1，ComTestP2，ComtestP3。这三个磁盘变量分别表示主服务器与 3 个 RS-232/485 转换器的通信是否正常：若通信正常，均为"1"；若通信不正常，均为"0"。这三个磁盘变量为内部变量，分别存于主、从服务器的硬盘中，通过以太网进行读写。主服务器正常工作时，每隔 1s 运行一次主服务器通信测度程序，分别测试主服务器与 3 个 RS-232/485 转换器的通信是否正常，得到 ComTestP1、ComTestP2 和 ComTestP3 这三个磁盘变量的取值。从服务器正常工作时，每隔 1s 运行一次从服务器通信测试程序，分别读取这三个磁盘变量的取值：若为"1"，禁止从服务器与相应的 RS-232/485 转换器进行数据通信；若为"0"，允许从服务器与相应的 RS-232/485 转换器进行数据通信或为"0"。服务器工作流程如图 9-13 所示。

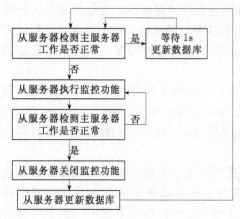

图 9-13　服务器工作流程

站级控制器、PLC 不再冗余，全部单机运行。控制中心服务器与各站 PLC 进行一对一通信，每站占用 1 条通信线路与控制中心进行通信。

② 实时监控　对现场过程参数、阀位状态、各种越限报警信号，进行实时监测、处理、记录和显示。

a. 工艺图的切换　控制中心监控程序提供 6 幅与天然气输送工艺相关的动态显示界面：1 幅全线工艺流程总界面和 5 幅局部工艺放大图，可以了解陕银输气管道全线设备的运行状态和各部分设备的详细运行状态。这些界面可以很方便地进行切换。靖边道站和银川末站分别设计了 1 幅和 3 幅动态显示界面，以监控各站的设备运行情况。

b. 工作流程的自动监控　控制中心和站场的操作人员可通过鼠标设置各项参数，操作阀门，实现流程的监视、选择流程的启动和停止。另外，SCADA 系统组态了柱状图显示和模拟数据显示以更精确地观测生产数据，还利用 Cicode 语言组态了温度、压力坡降曲线和全线输差显示以宏观监测系统的整体运行。

c. 显示运行设备的工作电流　监控程序实时显示正在运行设备的工作电流、电压及相关功率，供操作人员了解设备负载运行状态。

③ 实时管理　对管线工艺资料及处理数据进行归类，分别放入历史数据库进行实时管理。

a. 显示管线状态参数。包括陕银输气管道全线线路走向图、陕银输气管道工程简介、全线设备查询一览表和全线工艺流程查询，方便了全线系统的查询、维护。

b. 实时记录操作过程。按时间顺序记录各种操作行为、存入历史数据库，并按时进行打印，做到凡事有据可查，确保安全操作、责任到人。

c. 设置操作级别、用户账号及密码。对陕银输气管道 SCADA 系统的所有操作及查询均设置了两个保密级别：操作员级别和系统维护员级别。不同的操作员和系统维护员分别具有各自的登录账号和密码，并由系统记录各进入系统人员的级别、登录账号、密码及所进行的相关操作。这样，可分层屏蔽可操作信息，防止非法操作对系统及操作的破坏，同时也可对生产区域进行区域性屏蔽，防止无关人员涉足。

d. 统一系统时钟。通过控制中心"修改网络时钟"按钮，可将控制中心的时钟发往各站控制系统，以便统一整个陕银输气管道 SCADA 系统的时钟，保障了整个系统的记录时间及其相关事件、数据的可靠性和有效性。

e. 当首、末站气相色谱分析仪发生故障时，可人工设置现场过程参数，提供通道故障的人工补偿手段。控制中心和各站场均设置公告栏，以便控制中心随时向各站发送通知、公告。

④ 实时组态　可对 PLC 的定义、数据标签、系统信息、通信状态、操作显示界面、用户定义进行在线描述和修改，通过系统内核及帮助信息的显示，有助于系统维护员了解系统运行状况，及时进行实时组态。

⑤ 控制方式的选择　陕银输气管道 SCADA 系统设计为三级控制：第 1 级，银川控制中心集中监控；第 2 级，站控；第 3 级，就地手动。一般情况下都执行第 1 级控制。控制级

别的选择可以在监控界面上通过站控/中心选择按钮设定，且在控制中心和站控系统中均可对各电动球阀进行手动/自动选择。手动操作方式作为自动控制方式的一种补充，为控制系统人为介入提供了灵活性，为管道正常输气情况下系统的维护提供了便利。

⑥ 自动清管操作　靖边首站和银川末站分别设有发球和收球装置。盐池清管站既有发球装置，也有收球装置，因此在该站可以进行收发球。从发球站发出的清管球可由各站控系统和控制中心自动监测直至其顺利通过转球站到达收球站。

⑦ 报警处理　当设备出现故障时，系统启动预先设定的操作命令以对故障进行初次处理，同时通过报警画面及声音提示操作人员，进行报警摘要显示，并将该信息打印出来。报警窗口分为当前报警和历史报警。当前报警只显示目前仍存在的报警的相关信息。已产生的报警复位消失后，与其相关的报警信息将从当前报警中消失。历史报警不但显示目前仍存在报警的相关信息，而且报警复位消失后，其相关的报警信息仍以白色显示。

控制中心和站控系统的历史报警数据以特定的格式存入数据库，并由系统维护员定期进行历史报警的备份。系统维护员还可通过文字编辑器查看备份的历史报警数据。

⑧ 趋势显示及分析　控制中心和站控系统提供的趋势显示有 2 种：实时趋势显示和历史趋势显示。实时趋势用于记录生产过程中各参量的动态变化过程，而历史趋势则用于提取指定的历史数据文件。趋势图显示连续的趋势曲线，还可以读取曲线上任意点的实际数据和时间，进行曲线压缩显示和细化显示。每一趋势图可支持 8 支笔，每幅画面可支持 2 幅趋势图，趋势画面数量不限。历史趋势数据可以特定的格式存入数据库，并由系统维护员定期进行历史趋势数据的备份。系统维护员还可由备份的历史趋势数据恢复为历史趋势显示，以便准确观察过去某历史时刻的具体趋势。

⑨ 报表的生成和打印　利用 Citect 的在线报表生成器和 Excel 电子表格可随时输出与生产相关的各种报表：控制中心和各站的实时报表、当日报表、当月报表、当年报表等。报表不仅可以即时输出到打印机上，还可以定期输出到磁盘上。

⑩ 故障诊断功能

a. 系统硬件故障。当系统开机运行时，PLC 运行自检程序对系统各种硬件设备进行自检。自检设备参数如交直流电压、I/O 状态、A/D 状态等。

b. 一次仪表故障显示。当站场各电动球阀，温度、压力、流量变送器，首、末站气相色谱分析仪，首站 H_2S 分析仪和露点分析仪等一次仪表出现故障时，相应站场和控制中心的操作界面上均会有故障显示和报警记录。

c. 控制中心以太网发生通信故障、接口故障时，会在控制中心操作界面各处进行故障显示和报警记录。

9.3.3.3　系统调试

(1) 硬件调试　检查 PLC 系统、MMI 系统及各通信连接系统的连线，开关设定正常后，各系统逐一受电，检查各个状态灯显示是否正常。上位机在正常供电的情况下，通过存储在硬盘上的应用程序自动进入操作环境；各站场 PLC 与现场设备之间通信正常。

(2) 冗余检验　在保证控制中心上位机与各站场 PLC 通信正常的情况下，按照陕银线控制中心冗余系统进行硬件连接，通信测试数据分别采用靖边首站、盐池清管站和银川末站的 PLC 时钟秒单元地址数据。

① 主、从服务器各自单独运行，通信测试数据接收正常。

② 主、从服务器同时运行，但冗余通信程序 ComTestH（　）和 ComTestS（　）未运

行。此时，两服务器的通信通过同一条数据通道对 PLC 读/写数据，造成数据冲突，从而使通信测试数据接收时通时断。

③ 冗余通信程序 ComTestH（ ）和 ComTestS（ ）均运行，主服务器运行后，从服务器再运行。6s 后通信恢复正常（通信测试数据接收正常）。主服务器掌握主控权，将采集到的数据及状态信息通过以太网传给从服务器。

④ 在③模式下，人为故障关闭主服务器，从服务器接替主服务器的权限，4s 后通信恢复正常。

⑤ 在④模式下，运行主服务器，从服务器立即将权限交给主服务器，从服务器处于热备状态，8s 后通信恢复正常。

⑥ 在⑤模式下，人为故障关闭从服务器，不影响通信。

(3) 软件调试 安装系统软件 Windows NT Server/Workstation，经检查运行正常。检查控制中心与各站场之间的通信情况，控制中心采集数据正确，发送网络时钟时各站场接收正确。控制中心和各站场的操作画面均能按照设计要求正确显示。

(4) 回路调试

① 温度、压力、流量仪表调试 在各站场调出要测试的温度、压力、流量模拟点，在现场给对应的变送器接上信号发生器，然后送出 4～20mA 的信号，分 4mA、8mA、12mA、16mA、20mA 5 个点。每给一个输入信号，在站场和控制中心的流程画面上检查其显示的 PV 值是否对应为 0、25%、50%、75%、100% 5 个点。当每个信号的检查结果都正确后，才确定这个回路正确，否则要根据回路图逐一检查处理，直到恢复正常为止。

② 电动球阀调试 在站场调出要调试的阀门，并找到现场对应的阀门，确定气路畅通后，分别给出开、关、停信号，检查现场阀门动作是否开关到位，开关回讯能否闭合。在站场和控制中心的流程图画面检查阀门状态显示是否对应为开过程（绿蓝闪烁）、关过程（红蓝闪烁）、开到位（绿）、关到位（红）或偏差报警（红色闪烁）、故障报警（橙色闪烁）。每个动作和状态显示的结果都正确后，就确定这个回路正确。

③ 清管指示器调试 在各站场和控制中心上位机上逐一调出含有清管指示器测试点的流程画面，并找到现场对应的清管指示器，人为对清管指示器进行打开与闭合，观察流程画面中相应的测试点是否正确变化，每个动作和状态显示的结果都正确后，就确定这个回路正确。

④ 气相色谱分析仪调试

a. 检查 BTU 与 PLC 的连线是否正确。靖边首站和银川末站均有气相色谱分析仪 BTU 与 PLC 相连，以便在线监测首、末站天然气的组分和热值。BTU 输出的 4～20mA 电流信号通过 RS-232 串口与 AB 公司的 1771-DB/B 通信，并将数据通过 PLC-5/30 处理器传送到 2100-AGA 中进行流量计算。

b. 检查 BTU 各气路连接是否正确。载气为 150psi(1psi＝6894.76Pa) 的氦气。校正气（标准气）与天然气压力一致，为 30～40psi，且标准气与天然气含量基本一致。

c. 检查电路连接是否正确。

d. 开电源前，氦气吹扫 15min；然后开机测试。比较 BTU 测试结果与站场和控制中心上位机的显示结果，如果一致，确定此回路正确。

⑤ 火灾/烟雾报警系统调试 分别使站场和控制中心各火灾/烟雾探头有感应信号，并观察站场和控制中心上位机是否有正确显示的相应报警。若显示和报警均正确，确定此回路正确。

9.3.3.4 使用效果

陕银线 SCADA 系统已于 1999 年正式投产，经过两年多的安全运行，系统各项指标均达到设计要求。该系统在结构配置、通信方案、数据采集、操作方式等方面，与国内其他天然气管道 SCADA 系统相比，具有独特性和先进性，完全能够满足生产要求和今后扩充的需要，是一套性能价格比较高的输气管道 SCADA 系统。做到了在确保管线安全输送的前提下，既节省投资，又使系统达到了较高的自动化水平，提高了经济效益和劳动生产率，真正实现了陕银输气管道安全、平稳、高效、经济的运行。

9.3.4 SCADA 系统在东营—临邑输油管线中的应用

东营至临邑输油管线分为两条：一条为 1975 年建设的东临老线；另一条为 1997 年建设的东临复线。东临复线全长 157km，采用串联泵密闭输油工艺。全线设有东营首站一座，中间加热泵站一座（滨州输油站），目前输送胜利油田。东临老线全长 171.3km，采用旁接油罐输油工艺，全线设有东营首站一座，滨州、惠民、商河中间加压站三座，临邑末站一座，目前输送进口油。

9.3.4.1 系统构成

该 SCADA 系统由潍坊调度中心集中控制，滨州站和东营站分别为独立的两套控制系统。站控系统监控软件采用澳大利亚西雅特公司的 CITECT 组态软件与美国 AB 公司可编程序控制器（PLC）的以太网接口进行通信。为增加系统的稳定性，两个泵站的站控监控系统及 PLC 系统均采用双机热备形式。对于 PLC 系统，一个系统控制远程 I/O 的运行，称为主 PLC；另一个系统准备当主系统发生故障时接管远程 I/O 的控制，称为副 PLC。主、副系统通过 7852BCM 热备通信模块实现主、副 PLC 间的切换。

在正常运行时，PLC 把远程的输入和数据表传给副 PLC。当发生故障进行切换时，副系统 PLC（此时变为主系统）就拥有了同样的数据，完成同样的数据采集和监控任务。主、副系统的切换是自动完成的。主、副 PLC 分别有两条数据通信通道：一条通道经过带以太网接口的 CPU 模块 17852L20E；另一条通道经过以太网模块 17852ENET，完成与上位机的通信。两个泵站的站控监控系统与主、副 PLC 构成局域网。

滨州站与东营站到潍坊控制中心分别采用两路专用微波通信线路，经过调制解调器和路由器完成数据通信。由于临邑站不属于潍坊输油处管理，因此不设站控监视系统，只采用 AB 公司的 SLC(small logical controller) 采集临邑站进站温度、压力以及流量参数，再经过微波专用通道传输到潍坊控制中心。潍坊控制中心 SCADA 系统也采用澳大利亚西雅特公司的 CITECT 组态软件，与滨州站和东营站的站控系统组成一个广域网，完成各站有关参数的采集，监视各站生产和主要设备的运行状态。其系统配置如图 9-14 所示。

9.3.4.2 硬件配置

(1) 上位机系统 潍坊控制中心以及滨州站控、东营站控上位机监控系统均采用 DELL PⅢ、450MHz、64M 内存的工业控制计算机，配备分辨率为 1280×1024 的 53cm 彩色显示器。其中潍坊控制中心为 3 台工控机，滨州站控、东营站控分别为 2 台工控机。站控及控制中心分别设两台 EPSON LQ 1600KⅡ打印机，完成报表及报警的打印。

(2) 站控 PLC 滨州站和东营站控制单元分别采用美国罗克韦尔自动化 AB 公司的 PLC25 系列可编程控制器和一些功能模块，如输入/输出模块、以太网模块、适配器模块、电源模块、带有以太网接口的 CPU 模块、双机热备模块，由 13 槽框架组成。滨州站除以上功能模块外，还配有高速计数器模块和电力参数监视模块。临邑站采用 SLC500 系列小型可编程序控制器。

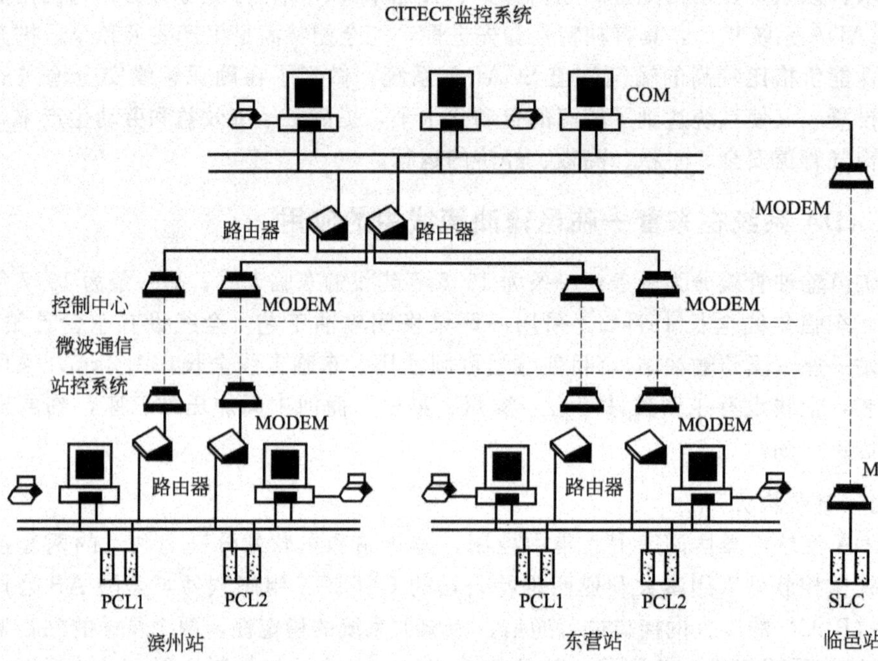

图 9-14　东营—临邑输油管线 SCADA 系统配置

(3) 通讯设备　滨州站和东营站的站控 PLC 分别采用 AB 公司的以太网模块以及带以太网接口的 CPU 模块，组成双数据通道与站控机监控系统进行通信。两个泵站的站控机上装有 D2LINK 及 3COM 双通信网卡，两个泵站的站控机均作为输入/输出服务器。在控制中心工控机上也装有 D2LINK 及 3COM 双通信网卡，控制中心及两个泵站均有两台 CISCO 1601ROUTER 路由器。两个泵站分别设两台专线调制解调器，控制中心设 4 台 HAYES ULTRA 336 MODEM 专线调制解调器，经过微波线路以四线同步通信方式，完成潍坊控制中心与两个泵站工控机之间的数据传输工作。另外，控制中心一台工控机的串行接口，经过专线调制解调器直接与临邑站 SLC500 的 CPU 模块上的 RS 232 口经过拨号网络进行通信。

9.3.4.3　软件

(1) 操作平台　所有工控机操作系统均为 Windows NT 4.0 中文版操作系统。Windows NT 系统既具有 Windows95 易于使用的界面，又具有系统的可靠性与数据的安全性。

(2) RSLinx 通信工具　RSLinx 软件是 AB 可编程序控制器与各种 Rockwell Software 及 AB 应用软件建立起通信联系的工具，基于 WIN95/NT 操作系统的计算机通过 RSLinx 软件，应用程序可以直接在以太网处理器之间建立通信。

(3) 编程软件　RSlogix 5 是 PLC25 系列可编程序控制器的梯形逻辑编程软件包，RSlogix 500 是 SLC2500 小型可编程序控制器的梯形逻辑编程软件包。两种软件均可在 Windows 98、Windows NT 下完成离线编程，即程序的开发和存储是在编程终端内部进行的，不需要直接连接到 PLC 25 或 SLC 500。PLC 25 系列可编程序控制器的指令，包括继电器指令、定时器和计数器、计算指令（包括三角函数、指数、幂运算等）、数据转换、诊断、位移寄存器、比较、数据传送、顺序器、程序控制、立即 I/O 和 PID 控制以及顺序功能流程图指令等。利用这些功能即可完成 3 个泵站输油设备参数的数据采集及处理；顺序停泵逻辑控制保护；远程启停泵操作及进、出站压力 PID 的控制等。

（4）监控软件　站控监控软件及控制中心监控软件，均采用澳大利亚西雅特公司的 CITECT 组态软件，是一种 Windows98/NT 操作系统的软件。可以完成数据实时采集、趋势分析、报警、报表打印、操作记录等任务。该组态软件具有良好的人机界面，易于学习和掌握。

它的一些功能，如模板（templates）、精灵（genies）、向导（wizards）等，可以缩短组态系统所需要的时间，同时系统的功能得到增强。由 CITECT 组态的画面采用分页管理的形式，一个系统由一系列屏幕图页面组成，可以在各屏幕图之间任意切换。在每个页面还可以建立各种子窗口，每个页面由静态的背景以及会变化的"动画"目标构成。另外，CITECT 软件还具有强大网络功能，直接采用 NETBIOS 进行网络通信。它仅仅需要操作系统和硬件的支持，CITECT 与 CITECT 之间直接建立实时数据通信，不需要文件服务器的介入。

9.3.4.4　系统功能

（1）潍坊控制中心的系统功能　应用 CITECT 组态软件将 3 个泵站的相关参数纳入一个工程中，在每台计算机上均能看到 3 个泵站的参数。通过页面切换可以调出各站工艺流程图，监视各站生产和主要设备的运行状况。对各站的重要参数如进、出站压力、温度以趋势图页面的形式，显示其历史趋势及实时趋势，便于及时发现管线运行中出现的问题，以及进行历史故障的原因分析。对重要的参数进行报警管理，当参数超过报警设定值时有声音报警，并在当前页面有报警提示，相应参数颜色发生变化。

（2）泵站控制系统主要功能

① 所有工艺参数、输油设备运行参数的采集及相关设备状态量的采集任务，各模拟量参数均以工程量单位显示。

② 控制现场设备，如启、停泵操作。

③ 输油泵的安全运行保护。当泵参数值超过设定值时，系统发生报警。如果该参数继续超过高限设定值，则 PLC 自动发出停泵命令。

④ 顺序停泵保护。

⑤ 进、出站调节阀的 PID 控制。为保证输油管线出站压力在允许范围内，在东营站及滨州站分别设置了出站压力调节系统。为防止输油泵抽空而损坏设备，设置了进站压力超低自动调节系统。

9.3.4.5　系统监控页面的显示及相关操作

在控制中心及各站控监控系统，通过 CITECT 组态软件实现系统功能图形界面的显示及进行相关操作。

① 流程图页面　CITECT 组态软件具有丰富的图形符号库，利用图形编辑系统可绘制出丰富的立体图形页面，既可利用自身图形库的符号，也可使用其他图形软件包如 AUTOCAD、BITMAPS、JPEG 等生成的图形对象。

② 报警记录页面分 3 组页面　a. 组态报警，CITECT 自动监测系统各种采集数据的范围，一旦超过正常值就报警提示，并将报警的详细内容记录在组态报警页面；b. 系统报警，CITECT 自动诊断所有外部 I/O 设备的状态，当出现通信故障时报警自动记录在系统报警页面；c. 报警总览，当每项报警被触发、认可、重置时，其所有活动、发生时间、消除时间等历史记录都保存在报警总览页面。

③ 参数表页面　将各站站控 PLC 实时采集的过程参数，经单位换算、运算处理后，全部显示在参数总表页面。另外，为了监视方便，在工艺流程图上数据采集的位置，也以工程量单位实时显示该变量的值。

④ 控制流程图页面　在该页面包括简单的仪表控制流程图，可以进行远程启、停泵操作。操作时用鼠标点击相应的泵体，则弹出一个启、停泵的操作子窗口，根据按钮上的中文提示即可执行相应的操作。

⑤ 调节阀控制回路页面　在该页面包括进、出站压力；调节阀阀位的趋势图；PID 控制回路图；进、出站 PID 调节器的操作面板；调节阀阀位操作面板及显示面板。具有相应操作权限的操作员可对 PID 参数，进、出站压力给定值，调节阀的手动/自动切换，调节阀阀位进行手动操作。该页面趋势图主要是为系统调式及整定进、出站 PID 增益值时提供参考。

⑥ 趋势图　分为两种：一种是固定参数趋势图，在一页趋势图上可定义 8 个趋势变量，一旦这些趋势变量定义好后，在该页面就显示这 8 个趋势变量的动态趋势；另一种是可选择参数趋势图，系统在运行中操作人员可根据需要自由组合趋势变量，可随时增、减或更换趋势变量。无论哪种趋势图，均可以在趋势图上随时调用历史趋势，如果要返回到实时状态，只需点击相应的操作按钮。

⑦ 操作记录　在该页面显示操作员对系统中的设备控制点、系统状态点以及工艺参数等内容进行操作的记录，如 PID 调节器参数值的设定；调节阀的阀位操作；泵的启、停等都记录在该操作记录页面。在该页面详细记录了某年、某月、某个时刻、某操作员进行的操作。

⑧ 系统维护页面　主要功能是对操作员权限的管理和实时监控系统的退出。在该页面还可监视系统运行情况、修改系统时间、注册编辑用户、调整系统时钟等。

⑨ 打印功能页面　可根据需要打印当前日期或指定日期的报表。整个实时监控系统由以上多个屏幕图页面组成，屏幕图页面的选择主要由页面下面的一排选择功能键完成。使用鼠标左键单击某一功能键，即选中该画面，由此可进入相应屏幕图页面，进行相关操作或监视相关参数。

9.4　油气管道 SCADA 系统的设计与实施

现代油气管道自动化管理多采用 SCADA 系统。在国内外油气管道设计中，SCADA 系统已成为必不可少的选择，成为管道系统管理和控制的标准化设施。SCADA 系统在设计和的实施过程中，必须充分吸收国外同类工程建设的经验并结合我国国情。

9.4.1　设计思想

(1) 安全性　工业生产首先要讲安全，油气输送管道的操作，更是防范甚于救灾。安全的目的是保护人、设备、资源和环境，减少国家财产的损失和保障生命。因此系统设计应以安全为先。

由于油气属于易燃、易爆物品，因此油气管道的 SCADA 系统设计要将防火、防爆纳入设计范畴，有条件也可设置自动消防系统。为此，陕京输气管道专门设置了火灾和气体监测系统，另外，根据地区性防爆等级要求而选择相应的防爆类型的仪器仪表。在硬件设置上，安全性措施还有很多，如在控制室信号引入点有隔离措施，在雷暴多发地域加装雷击保护装置，控制系统的接地也要自成体系等。

在软件的设计上设置了操作权限，无论在 DCC 还是在站场，对不同的系统操作人员设置了相应的系统访问密码。最高级别为系统管理员，他能进入系统内部修改数据库和程序；最低级别是操作员，他仅能进行 MMI 的日常操作。

控制软件是安全性设计的重要一环，它直接对工艺设备进行操作，从软件设计上要充分考虑逻辑条件的关联及互锁，稍有疏漏就可能酿成严重的生产事故。另外，三级控制模式的设计，即使自控系统全部失灵也能通过手动操作保证管线的安全运行。

如果 SCADA 系统与企业网连接，尤其当企业网与 Internet 连接时，系统设计就必须考虑网络安全问题。在软件/硬件方面采取积极的措施，防止 SCADA 系统因不良分子的侵入而遭受破坏。安全性存在于 SCADA 系统设计的方方面面，只有考虑周详、设计严密才能保障管线的生产安全。

(2) 先进性　陕京输气管道在立项之初就有明确的目标，要建成国内第一条具有 20 世纪 90 年代国际先进水平的输气管线，这对 SCADA 系统的设计提出了很高的要求。陕京输气管道 SCADA 系统的设计采用国际标准，吸取了国际先进思想。如 LIC 管道模拟软件的应用使调度管理工作更科学，阴极保护"3s 断 12s 通"数据采集方法的应用使阴极保护数据采集更准确，计量回路中差压变送器采用"2 高 1 低"的配置也保证了计量结果的准确性和精度。在数据通信方面，主路由采用了先进的卫星通信方式。

另外在硬件选型方面，陕京输气管道 SCADA 系统选用的大多是当时较先进的设备。如主机选用 SUN 公司的 64 位机，以太网络可由 10baseT 升级到 100baseT，计量系统的压力和差压变送器采用 Rosemount 新型的 3051C 系列，PLC 采用 Schneider 公司 Modicon Quantum 系列产品等。

以上软、硬件两方面的设计，保证了目前陕京输气管道 SCADA 系统在国内处于领先地位。但任何系统的先进性都是暂时的，特别是在微电子技术飞速发展的今天，这一点显得尤为突出。另外当先进的设备组成一套系统时，如果这套系统可靠性不高，则这套系统的先进性也就无从谈起。

(3) 可靠性、可用性　即使一套 SCADA 系统设计得再先进，其元器件经常损坏，软件总是出故障，使维护人员一刻也离不开现场，则这套系统就很不可靠，也不实用。因此在设计 SCADA 系统时要专门进行可靠性设计，采取一系列可靠性技术。

陕京输气管道的 SCADA 系统既要求具有很高的先进性，又要具有很高的可靠性，在设计上可用性要求达到 99.8 %。为了保证高可靠性，首先要求系统具有容错能力，要求非关键元器件的故障不能影响整个系统的正常运行；其次对关键设备采取冗余配置，如 DCC 采取双主机、计量站 PLC 采取双 CPU 配置。在计量站，流量计算机获取色谱分析数据采用双通道数据通信。另外，模块化设计、抗干扰和防雷击措施、热插拔技术和故障的自诊断等一系列措施，也使系统可靠性的提高。

SCADA 系统承包商的选择也是决定系统可靠性的关键，在选择承包商时，既要考察系统所采用的硬件，更要考察采用的软件，从操作系统、视窗软件到系统软件、应用软件等方面一一加以考察。所有采用的软件都应当是在投入现场使用前已进入成熟阶段，且具有相当的业绩。

(4) 冗余性　为了实现系统的高可靠性，要求 SCADA 系统中重要的关键设备具有很强的容错能力，对它们采取冗余配置。基于这一要求，调控中心采用双主机（host）、双以太网、双通信处理机配置；站控系统 PLC 采用双 CPU 配置。

冗余配置的工作模式为主从方式，当主机（master）在线工作时，从机（slave）处于热备状态，它时刻监视主机的工作状态，并从主机获取数据，使从机与主机数据库保持完全一致。当主机一旦出现故障，从机就立刻将主机的工作接管过来，自动由从机变成主机。这一切转换过程要求做到无扰动，以不使管道输送发生任何突变；而发生故障的主机修复后则变为从机，这时系统的主从关系发生了一次转换。

（5）开放性　开放性设计是当今系统设计的基本要求，它要求计算机软硬件厂家共同遵守 ISO 国际标准，以实现不同厂家之间的异种计算机设备间的通信。虽然开放性是针对计算机设备间通信提出的要求，但也给用户提供了很多方便。用户在设备采办和软件选择时可以不必限定在一家厂商，而可在多家厂商之间进行挑选，增加了选择余地和灵活性。开放性也给系统的维护带来便利，如计算机的更新换代。

陕京输气管道将要开口新增分输站，由于陕京输气管道 SCADA 系统设计在一开始就遵循了国际开放标准，这给新增分输站自控系统设备的选型提供了很大的空间。

（6）模块化　模块化是指软件和硬件设计的一种方法。按照该方法，SCADA 系统具有了积木式结构，从而使用户可根据生产要求灵活地进行系统配置。模块化设计的优点是系统易于维护、扩展方便。

靖边首站的控制软件按功能划分成一些模块，任一模块的故障都不会影响其他模块的运行。另外，靖边首站在二期工程期间将安装压缩机，只要在现有软件模块基础上添加压缩机模块即可，无需对软件结构做大的改动，更无需重新进行软件开发。

（7）扩展性　系统的扩展性是对未来提出的要求。现阶段由于条件不成熟，系统规模受到限制。如将来系统规模可能扩大，系统在设计之初就必须加以考虑，给系统的扩展留有余地和弹性。一个系统能不能扩展，扩展能力有多大，这主要取决于系统所选用的软件的性能和硬件容量。设计人员要在系统的整体性能，如响应速率、通信速率和计算机资源两方面进行优化考虑，最终确定一个合理的系统扩展规模。

陕京输气管道的扩展能力很强，设计要求至少可扩展到 50 个带 RTU 站场。目前全线共有 20 个带 RTU 站场，连扩展能力的一半还不到，所以陕京输气管道的扩展的余地很大。

（8）可操作性、可维护性　SCADA 系统管理者和使用者是生产技术人员及操作人员，尤其是国内油气管道操作人员的文化水平相对较低，SCADA 系统的可操作性和可维护性则显得非常重要，SCADA 系统要易于操作、便于维护。系统组态软件是 SCADA 系统的重要组成部分，系统开发人员在用它生成系统时要灵活方便。MMI 的设计是一个重点，这往往要求控制人员和工艺人员密切配合，共同设计出一个界面要友好、便于操作的 MMI。另外硬件模块能够热插拔、逻辑程序注释清楚、端子接线图标注清晰等方面，都给系统的操作维护带来极大的方便。

（9）三级控制　目前国内外油气管道都采用三级控制的管理模式，陕京输气管道的SCADA 系统也不例外地设置了三级控制：DCC 远程控制，站场控制，现场手动控制。DCC控制为第一级控制，这时站场的状态处于"站远程"。虽然 DCC 的控制级别最高，但它的控制任务很少，可发的命令也有限，即紧急截断 ESD 指令、阴保数据采集指令、设定值指令等。站场控制为第二级控制，一旦 DCC 计算机出现故障，这时要将站场的状态切换到"站本地"，站控系统就全面接管站场的监控任务。

现场手动控制是在 DCC 控制和站控全都失灵情况下的第三级控制，这时现场设备处于手动状态，依靠操作人员的现场手动操作实现对设备的控制。

9.4.2 管道 SCADA 系统的实施

系统实施过程包括项目立项审批、基本设计、详细设计、系统招标、工厂设计及系统集成组态、工厂测试、现场安装调试、系统验收等各个环节。

9.4.2.1 SCADA 系统实施应注意的几个问题

(1) 选择好 SCADA 系统承包商　SCADA 系统是一个复杂的网络管理控制系统工程，选择 SCADA 系统承包商是一个重要环节。

(2) SCADA 系统的选择应考虑的原则

① 经同类工程应用证明是可靠、成熟、开放性好的系统。

② 提供系统的承包商应有丰富的工程业绩，并具备强有力的系统集成（包括自控系统、通信系统）、售后服务支持、系统应用培训和工厂设计的能力。

③ 承包商应有自己的 SCADA 系统软件，包括主站系统软件和站控系统软件，并且适应不同硬件厂商平台。

④ 承包商有一定的硬件产品，具备强的应用开发、系统测试及培训能力。

(3) SCADA 系统实施建议

① 宜采用国内、外合作设计及联合工作方式，由一个系统总承包商负责。这样在引进消化国外先进技术的同时，达到系统培训人才的目的。

② 站控系统是 SCADA 系统运行的基础，选用高可靠性和合理的站控系统是保证项目实施的关键。目前根据国内对 PLC 的掌握水平及应用水平，国内自动化公司已具备完成这类工作的基本条件。因此，在 SCADA 系统总承包商归口负责条件下，站控系统可分包给国内完成，这有利于站控系统投产运行后长期的技术服务支持。

③ 通信系统为 SCADA 系统提供数传通道，是 SCADA 系统可靠运行的基础条件。根据同类工程经验，应选择一个能力强、系统经验丰富的 SCADA 系统承包商作为总承包商，对系统集成、通信接口界面、协议转换及系统测试投运负责，在进度上通信系统应先于 SCADA 系统建设。

④ 经选择的 SCADA 系统承包商应具备自己开发的，经工业应用证明是成熟、可靠的系统。系统应符合 ISO 开放性等要求，在同类的技术水平上，具有良好性能价格比。

⑤ 为确保系统的水平、可用性和可靠性，硬件和软件应选择名牌供货商产品。

⑥ 根据工程特点和已建 SCADA 系统的经验，要十分重视应用、操作及维护人员的培训。骨干人员应参加 SCADA 系统组建的全过程，超前培训是系统能否顺利建成及运行的基础。

9.4.2.2 系统培训

在进行 SCADA 系统建设计划安排时，必须编制项目建设方的系统管理人员、操作人员和维护人员详细的培训计划。骨干人员是 SCADA 系统能否长期、稳定、可靠运行的关键。项目建设方应十分重视和支持培训工作，一旦项目成立，应选派出 SCADA 系统的管理、操作和维护技术骨干，让他们参与项目的全过程，特别是参加编程组态，系统的维护及管理、安装、测试及试运工作。

SCADA 系统供应商（承包商）应提供系统技术操作和维护手册，制订详细的工厂测试和现场安装、调试、培训计划。培训计划应整体考虑，该计划贯穿于项目始终，即从项目开始至 SCADA 系统成功运行。"成功运行"指系统移交建设方后无故障，平稳地运行 3～6

个月。

(1) 操作人员培训 操作人员应参加 SCADA 系统承包商的编程、组态、安装及测试的工厂培训和现场安装试运培训，还应参加调度中心在线及离线培训站的演示和操作培训。通过培训，操作人员应学会如何进行以下操作：

① 与显示终端的交互输入；

② 评价显示数据及打印报告；

③ 分析管道/生产数据并对这些数据的异常变化做出反应；

④ 通过控制盘、键盘或特殊功能键触发一个控制动作；

⑤ 有效地监视和控制管道系统运行；

⑥ 对管道出现的异常状态、火险报告、管道破裂及其他紧急事故进行识别判断并做出反应。

(2) 维护人员培训 维护人员分为计算机硬件维护人员和系统软件维护人员。他们的培训应包括计算机制造商的培训、SCADA 系统供应商的培训。计算机硬件维护人员通过培训应掌握以下操作：

① 熟悉 SCADA 系统的全部硬件结构；

② 诊断 RTU、调制解调器等出现的硬件故障；

③ 诊断下列硬件故障，如 CPU、硬盘、打印机、磁带机、光盘刻录机、显示设备、键盘、输入/输出接口、模拟信号、数字信息及 EIA RS232C 等；

④ 应用测试设备诊断系统故障；

⑤ 应用自检程序鉴定部件故障，如存储器芯片、硬盘存储器故障；

⑥ 生成并编辑维护诊断评价文件；

⑦ 编写简单的机器语言测试程序以查找异常故障；

⑧ 对外设等进行预防性维护和日常保养。

系统软件维护人员通过培训应掌握以下操作：

① 诊断软件故障；

② 利用操作系统进行文件的生成、编辑等；

③ 熟悉系统功能；

④ 有效地启用存储器管理系统；

⑤ 分析软件性能；

⑥ 根据可利用的 CPU 容量、速度、内存、硬盘存储器等优化系统运行；

⑦ 执行系统的启动、程序备份、系统生成、系统改进等。

硬件和软件的维护也可以签合同的形式外包给计算机制造商、SCADA 系统供应商或第三方咨询机构（软件公司）。

(3) 管理人员培训 管理人员最好参加 SCADA 系统的工厂测试、现场安装调试和现场试运的培训课程。也可参加短期的系统的一般培训。系统的一般培训包括以下内容：

① 系统配置；

② 计算机系统结构；

③ 软件操作系统；

④ 应用编程；

⑤ 人机接口、显示设备、打印机等；

⑥数据通信。

系统培训应根据参加人员的技术水平、文化程度、外语水平，实时调整计划，确定培训内容及时间，保证培训质量，使他们成为今后使 SCADA 系统正常、持续运行的管理人才。

9.5　SCADA 系统的数据通信

9.5.1　SCADA 系统通讯

不同的 SCADA 系统供货厂家使用不同的数据传输规程和数据信息结构，因此数据传输规程很难标准化。美国标准和国际标准可使 SCADA 系统硬件和数据传输设备（调制解调器）实现数据接口。调制解调器装置将 SCADA 系统数字信号转换成模拟信号，或等效话音信号，用提供的通信媒体进行转输。在另一端，另外一个调制解调器将生成的数字信号输入远程终端装置中。

因为通信媒体不属于 SCADA 系统，SCADA 系统供货厂家一般不把通信媒体作为 SCADA 系统整体的一部分。但是，SCADA 系统供货厂家必须提供所有类型的通信媒体所必需的硬件和软件接口。主要有以下几种：

① 电话线；

② VHF(甚高频) 或 UHF(超高频) 无线电；

③ 微波无线电；

④ 卫星无线电；

⑤ 对流层散射无线电；

⑥ 电力线载波系统；

⑦ 直达线；

⑧ 同轴电线；

⑨ 光导纤维；

⑩ 海底电力电缆。

一般管道网络 SCADA 系统的通信途径为：沿管道的泵站的数据通信和话音通信采用微波无线电和电话线；管道远控阀和远控计量设施的通信采用 VHF 无线电；与当地末站计量设施采用直达线通信；用同轴电缆进行站内数据采集与控制；用卫星通信方式将数据送往主控室的数据处理计算机。

由于通信媒体的数据传输能力存在噪声干扰，数据传输必须采用某种形式的误码检测及纠错技术，以便排除被噪声干扰的信息。

SCADA 系统数据传输率一般局限于中速范围（300~2400bits），但一些借助同轴电缆或光导纤维通信的就地数据采集系统则不在此限，这样可获得超过 1M bits/s 的数据传输速率。

尽管主站与 SCADA 系统的所有专用 RTU 已实现数据传输，但仍需和下列任何一个或所有的数字计算机系统通信：

① 可编程逻辑控制器；

② 油罐计量系统；

③ 流量计量系统；

④ 色谱/分析仪；

⑤ 其他数据采集/控制系统；

⑥ 数据处理计算机（就地或远程）；

⑦ 装车自动化系统；

⑧ 远程操作站，设有经理办公室、管道调度办公室、维护中心（就地或远程）；

⑨ 原油输送计算机系统；

⑩ 个人计算机局部地区网络。

数据处理与 SCADA 系统计算机结合起来形成的管理信息系统（MIS），可用来产生最新的油气生产报表、储罐油量监控报表和会计报表等。SCADA 系统进行实时的数据采集，即在 10～20s 之内完成数据采集。但是，管理信息系统的数据报表不是实时报表，因为这些格式化的数据每小时报告一次或每天报告一次。

SCADA 系统最基本的要求就是把数据（字）（如 16 位字格式的数据）从主站传输到远程终端装置，以及从远程终端装置传输到主站。传输的数据（字）必须以"1"和"0"同样的顺序来接收，否则远程终端装置应答将会有误。因此，所有传输的数据必须加以保护并加密，以防任何位或位组损失。通过应用错误检测技术可实现这一目的。一般来说，只需发出一个信息重发请求指令，就足以检测出错误并拒绝接收该条信息。

9.5.2　网络配置

SCADA HOST（主机）和 RTU 互联的方法定义为网络配置。它是一种几何结构，因此也称为网络拓扑。在 SCADA 系统中，最常用的是星形网、多点网（总线形）和分级网（树形）。

9.5.2.1　星形网

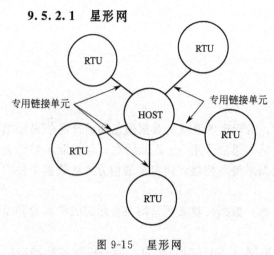

在星形网中，主机和每个 RTU 单独链接，如图 9-15 所示。在 HOST 端为每个 RTU 的物理通信口规定一个地址号，但在通信信息中不必嵌入地址号。这种结构适于 RTU 较少，且每个 RTU 传送数据较多的情况，这时各个 RTU 专用通信线路的总成本不是重要因素。拨号扫描法是一种适于星形网的扫描方法。当 RTU 数目较大时，采用星形结构就不合适了，这时为每个 RTU 建立专用通信线路的成本较大。

图 9-15　星形网

9.5.2.2　多点网（总线形）

这是最常用的结构。在这种网络中通信线路作为"合用线"，也称为总线。所有 RTU 同时接收来自 HOST 的命令，如图 9-16 所示。这种网络，每个 RTU 都有自己的地址，这个地址要作为信息由主机发出，RTU 接收。

在 RTU 较多的系统中，可以使用 2 条或多条多点线路，如图 9-17 所示。每条线路上能带 RTU 的数目取决于传送到主机的数据量、协议、波特率和需要的扫描时间。一般每条线路上可挂 10～20 个 RTU。

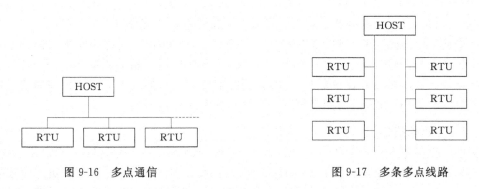

图 9-16　多点通信　　　　　　　　　　　图 9-17　多条多点线路

9.5.2.3　分级网

在大型 SCADA 系统中，有时采用具有区域集线器的分级通信网，如图 9-18 所示。区域集线器连续监视各 RTU 并收集各扫描数据表。当主机需要数据时，将表中的数据传送到 HOST。来自 HOST 的命令可直接通过区域集线器送到 RTU。HOST 到区域集线器间专用通信线路的波特率可能比多点线路高。

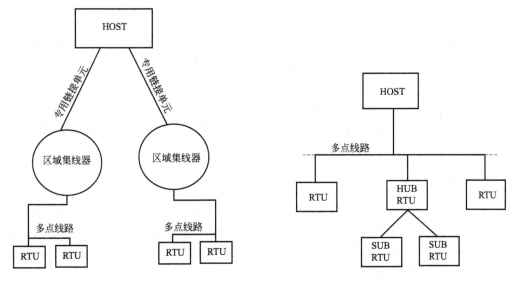

图 9-18　区域集中器　　　　　　　　　　图 9-19　主-子 RTU

另一种常用的分级网是主-子 RTU，子 RTU（SRTU-SUB RTU）从属于主 RTU（HRTU-IUB RTU），如图 9-19 所示。SRTU 与 HRTU 通常在同一地点或相距较近，之间用明线或无线连接。RTU 不存储 SRTU 的数据，仅负责传送 HOST 的信息到 SRTU，并将 SRTU 的响应反馈到 HOST，这也是它与如图 9-18 所示分级网的一个主要区别。使用这种通信方式通常出于经济方面的考虑，较短的通信线路比扩展到每个 SRTU 的多点线路的费用要少。

9.5.3　扫描方式

SCADA 系统中主机（HOST）访问 RTU 的方式称作扫描方式，它分为以下四种。

9.5.3.1　顺序轮询

所谓顺序轮询，是指 HOST 以循环方式依次对每个 RTU 进行询问，请求 RTU 将数据传送上来。这是最常用的一种扫描方式。数据交换的过程是：先由 HOST 向 RTU 发送一个

"数据请求"信息，RTU 响应这个请求后将数据表的信息发往 HOST。

询问周期可以是固定的，例如对每个 RTU 每 60s 询问一次，这称为同步轮询。也可以采用异步轮询方式，即对一个 RTU 询问，且 RTU 响应以后，接着按顺序对下一 RTU 询问，依次进行下去，直到最后一个 RTU 被询问并响应后，立即进入下一个轮询周期。异步轮询方式对每个 RTU 询问的时间间隔（即周期）都不固定。

9.5.3.2 例外报告

在标准的扫描方式中，RTU 要将所有数据点传送到 HOST。有时候这样做并不现实，因为传送如此多的数据要花过长的扫描时间。因此，在许多 SCADA 中使用了例外报告的扫描方式，即仅将上次扫描以来有较大变化的模拟数据向 HOST 传送，变化不大或没有变化的模拟数据点不再传送；离散和报警数据由于不会使信息长度增加太多，不占多少时间，故每次都发送。

对有些应用，如实时建模和泄漏检测，不能采用例外报告或异步轮询方式，只能使用同步轮询，否则无法正常工作。

9.5.3.3 拨出轮询

有些远程站（例如传输监测站）并不需要连续监视，可能仅需一小时或一天询问一次，这时安装公用电话线，采用拨出轮询的扫描方式会更经济。所谓拨出轮询，即由 HOST 主动拨号呼叫，RTU 听到呼叫后将数据传送给 HOST，呼叫结束。

9.5.3.4 拨入轮询

与拨出轮询相似，不过这是由远方 RTU 主动拨号呼叫 HOST，以请求将数据传向 HOST。这种方式的优点是当 RTU 出现报警时可立即报告给 HOST，而不必等到下一规定的扫描时间。

9.5.4 通信协议

协议就像 HOST 和 RTU 之间会话的"语言"，协议的选择对 SCADA 系统的成功应用是很重要的。因为协议是组建 SCADA 系统的平台，协议的特点和功能将部分地决定整个 SCADA 系统的功能。仅有基本能力的协议可能限制 SCADA 系统的能力，具有扩展能力的协议也将为 SCADA 能力的扩展奠定基础。

每种协议能处理一定的数据类型。简单的协议只能有效地处理几种数据类型，必须使用复杂的方法才能传送其他数据类型。扩充协议能有效处理更多的数据类型。

协议通常是按计划中的具体应用提前开发的。当试图采用一种与自己具体应用不能很好匹配的协议时，会导致 RTU、通信线路及 HOST 效率的下降，甚至不得不使用协议转换、提高询问频率或其他手段来实现所期望的系统功能。不同的协议适于不同的场合，有的适于管道 SCADA 系统，有的适于工厂 DCS 系统，有的适于输电 SCADA 系统。

在管道 SCADA 系统中的输入、输出量中，模拟数据点占有相当大的比例，扫描频率较低，而且多采用多点通信结构。经常按协议采集来自各种仪表（例如流量计算机、气体质量分析仪）的数据。

下面重点讨论管道 SCADA 对协议的要求：物理层、链路层、应用层。

9.5.4.1 物理层

物理层用来确定 HOST 和 RTU 的通信接口的特性。这些特性包括以下内容。

① 网络结构　如多点线路。

② 电气接口　通常为 EIA 标准的 RS232C。

③ 模式　为串行异步传送。

④ 字符集　是某种代码，数据和限制字符按这种代码传输。推荐使用 8 位码，如 8 位 ASCⅡ码。

9.5.4.2　链路层

链路层是用来描述 HOST 和 RTU 之间所传输的整个数据包的，数据包中除了实际信息外，还包括链路控制、帧结构及地址信息；图 9-20 给出了一种典型的链路包结构，下面各点是由链路层规定的。

| 启动字节 | 源地址字节 | 数据 | 停止字节 | 校验序列 |

图 9-20　链路层数据包

(1) 数据编码　可以是二进制、十六进制或二—十进制（BCD 码）。二进制编码是传输数据最有效的方法，因为传输 8 位信息只需要 8 位数据信息。

(2) 链路控制　可以是全双工或半双工方式。大部分管道 SCADA 协议是用半双工方式，即在同一时刻，线路上只允许一个设备传送信息。全双工方式时选择传输介质有限制，在某些应用中难以接受。

(3) 主从分级：主从分级是管道系统中常用的方法，RTU（从站）仅以响应 HOST（主站）的被动方式传送信息。RTU 发出的信息中必须包含有目的地址，以便其他 RTU 不会将此理解为 HOST 的命令。同级通信的协议还有额外的开销，这是由于令牌传送引起的，需要在链路包中增加源地址。在管道应用中，一般不需要在各同级的 RTU 之间传送信息。

(4) 帧结构　它提供检测信息起始、目的地址及信息结束的方法。差错检验可放在信息帧的中间或最后，以使接收器能检测并纠正信息传输中可能发生的差错。

信息"起始"可以由信息定时来同步。一个典型的例子是当通信链路为空一段特定时间后，再收到的第一个字符就被认为是一帧信息的起始符。另一种确定一帧信息起始的方法是对起始符使用特殊字符串。

信息包"结束"有多种检测方法：第一种方法是利用字符内定时器检测出结束标志时的一段延迟，以确定一帧信息的结束；第二种方法是协议规定信息包的长度，当接收到指定的字符数目时，就认为是信息包结束；第三种方法是结束标志使用特定的字符或字符序列。

在多点式结构的通信网中，目的地址是很重要的，以便 RTU 判断所传送的信息包是否是发给本站的。而且目标站 RTU 的响应信息中也要包含本站地址，以便其他 RTU 不再接收，也使 HOST 能确认目标站已应答。对于某些 RTU 都要接收执行的命令，如时间同步（即各 RTU 对时）命令，通常设置一个特殊的地址码作为广播地址，表明所有 RTU 都要接收和处理这个链路包。

(5) 差错检测　这也是链路层的重要部分，它用于检测链路包传输中所发生的错误。由于电信通信的特点，差错检测的方法应能有效地检测到突发性错误。循环冗余校验（cyclical redundancy check，CRT）是一种差错检测的好方法。差错检测中通常不包括纠错功能，因为这要大大增加链路层的开销。

9.5.4.3　应用层

应用层的各特性要由 RTU 所执行的功能，以及 HOST 和 RTU 间所传送数据的类型和格式决定。应用后的特性包括以下内容。

① 多数据类型　字符串、二进制、整数、浮点数（各种字长）。

② 块传送　来自 RTU 的预选定义的数据块。

③ 随机读数　在多个 RTU 数据库中任意位置读取数据。

④ 顺序读数　以指定的 RTU 中相邻单元顺序读取数据。

⑤ 写数命令　使命令和数据内的 HOST 传送到 RTU。

⑥ 具有操作前检变的写数命令　使数据由 HOST 传送到 RTU，先暂存，直到收到一个合法"操作"命令时再写入 RTU。

⑦ 时间同步　在同一时刻对网上所有 RTU 的时钟进行同步。

⑧ 数据保持命令　使 RTU 捕捉并保持现场数据，以便于由 HOST 检索。保持的数据应加上捕获时间标记。

9.5.5　扫描时间

SCADA 系统的扫描时间是由用户确定的设计参数，通信系统和协议必须满足这个参数的要求。所谓扫描时间，是指对所有 RTU 的扫描数据完成一次轮询所需的时间。典型的扫描时间对液体管道是 20s，对气体管道是 5s。扫描时间的长短与下列因素有关：

① 在每个通信链路上 RTU 的数目；

② 在每次扫描中要传输的数据点数目；

③ 数据点的字长（8bite、16bite 或 32bite 等）；

④ 通信链路的波特率（曲形值为 300～9600bite）；

⑤ 协议的物理层、链路层和应用层的规定。

9.6　长输管道 SCADA 系统冗余技术

长输管道 SCADA 系统要求具有较高的可靠性和安全性，故需要采用冗余技术构成容错控制系统，以保障安全、高效生产。长输管道 SCADA 系统冗余技术以硬件冗余为主，时间冗余和软件冗余为辅。冗余结构应做到可靠性和经济合理性两点。

9.6.1　长输管道 SCADA 系统冗余结构分类

从目前国内外应用情况来看，长输管道 SCADA 系统冗余结构一般有以下几种。

(1) 仅控制中心主计算机冗余（图 9-21）控制中心主计算机监控全线，要求绝对可靠，故按一级冗余配置，即双机热备。其外围设备不再冗余，全部单机运行。它只占用一条通信线，控制中心主计算机与各站 PLC 进行多站通信。

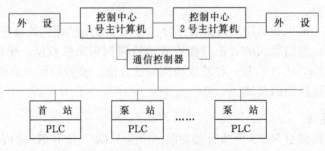

图 9-21　控制中心主计算机冗余

这种冗余结构较简单、经济，但对站级维护工作要求较严格。特别是 PLC 的各类模件应及时检查，有疑问要及时更换，并要求维护人员有较强的故障识别能力和责任心。这类冗余结构一般用于老线改造，保留原有检测仪表作为备用。或者用于短距离的小管道，且没有复杂、严格的逻辑控制要求。

(2) 控制中心主计算机冗余、站级 PLC 分级冗余　站级 PLC 分级冗余，仅指在管道的首站设置全冗余结构，其余站除一台主 PLC 外，再用一台微型 PLC 做后备。其结构如图 9-20 中，首站 PLC 改为双 PLC，泵站 PLC 改为 PLC 与微 PLC 的冗余结构。

这样当其他站的 PLC 发生故障而不能工作时，首站可以全压启动，越站输送，确保管线不因控制系统的故障而停输。所以首站按一级冗余考虑，热备运行。其余站的冗余配置需使用同一厂家的系列产品。

主 PLC 要采用产品系列中功能强、容量大的高级型号，冗余的微型 PLC 可选用同系列中功能简单、价格便宜的较低级产品，例如 AB 公司的 PLC5 系列与 SLC 系列产品。同时，要将少量关键数据输入微型 PLC 中。一旦 PLC 发生故障，控制中心的主计算机通过微型 PLC 仍能采集到关键数据，从而掌握管道的运行情况；并可以给微型 PLC 发送指令，完成较简单的逻辑控制功能，确保管道安全生产。这种冗余结构经济、实用，且使用较多。

(3) 控制中心主计算机、站 PLC 采用全冗余结构　控制中心主计算机和站级 PLC 采用同样的两套设备。控制中心主计算机热备运行，站级 PLC 根据输送工艺可热备，也可冷备，用户可以随意使用。其结构如图 9-21 所示，首站和泵站 PLC 均改为双 PLC 冗余结构。这种结构可靠性高，对于技术力量薄弱、操作经验不足、但资金较充裕的用户还是比较适合的。

(4) 系统分层多级冗余（图 9-22）　全线分成若干个区域。每个区设一个区域控制中心，负责该区所辖站的监控和数据采集，并将信息发送给中心控制室主计算机。中央主机从区域控制中心计算机处提取数据，监视全线工况。一旦区域控制中心计算机发生故障，中央主计算机可立即对该区进行监控。因此，区域中心计算机不设冗余。站级 PLC 可分区进行冗余。按所在区的工艺流程、设备、功能及在全线所处的位置进行组配，灵活冗余。对于特长管道，还可分为大区、小区设置。

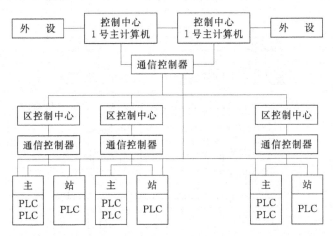

图 9-22　系统分层多级冗余

对于管道较长、设站较多的情况宜采用这种冗余结构。这种配置既减轻了中央主机的负担，又能提高系统的可靠性，缩小故障发生范围，方便操作和维修。根据管道输送的具体情况，区域中心计算机可以仅监视该区各站，并负责维修。国外一些大型管道多采用这种冗余结构。这种结构需占用较多的通信线路。因此，在工程设计中，如何合理使用通信线路、选择什么样的通信方式，应视具体情况而定。

(5) 全冗余结构（包括站级 I/O 模块，如图 9-23 所示）　这种大规模整体冗余结构，是在同一条管道上同时使用完整的两套 SCADA 系统，占（租）用一条线路。这种结构可使用于环境恶劣、无人或少人的地区。这种系统的可靠性毋庸置疑，但是费用昂贵。因此，一般的工程很少采用。

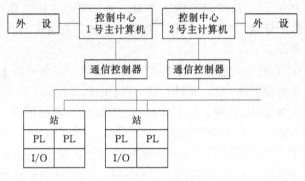

图 9-23　全冗余结构

9.6.2　SCADA 系统控制中心冗余结构

由以上分析可知，在 SCADA 系统的设计与运行中，控制中心是系统的心脏和核心。因此，在 SCADA 系统冗余结构中，控制中心计算机系统冗余的设计与研究是首要的和关键的。SCADA 系统控制中心冗余结构大致可分为以下三类。

9.6.2.1　服务器冗余

在控制中心计算机系统中，若只有一套服务器，则系统存在一个脆弱点。一旦这套服务器发生故障，整个控制中心计算机系统就不能正常监视和控制全线工况。但是，配置一套与此服务器完全相同的冗余服务器将会消除这个脆弱点，使系统稳定，如图 9-24 所示。

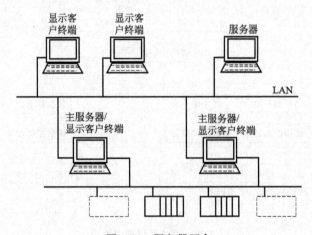

图 9-24　服务器冗余

在服务器冗余方式下，系统正常工作时，由主服务器行使控制权，冗余服务器从主服务器读取数据以更新自身数据库，同时还可暂时充当显示终端；一旦主服务器发生故障，控制权立刻移交给冗余服务器，系统依然能够正常工作；当主服务器排除故障、能正常工作后，系统再次将控制权交回主服务器，并确保无数据丢失。

这种冗余结构简单、经济，适用于短距离且没有复杂、严格的逻辑控制要求的管道。

9.6.2.2　局域网冗余

在控制中心计算机系统中设置一套完全冗余的局域网将使系统更加稳定，排除因网络故障而造成的监控失败，如图 9-25 所示。

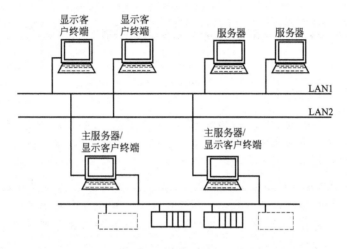

图 9-25　局域网冗余

在这种系统中，若服务器或局域网发生故障，控制中心计算机系统中仍有近一半的计算机可以正常工作。若在每个计算机中装两个网卡，那么，即使局域网中有一半计算机发生故障，整个控制中心计算机系统仍能正常执行监控功能。

这种冗余结构可靠性较高，且经济、实用，应用较为广泛。

9.6.2.3　系统冗余

这种整体系统冗余结构具有两套并行的报警、报表、趋势服务器和三个可暂时充当显示终端的冗余服务器(I/O SERVER)，如图 9-26 所示。

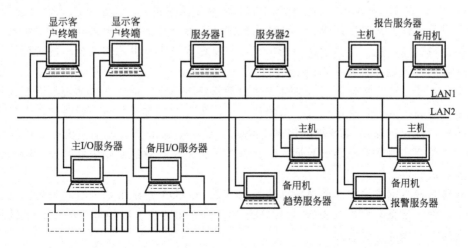

图 9-26　系统冗余

正常运行时，系统下镜像所有的主服务器和冗余服务器。一旦主服务器（报警、报表、趋势服务器或输入/输出服务器）发生故障，控制权立刻移交给冗余服务器，所有的客户终端均从冗余服务器读写数据。当主服务器排除故障，能正常工作后，系统再次将控制权交回主服务器，并确保无数据丢失。

这种冗余结构稳定、可靠，适用于较大规模的 SCADA 系统。但是，在工程设计中，应精心规划系统主、从服务器的数据通信方式，做到最优。

9.7 油气管道 SCADA 系统发展动态

9.7.1 RTU 技术的发展

在长输管道 SCADA 系统中，最初的 RTU 用来采集本地设备数据并进行远传，没有逻辑计算功能。经过几十年的发展，除原有的功能外，还增加了数据滤波、数据整定、复杂数据计算以及过程控制功能。由于智能仪表及其他自动控制设备的发展，在长输管道中，现场总线（field bus）技术越来越受到人们的重视和应用。用户可以大量减少现场接线，用单个现场仪表可实现多变量通信，不同制造厂生产的装置间可以完全互操作，增加现场一级控制功能，系统集成得到简化，并且维护十分方便。从现场总线接线盒到中央控制室仅需一根线即可完成数字通信。现场总线技术的应用最终会导致新一代的全数字、全分散、全开放的控制系统 FCS（filed control system）取代目前 DCS 和 PLC 的统治地位。

目前存在的问题是如何把现场总线技术应用到油气长输管道大型站场 ACS 系统中。

9.7.2 软件的发展

SCADA 系统软件由操作系统、图形用户接口（GUI）软件、应用功能软件、数据采集软件以及离线编译器、图形编辑、编程软件、系统诊断软件等组成。目前操作系统有两大主流：一是以 Microsoft Windows 98/NT 为操作系统的软件群，随着微机性能的提高和普及，以 Windows 98/NT 基础的应用越来越被广大的 SCADA 系统商和用户采用；二是以 DEC 的 OPENVMS 和 UNIX 为基础的操作系统，它有着相当成熟的 SCADA 系统软件和应用软件。图形用户界面软件大多采用以 WINDOW 为标准的界面软件，它可提供在一个显示器上进行多画面的共享功能，在更高级别的中断出现后，操作人员无需退出正在显示的画面就可以调出另一个画面进行处理。SCADA 系统以正常的扫描速率将各 RTU 的数据读进 SCADA 数据库，存入硬盘，允许操作人员以各种方式对数据进行检索。另外，这些现场数据还在终端上以组合趋势画面的方式显示出来，给操作人员提供直观的提示和分析手段，而且还可被其他诸如检漏、优化、拟和 MIS 等应用软件调用。在一些新的 SCADA 系统中，还提供电子表格功能，结合实时数据或历史数据，给操作人员提供了任意编制报表和计算功能而不需专用的报表生成软件系统。

计算机技术与网络技术的最新发展给长输管道 SCADA 系统带来了新的曙光。高速数据传输网络、电子信息公报栏（BBS）、改进的自控系统和通信系统给运营决策者提供了比以往更为及时、准确的实时数据。

SCADA 系统未来是朝着声音控制识别，提高数据处理能力，更快的时钟速率，更大的内存，更完善的应用软件方向发展。运用多媒体技术，对设备操作运作、故障及突发事件的监视、识别、诊断和预报，进行声、光、像等多种信息显示，提高系统操作的可视性和安全性。

9.7.3　SCADA 系统功能与结构的发展

目前，随着基本的管道 SCADA 系统应用技术成熟，以及计算机功能的强大，使管道运营管理向更深层次发展。新一代的 SCADA 系统中所实现的目标是提供具有开放的 SCADA 系统，先进的网络技术，可移植在不同环境中的 SCADA 系统和 MIS 系统通过网络结合在一起，摆脱 SCADA 系统，它带有用户财政系统、客户记账系统和系统内的实时操作系统数据库，以帮助用户改善生产、优化管理、支持安全运行管理，完全实现了 SCADA 系统与整个企业的 MIS 联网。因此，新一代的 SCADA 系统具有优化支持系统、专家系统的高级 SCADA 系统功能。

在 SCADA 系统中，终端、工作站与 PLC 通过局域网（LAN）或广域网（WAN）扩展所有传统的实时 SCADA 系统的控制功能，如交互式区域设备显示、实时趋势显示图形、在线数据库生成、用户定义应用等。开放式结构可使用户在不受专用硬件、软件、网络限制的情况下，根据不断变化的需求配置用户所需的系统，使 SCADA 系统不断处于新的硬件和软件环境中。SCADA 开放系统的标准已成为如 ANSI、ISO、IEEE 等国际组织认可的标准。许多标准 SCADA 系统设备厂商已达成了生产开放系统的协议，这就使 SCADA 系统标准化已成为一种趋势。开放系统具有以下优点。

① 灵活性　增加或更新系统的组件不会影响系统的运行。

② 经济性　开放的 SCADA 系统增加了软件、硬件的竞争者，从而降低了 SCADA 用户的成本。

目前，系统实时数据的接口与 RTU 的接口及应用程序接口尚无标准。作为 SCADA 系统的核心，人机界面和数据管理系统由客户机/服务器模式构成。这种开放式计算机工作环境，可使计算机共享网内的资源和设备。便于实现多机互联，配置灵活，伸缩性强，提高系统的可靠性和可用性。新的 SCADA 系统为分布式系统结构。允许多处理器、外设等通过公共 LAN 互联起来。它们之间交换数据已无需建立个别的硬件连接。因此某个硬件故障不会影响网上的其他设备的正常运行。同时，网上增加设备将更加容易。这些系统的特点是使用多服务的、多工作站和外设连接在冗余的局域网上。因此，如果一个硬件出现故障，冗余的设备就会自动接替。另外，由于系统任务和数据库是分散在各处理机上执行和保存，系统因故障中断重新运行的时间就大大缩短，并且系统显示画面的数据更新、更快。在许多 SCA-DA 系统应用中还有应急备用系统（EBS），该系统是区别于 SCASA 系统的双机备份的另一套与主控 SCADA 系统在异地的远程监控系统。它可以完成 SCADA 的功能，并可直接和 RTU 或其他数据源及控制点进行通信，而无需主控机的中继数据作用，使系统的运营更安全可靠。目前在一些系统中，工作站已使用了 RISC 技术，主频达 450MHz 或更高。同时，内部接口驱动板支持 4 个彩色图形终端，文件服务器的 CPU 性能更高，内存也更大。在大多数的 SCADA 系统中已应用了小型过程处理专业服务器，一些终端服务器通过电话线或局域网专门与远程终端及其他计算机通信，终端服务器可以采用不同的速率和协议同 8～16 个终端或计算机接口。一些性能更高的工作站，可以用来运行专门的 SCADA 任务，如历史数据库服务，它具有超大容量外存和数据备份机，用以保存系统大量的数据，为用户日后分析利用这些数据提供了基础。网络设备有了很大的发展，如桥、路由器、中继器、网关、调制解调器等技术的发展，给现代 SCADA 系统的发展提供了必要的手段。高分辨率彩显、投影显示系统、激光彩色打印机等外设给操作人员提供了一套更为完好的、更易于理解的控制系统辅助设备，同时也开发出了一整套安全系统保密措施以防非法用户侵入系统。光纤电缆已进入管道控制领域，应用逐渐扩大，通过卫星进行数据传输也日益增多。

综上所述，目前国内在长输管道行业的 SCADA 系统建设及应用方面已有了相当大的进步。但总体来看，SCADA 系统的许多重要功能还未完善与实施，尚需继续开发与研究，以达到世界长输管道行业 SCADA 系统的先进水平。

9.8　数字化管道现状及发展趋势

对一条高效的管道来说，数据的搜集和整理、信息的畅通是一项工程必不可少的重要组成部分，它可形象、直观地反映着工程的进度以及存在的问题。当今社会进入信息时代，高科技在各行各业均有应用，在管道建设中提出了一个新的概念——"数字化管道"。

9.8.1　数字管道的背景

(1) 技术背景　世界信息技术发展到崭新的阶段。高分辨率卫星遥感技术突飞猛进，极大地提高了地理信息获取和更新的能力；以宽带光纤和卫星通信为基础的互联网的迅速普及，极大地扩大了信息的通信交换能力；分布式数据库技术的发展，极大地提高了信息存储和管理能力。卫星遥感成为数字管道信息获取的新手段。互联网成为数字管道强大的信息通信平台。海量数据存储和分布式计算机技术正在成为数字管道的信息存储基础。

(2) 社会背景　自从 1998 年美国副总统戈尔首次提出"数字地球"（digital earth）这一概念，许多国家和地区掀起对数字地球系统的组成部分——数字管道的研究。近年来，数字管道的建设与管理成为推动管道业发展的新动力。

数字化管道是 20 世纪 90 年代由美国首先提出来的。它通过管道信息管理系统，为管道管理部门和生产管理人员提供各类与管道有关的图形及属性信息，构筑起数字化管道。目前，这项技术较为成熟的国家是美国、加拿大和意大利。与计算机业界和市场制造出的"新概念"不同。数字管道的出现有着用户需求、技术发展导向、认知思想背景等多方面的真实原因。数字化管道综合运用地理信息系统、全球定位系统、遥感、数据管理系统、网络、多媒体、虚拟现实等技术，将真实管道以地理位置及其相关关系为基础而组成数字化的信息框架，并在该框架内嵌入能获得的信息体系，提供快速、准确、充分和完整地了解及利用管道各方面信息的手段。

9.8.2　数字化管道的基本含义

1999 年，在美国马里兰大学数字地球研讨会上，大多数学者将数字地球定义为："数字地球是地球的虚拟表示，能够汇集地球的自然和人文信息，人们可以对该虚拟体进行探查和互动"。引申而来，数字管道可以定义为："数字管道是管道的虚拟表示，能够汇集管道的自然和人文信息，人们可以对该虚拟体进行探查和互动"。

数字管道通过收集全方位、多分辨率、三维空间的、覆盖于管道沿线及周边的大量地理信息，并使用基于地理数学模型的高级决策系统，对管道资源、环境、社会、经济等各个复杂系统信息数字整合并集成的应用系统，并在可视化条件下为技术人员和管理人员提供支持及服务，其表现形式是一个管道综合信息系统。

数字管道包含了管道勘察设计系统、管道建设项目管理系统、管道运营管理系统三个组成部分，其核心是管道信息数据库。

管道勘察设计系统包含了地质勘测子系统、线路设计子系统、阴极设计子系统、工艺设计子系统、土建设计子系统、总图设计子系统等。而各子系统所产生的信息包括管道周边人文、地理、气象、水文、地质、勘测、遥感信息，各专业二维、三维设计图纸、文件，以及设备材料信息等，这些信息组成了设计信息数据库。

管道建设项目管理系统包括设计管理、施工管理、物资管理、进度费用管理、文控管理、HSE 管理。在管道建设期间，数字管道系统更重要的作用体现在进度、物流以及费用的管理上。管道运营管理系统是一个由多个系统集成起来的复合系统，其中包括了前两个阶段产生的"竣工系统"，也包括了 SCADA 子系统、销售子系统、管道资源管理子系统。

数字管道系统要实现这些系统间的数据交换和共享，同时还要保证各子系统的信息安全。

9.8.3　数字化管道的关键技术

构筑数字管道的主要支撑技术有"遥感"（remote sensing，RS）、全球定位系统（global positioning system，GPS）、地理信息系统（geographic information system，GIS）、网络和多媒体技术及现代通信等。其中关键技术是 4S（RS、DCS、GPS、GIS）技术。

(1)　航空航天遥感（RS）技术　遥感技术是通过在飞机、卫星、航天飞机等遥感平台上，安装光学、红外、微波等遥感器，远距离地接收电磁辐射信息。这些信息以数字方式记录，再经微波传输到遥感地面接收站，经处理后制成遥感磁记录产品或遥感影像模拟胶片、相片等，提供给用户使用。

(2)　数据收集系统（DCS）　该技术也称"遥测"，它将在地面上的定位观测站用直接接触方式记录遥感器接收到的物理量，经过模数转换（A/D）由天线把数据发射至卫星上的数据接收器，再经中继卫星或通信卫星，集中传输到地面遥测接收站，经处理后制成规范的数据表格提供给用户使用。遥感信息模型中计算出的数据，需要遥测数据验证，遥感信息模型中的地理参数同样需要对遥测数据运用概率统计最终确定。

(3)　全球定位系统（GPS）　如果说遥感、遥测能够对被测对象做到定性、定量的话，GPS 则能够对被研究的对象做到定时、定位。GPS 具有全球性、全天候、连续性和实时性的导航、定位和定时功能，能够为各类用户提供精确的三维位置、三维速度和一维时间的信息，而且具有良好的抗干扰和保密性能。遥感、遥测的定量精度要靠 GPS 定位的精度予以保证。

(4)　地理信息系统系统（GIS）　该技术就是在计算机软、硬件支持下，通过系统建立、操作与模型分析，对空间相关数据进行采集、操作、分析、管理、模拟和显示，并采用地理模型分析方法，适时提供多种空间的动态的地理信息，为地理研究和地理决策服务而建立起来的计算机系统。

4S（RS、DCS、GPS、GIS）技术均是通过卫星将数据传输到地面，是数字管道信息采集的必要手段，其中 DCS 也可在地面上通过微波或无线电中继站来传输。GIS 是地面处理图像、图形、数据、属性的计算机软件系统。基于 GIS 系统的数据及信息的集成和共享，构建了处理管道信息的数字管道。

9.8.4　数字化管道的理论意义

数字化管道就是在管道的整个生命周期内，为管道科研、勘察设计、施工和运营管理提供高效率的数据采集与处理工具和协助管理、决策支持的系统。数字化管道的核心思想有两点：一是用数学手段统一处理管道问题；二是最大限度地利用信息资源。

在现代化的企业管理中，信息的有效利用会带来明显的经济效益。我国长输管道分布面广，所处地域及环境复杂，因此在生产过程中如何收集数据，并对数据进行有效的管理，是提高生产管理质量的关键。管道地理信息系统的设计开发，实现了对有关管理站场及其他相应附属设施的地理信息的直观、快速查询和修改。

原来管道运行的现场管理人员常常费九牛二虎之力，还找不准一条管道的走向、埋深和拐点。造成了生产管理劳动量大、钱物投入多、花费时间长、工作效率低，严重制约了管道产业的发展和效益。为了适应现代设计和生产需求，遥感技术被引入管道工程领域。遥感是地表信息的综合反映，能逼真地反映地貌单元、地表景观，尤其能对河流改道、湖泊变化、耕地变化、居民点扩容等动态变化提供最新资料。另外，遥感图像能宏观及立体地获得各种信息，是其他勘察方法无法比拟的，而且接收遥感图像不受交通、气候、地形、地域限制，达到事半功倍效果。数字管道可以及时、准确地反映工程建设信息，可以具体到对某个时点的数据信息进行反映，也可为将来管道运营提供科学的参数，是现代化网络与工程建设的结合，数字化管道建设使用后，管道运行单位的生产调度人员轻点鼠标，就可以将远在千里之外的管道的运行情况，都准确、清楚地显示在计算机的荧屏上。

为了做好数字化管道系统建设，要组织测绘、制图、软件开发、施工管理、数据库录入等方面大量的科技和工程人员，分工合作来完成，比如：飞机航空测绘、埋设卫星定位装置、铺设电缆等项作业，程序设计、数据检测、研制系统软件等大量的工作。从而把管网全部"搬进"计算机，使生产数据、管道地形数据、管网运行数据、瞬时生产等数据构成一个既可提供生产管理动态信息网上发布，又可提供静态信息资料查询等服务的较为完整的数据平台，该平台具有系统性、适用性、兼容性并且准确、可靠、便捷、安全。数字化管道平台对于施工来说不仅仅是一个能完成记录施工过程信息的数据库，还是一个能够规范数据格式与准确性，以及各单位、部门信息共享的数据网络平台。使用施工可视化信息管理系统将每日的数据电子化，然后上传至服务器。每日数据的集合便成为施工方向数字化管道平台提供的基本数据，这些数据将一根根钢管连接起来，形成了一条管道线路。计算机里虚拟管线的建设就如同实际管线的建设一样，是由每一道焊口连接而成。

数字化管道使实物数字化，不仅是统计信息的进步，也是管理手段的提高。数字管道可以及时准确地反映工程建设信息，可以具体到对某个时点的数据信息进行反映，也可为将来管道运营提供科学的参数，是现代化网络与工程建设的结合。随着科学的发展，管道建设在各个方面的管理都将会得到越来越大的提高。可以设想，在今后的某一天的某段管道，由于在数字管道系统里设置了腐蚀报警值，工作人员录入管道检测数据时，如果录入值超过了该设置值，信息系统会自动报警，并在图形上直观地显示管道当前状态，提示管理人员进行处理。如果建立了理论腐蚀速率公式，地理信息系统还可以在工程的生命周期内，随时自动提醒某段管道出现了理论上的威胁，提醒检测人员做进一步的检查。

数字管道理念将给管道建设与管理带来革命性的变化。这场革命表现在：数字管道的建设将提高勘察设计水平，更好地为业主服务；将实现科学的、规范的项目施工管理标准和信息化项目管理手段，为建设安全、优质、高效的管道工程提供保证；将实现科学、规范的管道运营管理标准，通过可视技术实现对管道资源、环境、社会、经济等信息的获取，提高管道运行管理水平、安全生产水平，更进一步地为管道运营提供决策支持和服务；通过数字管道技术的应用减少对环境的破坏、人员健康的危害及事故安全隐患，建设绿色管道，造福社会。

从管理学角度来讲，数字管道技术的实践将对设计、施工、运营单位的组织机构、业务流程以及相关的标准规范提出新的要求，是企业再造的过程，是管道事业发展的方向。

9.8.5　数字管道的建设现状及应用前景

数字管道是信息化的管道，是管道发展的必然趋势。它把有关管道上每一点的所有信息，按地理坐标加以整理，然后构成整条管道的信息模型。通过它可以快速地、形象、完整地了解管道上任何一点、任何方面的信息。从数字管道所包含的主要内涵来看，它是一个扩展了的、全方位的、高速的、网络化的管道综合信息系统。

在中国石油天然气总公司管道工程有限公司和大庆油田设计院的共同努力下，全长912km 的西气东输冀宁联络线已经开始建设（为我国首条"数字输气管道"）。该管道工程是国内第一条在数字化平台上进行选定线、勘察设计和运营管理的"数字输气管道"，已达到国际先进技术水平。勘察设计期间利用卫星遥感与数字摄影测量技术进行选线，获取了管线两侧各 200m 范围内的沿线四维数据，并应用地理信息系统与全球定位系统，初步建立起了包括管道沿线地形、环境、人口、经济等内容的管道信息管理系统。该系统在施工阶段可提供多种服务，如管道建设者可以通过互联网查看不同比例管道及其沿线周边环境的直观信息，也可查看某一天、某一道工序环节的进度，甚至每道焊口的焊工信息、无损检测影像。冀宁线上的每根钢管都有完整的数据记录，从炼钢厂炉坯出厂到钢管厂制管，再到中转运输，最后到施工现场，每个环节都有可追溯性数据跟踪，可以查出焊工档案、X 射线底片档案、焊口的坐标值及埋深等基本信息。这些数据全部存储在管道信息管理系统中，一旦出现问题，即可查出源头。

施工单位的数据采集是数字化管道的基础，数据的准确关系重大，各个施工机组都要配备计算机，接通互联网。每天各机组施工完毕后，将当天的各种详细信息收集整理后通过网络传输到施工单位项目部数字化邮箱，施工单位项目部数字化信息员将各机组的施工信息汇总后，通过数据填报系统上传到业主数字化数据库，实现数据的网上共享，为业主项目部对工程的整体控制提供基础数据。

现在正值数字化管道建设的初期，稳妥起见，传统的记录与报表还不能被放弃，采用数字化的管道数据和传统的记录与报表并行，当数字化管道的数据完全替代传统的报表与记录方式的时候，完全且成熟的数字化管道才真正建立起来。

为了保证管道能够安全、可靠、平稳、高效、经济地运行，我国在新近建设的长输管道中，都采用了以工业计算机为核心的监控和数据采集系统，即管道的自动化控制系统（SCADA 系统）。一般在管道所在地和管道所有者（管理者）所在地各设一个调度控制中心，达到对全线进行自动监控的技术水平。SCADA 系统对管道可实现监视控制及调度管理、站控制室远方控制、就地手动控制等功能。对东北管网等"老龄"管道来说，SCADA自动化控制系统也已逐步改造完毕，老管线也焕发了青春。SCADA 自动化控制系统是数字管道建设过程中一个重要步骤，它是管道数字化在管道站控室的应用和具体体现。所以说，我国管道站控室已经实现了数字化。

但数字管道的含义还远不止 SCADA 系统在管道上的应用。现在中国的管网建设已经初具规模，对全国的管网设置一个调度控制中心已成为建设数字化管道的一个必然要求。美国最先进的管道之——阿拉斯加管道及南美洲委内瑞拉地区，目前可用地理信息系统实现对地震等自然灾害的预警和自动控制。

数字管道技术将极大地提高勘探设计水平，实现科学、规范的项目施工管理体系和运行管理体系的建设。数字管道技术是确保管道建设安全、优质、高效的管道工程的手段，是通过可视技术实现科学、规范的管道管理的手段，从而提高管道安全生产水平。通过数字管道技术的运用，将有助于减少管道建设以及运营管理中对环境的破坏、对人员健康的危害及事故安全隐患，建设绿色管道。

实现管道数字化、信息化是我国管道建设可持续发展的必由之路。

习题与思考题

1. SCADA 系统主要由哪几部分组成？
2. 简述输油管道 SCADA 系统的构成方式。
3. 简述 SCADA 系统的主要功能。
4. SCADA 系统的软件由哪几部分组成？
5. 长输管道 SCADA 系统冗余结构分为哪几类？
6. 简述一般管道网络 SCADA 系统的通信途径。
7. SCADA 系统常用的网络配置是哪三种？
8. SCADA 系统的扫描方式分为哪四种？
9. SCADA 系统扫描时间的长短与哪些因素有关？
10. 数字化管道的基本含义是什么？
11. 数字化管道的关键技术是什么？

第 10 章
管道在线泄漏检测

10.1 管道泄漏检测技术概述

10.1.1 管道检测的重要性与必要性

由于管道在输送液体、气体、浆体等散装物品方面具有独特的优势。目前，已成为继铁路、公路、水路、航空运输以后的第五大运输工具。管道被认为是传输能量最为安全、经济的方法。然而，管道随着服役时间的增长而逐渐老化，或受到各种介质的腐蚀以及其他破坏因素，使管道泄漏。

所谓泄漏就是由于密闭的容器、管道、设备等内外两侧存在压力差，在其使用过程中，内部介质在不允许流动的部位通过孔、毛细管等缺陷渗出、漏失或允许流动的部位流动量超过允许量的一种现象。泄漏需要有泄漏通道及存在压力差，压力差是产生泄漏的根本原因，设施材料的失效是产生泄漏的直接原因。其他还有一些人为因素引起泄漏，如麻痹疏忽、忽视安全、管理不善、违章操作和密封部位的失效如密封的设计不合理、制造质量差、安装不正确等。石油、天然气和输水管道的泄漏不仅导致了资源的损失，而且极大地污染了环境，甚至发生火灾爆炸或水灾，严重威胁人们生命财产的安全。

准确把握管道状况并根据一定的优选原则，对一些严重缺陷进行及时维修就可以有效避免事故发生，同时也能大大延长管道寿命，而管道检测是保护管道安全的一种既经济又有效的方法。

10.1.2 国内外管道检测现状

由于管道安全具有特殊的重要性，管道发达的西方国家早在 20 世纪 50～60 年代就开始了管道检测技术研究。1973 年英国天然气公司（British Gas，简称 BG）第一次采用漏磁检测器对其管辖的 1 条直径为 600mm 管道成功地进行了内检测。此后，采用各种先进技术的新型检测器不断问世，特别是 20 世纪 80 年代末、90 年代初以来，计算机技术的飞速发展为研制高效新型检测设备提供了强有力的技术保证，检测器体积不断缩小，技术含量越来越高，检测器的效率和可靠性也有明显改进。为保证管道的安全运行、减少管道事故造成的危害和损失，发挥了重大作用。基于对安全、经济、环境等各方面因素的考虑，各国政府对管道内检测越来越重视，许多国家都制定了相应的管道检测法规。例如，1988 年 10 月，美国国会通过了管道安全再审定条例，要求运输部与专业计划管理处（RSPA）研究制定联邦最低安全标准，以使所有新建及更新管道都能适应智能内检测器检测的要求。不仅如此，他们还根据管道所处的不同特殊状况定期对管道实施再检测，从中找出管道腐蚀的特殊规律，从而对管道未来状况做出科学分析预测，并根据管道完整体系规范对一些严重缺陷及时修复，真正做到防患于未然。

我国石油天然气管道工业自 20 世纪 70 年代以来有了很大发展。据不完全统计，目前我国拥有各种油气长输管道近 2 万千米，管道安全问题也越来越引起有关部门的重视。20 世纪 80 年代以来，我国开始进行管道检测器的研制开发工作，取得了一些成果。同时，也陆续从国外引进了一些先进的检测设备，对几条原油管道成功地实施了内检测，取得了令人满意的检测结果。尽管如此，和世界先进水平相比还有较大差距，管道检测工作尚属起步阶段，已检测的管道数量不足管道总量的 1/10，而且尚未对任何管道进行再检测。由于各方面原因，某些管道经营管理者对管道检测的重要性认识不足，没有充分认识到管道事故的危害性。

10.1.3　常用管道泄漏检测方法

建立输油管线泄漏检测系统，及时、准确地监测泄漏事故发生的地点及估计泄漏程度，可以最大限度地减少经济损失和环境污染，因而要求管道泄漏检测系统应具有下列基本特性。

① 泄漏检测的灵敏性　管道检漏系统能够检测出从管道渗漏到管道断裂的全部范围内的泄漏情况，发出正确的报警提示。

② 泄漏检测的实时性　管道从泄漏开始到系统检测出泄漏的时间要短，以便管道管理人员立刻采取行动，减少损失。

③ 泄漏检测的准确性　当管道发生泄漏后，管道检漏系统能够准确地检测出泄漏的发生。当管道未发生泄漏时，管道发出误报警信号的概率低，检漏系统可靠性高。

④ 泄漏定位的准确性　当长输管道发生不同等级的泄漏时，检漏系统提供给管道管理人员的泄漏点的位置与管道准确的泄漏点的位置之间的误差要小，以便管道维修人员尽快到达泄漏点，对泄漏点进行补封作业，减小损失。

⑤ 检漏系统的易维护性　当系统发生故障时，检漏系统装置调整容易，维修快速。

⑥ 检漏系统的易适应性　检漏系统能够适应不同的管道环境和不同的输送介质，即系统具有通用性。

⑦ 检漏系统的性价比高　检漏系统所能提供的性能与系统建设、运行及维护的花费的比值高。

下面介绍几种常用的管道泄漏检测方法。

10.1.3.1　负压波法

当泄漏发生时，泄漏处因流体物质损失而引起局部流体密度减小，产生瞬时压力降低和速度差。这个瞬时的压力下降以声速向泄漏点的上、下游处传播。当以泄漏前的压力作为参考标准时，泄漏时产生的减压波就称为负压波。该波以一定速率自泄漏点向两端传播，经过若干时间后，分别传到上、下游。上、下游压力传感器捕捉到特定的瞬态压力降的波形就可以进行泄漏判断，根据上、下游压力传感器接收到此压力信号的时间差和负压波的传播速率就可以定出泄漏点。基于负压波进行检测和定位的主要方法有相关分析法、时间序列分析法和小波变换法。

相关分析法的基本思想是对上、下游的压力信号去除均值并求取差分信号后，实时计算其相关函数。当没有泄漏时，相关函数的值在零附近，发生泄漏后，相关函数值将显著变化，以此检测泄漏。根据泄漏点处的负压波信号传播到上、下游检测点的时间差、两传感器之间的管线精确长度以及信号的传播速率就可以进行泄漏点定位。其中泄漏点处的负压波信号传播到上、下游检测点的时间差可以通过相关函数峰值的位置求出。该方法只需检测压力信号，不需要数学模型，计算量小，但是要求泄漏发生是快速的、突发性的，对于泄漏速率很慢、没有明显负压波出现的泄漏，此方法失效。

时间序列分析法的基本思想是通过管线两端的四个压力信号得到两个压力梯度，利用两个压力梯度构造两个时间序列——分别对应管道正常状态和泄漏状态，用 Kullback 信息测度对这两个时间序列进行分析，根据预先确定好的阈值按照一定的策略进行预警和故障报警，从而实现对管道的泄漏检测。该方法不需流量传感器，只需测量两个端点附近的压力信号，计算量小，泄漏检测灵敏度高，可迅速检漏并报警，但它不能对漏点定位，而且抗干扰性能差。因此可作为一种辅助的检测方法，与其他方法结合起来使用。

小波变换是一种时间-尺度分析方法，在时域和频域中均具有表征信号局部特征的能力，利用小波变换的极值可以检测信号的边沿，并且可以抑制噪声。因此，可以通过小波变换检测瞬态负压波下降沿的方法进行泄漏检测，通过确定负压波到达上、下游压力测点的时间差来进行泄漏点定位。该方法也是一种灵敏、准确的泄漏检测和定位方法，不需要流量信号，不用建立管线的数学模型。它的局限性体现在要求泄漏的发生是快速的、突发性的，系统抗干扰能力差，对于工况扰动易误报警。

在实际管道运行过程中，泵、阀的正常作业也会引起负压波，但是来自泵站方向的负压波与泄漏产生的负压波方向不同。为区分因泄漏引起的负压波和正常作业的负压波，国外研究出了负压波定向报警技术，在管道的两端各设置两个压力变送器，用以区分负压波的方向。国内有人提出了利用模式识别技术，在管道两端各安装一个变送器即可进行泄漏检测与定位。其原理是泄漏引起的负压波与正常操作引起的负压波波形特征有较大的区别。对负压波进行分段符号化处理，形成波形结构模式，检测到的负压波经预处理后，与标准负压波模式库进行匹配，判断是否有泄漏发生。

10.1.3.2　质量平衡法

该方法基于管道流体流动的质量守恒关系，在管道无泄漏的情况下进入管道的质量流量应等于流出管道的质量流量。当泄漏程度达到一定量时，入口与出口就形成明显的流量差。检测管道多点位的输入和输出流量，或检测管道两端泵站的流量，并将信号汇总构成质量流量平衡图像。根据图像的变化特征就可确定泄漏的程度和大致的位置。该方法简单、直观，但油品沿管道运行时其温度、压力和密度可能发生变化，管道内可能顺序输送不同种类的油品，管道沿线进出支线较多，这些因素使管道流体状态及参数复杂而影响管道计量的瞬时流量，从而容易造成误检。为了提高检测精度和灵敏度，人们改进了基于时点分析的流量平衡法，改进后的动态流量平衡法在检测精度和灵敏度上比一般的流量平衡法有所提高。在使用改进后的动态质量平衡法进行管道泄漏检测时，流量计的精度以及管道油品存余量的估计误差是动态质量平衡管道检漏技术中的两个关键因素。流量计流量测量误差的减小可显著提高用动态质量平衡原理检漏管道的精确性，为此可以采用拟合流量计流量误差曲线的方法，对流量计进行精度补偿，对流量计的计量精度进行实时在线校正，从而提高利用动态质量平衡原理进行管道检漏的精确性。另外，为了保证两个流量计之间管道油品存余量预测的精确性，两流量计间的距离不能设置太长。但是改进后的动态流量平衡法需要建立管线的动态模型，而且利用这种方法确定泄漏位置对少量泄漏的敏感性差，不能及时发现泄漏，因此质量平衡法检测管道泄漏的故障方法需要配合其他方法联合使用。

10.1.3.3 实时模型法

实时模型法是近年来国际上着力研究的检测管道泄漏的方法。自20世纪80年代中后期以来，我国也对实时模型法进行了研究。它的基本思想是根据瞬变流的水力模型和热力模型考虑管线内流体的速率、压力、密度及黏度等参数的变化，建立起管道的实时模型，在一定边界条件下求解管内流场，然后将计算值与管端的实测值相比较。当实测值与计算值的偏差大于一定范围时，即认为发生了泄漏。在泄漏定位中使用稳态模型，根据管道内的压力梯度变化可以确定泄漏点的位置。主要方法有以估计器为基础的实时模型法、以系统辨识为基础的实时模型法和基于扩展Kalman滤波器的实时模型法。

以估计器为基础的实时模型法是20世纪80年代中期发展起来的一项技术。由于管道内流体的各物理参数都可能随时间变化，属于一类时变的非线性系统，因而运用估计器能较好地处理上述问题。估计器的输入为上、下游入口压力值，估计器的输出为上游站出口和下游站入口的流量值。在泄漏量较小的情况下，可以假定上、下游入口压力不受泄漏的影响，只是压力梯度呈折线分布，从而估计器的输出也不受泄漏的影响。但是，当管道发生泄漏后，管道上游站出口实测流量将因泄漏而变大，下游站入口的实测流量将因泄漏而变小。由实测值与估计值得出偏差信号，通过对偏差信号做相关分析，便可得到定位结果。该方法需要在管道上安装流量计，对仪表的要求高，对于管道泄漏量比较大的时候，该方法假定上、下游入口压力不受泄漏的影响时不成立。

以系统辨识为基础的实时模型法分别建立"故障灵敏模型"及"无故障模型"进行检测和定位，以满足泄漏和定位对模型的不同要求。在管道完好的条件下，建立其无故障模型和故障灵敏模型，然后基于故障灵敏模型，用自相关分析算法实现泄漏检测；基于无故障模型，用适当的算法进行定位，最后进行漏量估计。该方法基于对管道及流体参数的准确测量建立管道运行模型，缺点是对仪表的要求高，运算量大。

基于扩展Kalman滤波器的实时模型法将管道等分成n段，假定中间分段点上的泄漏量分别为Q_1、Q_2、Q_{n-1}，然后建立包括上述泄漏在内的状态空间离散模型。用Kalman滤波器来估计这些泄漏量，运用适当的判别准则，便可进行泄漏点的检测和定位。该方法需假定管道内流体的流动是稳定的，需要在管道上安装流量计，检测和定位精度与管道的分段数n有关。

实时模型法的报警门限值与测量仪器误差、流动模型误差、数值计算过程中产生的误差以及要求的报警时间有关。如果采用较小门限值来检测更小的泄漏，那么由于以上原因导致的不确定性就会产生更多的误报警；如果要求低的误报警率，那么所能检测到的最小的泄漏必然变大。该方法要求管道模型准确，但是影响管道动态仿真计算精度的因素众多，因此采用该方法进行检漏及定位的难度很大，并且误报警率高是实时模型法在实际应用中的一个难以解决的问题。

10.1.3.4 统计决策方法

统计决策方法是壳牌公司开发出的一种新型的管道检漏方法。该系统根据管道出入口的流量和压力，连续计算压力和流量之间关系的变化。当泄漏发生时，流量和压力之间的关系总会变化。它使用序贯概率比检阅（SPRT）的方法和模式识别技术对实测的压力、流量值进行分析，连续计算发生泄漏的概率，并利用最小二乘法进行泄漏点定位。该方法使用统计决策论的观点，较好地解决了瞬变模型中误报警的问题，而且不用计算复杂的管道模型，降低了计算上的复杂性。统计泄漏检测系统还具有在线学习能力，可以适应管道参数的变化。该方法的主要优点是原理简单，维护方便，适应性好；缺点是检漏精度受仪表精度影响比较大，定位精度较差。

10.1.3.5　压力梯度法

压力梯度法是 20 世纪 80 年代末发展起来的一种技术，它的原理是正常输送时，站间管道的压力坡降呈斜直线；当发生泄漏时，漏点前的流量变大、坡降变陡，泄漏点后流量变小、坡降变平，沿线的压力坡降呈折线状，折点即为泄漏点，据此可算出实际泄漏位置。压力梯度法只需要在管道两端安装压力传感器，简单、直观，不仅可以检测泄漏，而且可确定泄漏点的位置。但因为实际中沿线压力梯度呈非线性分布，压力梯度法的定位精度较差，且仪表测量对定位结果有很大影响。压力梯度法定位可以作为一个辅助手段与其他方法一起使用。

针对线性压力梯度法定位精度差的问题，国内学者提出了不等温长输管道泄漏定位的方法。通过建立反映管道沿程热力变化的水力和热力综合模型，找到更能反映实际情况的非线性压力梯度分布，进行泄漏定位。此方法对于原油（或其他流体）在黏度、密度、热容等特性随着沿程温度下降有较大变化的管道显示出很大的优越性，但该方法需要流量信号，而且需要建立较复杂的数学模型，增加了计算量。

10.1.3.6　应力波法

管线由于腐蚀、人为打孔等原因破裂时，会产生一个高频的震动噪声，并以应力波的形式沿管壁传播，噪声强度随距离按指数规律衰减。在管道上安装对泄漏噪声敏感的传感器，通过分析管道应力波信号功率谱的变化，管道中的流体泄漏可以检测出来。由于影响管道应力波传播的因素很多，在实际中很难用解析的方法准确描述出管道振动。有人提出使用神经网络学习管道正常信号与泄漏信号，进而对管道的泄漏进行判断。

10.1.3.7　声波法

当管道内液体泄漏时，由于管道内外的压力差，使得泄漏的流体在通过漏点达到管道外部时形成涡流，这个涡流就产生了振荡变化的压力或声波。这个声波可以传播扩散返回泄漏点并在管道内建立声场。声波法是将泄漏时产生的噪声作为信号源。当管道发生泄漏时，泄漏点会产生噪声，声波沿管道向两端传播，通过设置好的传感器拾取该声波，经处理后确定泄漏是否发生并进行定位。传统的声波检测是利用离散型传感器，即沿管道按一定间隔布置大量传感器，这种方法成本很高。近年来随着光纤传感技术的发展，已开发出连续型光纤传感器进行泄漏噪声检测。使用光纤替代大量的传统传感器，降低了检测成本，而且连续型传感器与传统传感器相比也提高了检测能力。

10.2　原油管道泄漏仿真

管道泄漏也属于一种管道的水力瞬变现象，泄漏发生后，由于泄漏点处内、外的压力差，管道泄漏点处产生向上、下游传播的水击波。由于沿程摩阻和管线充装作用，水击波会在传播过程中产生衰减，并且在管道的边界点处发生反射，管道从发生水力瞬变过渡到新的稳态的过程就是水击波传播、反射、叠加、衰减的过程。所以，必须从理论上深入研究不同情况下水击波的传播过程及给沿线压力流量带来的变化，从而理解瞬态压力波的结构规律，用以指导对泄漏的判断和识别。

10.2.1 管道水击概念

液流断面上各点的流速和压强保持一定，不随时间变化的液流称为稳定流；反之称为不稳定流。不稳定流动是由于稳定流动受到破坏而引起的，例如开阀和关阀，开泵和停泵，控制阀和安全阀动作，动力故障，管道泄漏等。当流动的稳定状态受到破坏，压力发生瞬变时，它的特征是流速和压强发生急剧变化。这是管道的过渡工况，是从一种稳态过渡到另一种稳态或事故的中间阶段，因此又称为过渡过程或水力瞬变。

在水击分析中存在两种理论：刚性水柱理论和弹性水击理论。刚性水柱理论忽略了管子和液体的弹性，把整个液流看成是一条无管容的"刚性水柱"，以分析其不稳定流动的状态。在刚性水柱理论中，同一时刻管道不同截面上的流量和压力相等，即 $Q=f(t)$、$H=f(t)$，流量和压头随时间变化的规律只需要用刚体运动方程来描述。在工程上，这种理论只能运用于流动变化相当缓慢或管道很短的场合。弹性水击理论则必须考虑管子和液体的弹性，管道各截面上流量的变化不仅在时间上参差不齐，而且在数值上也千差万别，即 $Q=f(x,t)$、$H=f(x,t)$。弹性水击理论与实际情况相吻合，因而本研究采用基于此理论的分析方法进行管道泄漏仿真研究。

管道泄漏发生后，水击波在管道内的传播速率取决于液体的弹性、液体的密度和管壁的弹性。泄漏产生的负压波的大小与管道内输送流体的流速变化值成正比，即：

$$\Delta H = \frac{a}{g}\Delta v = \frac{a}{g}(v_0 - v) \tag{10-1}$$

式中　ΔH——水击引起的压头增值，m；

　　　g——重力加速度，9.8m/s²；

　　　a——水击波的传播速度，m/s；

　　　v_0——水击前液流的流速，m/s；

　　　v——瞬时变化后液流的流速，m/s。

式(10-1) 表示液流流速的改变引起压头的改变。

10.2.2 水击微分方程求解

1902 年意大利学者阿利维(Allievi) 以严密的数学方法建立了水击基本微分方程，研究认为管道内流体的瞬变流动过程可以用动量方程和连续性方程描述。

$$\begin{cases} g\dfrac{\partial H}{\partial x} + \dfrac{Q}{A^2}\times\dfrac{\partial Q}{\partial x} + \dfrac{1}{A}\times\dfrac{\partial Q}{\partial t} + \dfrac{f}{2DA^2}Q|Q| = 0 \\[3mm] \dfrac{Q}{A}\times\dfrac{\partial H}{\partial x} + \dfrac{\partial H}{\partial t} + \dfrac{a^2}{gA}\times\dfrac{\partial Q}{\partial x} = 0 \end{cases} \tag{10-2}$$

式中　g——重力加速度，9.8m/s²；

　　　A——管道截面积，m²；

　　　f——水力摩阻系数；

　　　D——管道直径，m；

a——负压波传播速度，m/s；

H——管内流体压力，m；

Q——管内流体流量，m³/s；

t——时间变量，s；

x——空间变量，m。

式(10-2) 为一阶偏微分方程组，难以得到其解析解。本研究采用特征线法求解该方程，从而得到两组常微分方程

沿正向波 C^+：

$$\begin{cases} \dfrac{\mathrm{d}H}{\mathrm{d}x}+\dfrac{a}{gA}\times\dfrac{\mathrm{d}Q}{\mathrm{d}t}+\dfrac{fa}{2gDA^2}Q\,|Q|=0 \\ \dfrac{\mathrm{d}x}{\mathrm{d}t}=a \end{cases} \tag{10-3}$$

沿负向波 C^-：

$$\begin{cases} \dfrac{\mathrm{d}H}{\mathrm{d}x}-\dfrac{a}{gA}\times\dfrac{\mathrm{d}Q}{\mathrm{d}t}+\dfrac{fa}{2gDA^2}Q\,|Q|=0 \\ \dfrac{\mathrm{d}x}{\mathrm{d}t}=-a \end{cases} \tag{10-4}$$

式(10-3) 和式(10-4) 总称为特征方程。式(10-3) 和式(10-4) 虽然是常微分方程，但仍不能用积分方法得到其解析解，计算中采用有限差分的方法求其数值解。如图 10-1 所示，把管道等分成 n 段，各个网格节点按顺序标号，从而得到网格节点的流量和压头计算公式。

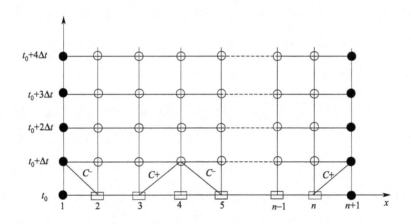

图 10-1　差分计算网格

□初始点；●边界点；○界内点

$$Q_i=0.5\,\frac{(C_{i-1}^+-C_{i+1}^-)}{B} \tag{10-5}$$

$$H_i=\frac{C_{i-1}^+-C_{i+1}^-}{2} \tag{10-6}$$

式中　Q_i——管道第 i 个网格节点处管内流体的流量，m³/s；

H_i——管道第 i 个网格节点处管内流体的压头，m。

$$C_{i-1}^+=H_{i-1}+BQ_{i-1}-f\Delta x Q_{i-1}\,|Q_{i-1}|^{1-\mathrm{m}} \tag{10-7}$$

$$C_{i+1}^- = H_{i+1} - BQ_{i+1} + f\Delta x Q_{i+1} |Q_{i+1}|^{1-m} \tag{10-8}$$

$$B = \frac{a}{gA} \tag{10-9}$$

式中　m——流态系数；

　　　B——势涌水击系数。

差分计算的准确程度与时步大小有密切关系。时步越小，计算的准确程度越高。不过时步越小，步长也越小，节点数目就越多，因而计算量也越大。在计算过程中，式(10-5)～式(10-8)在边界点（泵、阀门、泄漏点）处不适用。

10.2.3　原油管道泄漏仿真边界条件的确定

在求解水击问题中，边界条件的计算是水击传播计算中很关键的问题。第一，最初的扰动总是从边界开始，然后再沿线传播；第二，水击波到达边界时会发生反射，反射情况与边界有关；第三，边界条件的数学表达方式多种多样，对其全面彻底的描述有相当难度。因此说，处理好边界条件是解决水力瞬变问题的关键。管路系统中使特征线的有效性、相容性方程的适用范围截止的地点均称为边界。管道两端的边界称为外部边界，当中的称为内部边界。除了管道两端的离心泵出口和储液罐以外，泄漏孔处、管道的分支点、变径管连接处等也是使水击过程的水力特性发生变化的边界。以下针对几种与泄漏情况水击过程密切相关的边界水力特性算法进行研究。

(1) 上游端固定转速的离心泵　我国长输管道主要采用离心式输油泵为管道流体流动提供能源。为了模拟泄漏产生的水击波在泵口的反射，必须计算上游端离心泵的边界条件。

如图 10-2 所示，离心泵工作特性方程可表示如下。

$$H = P_A - P_B Q^2 \tag{10-10}$$

式中　H——离心泵的扬程，m；

　　　Q——离心泵的流量，m^3/s；

　P_A，P_B——离心泵的特性系数，可通过回归分析的得到，对于某一台离心泵，该特性系数为常数。

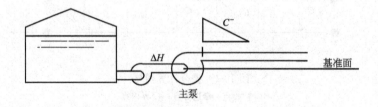

图 10-2　有独立吸入系统的离心泵

将式(10-10) 与 C^- 方程联解可得：

$$Q_1 = \frac{0.5[-B + \sqrt{B^2 + 4P_B(P_A - C_2^-)}]}{P_B} \tag{10-11}$$

式中，C_2^- 按式(10-8) 计算。算出 Q_1 后，代入式(10-10) 即可求得 H_1。

(2) 泄漏孔的边界条件　如图 10-3 所示，设泄漏孔处管内压头为 H_p，外部压头为 H_0，泄漏点位于管道第 i 个网格节点和第 $i+1$ 个网格节点之间。泄漏点前、后网格节点的流量

分别为 Q_i、Q_{i+1}，泄漏量为 q，则泄漏点处的边界条件为

$$Q_i = \frac{C_{i-1}^+ - H_p}{B} \tag{10-12}$$

$$Q_{i+1} = \frac{H_p - C_{i+2}^-}{B} \tag{10-13}$$

$$q = -C_V \sqrt{2g(H_p - H_0)} \tag{10-14}$$

根据质量守恒有 $q = Q_i - Q_{i+1}$，从而可以计算得到：

$$H_p = \frac{f_b - \sqrt{f_b{}^2 - f_c}}{2} \tag{10-15}$$

$$C_V = \alpha C_d A_L \tag{10-16}$$

$$f_b = C_{i-1}^+ + C_{i+2}^- + \frac{g C_V^2 B^2}{2} \tag{10-17}$$

$$f_c = (C_{i-1}^+ + C_{i+2}^-)^2 + 2g C_V^2 B^2 H_0 \tag{10-18}$$

式中　α——流速缩系数，取值为 $0.62 \sim 0.66$；

　　C_d——孔口流速，取值为 $0.98 \sim 0.99$，m/s；

　　A_L——泄漏孔面积，m^2。

把由式(10-15)计算出的 H_p 代回式(10-12)、式(10-13)就可以求出 Q_i、Q_{i+1}。

(3) 下游恒液位罐的边界条件　管路系统中，水击波的反射可以分为开端反射、闭端反射及中间状态的反射三种情况。管道直接与储罐相邻的情况属于开端反射，在时间相对短的不稳定流动过程中容量足够大的下游液体储罐，如图 10-4 所示，可以假设其液位是不变的，可近似地认为罐进口处的压力不会因水击波的到达而改变。水击波的到达将引起一个反向流，向相反方向传播。

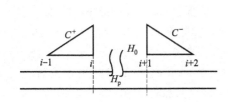

图 10-3　泄漏点的边界条件　　　　　图 10-4　罐的边界条件

$$H_{n+1} = H_{high} \tag{10-19}$$

式中　H_{n+1}——管线最末端的压头，m；

　　H_{high}——下游储罐处液体表面相对于基准线的高度，m。

在 H_{n+1} 已知的情况下，Q_{n+1} 可由 C^+ 方程得到：

$$Q_{n+1} = \frac{C_A - H_{n+1}}{B} \tag{10-20}$$

其中

$$C_A = H_n + C_W Q_n - f \Delta x Q_n |Q_n|^{1-m} \tag{10-21}$$

(4) 阀的边界条件 前面讨论的泄漏孔的边界条件是针对突然发生破裂的泄漏孔的情况，泄漏量的计算直接使用孔口泄漏公式。而在实际运行中，除了管道本身的自然失效外，很多泄漏是偷油分子采用在管道上安装阀门，开阀偷油的情况。考虑进阀门的开启过程的泄漏量的计算，泄漏的水击过程较直接采用孔口泄流公式复杂。长输管道监测中，腐蚀穿孔现象也存在一个由小变大的渐变过程。

作为管道系统中的一种节流元件，通过阀门的压降、流量可按下面公式表示。

$$\Delta H = K_L \frac{v^2}{2g} \tag{10-22}$$

$$Q = \pi D_f^2 C_f \frac{\sqrt{2g \Delta H}}{4} \tag{10-23}$$

式中　ΔH——阀门压降，m；

$\quad\quad Q$——流量，m^3/s；

$\quad\quad v$——流速，m/s；

$\quad\quad D_f$——阀门工称直径，m；

$\quad\quad K_L$——阀门的阻力系数；

$\quad\quad C_f$——流动系数，$C_f = \sqrt{\dfrac{1}{K_L}}$。

10.2.4　原油管道泄漏仿真

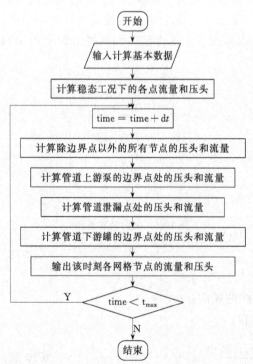

图 10-5　管道泄漏仿真计算基本流程

以长吉输油管道九站——吉林输油泵站段为例进行管道泄漏仿真。九站站边界条件为一台型号为 KS 550-390 的输油泵，泵特性系数 P_A 为 452m，P_B 为 1481.5s^2/m^5。吉林输油泵站的边界条件为液位恒定的储罐，管线长 L 为 20.8km，管直径 D 为 0.323m，泄漏孔直径 d 为 0.05m，初始流量 Q_0 为 0.1m^3/s，流态系数 m 为 0.25，波速 a 为 1000m/s，管道划分网格数为 400，泄漏节点所在的网格节点输为 150，管线上端的检测点位于第 50 个网格节点处，管线下端的检测点位于第 350 个网格节点处。管道泄漏仿真计算基本流程如图 10-5。

管道泄漏首端压力曲线、管道泄漏末端压力曲线、管道泄漏点处压力曲线、管道泄漏流量曲线、管道泄漏首端监测点流量曲线、管道泄漏末端监测点流量曲线、管道泄漏点前流量曲线、泄漏点后流量曲线分别如图 10-6～图 10-13 所示。

从仿真曲线中可以看出当管线刚发生泄漏后，泄漏点前后的压力均下降，泄漏点前流量上升，泄漏点后流量下降。泄漏产生的负压波传到管道首、末端泄漏检测点的时间不同，因此可以据此来实现管道泄漏点的定位。

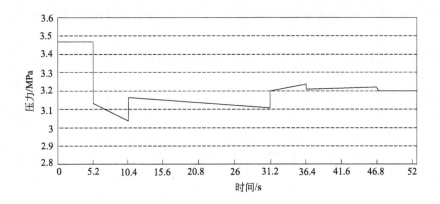

图 10-6　管道泄漏首端压力曲线

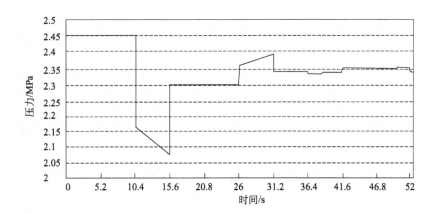

图 10-7　管道泄漏末端压力曲线

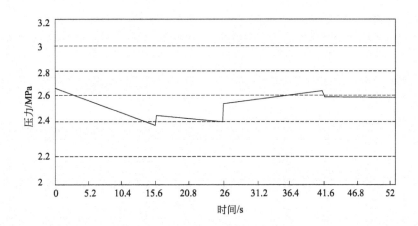

图 10-8　管道泄漏点处压力曲线

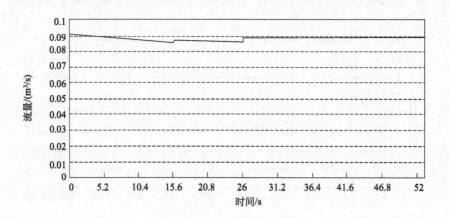

图 10-9　管道泄漏流量曲线

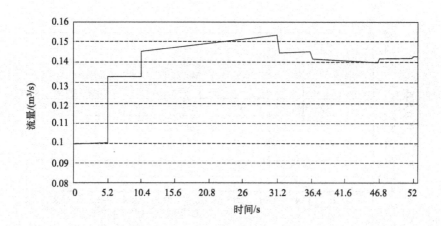

图 10-10　管道泄漏首端监测点流量曲线

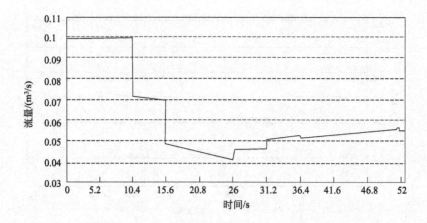

图 10-11　管道泄漏末端监测点流量曲线

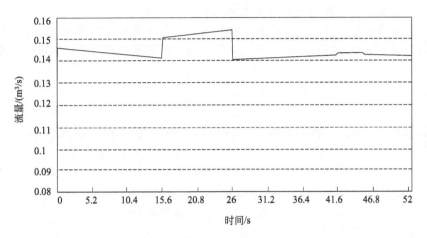

图 10-12　管道泄漏点前流量曲线

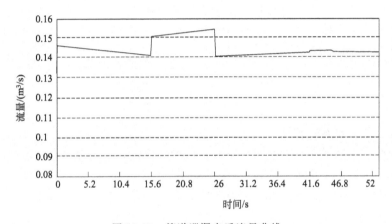

图 10-13　管道泄漏点后流量曲线

10.3　原油管道泄漏点定位模型

　　管道发生泄漏后，由于管道内外的压力差会引发负压波向管道两端传播，经过若干时间后，分别传到上、下游。上、下游压力传感器捕捉到特定的瞬态压力降的波形就可以进行泄漏判断，根据上、下游压力传感器接收到此压力信号的时间差和负压波的传播速率就可以定出泄漏点。传统的负压波定位公式中认为负压波的传播速率为一定值，针对我国原油大多数为"三高"（高黏度、高含蜡、高凝点）原油，必须采用加热输送的特点，研究管道输送过程中温度的变化对原油的弹性、原油的密度和泄漏引发的负压波在管道中传播速率的影响，从而建立适合我国原油管道的泄漏点定位模型

10.3.1　温度对负压波传播速度的影响

　　根据我国原油的输送特点，管道沿线的温度不同必然导致负压波在管道各点的传播速率不同，因此必须研究管道输送过程中温度的变化对原油的弹性、原油的密度和泄漏引发的负压波在管道中传播速率的影响。

10.3.1.1 温度对负压波传播速率的影响分析

管内压力波传播速率取决于液体的弹性、液体的密度和管材的弹性，并考虑管线弹性变形的不同情况，哈立维尔（Halliwell）于 1963 年提出了计算水击波传播速率的计算公式。

$$a=\sqrt{\frac{K}{\rho(1+\frac{KD}{Ee}\psi)}} \tag{10-24}$$

钢管输水时，波速一般为 1200～1400m/s；输送原油和成品油时，一般为 900～1100m/s。

原油及其产品的体积弹性系数为其压缩系数的倒数，随其品种、温度、压力而不同。但在 4MPa 以下，体积弹性系数随压力的变化较小，一般不大于 2%。但受温度的影响则较大，尤其是烃类的弹性系数受温度的影响更大。液体密度是一个与温度有关的变量，对于原油，它随着温度的升高而减小。

由于我国原油属于"三高"原油，应正常采用加热输送的方法来输送原油。在输送过程中，油品的温度不断降低，因而原油的密度和体积弹性系数不断变化，从而负压波在管道中的传播速率不是一个定值，而是一个随着输油温度变化而变化的值，因此负压波在管道中的传播速率可以写成下面的形式。

$$a(t)=\sqrt{\frac{K(t)}{\rho(t)\left[1+\frac{K(t)D}{E\delta}\psi\right]}} \tag{10-25}$$

10.3.1.2 基本参数计算

(1) 原油弹性系数计算 弹性系数可以在实验室测定，它与原油的状态及物性等多种因素有关，其中最重要的是温度和密度，图 10-14 研究了 $\ln(F\times10^6)$ 和 T 的关系，图 10-15 研究了 $\ln(F\times10^6)$ 和 $1/\rho^2$ 的关系，并假设 F、T 和 ρ 之间有如下关系。

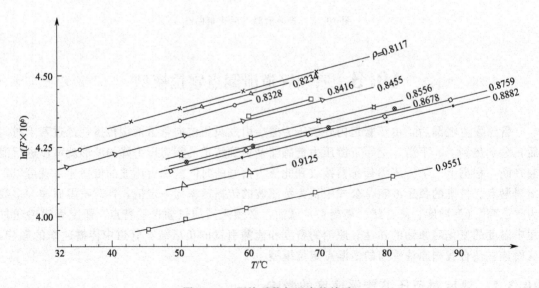

图 10-14　压缩系数与温度的关系

$$\ln(F\times10^6)=\frac{a+bt+c}{\rho^2}+\frac{dt}{\rho^2} \tag{10-26}$$

利用回归分析的方法，把实验数据代入上式，可求的回归系数。

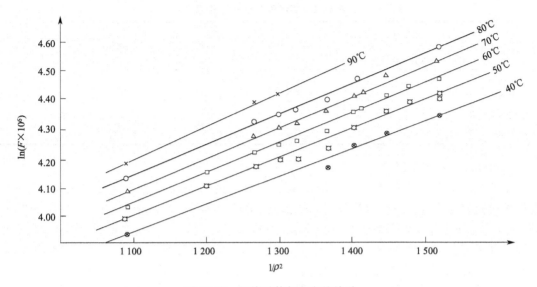

图 10-15　压缩系数与密度的关系

$$a=2.80230, b=0.0023662, c=0.846596, d=0.0023666$$

从而得到原油压缩系数的经验公式：

$$F=\exp\dfrac{2.8023+0.0023662t+\dfrac{0.846596}{\rho^2}+\dfrac{0.0023666t}{\rho^2}}{10^6} \tag{10-27}$$

根据液体的体积弹性系数和压缩系数之间互为倒数的关系，可以得到计算原油体积弹性系数的计算式。

$$K(t)=\dfrac{10^6}{\exp\left(2.8023+0.0023662t+\dfrac{0.846596}{\rho^2}+\dfrac{0.0023666t}{\rho^2}\right)} \tag{10-28}$$

（2）原油密度计算

$$\rho(t)=\rho_{20}-\xi(t-20) \tag{10-29}$$

$$\xi=1.825-0.001315\rho_{20} \tag{10-30}$$

（3）管道中任意位置处原油温度计算

$$T(x)=T_0+(T_{\text{out}}-T_0)e^{\frac{-K\pi Dx}{Gc_y}} \tag{10-31}$$

（4）原油比热容计算

用比热容达到最大值时的温度 $T_{c_{\max}}$，和析蜡温度 T_{sl} 可以把比热容-温度曲线分为三个区，每个区的比热容可用不同的公式表示。原油管道通常都在高于 $T_{c_{\max}}$ 的温度下运行，可以认为 $t<T_{\text{sl}}$ 和 $t>T_{c_{\max}}$ 两个条件是同时满足的。这样，原油的比热容可用如下两个公式进行计算。

当 $T_{\text{P}}\geqslant T_{\text{sl}}$ 时，

$$c_y=\dfrac{1.687+0.00339t}{\sqrt{\rho_4^{15}}} \tag{10-32}$$

当 $T_{\text{P}}<T_{\text{sl}}$ 时，

$$c_y=4.186-A\exp(nt) \tag{10-33}$$

表 10-1 列出四种原油的实测参数。

表 10-1　四种原油的实测参数

原　油	参　　数							
	A /[J/(g·K)]	B /[J/(g·K)]	n /℃$^{-1}$	m /℃$^{-1}$	C /[J/(g·K)]	T_{sl} /℃	$T_{c_{max}}$ /℃	$T_{凝}$ /℃
胜利油田	0.4840	1.9255	0.03465	0.01164	2.123	42	30	32
大庆油田	0.9085	1.7585	0.01732	0.01567	2.106	47.5	20	32
濮阳油田	0.6753	1.7258	0.0264	0.01217	2.223	41.3	25	29
任丘油田	0.1970	0.1888	0.0476	0.02116	2.139	49	33	36

10.3.1.3　计算实例

以铁大线熊岳—瓦房店为例，计算原油管道沿线的原油密度、原油体积弹性系数、负压波传播速率和温度的分布。熊岳—瓦房店的管道为 $\phi720\text{mm}\times8\text{mm}$，两站站间距为 68.31km。2002 年 12 月 1 日的输量为 27412t/d(317.27kg/s)，熊岳油品出站温度为 49℃，管道总传热系数为 1.78W/(m²·K)，管道埋深处环境温度为 5℃，输送油品为大庆原油。原油温度沿程变化曲线如图 10-16 所示，原油体积弹性系数沿程变化曲线如图 10-17 所示，原油密度沿程变化曲线如图 10-18 所示，负压波传播速率沿程变化曲线如图 10-19 所示。

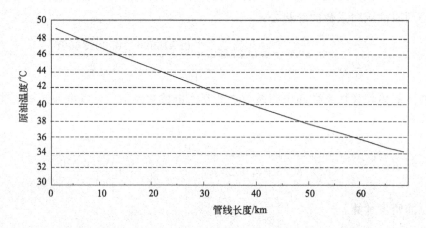

图 10-16　原油温度沿程变化曲线

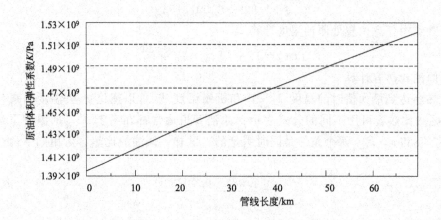

图 10-17　原油体积弹性系数沿程变化曲线

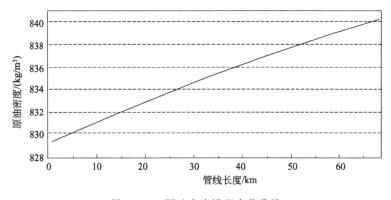

图 10-18　原油密度沿程变化曲线

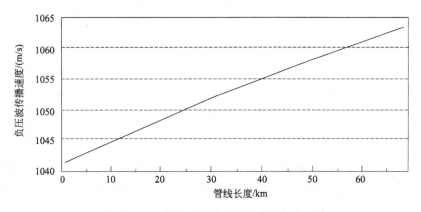

图 10-19　负压波传播速率沿程变化曲线

10.3.2　原油管道泄漏定位公式

传统的负压波定位公式理论依据是管道泄漏发生后，由泄漏部位产生一个分别向上、下游传播的减压波，称为负压波。只要在管道两端泄漏检测点处各安装一个压力传感器，利用该压力传感器捕捉到包含泄漏信息的负压波，运用相关方法（如相关分析法、小波分析法等）就可以判断出发生泄漏并计算出负压波传播到首、末端泄漏检测点的时间差，再根据负压波的传播速率则可以实现泄漏点的定位。定位公式如下。

$$X = \frac{L + a\Delta t}{2} \tag{10-34}$$

该方法是基于负压波在管道中的传播速率为一恒定值而推出的。但是由于我国原油为"三高"的特点，一般采用加热输送的方法输送原油。通过 10.3.1 的分析可知，负压波在加热输送的原油管道中的传播速率不是一个定值，而是随着管道中油品温度的降低而不断升高。因此本研究将推导一种适合原油管道的、基于负压波的泄漏点定位公式。

对于我国加热输送原油管道，管道中油品温度随着距出站距离的不断增加而不断降低，因此负压波在管道中的传播速率将随着管道距离的变化而变化，可以写成 $a(x)$ 的形式。

设管道上、下游泄漏检测点之间的长度为 L，在 t 时刻距管道首段距离为 X_L 处管道发生泄漏，泄漏产生的负压波分别在 t_1、t_2 时刻传播到管道上、下游检测点。根据物理学知识有：

$$t_1 - t = \int_0^{X_L} \frac{1}{a(x)} dx, t_2 - t = \int_{X_L}^{L} \frac{1}{a(x)} dx \tag{10-35}$$

$$\Delta t = t_1 - t_2 = (t_1 - t) - (t_2 - t) = \int_0^{X_L} \frac{1}{a(x)} dx - \int_{X_L}^{L} \frac{1}{a(x)} dx \tag{10-36}$$

式(10-36)为变上、下限的积分公式，其中负压波传播速率随出站距离的函数表达式非常复杂，难以得到解析解。本研究采用数值分析的方法得到其数值解。为了提高数值积分的精度，采用复化辛普森公式求解式(10-36)。

求解的基本思想为把管道等间距分为 n 等分（n 的选取对计算精度有影响），先在每个子区间上应用低阶的 Netwton-Cotes 公式求出该子区间的近似积分值，然后再将每个子区间的近似积分值相加得到整个区间的近似积分值。

采用复化辛普森公式求解式(10-36)，泄漏点的定位公式可以写成如下格式。

$$\Delta t = \frac{h}{6} \left\{ \sum_{i=0}^{x_1-1} \left[\frac{1}{a(x_i)} + 4\frac{1}{a(x_{i+1/2})} + \frac{1}{a(x_{i+1})} \right] - \sum_{i=x}^{n} \left[\frac{1}{a(x_i)} + 4\frac{1}{a(x_{i+1/2})} + \frac{1}{a(x_{i+1})} \right] \right\}$$

$$\tag{10-37}$$

$$h = \frac{L}{n} \tag{10-38}$$

$$n_1 = \frac{X_L}{h} \tag{10-39}$$

使用复化辛普森公式求解的截断误差为 $-\frac{L}{180}\left(\frac{h}{4}\right)^2 \frac{1}{a^4(\eta)}$，$\eta \in [0, L]$。

在式(10-37)中，Δt 是已知量，对应于 X_L 的 n_1 是所求的未知量，所以求解该方程不是单纯的定积分问题，仍然不可解。为了准确地求解出 X_L，研究中采用二分法求解该方程。

$$f(x) = \frac{h}{6} \left\{ \sum_{i=0}^{x-1} \left[\frac{1}{a(x_i)} + 4\frac{1}{a(x_{i+1/2})} + \frac{1}{a(x_{i+1})} \right] - \sum_{i=x}^{n} \left[\frac{1}{a(x_i)} + 4\frac{1}{a(x_{i+1/2})} + \frac{1}{a(x_{i+1})} \right] \right\} - \Delta t, \text{设}$$

需要求方程 $f(x) = 0$ 在区间 $[x_1, x_2]$ 的根，使用二分法求根的基本思想如下。

① 计算 $f(x)$ 在有根区间 $[x_1, x_2]$ 端点处的值 $f(x_1)$ 和 $f(x_2)$。

② 计算 $f(x)$ 在区间中点 $x = \frac{x_1+x_2}{2}$ 处的值 $f(x)$。

③ 若 $f(x) = 0$，则 $x = \frac{x_1+x_2}{2}$ 即是方程的根，转步骤⑥，否则转步骤④。

④ 若 $f[abs(x_1 - x_2)] < \varepsilon$，$\varepsilon$ 为给定的精度，转步骤⑥，否则转步骤⑤。

⑤ 若 $f(x)f(x_1) > 0$，则根位于区间 $[x, x_2]$ 内，这时 $x_1 = x$，$f(x_1) = f(x)$；若 $f(x)f(x_1) < 0$，则根位于区间 $[x_1, x]$ 内，这时 $x_2 = x$，$f(x_2) = f(x)$；
转步骤②。

⑥ 方程的根为 $x = \frac{x_1+x_2}{2}$，计算过程结束。

10.4 小波变换在管道泄漏检测中的应用

10.4.1 引言

当管道发生泄漏时，管道泄漏点处由于管道内外的压力差，管道输送的流体大量向外流出，导致管道泄漏点处压力下降，泄漏点两边的流体由于存在压差而向泄漏点处补充，这一过程依次向管道上、下游传递，相当于管道泄漏点处产生了以一定波速传播的负压波。负压波法就是根据泄漏产生的负压波传播到上、下游监测点的时间差和压力波在管道中的传播速率来计算出泄漏点的位置。为了准确地对管道泄漏点进行定位，必须精确确定管道泄漏点处诱发的负压波传播到管道上、下游监测点的时间差，这就需要准确地捕捉到泄漏压力波信号序列的对应特征点，然而由于不可避免的工业现场的电磁干扰、管道周围介质的扩散、管道的摩阻以及外输泵的运转特性的影响，所采集到的压力信号中混杂有大量的噪声。因此，为了提高泄漏判断和泄漏点定位的可靠性、准确性，需要对信号进行预处理，提取有用信号。

传统的信号分析是建立在傅里叶（Fourier）变换的基础之上的。由于傅里叶分析使用的是一种全局的变换，要么完全在时域，要么完全在频域，因此无法表述信号的时频局域性质，而这种性质恰恰是非平稳信号最根本和最关键的性质。为了分析和处理非平稳信号，人们对傅里叶分析进行了推广乃至根本性的革命，提出并发展了一系列新的信号分析理论：短时傅里叶变换、Gabor 变换、时频分析、小波变换、Randon-Wigner 变换、分数阶傅里叶变换、线调频小波变换、循环统计量理论和调幅-调频信号分析等。其中，短时傅里叶变换和小波变换也是应传统的傅里叶变换不能够满足信号处理的要求而产生的。短时傅里叶变换分析的基本思想是：假定非平稳信号在分析窗函数 $g(t)$ 的一个短时间间隔内是平稳（伪平稳）的，并移动分析窗函数，使 $f(t)g(t-\tau)$ 在不同的有限时间宽度内是平稳信号，从而计算出各个不同时刻的功率谱。但从本质上讲，短时傅里叶变换是一种单一分辨率的信号分析方法，因为它使用一个固定的短时窗函数。因而短时傅里叶变换在信号分析上还是存在着不可逾越的缺陷。

小波变换是一种信号的时间-尺度（时间—频率）分析方法，它具有多分辨率分析的特点，而且在时频两域都具有表征信号局部特征的能力，是一种窗口大小固定不变但其形状可改变，时间窗和频率窗都可以改变的时频局部化分析方法。即在低频部分具有较高的频率分辨率和较低的时间分辨率，在高频部分具有较高的时间分辨率和较低的频率分辨率，很适合于探测正常信号中夹带的瞬态反常现象并展示其成分，所以被誉为分析信号的显微镜。在管道泄漏检测中，当管道没有发生泄漏时，管道压力信号维持在一个恒定值左右，当管道发生泄漏后，管道泄漏点处会产生负压波，向管道上、下游传播，从而导致管道上、下游监测点的压力瞬态下降。因此，利用小波变换对管道压力波信号进行处理可以获得满意效果。

10.4.2　小波分析理论基础

10.4.2.1　小波分析发展简介

小波分析是 20 世纪 80 年代发展起来的一个新的数学学科，它的出现曾在科技界引起一场轩然大波，被誉为是自傅里叶分析以来一个新的里程碑，是泛函分析、傅里叶分析、调和分析（即数值分析）的完美结晶。虽然小波分析的发展历史不长，然而小波分析的思想可以追溯到 1910 年 Harr 的工作。Harr 首先提出一种紧支结构的小波规范正交基——即 Harr 基，由于 Harr 基的不连续性而未能得到广泛的应用。1982 年法国地球物理学家 J. Morlet 在分析处理地震信号时，首次引入"小波"（Wavelet）的概念，并应用一种无限支集的非正交小波将信号分解在时间域与空间域，对于大小不同的尺度采用相应粗细的时间域或空间域取样步长，从而可以聚焦到信号的任意细节。之后，他与理论物理学家 A. Grossmann 一起开创性地提出了连续小波变换的几何体系。然而，真正的小波热开始于 1956 年，法国著名数学家 Y. Meyer 在得知了 J. Morlet 和 A. Grossmann 的工作以后，从理论上对小波分析做了一系列研究工作，构造了具有一定衰减性质的光滑函数，它的二进伸缩和平移为 $\psi_{j,k}(x) = 2^{-j/2}\psi(2^{-j}x-k)$，$j,k \in Z$ 构成了 $L^2(R)$ 空间的规范正交基，一举打破了长期以来人们认为这样的函数不可能存在的设想，从而激起了人们对小波研究的极大热情。

1988 年，I. Daubechies 完善了由 Harr 开头的工作，构造了一系列具有有限支集（即紧支集）的小波正交基（被誉为 Daubechies 基），有机地将信号处理的概念与泛函分析理论联系了起来，成为目前小波理论研究的最重要的文献之一。Daubechies 基提供了比 Harr 基更有效的分析和综合效果，证明它们无可争辩的成功。

1989 年从事信号处理的 S. Mallat 发现 Crossier、Esteban 和 Galandde 正交镜像滤波器、Burt 和 Adelson 的金字塔算法、Stromberg 的小波基算法等和他的正交小波基之间有密切关系，进而得出多分辨率分析，他用这一概念建立了小波理论的统一体系，首次将小波变换与多分辨率分析联系起来，并给出了小波变换快速分解和重构的塔式算法，后被人们称为 Mallat 算法。Mallat 算法在小波分析中的地位就相当于快速傅里叶变换（FFT）在经典傅里叶分析中的地位。之后，Mallat 和 Daubechies 合作研究发现尺度函数、小波函数与其对应的共轭滤波器之间有着一一对应的关系。不仅从尺度函数和小波函数可以得到对应的共轭滤波器组，而且也可以从一组共轭滤波器出发，得到它们对应的尺度函数和小波函数，将数学上的多分辨分析和数字信号处理中的多采样率滤波器紧密地联系起来。

进入 20 世纪 90 年代以后，小波理论与方法有了许多新进展。1990 年 J. Kovacevic，M. Vetterli 提出了双正交小波理论，根据这一理论，分析小波和重构小波函数可以采用两种不同的函数系。同年崔锦泰和王建忠将其推广为 FIR 及 IIR 互对偶的非正交滤波器组形式，从而构造了基于样条函数的所谓单正交小波函数。另外一个重要的进展是 R. R. Coifman 和 M. V. Wickerhauser 提出的"小波包"理论，给出了最佳小波基准则，其全局的频率细化突破了小波分析等 Q 结构和 STFT 频带等宽的限制，为信号自适应频带划分提供了可能。

经过十几年的发展，小波分析不仅在理论和方法上不断取得突破性进展，而且，已深入到非线性逼近、分形与混沌学、计算机图形学、数字通信、地震勘探、雷达成像、图像处理、计算机视觉与编码、生物医电、时变估计和检测以及语音合成等诸多领域，其涉及面之广、影响之大、发展之迅猛是空前的。目前，小波分析已成为一门多学科综合、交叉发展的技术领域。从理论上，小波变换可以分为连续小波变换（CWT）、连续信号离散参数的小波级数变换（WST）以及离散小波变换（DWT）等。

10.4.2.2　连续小波基函数

设 $\psi(t)$ 为一个平方可积函数，也即 $\psi(t) \in L^2(R)$，若其傅里叶变换 $\Psi(\omega)$ 满足以下条件：

$$\int_R \frac{|\Psi(\omega)|^2}{\omega} d\omega < \infty \tag{10-40}$$

则称 $\Psi(\omega)$ 为一个基本小波或小波母函数，并称式（10-40）为小波函数的可允许性条件。

小波函数一般具有以下特点。

(1) 它们在时域都具有紧支集（函数定义域有限）或近似紧支集　从原则上讲，任何满足可允许性条件[式(10-40)]的 $L^2(R)$ 空间的函数均可作为小波母函数（包括实数函数或复数函数、紧支集或非紧支集函数、正则或非正则函数）。但在一般情况下，一般选取紧支集或近似紧支集（具有时域的局部性）具有正则性的（具有频域的局部性）实数函数或复数函数作为小波母函数，以使小波母函数在时，频域都具有较好的局部特性。

(2) 波动性　由于小波母函数满足可允许性条件[式（10-40）]，则必有 $\Psi(\omega)|_{\omega=0}=0$，也即直流衡量为零，由此判断小波必具有正负交替的波动性。

将小波母函数 $\psi(t)$ 进行伸缩和平移，设其伸缩因子（又称尺度因子）为 a，平移因子为 τ，令其平移伸缩后的母函数为 $\psi_{a,\tau}(t)$，则有：

$$\psi_{a,\tau}(t)=a^{\frac{-1}{2}}\psi\left(\frac{t-\tau}{a}\right)(a>0,\tau\in R) \tag{10-41}$$

称 $\psi_{a,\tau}(t)$ 为依赖于参数 (a,τ) 的小波基函数。由于尺度因子 a、平移因子 τ 是取连续变化的值，因此称 $\psi_{a,\tau}(t)$ 为连续小波基函数。它们是由同一母函数 $\psi(t)$ 经伸缩和平移后得到的一组函数系列。

当 a 逐渐增加时，基函数 $\psi_{a,\tau}(t)$ 的时间窗口逐渐变大，而对应的频域窗口相应减小，中心频率逐渐变低；相反，当 a 逐渐减小时，基函数 $\psi_{a,\tau}(t)$ 的时间窗口逐渐减小，而对应的频域窗口相应增大，中心频率逐渐升高。

10.4.2.3　连续小波变换

将任意 $L^2(R)$ 空间中的函数 $f(x)$ 在小波基下进行展开，称这种展开为函数 $f(x)$ 的连续小波变换（continue wavelet transform，CWT），其表达式为：

$$WT_f(a,\tau)=<f(t),\psi_{a,\tau}(t)>=\frac{1}{\sqrt{a}}\int f(t)\overline{\psi\left(\frac{t-\tau}{a}\right)}dt \tag{10-42}$$

式中，$\overline{\psi\left(\frac{t-\tau}{a}\right)}$ 表示 $\psi\left(\frac{t-\tau}{a}\right)$ 共轭；$WT_f(a,\tau)$ 为小波变换系数。

任何变换都必须存在逆变换才有实际意义，对于连续小波变换而言，若采用的小波满足可允许性条件[式（10-42）]，则其逆变换存在，也即根据信号的小波变换系数就可以精确地恢复原信号，其重构公式（逆变换公式）如下

$$f(t)=\frac{1}{C_\psi}\int_0^{+\infty}\frac{da}{a^2}\int_{-\infty}^{+\infty}WT_f(a,\tau)\psi_{a,\tau}(t)d\tau=\frac{1}{C_\psi}\int_0^{+\infty}\frac{da}{a^2}\int_{-\infty}^{+\infty}WT_f(a,\tau)\frac{1}{\sqrt{a}}\psi(\frac{t-\tau}{a})d\tau$$

$$\tag{10-43}$$

式中，$C_\psi=\int_0^{+\infty}\frac{|\Psi(a\omega)|^2}{a}da<\infty$，即对 $\psi(t)$ 提出的允许条件。

小波变换可以比喻成用镜头观察目标（待分析信号），尺度因子 a 的作用相当于镜头推进或远离目标，位移因子 τ 的作用相当于镜头相对于目标平行移动。随着 a 值的减小，镜头向接近目标的方向移动，$\psi_{a,\tau}(t)$ 的时窗宽度减小，时间分辨率高，$\psi_{a,\tau}(t)$ 的频谱向高频方向移动，相当于对高频信号进行分辨率较高的分析，即用高频小波作细致观察，可用于对短时高频成分进行准确定位，当 a 值增大时，镜头向远离目标的方向移动，$\psi_{a,\tau}(t)$ 的时窗宽度增大，时间分辨率低，而频窗宽度减小，频率分辨率高，$\psi_{a,\tau}(t)$ 的频谱向低频移动，相当于用低频小波进行概貌观察，可用于对低频缓变信号进行精确的趋势分析。因此小波变换具有如下特点：

① 多分辨率分析的特点，可以由粗及精地逐步观察信号；

② 在时域和频域两域均具有表征信号局部特征的能力。

10.4.2.4　离散小波变换

由连续小波变换的概念知道，在连续变化的尺度 a 及平移参数 τ 下，小波基函数 $\psi_{a,\tau}(t)$ 具有很大的相关性，体现在不同点上的 CWT 系数满足重建核方程，因此信号 $f(t)$ 连续小

波变换系数 $WT_f(a, \tau)$ 的信息量是冗余的，因此在实际运用中，尤其是在计算机上实现时，连续小波必须加以离散化，这一离散化都是针对连续的尺度参数 a 和连续平移参数 τ，而不是针对时间变量 t。

取连续小波变换中的尺度参数 a 和平移参数 τ 分别为 $a=a_0^j$，$\tau=ka_0^j\tau_0$，这里 $j\in Z$，扩展步长 $a_0\neq1$ 是固定值，为方便起见，总是假定 $a_0>1$（由于 j 可取正也可取负，所以这个假定无关紧要）。对应的离散小波函数为：

$$\psi_{j,k}(t)=a_0^{\frac{-j}{2}}\psi\left(\frac{t-ka_0^j\tau_0}{a_0^j}\right)=a_0^{\frac{-j}{2}}\psi(a_0^{-j}t-k\tau_0) \tag{10-44}$$

而离散小波变换系数可表示为：

$$C_{j,k}=\int_{-\infty}^{+\infty}f(t)\psi_{j,k}(t)\mathrm{d}t=<f(t),\psi_{j,k}(t)> \tag{10-45}$$

其重构公式为

$$f(t)=C\sum_{-\infty}^{+\infty}\sum_{-\infty}^{+\infty}C_{j,k}\psi_{j,k}(t) \tag{10-46}$$

10.4.2.5　二进小波变换

对于尺度和位移均离散变化的小波序列，若连续小波只在尺度上进行了二进制离散（$a_0=2$），而位移仍取连续变化，称这样的小波为二进小波，表示为：

$$\psi_{2^j,\tau}(t)=2^{\frac{-1}{2}}\psi\left(\frac{t-\tau}{2^j}\right) \tag{10-47}$$

二进小波变换介于连续小波变换和离散小波变换之间，它只是对尺度参量进行了离散化，而在时间域上的平移量仍保持连续变化，因此二进小波变换仍具有连续小波变换的时移共变性。

函数 $f(t)\in L^2(R)$ 的二进小波变换系数为：

$$\mathrm{WT}_{2^j}(\tau)=f(t)\psi_{2,\tau}^j(t)=2^{\frac{-j}{2}}\int f(t)\psi\left(\frac{\tau-t}{2^j}\right)\mathrm{d}t \tag{10-48}$$

为了保证逆变换的存在，而二进小波必须满足以下条件。

设小波函数为 $\psi(t)$，其傅里叶变换为 $\Psi(\omega)$，若存在两个常数 $0<A\leqslant B<\infty$，使得：

$$A\leqslant\sum_{j\in Z}|\Psi(2^{-j}\omega)|\leqslant B \tag{10-49}$$

此时式（10-48）定义的二进小波才是有意义的二进小波。式（10-49）为二进小波的稳定条件。当 $A=B$ 时称为最稳定条件。

二进小波变换的重建公式为：

$$f(t)=\sum_{j\in Z}\int_R\mathrm{WT}_2^j(\tau)\widetilde{\psi}_{2,\tau}^j(t)\mathrm{d}\tau \tag{10-50}$$

式中　$\widetilde{\psi}_{2,\tau}^j(t)$——$\psi_{2,\tau}^j(t)$ 的对偶框架，其上、下界分别为 B^{-1}，A^{-1}。

10.4.2.6　二进正交小波变换

设小波函数为 $\psi(t)$，其傅里叶变换为 $\Psi(\omega)$，且满足：

$$\sum_j|\Psi(2^j\omega)|^2=1 \tag{10-51}$$

则 $\psi(t)$ 为二进正交小波。

尺度因子和平移参数按二进制离散 $a_0=2$，$b_0=1$，二进正交小波为：

$$\psi_{j,k}(t)=2^{\frac{-j}{2}}\psi(2^{-j}t-k) \tag{10-52}$$

10.4.2.7　多分辨率分析

多分辨率分析(multi-resolution analysis MRA)，又称为多尺度分析，是建立在函数空间概念上的理论，但其思想的形成源于工程，该方法是由图像分析学家 S. Mallat 发明的。它的基本思想是利用正交小波基函数的多尺度特性将信号在不同尺度下展开并加以比较，以得到有用的信息。这种思想直接导致了 MRA 理论的产生，这种思想和多采样滤波组不谋而合。MRA 不但为正交小波基函数的构造提供了一种简单的方法，而且还为正交小波变换的快速算法（Mallat 算法）提供了理论依据。因此 MRA 在正交小波变换理论中有非常重要的地位。

可以将多尺度理解为照相机的镜头，当尺度由大到小变化时，就相当于将照相机镜头由远到近地接近目标，在大尺度空间里，对应远镜头下观察目标，只能看到目标大致的概貌，在小尺度空间里，对应近镜头下观察目标，可观测到目标的细微部分。因此，随着尺度由大到小的变化，在各尺度上可以由粗及精地观察目标，这就是多尺度（多分辨率分析）的思想。

对于任意函数 $f(t) \in V_0$（V_0 为零尺度空间），可以将它分解为细节部分 W_1 和大尺度逼近部分 V_1，然后将大尺度逼近部分 V_1 进一步分解，如此重复就可以得到任意尺度上的逼近部分和细节部分，这就是多分辨率分析的框架。

10.4.2.8　Mallat 算法

小波的快速分解过程如图 10-20(a) 所示，其中：

$$c_{j+1,k} = \sum_m h_0(m-2k)c_{j,m} \qquad d_{j+1,k} = \sum_m h_1(m-2k)c_{j,m} \qquad (10\text{-}53)$$

如图 10-20(b) 所示是小波快速重建算法，其中：

$$c_{j-1,m} = \sum_k c_{j,k}h_0(m-2k) + \sum_k d_{j,k}h_1(m-2k) \qquad (10\text{-}54)$$

式中，$h_0(n)$ 和 $h_1(n)$ 称为滤波器系数，分别为：

$$h_0(n) = (\phi, \phi_{-1,n}) \quad h_1 = (\psi, \psi_{-1,n}) \qquad (10\text{-}55)$$

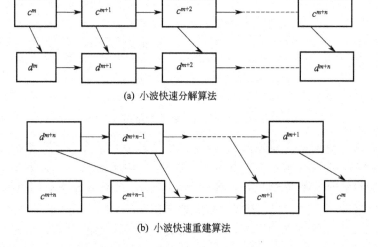

(a) 小波快速分解算法

(b) 小波快速重建算法

图 10-20　Mallat 算法分解与重建算法

从数字滤波器的角度来看，式(10-53) 所描述的由零尺度空间 V_0 到 V_1，小波空间 W_1 的系数分解（$j=1$）过程分别用如图 10-21(a) 和图 10-21(b) 所示的电路结构来实现，系数一次分解的总过程如图 10-21(c)。其中 $h_0(n)$ 和 $h_1(n)$ 为由二尺度方程决定的滤波器系数。

若将初始输入序列 $c_{0,k}$ 看做一个离散序列，则图 10-21(c) 表示离散序列进行双通道滤波的过程，$h_0(n)$ 和 $h_1(n)$ 为双通道滤波器组。可以证明，$h_0(n)$ 具有低通性质，$h_1(n)$ 具有高通性质，因此它们的滤波输出分别对应于离散信号的低频概貌和高频细节。

图 10-21 中 $\downarrow 2$ 表示二进制抽取采样，使总的输出序列长度与输入长度保持一致。对 $c_{j,k}$ 继续进行类似的分解（由 V_1 到 V_2、W_2 的分解），可以得到 $c_{2,k}$ 和 $d_{2,k}$。由式(10-54) 得知，所需电路结构及滤波器系数，并且类似的结构可一直重复推演下去。

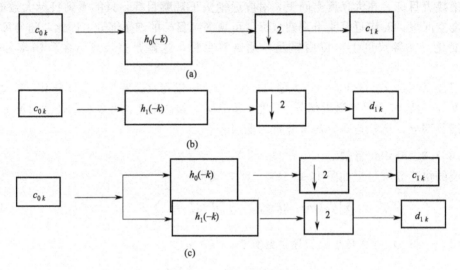

图 10-21　分解电路结构

如图 10-22 所示为二次分解的电路结构，即一次分解把输入离散信号分解成一个低频的粗略逼近和一个高频的细节部分，每次输出采样率都可以再减半，但保证总的输出系数长度不变。这样实现原始离散信号的多分辨率分解。

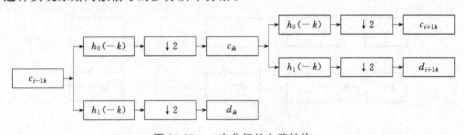

图 10-22　二次分解的电路结构

若用数字滤波器理论描述重建式(10-55)，其电路结构如图 10-23 所示。图中，$h_0(n)$ 和 $h_1(n)$ 信号分解时保持一致，$\uparrow 2$ 表示"二插值"，用来恢复"二抽取"前的序列长度。插值后的序列经相应的低通 $h_0(n)$ 和高通 $h_1(n)$ 滤波，可平滑补零后的波形，也就是去掉补零后的镜像谱。

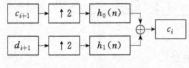

图 10-23　重建电路结构

若将所得到的 j 尺度上的系数 $c_{j+1}c_{j,k}$ 再加上小波系数 $d_{j,k}$，重复如图 10-24 所示的电路处理，则可得到 c_{j-1}。如图 10-24 所示，如此重复下去，可重建出任意尺度上的尺度系数，直至原始信号。

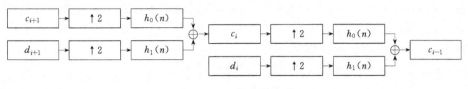

图 10-24　二级重建电路

10.4.3　基于小波变换的管道压力信号去噪

10.4.3.1　引言

在实际工况下，管道在输送流体的过程中，由于管道周围介质的扩散、管道的摩阻以及外输泵的运转特性的影响，所采集到的压力信号中混杂有大量噪声，压力信号的变化与噪声干扰信号的幅度相当，乃至被其完全淹没。为了提高泄漏判断和泄漏点定位的可靠性、准确性，首先需要做信号的预处理，将信号的噪声部分去除，提取有用信号。去噪的目的在于能使信号处理中损失的分量中噪声的成分尽可能大，而有用信息不受损失或损失尽可能小，使信号得到较好重构。而这种信号的消噪，用传统的傅里叶变换分析显得无能为力，因为傅里叶分析是将信号完全在频率域中进行分析，它不能给出信号在某个时间点上的变化情况，使得信号在时间轴上的任何一个突变，都会影响信号的整个谱图。而小波分析由于能同时在时频域内对信号进行分析（并且在频率域内分辨率高时，时间域内分辨率则低；在频率域内分辨率低时，时间域内分辨率则高，且有自动变焦的功能），所以它能有效地区分信号中的突变部分和噪声，从而实现信号的消噪。

基于此，随着小波理论的不断成熟，其在信号去噪中的应用越来越广泛和深入，所采用的小波方法也数不胜数。到目前为止，小波去噪的方法大概可分为三类：第一类方法是基于小波变换模极大值原理，最初由 Mallat 提出，即根据信号和噪声在小波变换各尺度上的不同传播特性，剔除由噪声产生的模极大值点，保留信号对应的模极大值点，进而恢复信号；第二类方法是对含噪信号作小波变换之后，计算相邻尺度间各点小波系数的相关性的大小来区别小波系数的类型，进而进行取舍，然后直接重构信号；第三类方法是 Donoho 提出的阈值方法，该方法认为信号对应的小波系数包含有信号的重要信息，其幅值较大，但数目较少，而噪声对应的小波系数是一致分布的，个数较多，但幅值小。基于这一思想，人们提出软阈值和硬阈值去噪方法，即在众多小波系数中，把绝对值较小的系数置为零，而让绝对值较大的系数保留或收缩，分别对应于硬阈值和软阈值方法，得到估计小波系数（estimated wavelet coefficients，EWC），然后利用估计小波系数直接进行信号重构，即可达到去噪的目的。这些方法各有其特点，但都有一个共同点或相似点，即根据信号和噪声在小波变换下小波系数的不同特性得出相应的处理方法。本研究采用第三类方法对管道泄漏压力信号进行滤波。

10.4.3.2　噪声信号的小波分析特性

运用小波分析进行一维信号消噪处理是小波分析的一个重要应用之一，设一个含噪声的一维信号模型可以写成如下形式：

$$s(i)=f(i)+\sigma e(i),i=0,1,\cdots,n-1 \tag{10-56}$$

在实际的工程中，有用信号通常表现为低频信号或是一些比较平稳的信号，而噪声信号则通常表现为高频信号，所以消噪过程如下。

首先对信号进行小波分解（假设进行 3 层分解，分解过程如图 10-25 所示），则噪声部分通常包含在 cD1、cD2、cD3 中，因而可以以门限阈值等形式对小波系数进行处理，然后对信号进行重构即可达到消噪的目的。对信号 $s(i)$ 消噪的目的就是要抑制信号中噪声部分，从而从 $s(i)$ 中恢复出真实信号 $f(i)$。

采用阈值法按照以下步骤对带噪信号进行消噪处理。

(1) 一维信号的小波分解　选择一个小波函数 $\psi(x)$，选择小波分解的层次 n，计算带噪信号各级小波变换的小波系数。

(2) 小波分解高频系数的阈值量化　对各级小波系数设定一个阈值，按照一定的规则对小波系数进行阈值调整。

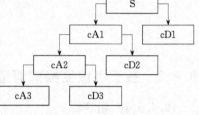

图 10-25　信号消噪

(3) 一维小波的重构　对经阈值调整后的各级小波系数以及原有未经调整的最高级尺度系数按小波变换的反演算法进行信号重构，得到消噪后的信号。

在利用小波进行信号消噪的过程中，关键是小波的选择和阈值的选择，从某种程度上说，它直接关系信号消噪的质量。

10.4.3.3　小波的选取

小波分析在工程应用中，一个十分重要的问题是最优小波基的选择问题，这是因为用不同的小波基分析同一个问题会产生不同的结果。目前主要是通过用小波分析方法处理信号的结果与理论结果的误差来判定小波基的好坏，并由此选定小波基。

根据不同的标准，小波函数具有不同的类型，这些标准通常如下。

① Ψ、$\dot{\Psi}$、Φ、$\dot{\Phi}$ 的支撑长度　即当时间或频率趋向无穷大时，从一个有限值收敛到 0 的速率；

② 对称性　它在图像处理中对于避免移相是非常有用的。

③ Φ 和 Ψ（如果存在的情况）的消失矩阶数　它对于压缩是非常有用的。

④ 正则性　它对信号或图像的重构获得较好的平滑效果是非常有用的。

表 10-2 给出 8 个小波主要性质。

表 10-2　8 个小波主要性质

小波函数	Haar	Daubechies	Biorthgonal	Coiflets	Symlets	Morlet	Mexican har	Meyer
小波缩写名	haar	db	bior	coif	sym	morl	mexh	meyer
表示形式	haar	dbN	BiorNr. Nd	coifN	symN	morl	mexh	meyer
举例	haar	db3	Bior2. 4	coif3	sym2	morl	mexh	meyer
正交性	有	有	无	有	有	无	无	有
双正交性	有	有	有	有	无	无	无	有
紧支撑性	有	有	有	有	无	无	无	无
连续小波变换	可以	可以	可以	可以	可以	可以	可以	可以
离散小波变换	可以	可以	可以	可以	可以	不可以	不可以	可以
支撑长度	1	$2N-1$	重构：$2Nr+1$ 分解：$2Nd+1$	$6N-1$	$2N-1$	有限长度	有限长度	有限长度
滤波器长度	2	$2N$	$\text{Max}(2Nr, 2Nd)+2$	$6N$	$2N$	$[-4,4]$	$[-5,5]$	$[-8,8]$
对称性	对称	近似对称	不对称	近似对称	近似对称	对称	对称	对称

续表

小波函数	Haar	Daubechies	Biorthgonal	Coiflets	Symlets	Morlet	Mexican har	Meyer
小波函数消失 矩阵数	1	N	Nr-1	2N	N	—	—	—
尺度函数消失 矩阵数	—	—	—	2N-1	—	—	—	—

10.4.3.4　小波消噪中阈值的选取

在用一维小波进行信号的消噪过程中，必须使用阈值进行小波分解系数的量化处理。在 MTALAB 软件中，根据基本的噪声模型，thselect 提供了 4 种方式求取阈值，每一种规则的选择由该函数中所对应的输入参数 tptr 决定，该函数返回所求阈值的大小，见表 10-3。

表 10-3　参数 **tptr** 的四种选择

tptr 选项	阈值选择规则
'rigrsure'	采用史坦的无偏似然估计原理进行阈值选择
'sqtwolog'	固定的阈值形式，大小是 sqrt(2 * log(length(X)))
'heursure'	启发式阈值选择
'minimaxi'	用极大极小原理选择的阈值

tptr＝'rigrsure' 是一种基于史坦的无偏似然估计原理的自适应阈值选择。对一个给定的阈值 t，得到它的似然估计，再将非似然 t 最小化，就得到了所选的阈值 t，它是一种软件阈值估计器。

tptr＝'sqtwolog' 采用的是固定阈值的形式，产生的阈值大小是 sqrt (2 * log (length(X)))。

tptr＝'heursure' 是前两种阈值的综合，是最优预测变量阈值的选择。如果性噪比很小，SURE 估计有很大的噪声，就应采用这种固定阈值。

tptr＝'minimaxi' 采用的也是一种固定阈值，它产生一个最小均方误差的极值，而不是无误差。在统计学上，这种极值原理用于设计估计器，因为被消噪的信号可看做与未知回归函数的估计式相似，这种极值估计器可以在一个给定的函数中实现最大均方误差最小化。

10.5　统计模式识别在长输管道泄漏监测中的应用

对于几百千米长的，有若干个泵站和热站的复杂的长输管道系统，为了节省能源，其常规的输送方式为一泵到底或者从泵到泵，这样整个管路形成了一个密闭的、连续的水力系统。由于管路结构和运行工况的复杂性，加上水击波的摩阻衰减和管道充装作用的影响，单是从波形结构上进行模式类划分难以适用于各种情况。为了解决对复杂工况正确判别的问题，将统计模式识别的方法引入长输管道运行状态监测技术。

这种方法的基本设想是：将监测到的所有调泵、调阀、停输、盗油泄漏、腐蚀泄漏、干线放燃料油进罐泄漏等信息存入先验知识样本库中，按不同的情况进行分类。对每一次的不稳定工况数据与样本库中的各种模式样本进行比较，最接近于哪一种情况，即判断出发生了该种情况。这样做不需要完全从理论上阐释清每种情况的具体波形特征，而是把整个管道系统当做一个黑匣,研究其边界已知参数的输出特性,仅凭借样本库中的先验知识,使用模式类划分的方法做出判断。

模式分类的概念可以通过把特征空间加以划分(或者从特征空间到决策空间的映射)来说明。假定从每个输入模式获得 n 个特征,n 个特征可以当做一个向量 x,称为特征向量,或者是 n 维特征空间 Ω_x 中的一个点。分类的问题就是把特征空间中每个可能的向量(或者点)指定到一个适当的模式类中。

10.5.1 特征向量的确定

特征向量的选取是基于对大量现场检测到的不同工况的典型信息进行分析的基础上做出的。

因为管道内部工况复杂,理论上分析再完善也难以预见到所有问题,但是两端的压力波形却具有基本上固定的相关性,不同的相关性特点对应着不同的运行情况,即泄漏时有泄漏的相关特点,调泵时有调泵的相关特点,关阀时有关阀的相关特点,干线进燃料油有进燃料油的相关特点。因此,特征提取中不仅包含本端波形的信息,还包括两端波形的相关信息。选用的特征度量有如下。

首端压力差的均值:

$$x_1 = \frac{1}{n}\sum_{i=1}^{n}(P_{s_i} - P_{sw_i}) \tag{10-57}$$

式中 n——截取数据段的长度;

P_{s_i}——待分析数据段数据;

P_{sw_i}——代表首端稳态数据段数据。

首端压力均方根:

$$x_2 = \sqrt{\frac{1}{n}\sum_{i=1}^{n}(P_{s_i} - \overline{P}_s)^2} \tag{10-58}$$

式中

$$\overline{P}_s = \frac{1}{n}\sum_{i=1}^{n}P_{s_i}$$

首端压力斜率均值:

$$x_3 = \frac{1}{n-j}\sum_{i=1}^{n-j}k_{s_i} \tag{10-59}$$

式中 k_{s_i}——压力段第 $i \sim i+j$ 个数据的最小二乘拟合斜率。

首端压力斜率均方根:

$$x_4 = \sqrt{\frac{1}{n-j}\sum_{i=1}^{n-j}(k_{s_i} - \overline{k}_s)} \tag{10-60}$$

式中

$$\overline{k}_s = \frac{1}{n-j}\sum_{i=1}^{n-j}k_{s_i}$$

末端压力差的均值:

$$x_5 = \frac{1}{n}\sum_{i=1}^{n}(P_{e_i} - P_{ew_i}) \tag{10-61}$$

式中 n——截取数据段的长度;

P_{e_i}——待分析数据段数据；

P_{ew_i}——末端稳态数据段数据。

末端压力均方根：

$$x_6 = \sqrt{\frac{1}{n}\sum_{i=1}^{n}(P_{e_i} - \overline{P_e})^2} \tag{10-62}$$

式中

$$\overline{P_e} = \frac{1}{n}\sum_{i=1}^{n}P_{e_i}$$

末端压力斜率均值：

$$x_7 = \frac{1}{n-j}\sum_{i=1}^{n-j}k_{e_i} \tag{10-63}$$

式中　k_{e_i}——压力段第 $i \sim i+j$ 个数据的最小二乘拟合斜率。

末端压力斜率均方根：

$$x_8 = \sqrt{\frac{1}{n-j}\sum_{i=1}^{n-j}(k_{e_i} - \overline{k_e})} \tag{10-64}$$

式中

$$\overline{k_e} = \frac{1}{n-j}\sum_{i=1}^{n-j}k_{e_i}$$

首末端压力差的均方根：

$$x_9 = \sqrt{\frac{1}{n}\sum_{i=1}^{n}(P_{s_i} - P_{e_i} - \overline{P_{se}})^2} \tag{10-65}$$

式中

$$\overline{P_{se}} = \frac{1}{n}\sum_{i=1}^{n}(P_{s_i} - P_{e_i}) \tag{10-66}$$

首末端斜率最小点位置差：

$$x_{10} = D_s - D_e$$

式中　D_s——首端斜率数据最小值对应的采样点序号；

D_e——末端斜率数据最小值对应的采样点序号；

压力波动对两端数据扰动大小的度量：

$$x_{11} = \frac{x_2}{x_6}$$

特征向量定义为：　　　　　$X = [x_1, x_2, \cdots, x_{11}]$

10.5.2　分类方法的确定

分类问题可以借助于判别函数来加以公式化。用 w_1，w_2，$\cdots$，w_m 表示需要加以识别的 m 个模式类，令 $X = [x_1, x_2, \cdots, x_n]$ 表示特征向量，其中 x_i 表示第 i 个特征的度量。用 $D_j(X)$ 表示与模式类 $w_j (j=1, 2, \cdots, m)$ 相联系的判别函数，那么如果特征向量 X 所表示的输入模式在 w_i 中，记成 $X \sim w_i$，则 $D_i(X)$ 的值必须最大，即对所有的 $X \sim w_i$。

$$D_i(x) > D_j(x), i, j = 1, 2, \cdots, m, i \neq j \tag{10-67}$$

这样在特征空间 Ω_x 中，区分类 w_i 及 w_j 之间的边界，称为判决边界，由下式方程表示。

$$D_i(X) - D_j(X) = 0 \tag{10-68}$$

考虑到长输管道中情况比较复杂，模式类比较多，难以使用确定形式的判别函数划分特征空间，本研究中选用最小距离分类器作为模式分类的方法。

假定给出 m 个参考向量 R_1，R_2，$\cdots$，R_m，其中 $R_j \sim w_j$。关于 R_1，R_2，$\cdots$，R_m 的最小距离分类方案，是若 X 分为来自 w_i 类，则 $|X-R_i|$ 取最小值。$|X-R_i|$ 定义为 X 与 R_i 之间的最小距离。

对于采集到的典型工况的典型数据序列进行分析，提取模式特征向量，并经过处理后，作为各种模式类的判别依据。

正常情况：$M_a = [M_{a_1}, M_{a_2}, \cdots, M_{a_{11}}]$。

首端调泵：$M_b = [M_{b_1}, M_{b_2}, \cdots, M_{b_{11}}]$。

末端调泵：$M_c = [M_{c_1}, M_{c_2}, \cdots, M_{c_{11}}]$。

管道泄漏：$M_d = [M_{d_1}, M_{d_2}, \cdots, M_{d_{11}}]$。

首端站内放燃料油入罐：$M_e = [M_{e_1}, M_{e_2}, \cdots, M_{e_{11}}]$。

末端站内放燃料油入罐：$M_f = [M_{f_1}, M_{f_2}, \cdots, M_{f_{11}}]$。

样本模式库建立以后，监测的过程中由数据分段方法检测到管道处于异常工况以后，需要对有问题的数据段和其对应的稳态数据进行特征提取，获得输入模式特征向量。

$$M = [m_1, m_2, \cdots, m_{11}]$$

用 M 分别与模式模板中的特征向量作比较。计算输入向量与模式库中模板向量之间的距离，作为判别的指标，距离定义为：

$$D_j = \sum_{i=1}^{11} (\frac{m_i - m_{ji}}{m_{ji}}) k_i \tag{10-69}$$

式中　j——特征模板的序号；

D_j——输入模式与第 j 类模板间的距离；

k_i——根据特征向量中的判据元素的重要程度而不同的权值。

计算结束后，D_j 序列中绝对值最小的值所对应的模板状态即为输出模式状态。

10.6　管道在线泄漏检测系统的性能评价

10.6.1　故障诊断系统的性能评价

对一个实际的故障诊断系统，可用下述性能指标加以评价。

① 故障检测的及时性（promptness of detection）。

② 对早期故障检测的灵敏性。

渐变故障有一个形成和发展的过程。在故障形成的初期，故障对系统参数和性能的影响并不十分明显，且这种影响容易被系统的噪声或模型误差的影响多掩盖，因而难以被检测出来。

③ 故障的误报警率和漏检率。

错误地将噪声或模型误差的影响当成故障所产生的影响而发出故障报警，称为误报警（false alarm）。故障检测系统的灵敏度越高，报警阈值选得越小，则误报警率就越高。当系统已发生故障，而诊断系统未能检测出故障的发生，称为故障漏检（missed fault detection）。漏检的产生，除了诊断系统本身的故障外，往往是由于故障检测系统不够灵敏所致。

④ 故障评价和故障定位的准确度。

检测出系统的故障后，要求确定故障发生的位置并对故障的严重程度作出评价。

⑤ 故障检测系统的鲁棒性。

故障检测系统的鲁棒性是指故障检测系统的性能不受实际被检测系统运行条件变化的影响程度。故障检测系统的鲁棒性主要考虑两个方面的影响：过程模型参数误差的影响和扰动及噪声的影响。这两个因素会影响冗余信号的精度，从而影响故障检测系统的性能。

一个实际的故障诊断系统往往是针对具体的故障类型设计的，它对其他类型的故障可能不奏效，这也是影响诊断系统性能的一个因素。

上述性能评价准则对同一个诊断系统来说，有些是相互矛盾的。例如，为了减少故障漏检，提高对早期故障检测的灵敏性，就要求故障检测系统灵敏些，报警阈值选得小一些，但这样势必会使误报警率提高。因而，对一个实际的故障诊断系统，必须从实际出发，对各种性能指标进行综合考虑。

10.6.2　管道泄漏检测系统的性能指标

自 20 世纪 80 年代以来，国内一些高校相继开始进行长输管线的泄漏检测与定位方法的研究，并于 90 年代成功推出长输管线泄漏检测系统，对该领域的研究和开发起到了推进作用。

近 10 年来，管道泄漏检测系统得到普遍的应用，用户对系统的性能指标也提出了不同的要求。对于一个实际的泄漏检测系统，其主要性能指标可概括为四条：泄漏检测的灵敏度、泄漏点定位的精度、系统抗工况扰动的能力和系统的响应时间。

10.6.2.1　泄漏检测灵敏度

根据基于负压波的泄漏检测与定位方法的原理，泄漏能被检测出来的必要条件是管道两端采集到的因泄漏所产生的压力的变化能被传感器所检测到，并能明显地与系统的噪声相区别。

泄漏检测灵敏度这个指标（或"最小可检测泄漏量"）与很多因素有关：管道的长度、管径的大小、管道上下游端的运行压力、管内介质状态（单项还是多项）和物位参数、管道走向中的高度差、泄漏的模式（突然泄漏还是缓慢泄漏）和泄漏点的位置、系统的噪声以及检测仪表的精度等。

对一条特定的具体管道，管道参数（长度和管径）和输送介质的物性参数是确定的，管道泄漏量的大小与泄漏孔的面积有关，泄漏孔的面积越大，泄漏流量就越大。同样大小的泄漏孔，压力越大，所产生的泄漏流量越大。因此，对同一条管道，按给定泄漏孔的位置和大小，一般可估算出泄漏流量。同样大小的泄漏孔在上游所产生的泄漏流量比在下游产生的泄漏流量要大。

在实际存在一个泄漏流量估算的"逆问题"，即对于一个实际的泄漏检测系统，到底能检测出多大的泄漏量？这就是通常所提的"泄漏检测灵敏度"，是用户普遍关心的主要性能指标（泄漏检测灵敏度、泄漏点定位精度、抗工况扰动的能力和系统响应时间）之一。

从目前所看到的资料，泄漏检测灵敏度指标的提法有三种：最小泄漏孔径（面积）、最小绝对泄漏量 Q_{min}^L 和最小相对泄漏量 $v(Q_{min}^L/Q)$，Q 为管道的绝对输量。

（1）**最小泄漏孔径（面积）**　对于一条具体的管道来说，同样大小的孔径所产生的泄漏量与孔所在位置的压力大小有关。管线的运行负荷越大，同一位置、同样大小的孔所产生的泄漏量越大；同样大小的泄漏孔距上游端越近，则所产生的泄漏量也越大。因此，笼统地用最小泄漏孔径（或面积）作为泄漏检测灵敏度指标，其解释是不唯一的，因而在实际中也是不可操作的。

(2) 最小绝对泄漏流量 Q_{min}^L：一般用单位时间流过泄漏孔的流量来表示。最小绝对泄漏量这个指标对于基于流量平衡的泄漏方法来说是一个唯一的、合适的性能指标。但对目前国内外普遍采用的基于负压波的泄漏检测方法来说，解释却不是唯一的。由于同样的绝对泄漏量在管道的不同位置、不同输量下在管内所产生的压力分布的变化是不一样的，因而灵敏度也是不一样的。因此，在采用最小绝对泄漏量 Q_{min}^L 作为指标时，必须说明泄漏在什么输量下和在管道的什么位置出现。如约定在管道的额定输量（设计输量）下、管道中间位置出现泄漏时的最小绝对泄漏量是 Q_{min}^L 作为泄漏检测灵敏度指标，解释将是唯一的和可靠的。

(3) 最小相对泄漏量 v 定义为"最小绝对泄漏量/管道的输量"。与最小绝对泄漏量指标类似，对一条具体管道来说，输量不同、泄漏点位置不同，最小相对泄漏量在管内所产生的压力分布的变化是不一样的，因而灵敏度也不一样。因而笼统地提最小相对泄漏量也是不准确的，建议采用在管道的额定输量（设计输量）下，管道中间位置出现泄漏时的最小相对泄漏量 (Q_{min}^L/Q) 作为泄漏检测灵敏度指标。

综上所述，影响泄漏检测灵敏度指标的因素很多，要想确定一个适合任何情况的泄漏检测灵敏度指标是不现实的。为此假设：

① 系统的噪声主要来源于加压泵（容积泵或离心泵）；

② 管道沿水平敷设；

③ 管道出现突然泄漏（而不是缓慢泄漏）；

④ 管内介质为单相流动；

⑤ 仪表精度已知。

对一条具体的管道来说，管道的长短和管径、介质的物性参数、测量仪表的精度均已确定，系统噪声的大小可通过运行数据估计出来。在上述条件下，泄漏检测灵敏度仅与管道运行的工况（压力和流量）、泄漏点的位置有关。为便于比较，约定泄漏点处于该管道中间，通过仿真，可以估计出"最小可检测泄漏量"，并以此作为泄漏检测系统的泄漏检测灵敏度指标。在实际中，这个指标的解释是唯一的。

可检测的最小泄漏量还与泄漏的模式有关，缓慢泄漏的情况下，可检测的最小泄漏量要比突然泄漏情况下的可检测的最小泄漏量大。可检测的最小泄漏量不可能无限小，一般可根据具体情况，定出一个工程上能接受的 Q_{min}^L。

泄漏检测灵敏度的提高在一定程度上依赖于系统检测算法的改进，但从根本上讲是由管道系统本身和所采用的泄漏检测的基本原理所决定的。

10.6.2.2 泄漏点的定位精度

在泄漏检测系统检测出管道出现泄漏后，需要对泄漏点进行定位。在基于负压波原理的泄漏检测系统中，影响泄漏点定位精度的主要因素有：管道泄漏所产生的负压波传播到管道两端时下降沿的清晰程度、管道内压力波传播速率的误差、管道两端的压力变送器所捕捉到负压波到达时间的误差、流体的流速和压力信号的采样周期等。

(1) 波速 a 对定位的影响 泄漏点定位所用到的波速 a 最好在现场进行实际测定。一般采用启、停泵的办法，根据实际管道的长度和下游端对上游端启停泵的响应时间计算出实际的波速。当然，实际管道长度和响应时间的误差，会给波速的测定带来误差。

设泄漏引起的负压波传播到上、下游端的时间分别为 t_1 和 t_2，定义 $\tau = t_1 - t_2$，则泄漏点的位置可由下式确定。

$$X_L = \frac{L + \tau a}{2} \tag{10-70}$$

泄漏点在 X_L 在下游时，τ 为 "+"；X_L 在上游时，τ 为 "-"。

设波速的误差为 Δa，它所引起的定位误差为：

$$\Delta X_L^{\Delta a} = \frac{\tau}{2} \Delta a = \frac{2X_L - L}{2a} \Delta a \tag{10-71}$$

例如，若 $a = 1000 \text{m/s}$，$L = 10000 \text{m}$，$\Delta a = 100 \text{m/s}$，则由式(10-71) 的波速误差引起的定位误差为：

$$|\Delta X_L^{\Delta a}| = \left| \frac{2X_L - L}{2a} \Delta a \right| = 500 \text{m} \tag{10-72}$$

(2) 管内介质流速 v 对定位的影响　若定位时考虑流速的影响，则泄漏引起的负压波传播到上、下游端的时间 t_1 和 t_2 分别为：

$$t_1 = \frac{X_L}{a - v}, t_2 = \frac{L - X_L}{a + v}$$

$$\tau = t_1 - t_2 = \frac{2aX_L - L(a - v)}{a^2 - v^2} \tag{10-73}$$

$$X_L = \frac{(a^2 - v^2)\tau + L(a - v)}{2a} \tag{10-74}$$

例如，若 $a = 1000 \text{m/s}$，管径为 0.3m，流量为 $72 \text{m}^3/\text{h}(0.02 \text{m}^3/\text{s})$，则流速 $v = 0.02/0.0763 \approx 0.3 (\text{m/s})$。在工程上，流速与波速相比对行为误差的影响可以忽略。

(3) 管长误差 ΔL 对定位引起的定位误差

$$\Delta X_L^{\Delta L} = \frac{\Delta L}{2}$$

例如，已知管长误差 $\Delta L = 100 \text{m}$，则 $\Delta X_L^{\Delta L} = \frac{\Delta L}{2} = 50 \text{m}$。

可见，若其他参数准确，则管长误差 ΔL 引起的定位误差仅与 ΔL 有关，而与管长无关。

(4) 时间差 τ 对定位的影响　时间差 τ 的误差主要受 3 个因素的影响：采样样时刻、负压波下降沿的清晰程度和信号传输延迟。

① 采样时刻的影响　对一个具体的泄漏检测系统来说，由离散采样所造成的时间误差会影响系统的定位误差。设信号线采样周期为 $T_s(\text{s})$，在上、下游端的负压波下降沿理论上严格清晰的情况下，下降沿时刻采样误差最大为一个周期 T_s，两端采样误差最大为：

$$\Delta \tau_{T_s} = 2T_s \tag{10-75}$$

② 管道两端负压波下降沿清晰程度的影响　管道两端负压波下降沿清晰程度影响负压波传播的时间差 τ，而下降沿的清晰程度与泄漏模式、泄漏量大小、管道本身的弹性形变和输送介质的可压缩性等有关。突然泄漏所产生的负压波下降沿要比缓慢泄漏所产生的负压波下降沿清晰，大泄漏产生的负压波下降沿比小泄漏所产生的负压波下降沿清晰，小弹性系数的管道比大弹性系数的管道泄漏所产生的负压波下降沿清晰，可压缩性小的介质（液体）泄漏所产生的负压波下降沿要比可压缩性大的介质（气体）泄漏所产生的负压波下降沿清晰。

实际上，管道两端下降沿的清晰程度是影响传播时间差 τ，进而影响泄漏定位精度最主要的因素，但这一因素很难进行定量分析。

对这部分的影响，可在采样周期 T 对定位影响的基础上加一个系数 λ。λ 的变化范围为 $[1, \lambda_m]$。当下降沿理论上严格清晰时，$\lambda = 1$；在实际中，λ_m 与下降沿清晰程度有关，但数值很难确定。

这样，考虑负压波下降沿的清晰程度后因采样所引起的总误差理论上认为 $\Delta\tau_{T_s}=2\lambda T_s$。

③ 信号传输延迟的影响　在定位时，要求上、下游所采集的压力信号在时间上严格同步。压力信号在通过网络传输的过程中，由于网络传输延迟造成的误差为 $\Delta\tau_d$。$\Delta\tau_d$ 的大小与网络的拥塞状况有关，很难进行定量估计。

综上所述，时间差 τ 的总误差为：

$$\Delta\tau=\Delta\tau_{T_s}+\Delta\tau_d \tag{10-76}$$

$\Delta\tau$ 引起的定位误差为：

$$\Delta X_L^{\Delta L}=\frac{\Delta\tau a}{2}=\left(\lambda T_s+\frac{1}{2}\Delta\tau_d\right)a \tag{10-77}$$

例如，当液体输送管道内的波速为 1000m/s，信号的采样周期为 100ms，$\lambda=1$，则理论上因采样误差而引起的定位误差为 100m。考虑采样误差和下降沿清晰程度影响在内的负压波传播时间的总误差为 $\Delta\tau=2\lambda T_s$。实际中，$\lambda>1$，所引起的定位误差大于 100m。

(5) 定位精度指标的确定　通过以上的分析可以看出，影响定位误差的因素很多，为使定位误差指标比较符合实际，解释位移，在工程上可操作，同样作如下假定：

① 数据采样周期为 T_s；

② 管道沿水平敷设；

③ 管道出现突然泄漏（而不是缓慢泄漏）；

④ 管内介质为单相流动；

⑤ 仪表精度已知；

⑥ 泄漏点处于管线中间位置。

上述结果是一种统计意义上的分析结果，可作为在系统设计阶段对系统性能指标进行评价的参考。实际中，由于影响定位结果的因素复杂，个别泄漏试验所得到的定位误差比上述分析结果小或大均是可能的，也是正常的。

10.6.2.3　抗工况扰动能力

在实际系统中，除泄漏会产生负压波外，上游站停泵、关阀门、收油和下游站的倒灌等正常的操作和系统的其他扰动均同样会产生类似的负压波，并可能引起报警。这类非泄漏因素所引起的报警，统称为误报。

误报率是统计理论中的一个用于评价检测方法性能的指标。设 R_F 为误报率，N_F 为误报次数，N 为非泄漏因素所导致的、可能引起系统误报的扰动次数。则误报率的定义为：

$$R_F=\frac{N_F}{N} \tag{10-78}$$

在工程上，如何确定为非泄漏因素所导致的、可能引起系统误报的扰动次数是一个问题。在实际系统中，最可能引起误报的是上、下游压力均出现下降的情况。在工程上，可以用某一段时间内上、下游压力均出现下降的次数来代替非泄漏因素所导致的、可能引起系统误报的扰动次数。

抑制非泄漏因素所引起的误报能力，是泄漏检测系统性能的一个重要指标。目前大多采用下列方法以减少误报次数。

① 准确定位。在检测具有泄漏引起的负压波特征后，进行准确定位，如泄漏点定位在上、下游站附近的一个事先设定好的区间内，则认为是站上操作所引起的扰动，不进行报警。

② 在存在流量信号的情况下，可把压力信号与流量信号综合起来考虑，以减少误报。泄漏和站上操作对压力和流量的影响见表 10-4。当管道泄漏时，上游站的压力下降，流量上升，下游站的压力下降，而流量也下降。而上游端停泵时，上下游的压力均下降，流量也均下降。

表 10-4　泄漏和站上操作对压力和流量的影响

项　　目	上游压力	下游压力	上游流量	下游流量
泄漏	↓	↓	↑	↓
上游启泵	↑	↑	↑	↑
下游停泵 *	↓	↓	↓	↓
上游开阀	↑	↑	↑	↑
下游关阀 *	↓	↓	↓	↓
下游倒罐 *	↓	↓	↑	↑
下游关阀	↑	↑	↓	↓

注：* 表示操作会引起泄漏，下同。

从表 10-4 可以看出，下游停泵、上游关阀和下游倒罐操作均会产生类似于泄漏的现象，上、下游压力下降，上、下游流量同时减少或同时增加；但在泄漏时，上、下游压力下降，下游流量减少而上游流量反而上升。

③ 设置双压力传感器。在没有流量信号的情况下，如条件许可，可在上、下游端设置双压力传感器，以减少误报。在上游端设置压力传感器 p_1 和 p_2，在下游端设置压力传感器 p_3 和 p_4。泄漏和站上操作对瞬态压差信号的影响见表 10-5。从表中可以看出，只有在出现泄漏时，Δp_1、Δp_2 的瞬态变化方向相反。由此区别泄漏和站上操作。

表 10-5　泄漏和站上操作对瞬态压差信号的影响

项　　目	上游瞬态压差 $\Delta p_1 = p_1 - p_2$	下游瞬态压差 $\Delta p_2 = p_3 - p_4$	项　　目	上游瞬态压差 $\Delta p_1 = p_1 - p_2$	下游瞬态压差 $\Delta p_2 = p_3 - p_4$
泄漏	↑	↓	下游关阀 *	↑	↑
上游启泵	↑	↑	下游倒罐 *	↑	↑
下游停泵 *	↓	↓	下游关阀	↑	↑
上游开阀	↑	↑			

两个压力传感器的距离希望在 100m 以上，而且要求装在站内（装在站外不安全），这在很多站上是有困难的。

对一个实际的泄漏检测系统，总是希望泄漏检测的灵敏度和定位精度越高越好，泄漏检测的误报警越少越好。但在实际中，要求同时具有灵敏度高与误报警率低是相矛盾的，要求在高泄漏检测灵敏度的条件下具有高定位精度也是不现实的。必须从实际要求出发，抓住矛盾的主要方面，对各种性能指标进行综合考虑，提出一个合理的、实用的、可实现的折中指标。

10.6.2.4　系统响应时间

系统响应时间 T_R 是指从管道出现泄漏到给出报警信息所需的时间，可用下式表示。

$$T_R = T_P + T_D + T_L \tag{10-79}$$

式中，$T_P = \max[t_{up}, t_{down}]$，$t_{up}$ 为负压波从泄漏点传播到上游端所需时间；t_{down} 为负压波从泄漏点传播到下游端所需时间。t_{up} 和 t_{down} 均与泄漏点的位置有关，$t_{up} \in [0, L/a]$，$t_{down} \in [0, L/a]$。T_D 为泄漏检测算法所需时间，其大小取决于泄漏检测算法的复杂程度。T_L 为泄漏定位算法所需时间，其大小取决于泄漏检测算法的复杂程度。

目前，国内外已有的泄漏检测系统的响应时间一般为 1～3min。

10.6.2.5 影响系统性能的其他因素

基于负压波的泄漏检测系统的性能在很大程度上取决于上、下游端压力传感器所捕获的泄漏所产生的负压波波形的质量和管道内波速的准确性。在泄漏模式确定的情况下，系统的噪声、传感器的安装位置、输送液体中是否夹有气体等因素均会影响到波形的质量，而多相流动还会影响压力波的传播速率。

习题与思考题

1. 常用的管道泄漏检测方法有哪几种？简述各种方法的测量原理。
2. 为什么说处理好边界条件是解决水力瞬变问题的关键。
3. 试述温度对负压波传播速率的影响。
4. 简述小波变换在管道泄漏检测中的作用。
5. 小波去噪的方法大概可分为哪三类？
6. 试述将统计模式识别的方法引入长输管道泄漏检测的基本思想。
7. 故障诊断系统的性能评价指标有哪些？
8. 管道泄漏检测系统的性能指标有哪些？

附　　录

附录 1　常用压力表规格及型号

名称	型　号	结　构	测量范围/MPa	精度等级
弹簧管压力表	Y-60	径向	$-0.1\sim0,0\sim0.1,0\sim0.16,0\sim0.25,0\sim0.4,0\sim0.6,0\sim$ $1,0\sim1.6,0\text{-}0.25,0\text{-}4,0\text{-}6$	2.5
	Y-60T	径向带后边		
	Y-60Z	轴向无边		
	Y-60ZQ	轴向带前边		
	Y-100	径向	$-0.1\sim0,-0.1\sim0.06,-0.1\sim0.15,-0.1\sim0.3,-0.1\sim$ $0.5,-0.1\sim0.9,-0.1\sim1.5,-0.1\sim2.4,0\sim0.1,0\sim0.16,$ $0\sim0.25,0\sim0.4,0\sim0.6,0\sim1,0\sim1.6,0\sim2.5,0\sim4,0\sim6$	1.5
	Y-100T	径向带后边		
	Y-100TQ	径向带前边		
	Y-150	径向		
	Y-150T	径向带后边	$-0.1\sim0,-0.1\sim0.06,-0.1\sim0.15,-0.1\sim0.3,-0.1\sim$ $0.5,-0.1\sim0.9,-0.1\sim1.5,-0.1\sim2.4,0\sim0.1,0\sim0.16,$ $0\sim0.25,0\sim0.4,0\sim0.6,0\sim1,0\sim1.6,0\sim2.5,0\sim4,0\sim6$	1.5
	Y-150TQ	径向带前边		
	Y-100	径向	$0\sim10,0\sim16,0\sim25,0\sim40,0\sim60$	1.5
	Y-100T	径向带后边		
	Y-100TQ	径向带前边		
	Y-150	径向		
	Y-150T	径向带后边		
	Y-150TQ	径向带前边		
电接点压力表	YX-150	径向	$-0.1\sim0.1,-0.1\sim0.15,-0.1\sim0.3,-0.1\sim0.5,-0.1\text{-}$ $0.9,-0.1\sim1.5,-0.1\sim2.4,0\sim0.1,0\sim0.16,0\sim0.25,0\sim$ $0.4,0\sim0.6,0\sim1,0\sim1.6,0\sim2.5,0\sim4,0\sim6$	1.5
	YX-150TQ	径向带前边		
	YX-150A	径向	$0\sim10,0\sim16,0\sim25,0\sim40,0\sim60$	
	YX-150TQ	径向带前边		
	YX-150	径向	$-0.1\sim0$	
活塞式压力计	YS-2.5	台式	$-0.1\sim0.25$	0.02 0.05
	YS-6	台式	$0.04\sim0.6$	
	YS-60	台式	$0.1\sim6$	
	YS-600	台式	$1\sim60$	

附录 2　铂铑$_{10}$-铂热电偶分度表

分度号 S　　　　　　　　　　　　　　　　　　　　　　　　　　　　　　　　　　　μV

/℃	0	1	2	3	4	5	6	7	8	9
0	0	5	11	16	22	27	33	38	44	50
10	55	61	67	72	78	84	90	95	101	107
20	113	119	125	131	137	142	148	154	161	167
30	173	179	185	191	197	203	210	216	222	228
40	235	241	247	254	260	266	273	279	286	292

续表

/℃	0	1	2	3	4	5	6	7	8	9
50	299	305	312	318	325	331	338	345	351	358
60	365	371	378	385	391	398	405	412	419	425
70	432	439	446	453	460	467	474	481	488	495
80	502	509	516	523	530	537	544	551	558	566
90	573	580	587	594	602	609	616	623	631	638
100	645	653	660	667	675	682	690	697	704	712
110	719	727	734	742	749	757	764	772	780	787
120	795	802	810	818	825	833	841	848	856	864
130	872	879	887	895	903	910	918	926	934	942
140	950	957	965	973	981	989	997	1005	1013	1021
150	1029	1037	1045	1053	1061	1069	1077	1085	1093	1101
160	1109	1117	1125	1133	1141	1149	1158	1166	1174	1182
170	1190	1198	1207	1215	1223	1231	1240	1248	1256	1264
180	1273	1281	1289	1297	1306	1314	1322	1331	1339	1347
190	1356	1364	1373	1381	1389	1398	1406	1415	1423	1432
200	1440	1448	1457	1465	1474	1482	1491	1499	1508	1516
210	1525	1534	1542	1551	1559	1568	1576	1585	1594	1602
220	1611	1620	1628	1637	1645	1654	1663	1671	1680	1689
230	1698	1706	1715	1724	1732	1741	1750	1759	1767	1776
240	1785	1794	1802	1811	1820	1829	1838	1846	1855	1864
250	1873	1882	1891	1899	1908	1917	1926	1935	1944	1953
260	1962	1971	1979	1988	1997	2006	2015	2024	2033	2042
270	2051	2060	2069	2078	2087	2096	2105	2114	2123	2132
280	2141	2150	2159	2168	2177	2186	2195	2204	2213	2222
290	2232	2241	2250	2259	2268	2277	2286	2295	2304	2314
300	2323	2332	2341	2350	2359	2368	2378	2387	2396	2405
310	2414	2424	2433	2442	2451	2460	2470	2479	2488	2497
320	2506	2516	2525	2534	2543	2553	2562	2571	2581	2590
330	2599	2608	2618	2627	2636	2646	2655	2664	2674	2683
340	2692	2702	2711	2720	2730	2739	2748	2758	2767	2776
350	2786	2795	2805	2814	2823	2833	2842	2852	2861	2870
360	2880	2889	2899	2908	2917	2927	2936	2946	2955	2965
370	2974	2984	2993	3003	3012	3022	3031	3041	3050	3059
380	3069	3078	3088	3097	3107	3117	3126	3136	3145	3155
390	3164	3174	3183	3193	3202	3212	3221	3231	3241	3250
400	3260	3269	3279	3288	3298	3308	3317	3327	3336	3346
410	3356	3365	3375	3384	3394	3404	3413	3423	3433	3442
420	3452	3462	3471	3481	3491	3500	3510	3520	3529	3539
430	3549	3558	3568	3578	3587	3597	3607	3616	3626	3636
440	3645	3655	3665	3675	3684	3694	3704	3714	3723	3733
450	3743	3752	3762	3772	3782	3791	3801	3811	3821	3831
460	3840	3850	3860	3870	3879	3889	3899	3909	3919	3928
470	3938	3948	3958	3968	3977	3987	3997	4007	4017	4027
480	4036	4046	4056	4066	4076	4086	4095	4105	4115	4125
490	4135	4145	4155	4164	4174	4184	4194	4204	4214	4224
500	4234	4243	4253	4263	4273	4283	4293	4303	4313	4323

续表

/℃	0	1	2	3	4	5	6	7	8	9
510	4333	4343	4352	4362	4372	4382	4392	4402	4412	4422
520	4432	4442	4452	4462	4472	4482	4492	4502	4512	4522
530	4532	4542	4552	4562	4572	4582	4592	4602	4612	4622
540	4632	4642	4652	4662	4672	4682	4692	4702	4712	4722
550	4732	4742	4752	4762	4772	4782	4792	4802	4812	4822
560	4832	4842	4852	4862	4873	4883	4893	4903	4913	4923
570	4933	4943	4953	4963	4973	4984	4994	5004	5014	5024
580	5034	5044	5054	5065	5075	5085	5095	5105	5115	5125
590	5136	5146	5156	5166	5176	5186	5197	5027	5217	5227
600	5237	5247	5258	5268	5278	5288	5298	5309	5319	5329
610	5339	5350	5360	5370	5380	5391	5404	5411	5421	5431
620	5442	5452	5462	5473	5483	5493	5503	5514	5524	5534
630	5544	5555	5565	5575	5586	5596	5606	5617	5627	5637
640	5648	5658	5668	5679	5689	5700	5710	5720	5731	5741
650	5751	5762	5772	5782	5793	5803	5814	5824	5834	5845
660	5855	5866	5876	5887	5897	5907	5918	5928	5939	5949
670	5960	5970	5980	5991	6001	6012	6022	6038	6043	6054
680	6064	6075	6085	6096	6106	6117	6127	6138	6148	6195
690	6169	6180	6190	6201	6211	6222	6232	6243	6253	6264
700	6274	6285	6295	6306	6316	6327	6338	6348	6359	6369
710	6380	6390	6401	6412	6422	6433	6443	6454	6465	6475
720	6486	6496	6507	6518	6528	6539	6549	6560	6571	6581
730	6592	6603	6613	6624	6635	6645	6656	6667	6677	6688
740	6699	6709	6720	6731	6741	6752	6763	6773	6784	6795
750	6805	6816	6827	6838	6848	6859	6870	6880	6891	6902
760	6913	6923	6934	6945	6956	6966	6977	6988	6999	7009
770	7020	7031	7042	7053	7063	7074	7085	7096	7107	7117
780	7128	7139	7150	7161	7171	7182	7193	7204	7215	7225
790	7236	7247	7258	7269	7280	7291	7301	7312	7323	7334
800	7345	7356	7367	7377	7388	7399	7410	7421	7432	7443
810	7454	7465	7476	7486	7497	7508	7519	7530	7541	7552
820	7563	7574	7585	7596	7607	7618	7629	7640	7651	7661
830	7672	7683	7694	7705	7716	7727	7738	7749	7760	7771
840	7782	7793	7804	7815	7826	7837	7848	7859	7870	7881
850	7892	7904	7935	7926	7937	7948	7959	7970	7981	7992
860	8003	8014	8025	8036	8047	8058	8069	8081	8092	8103
870	8114	8125	8136	8147	8158	8169	8180	8192	8203	8214
880	8225	8236	8247	8258	8270	8281	8292	8303	8314	8325
890	8336	8348	8359	8370	8381	8392	8404	8415	8426	8437
900	8448	8460	8471	8482	8493	8504	8516	8527	8538	8549
910	8560	8572	8583	8594	8605	8617	8628	8639	8650	8662
920	8673	8684	8695	8707	8718	8729	8741	8752	8763	8774
930	8786	8797	8808	8820	8831	8842	8854	8865	8876	8888
940	8899	8910	8922	8933	8944	8956	8967	8978	8990	9001
950	9012	9024	9035	9047	9058	9069	9081	9092	9103	9115
960	9126	9138	9149	9160	9172	9183	9195	9206	9217	9229

续表

/℃	0	1	2	3	4	5	6	7	8	9
970	9240	9252	9263	9275	9286	9298	9309	9320	9332	9343
980	9355	9366	9378	9389	9401	9412	9424	9435	9447	9458
990	9470	9481	9493	9504	9516	9527	9539	9550	9562	9573

附录3　镍铬-铜镍热电偶分度表

分度号 E　　　　　　　　　　　　　　　　　　　　　　　　　　　　　　μV

/℃	0	10	20	30	40	50	60	70	80	90
0	0	591	1192	801	2419	3047	3683	4329	4983	5646
100	6317	6996	7683	8377	9078	9787	10501	11222	11949	12681
200	13419	14161	14909	15661	16417	17178	17942	18710	19481	20256
300	21033	21814	22597	23383	24171	24961	25754	26549	27345	28143
400	28943	29744	30546	31350	32155	32960	33767	34574	35382	36190
500	36999	37808	38617	39426	40236	41045	41853	42662	43470	44278
600	45085	45891	46697	47502	48306	49109	49911	50713	51513	52312
700	53110	53907	54703	55498	56291	57083	57873	58663	59451	60237
800	61022	61806	62588	63368	64147	64924	65700	66473	67245	68015
900	68783	69549	70313	71075	71835	72593	73350	74104	74857	75608

附录4　镍铬-镍硅热电偶分度表

分度号 K　　　　　　　　　　　　　　　　　　　　　　　　　　　　　　μV

/℃	0	1	2	3	4	5	6	7	8	9
0	0	39	79	119	158	98	238	277	17	357
10	397	437	477	517	557	597	637	677	718	758
20	798	838	879	919	960	1000	1041	1081	1122	1162
30	203	1244	1285	1325	1366	1407	1448	1489	1529	1570
40	1611	1652	1693	1734	1776	1817	1858	1899	1940	1981
50	2022	2064	2105	2146	2188	2229	2270	2312	2353	2394
60	2436	2477	2519	2560	2601	2643	2684	2726	2767	2809
70	2850	2892	2933	2975	3016	3058	3100	3141	3183	3224
80	3266	3307	3349	3390	3432	3473	3515	3556	3598	3639
90	3681	3722	3764	3805	3847	3888	3930	3971	4012	4054
100	4095	4137	4178	4219	4261	4302	4343	4384	4426	4467
110	4508	4549	4590	4632	4673	4714	4755	4796	4837	4878
120	4919	4960	5001	5042	5083	5124	5164	5205	5246	5287
130	5327	5368	5409	5450	5490	5531	5571	5612	5652	5693
140	5733	5774	5814	5855	5895	5936	5976	6016	6057	6097
150	6137	6177	6218	6258	6298	6338	6378	6419	6459	6499
160	6539	6579	6619	6659	6699	6739	6779	6819	6859	6899
170	6939	6979	7019	7059	7099	7139	7179	7219	7259	7299
180	7338	7378	7418	7458	7498	7538	7578	7618	7658	7697
190	7737	7777	7817	7857	7897	7937	7977	8017	8057	8097
200	8137	8177	8216	8256	8296	8336	8376	8416	8456	8497
210	8537	8577	8617	8657	8697	8737	8777	8817	8857	8898

/℃	0	1	2	3	4	5	6	7	8	9
220	8938	8978	9018	9058	9099	9139	9179	9220	9260	9300
230	9341	9381	9421	9462	9502	9543	9583	9624	9664	9705
240	9745	9786	9826	9867	9907	9948	9989	10029	10070	10111
250	10151	10192	10233	10274	10315	10355	10396	10437	10478	10519
260	10560	10600	10641	10682	10723	10764	10805	10846	10887	10928
270	10969	11010	11051	11093	11134	11175	11216	11257	11298	11339
280	11381	11422	11463	11504	11546	11587	11628	11669	11711	11752
290	11793	11835	11876	11918	11959	12000	12042	12083	12125	12166
300	12207	12249	12290	12332	12373	12415	12456	12498	12539	12581
310	12623	12664	12706	12747	12789	12831	12872	12914	12955	12997
320	13039	13080	13122	13164	13205	13247	13289	13331	13372	13414
330	13456	13497	13539	13581	13623	13665	13706	13748	13790	13832
340	13874	13915	13957	13999	14041	14083	14125	14167	14208	14250
350	14292	14334	14376	14418	14460	14502	14544	14586	14628	14670
360	14712	14754	14796	14838	14880	14922	14964	15006	15048	15090
370	15132	15174	15216	15258	15300	15342	15384	15426	15468	15510
380	15552	15594	15636	15679	15721	15763	15805	15847	15889	15931
390	15974	16016	16058	16100	16142	16184	16227	16269	16311	16353
400	16395	16438	16480	16522	16564	16607	16649	16691	16733	16776
410	16818	16860	16902	16945	16987	17029	17072	17114	17156	17199
420	17241	17283	17326	17368	17410	17453	17495	17537	17580	17622
430	17664	17707	17749	17792	17834	17876	17919	17961	18004	18046
440	18088	18131	18173	18216	18258	18301	18343	18385	18428	18470
450	18513	18555	18598	18640	18683	18725	18768	18810	18853	18895
460	18938	18980	19023	19065	19108	19150	19193	19235	19278	19320
470	19363	19405	19448	19490	19533	19576	19618	19661	19703	19746
480	19788	19831	19873	19916	19959	20001	20044	20086	20129	20172
490	20214	20257	20299	20342	20385	20427	20470	20512	20555	20598
500	20640	20683	20725	20768	20811	20853	20896	20938	20981	21024
510	21066	21109	21152	21194	21237	21280	21322	21365	21407	21450
520	21493	21535	21578	21621	21663	21706	21749	21791	21834	21876
530	21919	21962	22004	22047	22090	22132	22175	22218	22260	22303
540	22346	22388	22431	22473	22516	22559	22601	22644	22687	22729
550	22772	22815	22857	22900	22942	22985	23028	23070	23113	23156
560	23198	23241	23284	2332	23369	23411	23454	23497	23539	23582

/℃	0	1	2	3	4	5	6	7	8	9
570	23624	23667	23710	23752	23795	23837	23880	23923	23965	24008
580	24050	24093	24136	24178	24221	24263	24306	24348	24391	24434
590	24476	24519	24561	24604	24646	24689	24731	24774	24817	24859
600	24902	24944	24987	25029	25072	25114	25157	25199	25242	25284
610	25327	25369	25412	25454	25497	25539	25582	25624	25666	25709
620	25751	25794	25836	25879	25921	25964	26006	26048	26091	26133
630	26176	26218	26260	26303	26345	26387	26430	26472	26515	26557
640	26599	26642	26684	26726	26769	26811	26853	26896	26938	26980
650	27022	27065	27107	27149	27192	27234	27276	27318	27361	27403
660	27445	27487	27529	27572	27614	27656	27698	27740	27783	27825
670	27867	27909	27951	27993	28035	28078	28120	28162	28204	28246
680	28288	28330	28372	28414	28456	28498	28540	28583	28625	28667
690	28709	28751	28793	28835	28877	28919	28961	29002	29044	29086
700	29128	29170	29212	29254	29296	29338	29380	29422	29464	29505
710	29547	29589	29631	29673	29715	29756	29798	29840	29882	29924
720	29965	30007	30049	30091	30132	30174	30216	30257	30299	30341
730	30383	30424	30466	30508	30549	30591	30632	30674	30716	30757
740	30799	30840	30882	30924	30965	31007	31048	31090	31131	31173
750	31214	31256	31297	31339	31380	31422	31463	31504	31546	31587
760	31629	31670	31712	31753	31794	31836	31877	31918	31960	32001
770	32042	32084	32125	32166	32207	32249	32290	32331	32372	32414
780	32455	32496	32537	32578	32619	32661	32702	32743	32784	32825
790	32866	32907	32948	32990	33031	33072	33113	33154	33195	33236
800	33277	33318	33359	33400	33441	33482	33523	33564	33604	33645
810	33686	33727	33768	33809	33850	33891	33931	33972	34013	34054
820	34095	34136	34176	34217	34258	34299	34339	34380	34421	34461
830	34502	34543	34583	34624	34665	34705	34746	34787	34827	34868
840	34909	34949	34990	35030	35071	35111	35152	35192	35233	35273
850	35314	35354	35395	35436	35476	35516	35557	35597	35637	35678
860	35718	35758	35799	35839	35880	35920	35960	36000	36041	36081
870	36121	36162	36202	36242	36282	36323	36363	36403	36443	36483
880	36524	36564	35604	36644	36684	36724	36764	36804	36844	36885
890	36925	36965	37005	37045	37085	37125	37165	37205	37245	37285
900	35314	37365	37405	37445	37484	37524	37564	37604	37644	37684
910	35718	37764	37803	37843	37883	37923	37963	38002	38042	38082

续表

/℃	0	1	2	3	4	5	6	7	8	9
920	8122	38162	38201	38241	38281	8320	38360	38400	38439	38479
930	38519	38558	38598	38638	38677	38717	38756	38796	38836	38875
940	38915	38954	38994	39033	39073	39112	39152	39191	39231	39270
950	39310	39349	39388	39428	39487	39507	39546	39585	39625	39664
960	39703	39743	39782	39821	39881	39900	39939	39979	40018	40057
970	40096	40136	40175	40214	40253	40292	40332	40371	40410	40449
980	40488	40527	40566	40605	40645	40684	40723	40762	40801	40840
990	40879	40918	40957	40996	41035	41074	41113	41152	41191	41230

附录5 铂电阻分度表

分度号 Pt100 $R_0 = 100\Omega$ Ω

/℃	0	1	2	3	4	5	6	7	8	9
0	100.00	100.39	100.78	101.17	101.56	101.95	102.34	102.73	103.13	103.51
10	103.90	104.29	104.68	105.07	105.46	105.85	106.24	106.63	107.02	107.40
20	107.79	108.18	108.57	108.96	109.35	109.73	110.12	110.51	110.90	111.28
30	111.67	112.06	112.45	112.83	113.22	113.61	113.99	114.38	114.77	115.15
40	115.54	115.93	116.31	116.70	117.08	117.47	117.85	118.24	118.62	119.01
50	119.40	119.78	120.16	120.55	120.93	121.32	121.70	122.09	122.47	122.86
60	123.24	123.62	124.01	124.39	124.77	125.16	125.54	125.92	126.31	126.69
70	127.07	127.45	127.84	128.22	128.60	128.98	129.37	129.75	130.13	130.51
80	130.89	131.27	131.66	132.04	132.42	132.80	133.18	133.56	133.94	134.32
90	134.70	135.08	135.46	135.84	136.22	136.60	136.98	137.36	137.74	138.12
100	138.50	138.88	139.26	139.64	140.02	140.39	140.77	141.15	141.53	141.91
110	142.29	142.66	143.04	143.42	143.80	144.17	144.55	144.93	145.31	145.68
120	146.06	146.44	146.81	147.19	147.57	147.94	148.32	148.70	149.07	149.45
130	149.82	150.20	150.57	150.95	151.33	151.70	152.08	152.45	152.83	153.20
140	153.58	153.95	154.32	154.70	155.07	155.45	155.82	156.19	156.57	156.94
150	157.31	157.69	158.06	158.43	158.81	159.18	159.55	159.93	160.30	160.67
160	161.04	161.42	161.79	162.16	162.53	162.90	163.27	163.65	164.02	164.39
170	164.76	165.13	165.50	165.87	166.24	166.61	166.98	167.35	167.72	168.09
180	168.46	168.83	169.20	169.57	169.94	170.31	170.8	171.05	171.42	171.79
190	172.16	172.53	172.90	173.26	173.63	174.00	174.37	174.74	175.10	175.47
200	175.84	176.21	176.57	176.94	177.31	177.68	178.04	178.41	178.78	179.14
210	179.51	179.88	180.24	180.61	180.97	181.34	181.71	182.07	182.44	182.80
220	183.17	183.53	183.90	184.26	184.63	184.99	185.36	185.72	186.09	186.45
230	186.82	187.18	187.54	187.91	188.27	188.63	189.00	189.36	189.72	190.09
240	190.45	190.81	191.18	191.54	191.90	192.26	192.63	192.99	193.35	193.71
250	194.07	194.44	194.80	195.16	195.52	195.88	196.24	196.60	196.96	197.33
260	197.69	198.05	198.41	198.77	199.13	199.49	199.85	200.21	200.57	200.93

/℃	0	1	2	3	4	5	6	7	8	9
270	201.29	201.65	202.01	202.36	202.72	203.08	203.44	203.80	204.16	204.52
280	204.88	205.23	205.59	205.95	206.31	206.67	207.02	207.38	207.74	208.10
290	208.45	208.81	209.17	209.52	209.88	210.24	210.59	210.95	211.31	211.66
300	212.02	212.37	212.73	213.09	213.44	213.80	214.15	214.51	214.86	215.22
310	215.57	215.93	216.28	216.64	216.99	217.35	217.70	218.05	218.41	218.76
320	219.12	219.47	219.82	220.18	220.53	220.88	221.24	221.59	221.94	222.29
330	222.65	223.00	223.35	223.70	224.06	224.41	224.76	225.11	225.46	225.81
340	226.17	226.52	226.87	227.22	227.57	227.92	228.27	228.62	228.97	229.32
350	229.67	230.02	230.37	230.72	231.07	231.42	231.77	232.12	232.47	232.82
360	233.17	233.52	233.87	234.22	234.56	234.91	235.26	235.61	235.96	236.31
370	236.65	237.00	237.35	237.70	238.04	238.39	238.74	239.09	239.43	239.78
380	240.13	240.47	240.82	241.17	241.51	241.86	242.20	242.55	242.90	243.24
390	243.59	243.93	244.28	244.62	244.97	245.31	245.66	246.00	246.35	246.69
400	247.04	247.38	247.73	248.07	248.41	248.76	249.10	249.45	249.79	250.13
410	250.48	250.82	251.16	251.50	251.85	252.19	252.53	252.88	253.22	253.56
420	253.90	254.24	254.59	254.93	255.27	255.61	255.95	256.29	256.64	256.98
430	257.32	257.66	258.00	258.34	258.68	259.02	259.36	259.70	260.04	260.38
440	260.72	261.06	261.40	261.74	262.08	262.42	262.76	263.10	263.43	263.77
450	264.11	264.45	264.79	265.13	265.47	265.80	266.14	266.48	266.82	267.15
460	267.49	267.83	268.17	268.50	268.84	269.18	269.51	269.85	270.19	270.52
470	270.86	271.20	271.53	271.87	272.20	272.54	272.88	273.21	273.55	273.88
480	274.22	274.55	274.89	275.22	275.56	275.89	276.23	276.56	276.89	277.23
490	277.56	277.90	278.23	278.56	278.90	279.23	279.56	279.90	280.23	280.56
500	280.90	281.23	281.56	281.89	282.23	282.56	282.89	283.22	283.55	283.89
510	284.22	284.55	284.88	285.21	285.54	285.87	286.21	286.54	286.87	287.20
520	287.53	287.86	288.19	288.52	288.85	289.18	289.51	289.84	290.17	290.50
530	290.83	291.16	291.49	291.81	292.14	292.47	292.80	293.13	293.46	293.79
540	294.11	294.44	294.77	295.10	295.43	295.75	296.08	296.41	296.74	297.06
550	297.39	297.72	298.04	298.37	298.70	299.02	299.35	299.68	300.00	300.33
560	300.65	300.98	301.31	301.63	301.96	302.28	302.61	302.93	303.26	303.58
570	303.91	304.23	304.56	304.88	305.20	305.53	305.85	306.18	306.50	306.82
580	307.15	307.47	307.79	308.12	308.44	308.76	309.09	309.41	309.73	310.05
590	310.38	310.70	311.02	311.34	311.67	311.99	312.31	312.63	312.95	313.27
600	313.59	313.92	314.24	314.56	314.88	315.20	315.52	315.84	316.16	316.48
610	316.80	317.12	317.44	317.76	318.08	318.40	318.72	319.04	319.36	319.68
620	319.99	320.31	320.63	320.95	321.27	321.59	321.91	322.22	322.54	322.86
630	323.18	323.49	323.81	324.13	324.45	324.76	325.08	325.40	325.72	326.03
640	326.35	326.66	326.98	327.30	327.61	327.93	328.25	328.56	328.88	329.19
650	329.51	329.82	330.14	330.45	330.77	331.08	331.40	331.71	332.03	332.34

附录6 铜电阻分度表

分度号 Cu100 　　　　　　　　　　　　　　　　$R_0=100\Omega$　　　Ω

/℃	0	1	2	3	4	5	6	7	8	9
−50	78.49	—	—	—	—	—	—	—	—	—
−40	82.80	82.36	81.94	81.50	81.08	80.64	80.20	79.78	79.34	78.92
−30	87.10	88 68	86.24	85.82	85.38	84.95	84.54	84.10	83.66	83.22
−20	91.40	90.98	90.54	90.12	89.68	86.26	88.82	88.40	87.96	87.54
−10	95.70	95.28	94.84	94 42	93.98	93.56	93.12	92.70	92.26	91.84
−0	100.00	99.56	99.14	98.70	98.28	97.84	97.42	97.00	96.56	96.14
0	100.00	100.42	100.86	101.28	101.72	102.14	102.56	103.00	103.43	103.86
10	104.28	104.72	105.14	105.56	106.00	106.42	106.86	107.28	107.72	108.14
20	108.56	109.00	109.42	109.84	110.28	110.70	111.14	111.56	112.00	114.42
30	112.84	113.28	113.70	114.14	114.56	114.98	115.42	115.84	116.28	116.70
40	117.12	117.56	117.98	118.40	118.84	119.26	119.70	120.12	120.54	120.98
50	121.40	121.84	122.26	122.68	123.12	123.54	123.96	124.40	124.82	125.26
60	125.68	126.10	126.54	126.96	127.40	127.82	128.24	128.68	129.10	129.52
70	129.96	130.38	130.82	131.24	131.66	132.10	132.52	132.96	133.38	133.80
80	134.24	134.66	135.08	135.52	135.94	136.33	136.80	137.24	137.66	138.08
90	138.52	138.94	139.36	139.80	140.22	140.66	141.08	141.52	141.94	142.36
100	142.80	143.22	143.66	144.08	144.50	144.94	145.6	145.80	146.22	146.66
110	147.08	147.50	147.94	148.36	148.80	149.22	149.66	150.08	150.52	150.94
120	151.36	151.80	152.22	152.66	135.08	153.52	153.94	154.38	154.80	155.24
130	155.66	156.10	156.52	156.96	157.38	157.82	158.24	158.68	159.10	159.54
140	159.96	160.40	160.82	161.28	161.68	162.12	162.54	162.98	163.40	163.84
150	164.27	—	—	—	—	—	—	—	—	—

参 考 文 献

[1] 吴明,孙万富,周诗编著. 油气储运自动化. 北京:化学工业出版社,2006.

[2] 厉玉鸣主编. 化工仪表及自动化. 第 4 版. 北京:化学工业出版社,2008.

[3] 李亚芬主编. 过程控制系统及仪表. 大连:大连理工大学出版社,2010

[4] 杨丽明,张光新编著. 化工自动化及仪表. 北京:化学工业出版社,2004.

[5] 陆德民. 石油化工自动控制设计手册. 北京:化学工业出版社,2000.

[6] 张毅,张宝芬,曹丽,彭黎辉编著. 自动检测技术及仪表控制系统. 第 3 版. 北京:化学工业出版社,2012.

[7] 谢建昌,王克华主编. 测量仪表及自动化. 北京:石油工业出版社,1996.

[8] 李琳,穆向阳,江秀汉编著. 长输管道自动化技术. 北京:石油工业出版社,2005.

[9] 庄兴稼,沈桂恨编著. 油品储运系统自动化. 北京:烃加工工业出版社,1989

[10] 王永红主编. 化工检测与控制技术. 上海:上海交通大学出版社,2005.

[11] 王魁汉,吴玉锋,王楠,陈炳南. 谈谈热电偶的测温误差. 计量技术,2004(3):60-62.

[12] 李新青,尚柏鑫,石利琴. 油罐液位仪表的设计及应用. 自动化博览,2003(2):42-45.

[13] 高进. 化工自动控制过程中气动调节阀的选择与应用. 化工自动化及仪表,1997,24(1):45-49.

[14] 吴明,陈世一编著. 石油化工静电及其测试技术. 沈阳:东北大学出版社,2000.

[15] 金德馨,王晶. 油气田及管道自动化(1). 石油规划设计. 1999,10(1):41-44.

[16] 金德馨,王晶. 油气田及管道自动化(2). 石油规划设计. 1999,10(4):42-44.

[17] 金德馨,王晶. 油气田及管道自动化(3). 石油规划设计. 2000,11(1):42-44.

[18] 金德馨,王晶. 油气田及管道自动化(4). 石油规划设计. 2000,11(2):44-47.

[19] 威廉斯 R I. 油气工业监控与数据采集(SCADA)系统. 北京:石油工业出版社,1995.

[20] 吴爱国,何信. 油气长输管道 SCADA 系统概述. 油气储运,2000,19(3):43-46.

[21] 孙齐. 数字管道的技术及应用. 油气储运,2005,24(4):1-2.

[22] 杜丽红,姚安林. 数字化管道及其应用现状. 油气储运,2007,26(6):7-10.

[23] 郭敏智,杨嘉瑜. 当代管道输油技术的现状与发展趋势. 中国石化,2004(7):16-20.

[24] 廉践维,王克强. 长输管道地理信息系统的建立. 管道技术与设备,1999(2):40-42.

[25] 张佳炜,龙海南. GPRS 技术在 SCADA 系统中的实现与应用. 现代电子技术,2004(22):86-88.

[26] 李力耘,吕玉福等. 信息可视化系统在管道综合管理方面的应用. 油气储运,1999,18(11):28-29.

[27] 吴明,周诗崇. 输油管道泄漏检测技术综述. 石油工程建设,2003,29(3):6-10.

[28] 吴明,周诗崇. 管道泄漏数学模型及测试技术. 测试技术学报,2002,16(A):5-90.

[29] 吴明,周诗崇. 基于小波变换的管道泄漏点定位研究. 石油工程建设,2004,30(1):7-9.

[30] 彭玉华主编. 小波变换与工程应用. 北京:教育科学出版社,1999.

[31] 胡昌华. 基于 MATLAB 的系统分析与设计——小波分析. 西安:西安电子科技大学出版社,1999

[32] 郑治真主编. 小波变换及 MATLAB 工具的应用. 北京:地震出版社,2001.

[33] Doyle Sanders. GIS in A-E-C improves productivity. Pipeline & gas industry,1998,81(10).

[34] Franke M,INTEVEP S A. Application of Microzoning and GIS in Oil Facilities for Seismic Risk Emergency Planning. SPE Health, Safety and Environment in Oil and Gas Exploration and Production Conference, 9~12 June, New Orleans, Louisiana, 1996

[35] Liew Kok Boon, Lo Su Fook, Shell Malaysia Exploration & Production (SMEP). Journey Toward Remote Operation in Sabah Offshore Operations. SPE Asia Pacific Oil and Gas Conference and Exhibition,9~11 September, Jakarta, Indonesia, 2002